海塘歷史文獻集成

符甯平　閆彥　編

下

中国水利水电出版社
www.waterpub.com.cn
·北京·

内 容 提 要

本書爲海塘水利史影印專册，包含《勅修兩浙海塘通志》《海塘擥要》《海塘録》《海塘新志》《續海塘新志》《海塘新案》六種文獻。這些内容皆爲記録海塘修築的歷史文獻，涵蓋上諭、奏疏、圖説、工料、章程辦法等，不僅記述了當地的河湖面貌和海塘修築工程，比較系統地反映了海塘歷史上的治理、變遷等相關情况，還收録了當時文人騷客相關的詩詞文賦。編者精心遴選底本，撰寫整理説明，梳理介紹各文獻的重要背景資料，具有很高的史料價值和文獻價值。

图书在版编目（CIP）数据

海塘历史文献集成 : 全3册 / 符宁平, 闫彦编. --
北京 : 中国水利水电出版社, 2017.12
ISBN 978-7-5170-6163-2

Ⅰ. ①海… Ⅱ. ①符… ②闫… Ⅲ. ①海塘－水利史
－无锡 Ⅳ. ①TV-092

中国版本图书馆CIP数据核字(2017)第326413号

總 責 任 編 輯：陳東明
副總責任編輯：馬愛梅
責 任 編 輯：宋建娜 楊春霞

書　名	海塘歷史文獻集成（下） HAITANG LISHI WENXIAN JICHENG
作　者	符甯平 閆彦 編
出版發行	中國水利水電出版社 （北京市海淀區玉淵潭南路1號D座 100038） 網址：www.waterpub.com.cn E-mail：sales@waterpub.com.cn 電話：（010）68367658（營銷中心）
經　售	北京科水圖書銷售中心（零售） 電話：（010）88383994、63202643、68545874 全國各地新華書店和相關出版物銷售網點
排　版	北京佳捷真科技發展有限公司
印　刷	三河市鑫金馬印裝有限公司
規　格	184mm×260mm 16開本 123印張（總） 2916千字（總）
版　次	2017年12月第1版 2017年12月第1次印刷
印　數	001—500册
總定價	850.00圓（上、中、下）

續海塘新志

[清] 富呢揚阿　纂

整理説明

《續海塘新志》由浙江巡撫富呢揚阿奉敕修纂於道光十九年。

富呢揚阿，滿洲鑲紅旗人。道光九年任盛京工部侍郎，兼管順天府尹事。道光十年調任浙江巡撫。十四年再授盛京工部侍郎，兼管順天府尹事。十五年改任盛京刑部侍郎，不久調任科布多參贊大臣，再調烏魯木齊都統。十六年九月調任陝西巡撫，二十二年升任陝甘總督。

《續海塘新志》，琅玕《海塘新志》之續也。承前志之旨，僅載仁和、海寧二州縣海塘興築事，故而道光元年至三年海鹽縣新辦塘工未載。而乾隆後期潮勢南北游移不定，仁、寧兩地未興大工，續志僅記道光十二年、十三年風潮案後仁和、海寧海塘修築工程，至道光十六年工程完竣及善後，其間富呢揚阿任浙江巡撫，爲大工親歷者，工竣後任職陝西，仍主持本書修纂。

承前志之例，以『諭旨』冠首爲卷一，録道光十二年至十九年成書間上諭。卷二爲『防汛』，防海設官設兵與漕運、河防等，惟浙江海塘，自康熙至乾隆，職官兵制迭有增減，至道光時章程大備，本卷於杭嘉湖三府沿海防汛，地繫一圖，圖繫一説，海塘形勢即可按籍而稽。卷三『修築』分上、下兩部，乾隆五十五年至道光十二年間四十餘年，工程僅爲歲修，未有初建，故而略去。海塘修築事在《兩浙海塘通志》中列爲專門，前志補其未備，搜採綦詳，本志不再贅述。『修築』所載皆爲欽差辦理塘工大臣及總督、巡撫所上奏疏，相當於文件彙編，時間爲道光十二年九月至十九年九月。卷四『工程』，詳載海塘施工技術及物料定額，以使木石之式取之有度，夫工之數用之有節，是非常翔實的歷史資料。

《續海塘新志》爲海塘興築之斷代史，詳細記載道光十四年至十六年工程之興築，插圖精美，註解準確，於海塘史研究有很大價值。

目録

續海塘新志卷一

諭旨

謹按兩浙海塘通志首卷恭載

詔諭海塘新志首卷恭紀

天章知治海之悉衷

廟算惟

國朝爲獨隆也我

皇上祇承

先志凡有益於修防之工諸臣計議因時制宜無不仰邀

俞允而

訓誡諄詳無微不燭

運如天如神之

聖智

播盡美盡善之經綸非一時之權宜實萬世之法守也

恭志

諭旨冠於卷首

道光十二年閏九月十九日奉到

硃批勘明具奏欽此

道光十二年十月十七日奉到

硃批另有旨欽此同日奉到道光十二年閏九月二十

九日內閣奉

上諭程祖洛等奏籌欵趕修險要塘工一摺本年浙江

省雨水過大風潮異常東西兩塘各汛鱗石柴埽

盤頭等工間有衝坍亟應擇要趕修以資保衛茲

據該督撫查明西塘自李汛西改字號起至藏汛

聲字號止間段柴埽工長一千五百七十七丈五

尺又因積字號普兒兜馬牧港柴盤頭三座均已

坍去情形極爲危險例限已逾估需工料銀七萬

七千一百五十兩零東塘鎮海汛自字號起至尖

山汛治字號止舊石塘工又有續坍共計一百六

十九丈八尺六寸年久未修最爲險要估需工料

銀三萬八千四十七兩零又念汛陪字號起至輕

字號止一百四十三丈地當頂衝應照例加高嵌
用鐵錠方能堅固計需銀五千七十三兩零以上
東西塘極險要各工共估需銀十二萬二百七十
兩零除額款支用外尚不敷銀六萬七千二百七
十兩着照所請准其於藩庫採辦絨觔節省銀內
借撥銀四萬兩運庫報存京協餉餘平款內借撥
銀二萬七千二百七十兩零以濟要工之需仍着
遞年於歲修經費款內撙節支用陸續歸款至所
請委員分辦自係爲慎重要工起見湖州府同知
子尙齡海寧州知州王頤署嘉興縣候補通判宋
鑛秀水縣知縣陳徵芝嘉興縣知縣李東育烏程
縣知縣楊紹霆山陰縣知縣周鏞俱着准其調往
工次分段趕辦卽責成各該員認眞經理務使工
堅料實趕於歲內搶築完竣以禦春汛工竣着富
呢揚阿親往驗收倘有草率偷減卽着嚴參懲辦
毋稍姑容該部知道欽此

道光十三年三月初九日奉
上諭本日據陳嵩慶奏海塘險要情形請飭籌備一摺
國家經費有常此時籌款不能給例外之用然如
該學士所奏及早趕辦椿石皆可采用倘屬料省
工輕若再遷延聽其潰敗杭嘉湖蘇松常鎭七郡
皆在下遊東南財賦之區恐盡爲斥鹵不毛之地
民命懸於呼吸患且不可勝言是海塘關係甚鉅
又爲該省刻不可緩之工此項工程據陳嵩慶奏
不過一千餘丈估計需銀二十餘萬兩着富呢揚
阿迅速體察情形據實具奏不許稍涉含混又另
片奏七郡中紳士殷商及附近江浙處所有急公
好義者准其輸貲捐辦是否可行亦著富呢揚阿
一併議奏候旨遵行陳嵩慶摺片並着鈔給閱看
將此諭令知之欽此
道光十三年六月初一日奉到
硃批另有旨欽此同日奉到道光十三年五月十五日

內閣奉
上諭富呢揚阿奏請借款分年修復海塘一摺着戶部
速議具奏欽此
道光十三年五月十九日戶部具奏本日奉
旨依議欽此
道光十三年十一月二十九日奉
上諭據給事中金應麟奏浙江海塘工程緊要亟宜釐
剔弊端大要有二一在隨報隨修該塘遇有坍損

工員詳報上司多不即時勘估及此愈刷愈寬萬
不得已上司始行查勘亦只以原報丈尺爲斷自
此詳請領銀又復遲遲給發其輾轉冲刷覈與原
報丈尺更屬懸殊遂至工員之銀彌補續坍之數
不得不將就了事一在實領實用工員領銀之時
藩運兩司以及巡道衙門均有規費領銀到手復
又假手門下胥吏包與工頭除各項尅扣已去十
分之半而工員之希圖自肥更無底數其草率偷
減尺寸不符工程日壞等語浙江海塘現經該撫
奏請動項興修所有該給事中奏稱釐剔弊端二
款是否切中時弊着即查明妥議具奏將此諭令
知之欽此
道光十三年十二月十二日奉到
硃批另有旨欽此同日奉到道光十三年十一月二十
二日內閣奉
上諭富呢揚阿奏海塘危險請先撥款修復坍卸各工

以資抵禦一摺浙江杭嘉湖及江南蘇松常鎮七
郡全賴海寧等處捍海長塘爲田廬保障南岸尚
有蕭會諸山聯絡捍衛北岸則一帶平衍均屬田
廬全恃一線危塘與潮爭勝本年八九月間陰雨
連綿致將限內限外工段先後擊坍五百丈並將
塘後附土全行沖卸次險工段轉變爲極險除限
內坍工着落各該員賠修外限外已坍將坍各工
尚有八百五十餘丈萬難停緩約需修費銀十九

萬四千餘兩除前次捐攤並籌案銀兩動用修坦
水及修東塘靜字等號石塘沛字號盤頭各工外
尚餘銀六萬四千五百兩零不敷應用着照所請
准其於藩運兩庫報撥款內動撥銀十三萬兩以
濟工用該撫即飭司道派定字號遴員趕辦仍不
時親往稽查該員等如有草率偷減情弊即着據
實嚴參毋稍瞻徇工竣後該撫仍親往驗收嗣後
倘有疎虞惟該撫是問至柴盤頭即係挑水壩該

處未建石工以前曾建五座以挑急溜亦着照所
請先築一座兼築雁翅如果經歷大汛實能挑動
溜勢再行動項添建以資捍禦該部知道欽此
道光十三年十二月十三日奉
上諭本日據嚴烺奏海塘工程緊要請飭籌款興辦一
摺浙省海塘爲杭嘉湖三府及江南蘇松常鎮四
府田廬保障關係匪輕近年坍損過多愈形危險
據嚴烺奏東防廳所屬本年兩次請修塘工一千

二百餘丈外尚有應修者三千餘丈西防所屬亦
有險要之處請飭勘估籌辦等語此項工程本年
五月間據該撫奏稱擇其尤險者先行修築估需
銀五十一萬二千餘兩十一月間又稱限內限外
各工俱已掣坍估需銀十九萬四千餘兩添建挑
水壩尚須在外先後均經降旨允准現在估需銀
兩該撫通盤籌辦自已足敷應用惟此項工程緊
要務期一勞永逸堪資保障嚴烺所奏情形是否

均應及時興修着富呢揚阿悉心體察究竟需費
若干確切估計據實具奏嚴烺摺着鈔給閱看將
此諭令知之欽此
道光十四年五月初四日奉到
硃批另有旨欽此同日奉到道光十四年四月十九日
內閣奉
上諭富呢揚阿奏遵旨查勘海塘情形請將應修應建
各工動款興辦一摺着戶部速議具奏欽此同日

奉
上諭富呢揚阿奏海塘衝損各工請動項分段趕築等
語浙江鎮海及念里亭汛一帶春潮洶湧潑損石
塘三十餘號並擊斷新釘坦樁衝失塊石必應先
行趕辦所有請築土創三千丈着准其於捐攤並
籌前案借存監餉款內暫撥銀二萬七千兩給發
委員分段趕築於四月內一律全完用資保護該
撫即嚴飭各委員將衝損各工趕緊補釘堵砌毋

任延緩誤事工竣核實報銷該部知道欽此
道光十四年四月二十二日戶部具奏本日奉
旨依議欽此同日奉
旨着派趙盛奎嚴烺馳驛前往浙江會同富呢揚阿將
海塘應修應建各工相度情形悉心籌畫妥議具
奏欽此
道光十四年六月初七日奉
上諭本日據富呢揚阿奏海塘工程前請捐辦大盤頭
一座業於四月上旬趕辦完竣經歷四五月望朔
兩汛頗能挑溜中趨尚屬得力如果抵禦伏汛屹
然不動當相度地勢再建數座以禦頂沖等語海
潮逼近塘根必須抵禦有資方免沖刷既據該撫
查明所建大盤頭一座實爲得力着趙盛奎嚴烺
富呢揚阿體察情形悉心妥議此項大盤頭工程
如果實能挑溜中趨歷久無弊俾通塘大局日有
轉機即着相度地勢據實奏明再行添建數座以

資捍禦總期於工程實有裨益而帑項不至虛糜
方爲妥善將此諭令知之欽此
道光十四年七月初二日奉到
硃批覽奏均悉俟望汛查勘明確細心妥議具奏欽此
道光十四年七月初十日奉
上諭趙盛奎等奏籌議保護海塘工程一摺並將辦工
事宜條議章程開具清單繪圖貼說一併呈覽朕
詳加批閱此次籌議保護海塘各工東南兩潮項

沖之地現以念里亭為最險除捐建盤頭七座擇要添築盤頭三座外其餘改修柴埽埽前照案拋護塊石以資保護其念里亭汛迤西鎮海戴家橋兩汛為次險之工擇要添築盤頭四座外其餘概改用竹簍塊石較之修復坦水更為得力此外西塘烏龍廟以東本係條石鱗塘一律接築以昭慎重其海寧繞城石塘一律加高縱橫條石兩層於保障城垣更為有益其尖山汛迤東塘下舊基潮

不當沖毋庸改建坦水祇須護以塊石又韓家池改建條塊石塘戴鎮尖等汛三次奏修鱗塘念里亭汛塘後加幫土戧均係應辦之工着照富呢揚阿原奏辦理所有節次奏請修復鱗塘並土戧各工由富呢揚阿嚴催尅期完竣外其現議與辦柴埽盤頭竹簍塊石鱗塘等工着照所請分別勒限如式估辦如有遲延草率立即嚴參務期帑不虛糜工歸實濟此次奏請修建塘工銀兩統計共需

銀一百九十一萬八千餘兩核之富呢揚阿三次請銀二百五萬八千餘兩計節省銀十四萬兩惟原奏各工係分年辦理現已另建鱗塘銀九十萬二千兩俟興工按年陸續請撥今埽石各工統限年內及來年七月以前一律完竣除前請預借十五六年歲修額款並未收監餉銀共十八萬兩先於報撥款內如數支借俟收有成數由富呢揚阿核明具奏外其未撥鱗塘工需現請改修埽簍各

工共七十七萬五千兩請飭部如數籌撥於本年八九月內全數解浙已着戶部速議具奏矣至辦工事宜章程七條遴派公正道府丞倅人員總催分催驗料查工務派公正誠實諳練之員層層稽核有弊必除支發錢糧設立總局由該藩司總其成着富呢揚阿隨時稽查仍派公正精細道府一二員幫同稽核毋得假手吏胥致滋弊竇其應用條石分別協濟採辦此次估需條石二十餘萬丈

除派員承辦外約少條石十七八萬丈仍着分派紹興等三府領銀採辦趕速運工不敷條石四萬丈已另飭江蘇巡撫按照浙省現辦條石尺寸採辦協濟矣至椿木柴束等料酌委妥員遠近分辦埽石各工取用土方分別官地民地酌量辦理鑲埽扞椿酌添料物選派熟手速同妥辦以期堅穩嚴禁包料包工以期工歸實用均着照所議章程核實辦理又另片奏埽工兩年保固限滿後不無

歲修之費以西塘柴工七千餘丈歲修十萬兩計之數每年需費不過七八萬兩東塘例有歲修坦水銀五萬兩現已將該塘改用竹簍每年添拋塊石較之歲修坦水大可節省即留爲歲修柴埽之用如有不敷每年酌增銀兩至多不過五萬兩之數等語東西兩塘每年歲修究竟爲數若干現在西塘據稱每年歲修不過七八萬兩東塘例有歲修坦水銀五萬兩現已酌增銀兩是否即係節省

坦水銀兩抑係在常例歲修之外此時妥議章程酌定限制將來是否仍有歲修之項不致再爲增添着詳細查明據實具奏海塘工程現派烏爾恭額嚴烺會同富呢揚阿妥爲辦理此項工程關係甚鉅務須斟酌妥辦以爲一勞永逸之計但辦理稍有不善以致帑項虛糜工無實濟惟烏爾恭額等三人是問朕言出法隨不能稍從寬貸也趙盛奎着俟接奉此旨會同籌議覆奏後再行來京復

命將此各諭令知之欽此遵

旨寄信前來添建盤頭夾片奉

硃批覽欽此講求治塘成法及請飭部臣酌增東塘歲修奉

硃批所奏明晰另有旨欽此同日又奉

上諭浙江海塘應修各工着派烏爾恭額嚴烺會同富呢揚阿辦理烏爾恭額着馳驛來京請訓再行前往欽此

道光十四年八月十六日奉

上諭本日據嚴烺奏海塘首險要工先行趲辦一摺據稱現在石工孤立潮汐可危前經奏明擇要鑲埽添建盤頭自應趕緊妥辦乃時將匝月未據該管杭嘉湖道桂菖派員興修着烏爾恭額富呢揚阿查明桂菖因何興修遲延如係有心疲玩即着據實嚴參並即嚴飭總局司道剋速派員分段趲辦其餘應辦各工亦着轉飭次第興舉不准稍有觀

望等因欽此

道光十四年八月二十七日奉到

硃批另有旨欽此同日奉到道光十四年八月十六日

內閣奉

上諭趙盛奎等奏籌議海塘歲修銀數一摺浙江海塘歲修銀兩本有定額經該侍郎等查明東塘柴埽竹簍兩項連盤頭十三座共工長七千餘丈現辦埽工坐當頂沖潮猛溜急較之西塘情形尤重自應籌款辦理以濟要工着照所請准其於該省捐監項下每年提銀五萬兩存貯藩庫備添東塘歲修之用俟將來籌有生息銀款仍將監餉全數報撥該部知道欽此

同日奉到

上諭嚴烺等奏海塘要工差委乏員請選派南河人員來浙一摺着陶澍麟慶於南河所屬候補丞倅佐雜內遴選四五員派令赴浙聽候分派工竣之日

此項人員仍回南河本工不得奏請留浙補用至海塘埽簍石工皆以扦樁爲要務現在浙省並無熟手扦釘不能如法並着陶澍等於所轄河營內酌派千把總一二員選帶熟諳樁埽兵丁一百五十名攜帶雲梯天硪各器具即日赴浙率同力作工竣仍令回營當差欽此

同日奉到

上諭嚴烺等奏請降捐之員對品留浙承辦要工等語

着照所請前任浙江海鹽縣知縣降捐教諭汪仲洋准其對品改爲縣丞留浙差遣委用該部知道欽此

道光十四年九月二十三日奉

旨着派敬徵吳椿前往浙江查辦事件所有隨帶司員着一併馳驛欽此

同日奉

上諭前據趙盛奎等奏籌議保護海塘工程並將辦工

事宜條議章程開單繪圖貼說一併呈覽朕因此項工程關係甚鉅當降旨允准特派烏爾恭額嚴烺會同富呢揚阿斟酌妥辦兹據烏爾恭額單銜具奏現在查詢海塘應修各工實在情形內以此次改築柴埽竹簍塊石等工較之修復坦水多用銀至四十八萬餘兩又係更改舊制向嚴烺等詳詢是否相宜保護能否經久再四熟籌連日會同商酌嚴烺富呢揚阿皆以爲實有把握可資得力嗣因工關緊要富呢揚阿以爲遵旨妥辦仍應逐細講求嚴烺仍執前議是烏爾恭額與嚴烺意見旣有不合均係特派辦工之員確有所見自不能不據實直陳本日朕特派敬徵吳椿前往會同烏爾恭額嚴烺富呢揚阿將此項工程詳加履勘應如何辦理妥善爲一勞永逸之計務各廣咨博採悉心講求於要工有濟如意見相同卽聯銜具奏倘有不同之處不妨將情形緊要有無裨益各自

據實直陳總期於工程實有裨益折衷一是敬徵等俱朕信任有素務須從長計議不避嫌怨以期妥定章程及時趕辦斷不可依違遷就致誤要工所有趙盛奎等原摺與烏爾恭額奏摺着鈔給敬徵帶往與吳椿一同閱看着將此諭令知之欽此

道光十四年十月三十日准

旨查明桂道委辦柴埽各工尚無遲誤一摺奉到

硃批知道了欽此

道光十四年十一月初一日江蘇撫臣林則徐遵
旨協辦浙江海塘條石並動用銀數一摺奉到
硃批知道了欽此
道光十四年十二月十一日奉到
硃批另有旨欽此同日奉到道光十四年十月二十四
日內閣奉
上諭烏爾恭額等奏塘工外銷銀款請照例核扣一摺
浙江海塘現在興辦大工設立總局所有在局在

工各員並官弁兵丁一切薪水盤費口糧及局書
紙張飯食需費浩繁俱應酌量支給據烏爾恭額
等奏查明乾隆二年間經前督臣奏准辦料銀兩
每兩扣留平餘銀五分以一分二釐解交工部充
公餘銀留外預備公用迨嘉慶十一年間戶部行
知以各項工程每銀百兩扣平二兩爾時外用無
多即於前項通扣平餘銀內劃出二分報部其餘
一分八釐留為柴壩等項外銷用度此次興舉鉅

工應給各項公費核與乾隆年間同一繁多若將
續奉戶部行知應扣之平餘二分仍於原定五分
內劃出報解支用實有不敷自應各扣各款以濟
公用着照所請准於工員所領工料銀內每兩另
扣平餘銀二分造報戶部此外循照向例通扣五
分仍於料銀內所扣一分二釐解歸工部充公其
餘銀兩作前項在局在工例外支銷之用此項外
銷銀兩向不報部此次仍照舊章着免其造冊報

銷該部知道欽此
道光十四年十一月十九日奉
上諭本日已明降諭旨吳椿着留浙江會同烏爾恭額
辦理海塘工程矣惟以欽派大員駐浙會辦大工
所需夫船薪水費用較繁不可令伊自備尤不可
累及地方着烏爾恭額即飭總局司道在於該省
扣收平餘項下每月支給銀三百兩以資辦公嚴
飭已有旨毋庸在工督辦或來京或留本籍聽其

自便將此諭令知之欽此同日奉
上諭敬徵等奏會勘海塘工程酌議辦理一摺據稱此次修理塘工前議由念里亭甲字號起至尖山汛石字號止於石塘外築柴工現在巳鑲柴工尚能抵溜惟塘身緊要乘此柴工外護將此內坍卸石塘即時修整完固着速飭工員趕緊興修以資保障至鎮汛啟字號起至戴家橋汛積字號止原議改建竹簍塊石工程本係前人成法自乾隆四十

五年以後迄無辦過成案而保護鱗塘之法以修復條石坦水較為得力烏爾恭額遵旨會同履勘仍與前次情形相同嚴烺稱坦水與竹簍均係海塘成法富呢揚阿請仍修坦水現據敬徵等公同商酌意見相同所有原議改建竹簍塊石處所着仍照舊制修復條石坦水二層以護塘基限於明年四月內將頭層坦水修整堅固其二層坦水接續趕辦統限於明年九月內竣工着烏爾恭額吳

椿不時稽查如有草率偷減情弊立即嚴參懲辦惟各項工程未能同時並舉着將烏龍廟以東原奏添建鱗塘限明年七月竣工者暫為推緩俾得專辦坦水椿木條石以濟要工其海甯繞城三層坦水及原議繞城塘工加高二層着俟明年大汛時察看情形再行奏明辦理至請修坦水段落除賠修不計應修條石坦水三千五百三十九丈零共需銀二十一萬三千九百餘兩着即照所議辦

理柴埽工段業經興辦着限於本年十二月內完工又另片奏自尖山汛巨字號起至嘉字號止又索字號起至默字號西十二丈止一律修建條石坦水二層又猷字號起至誰字號止並默字號東八丈起至逍字號西十三丈七尺止舊有塊石坦水着照式修補以資保護并着於該汛適中之地添建盤頭一座以挑溜勢其盤頭工料銀兩着按例核實估辦至前項坦水工程除舊料抵用外計

需銀九萬八千二百餘兩較原議全拋塊石銀數
並無增多亦着照所議辦理又另片奏東防一帶
石塘經烏爾恭額等逐細履勘亟須分别情形核
實修整共估需銀一萬三千四百兩零准其於協
撥塘工節省銀兩内如數動用俾工員趕緊修塡
以裨要工該部知道欽此

道光十四年十二月初六日奉

上諭本日據富呢揚阿奏浙江仁和海寧二州縣海塘

沙水情形除節次奏修石工外尚有未修石塘自
戴家汛攝字號起至尖山汛慮字號止搶緩修及
魚鱗石塘共長四百七十三丈三寸節被潮汐衝
激拗拜矬裂膨突坍卸情形險要亟應乘時一律
全換新樁照例建復魚鱗石塘除着落應行賠繳
外實需例加工料銀十一萬一千五百五十二兩
零請遵照前奉諭旨先借報撥之款興修在於藩
庫報撥項下動支銀十萬四百兩等語海塘沙水

情形向係按月繪圖具奏如必須修築亦應分别
緩急覈實辦理方可工歸實用帑不虛糜着烏爾
恭額再行查勘體察情形據實具奏再降諭旨將
此諭令知之欽此

道光十五年正月二十八日奉

上諭烏爾恭額奏查勘塘工據實覆奏一摺前據富呢
揚阿奏浙江仁和海寧二州縣海塘情形險要亟
應借款興修當交烏爾恭額查勘覆奏茲據奏稱

自戴汛攝字號起至存字號止計搶緩修工共長
十六丈五尺內有六丈業已坍卸餘俱拗拜又鎮
汛姑字號起至典字號止計搶修以及鱗工共長
一百三十八丈四尺九寸內有八丈九寸坍卸餘
或矬裂膨突又念汛鍾字號起至昆字號止及緩
修以及鱗工共長二百五十三丈五尺四寸尖汛
本字號起至慮字號止計鱗工共長六十四丈五
尺其間或拗突矬游或散裂外拜統計各工共長

四百七十三丈零情形俱極危險自應一律全換新椿建復魚鱗石塘估需例加工料銀十一萬一千五百五十二兩零着准其在於協撥塘工暨道光十五六兩年歲額款內動給惟年額尚未到期着先在藩庫報撥項下借動銀十萬四百兩仍俟運庫解到年額即行歸款工竣親往驗收仍造冊報部覈銷該部知道欽此

道光十五年三月初六日海塘埽工盤頭工竣尚須酌減塊石一摺奉到

硃批依議欽此

道光十五年六月初八日奉

上諭吳椿等奏查明塘工條石實不敷用請將范公塘工仍改條塊石塘一摺浙江范公塘一帶埽工前經奏明一律改築鱗塘並援案由江蘇省採辦條石協濟工用茲據吳椿等查明現在塘坦應用條石不敷採辦斷難驟集若將鱗塘接續建築必致

停工待料輟作無時因查勘添字等號石塘已歷五十餘年尚屬完整仿照成案請將范公塘埽工建築鱗塘之處仍改爲條塊石塘以資捍衛計節省銀十二萬餘兩少用條石六萬六千餘丈着照所請所有該工自鳴字號東第三丈起迤西至常字號東第三丈止計四百六十一丈工難再緩准其先行建築其自常字號東第四丈起至能字號止計長四百十七丈仍暫爲推緩以便趕辦石料運濟各工之用俾經費可期節省工作亦免遲誤其江蘇省協濟條石四萬丈五月內既可掃數運工並着准其范公塘應用條石即於蘇石內如數劃留餘俱飭運東塘以濟要工其節省銀十二萬兩並着仍存原款一俟東塘續有必不可緩之工即於此內奏請動用該部知道欽此

道光十五年閏六月十四日東塘積字等號頭坦完竣一摺奉到

硃批知道了欽此

道光十五年十一月十六日東塘尖汛韓家池改建條塊石塘完竣一摺奉到

硃批知道了欽此

道光十五年十一月二十五日奉到

硃批另有旨欽此同日奉到道光十五年十一月十一日内閣奉

上諭吳椿等奏請將新建塘工添護坦水一摺浙江東

塘尖汛韓家池道字迤東等號柴埽前經改建條塊石塘據吳椿等查明該地逼近尖山海潮滙沖塘身易壞自應照迤西一帶程式接築塊石坦水以資保護着照所請所有韓家池新建石塘自道字號東六丈二尺二寸起至杷字號西十六丈止實計共長三百三十七丈零准其一律添築塊石坦水共估需工料銀一萬四千六百九十一兩零着准其在於協撥塘工節省銀内動給吳椿等即飭委員作速如式添築毋許草率偷減俾新塘益資鞏固工竣報部核銷該部知道欽此

道光十五年十一月十六日奉到

硃批另有旨欽此同日奉到道光十五年十月三十日内閣奉

上諭吳椿等奏石塘附土土堰土戧分別加高培厚一摺浙江東塘尖汛一帶爲錢塘大江入海下遊地勢窪下據吳椿等查明尖汛逼近南沙其本低之

石塘附土土堰土戧均不足以阻遏潮勢請分別加高培厚以資捍衛着照所請所有此項工段共估需土方工料銀九千七百八十五兩准其在於協撥塘工節省款内動支給辦吳椿等即督飭委員等尅期趕辦工竣核實驗收如有草率偷減即據實嚴參該部知道欽此

道光十五年十一月十六日奉到

硃批另有旨欽此同日奉到道光十五年十月三十日

內閣奉
上諭吳椿等奏請動款支給條石運脚銀兩一摺浙江
仁和海寧二州縣接運江蘇省協濟海塘條石應
需脚價等項范公塘需用銀五千八百八十五兩
零東塘需用銀四千一百九十五兩零據吳椿等
查核銀數並無浮溢着准其在於協撥塘工款內
如數動支給辦該部知道欽此
道光十五年十一月二十五日奉到

硃批另有旨欽此同日奉到道光十一年十一月十一
日內閣奉
上諭吳椿等奏請將海寧石塘各工分別停緩一摺海
寧州繞城及三層坦水各工據吳椿等查明本年
伏秋旺汛該處潮勢雖屬洶湧塘工足資抵禦毋
須再行加高繞城三層坦水原為捍衛兩坦而設
現在頭坦二坦均已修築鞏固堪以護塘三坦亦
可緩辦着照所請所有前議加高海寧繞城塘工

着即行停止並着將三層坦水暫行推緩以重經
費而歸節省該部知道欽此
道光十五年十二月二十五日奉到
硃批另有旨欽此同日奉到道光十五年十二月十三
日內閣奉
上諭吳椿等奏勘明塘工險要請動項修築一摺浙江
東塘念鎮兩汛於上年奏准改建埽工茲據吳椿
等勘明新築埽內石塘間段沈陷散裂所有溪字

等十三號間段共塘一百二十三丈六尺分別限
內限外及久逾固限各工亟應趕緊修築共估需
銀二萬七千八百九十兩零着准其在於協撥塘
工節省銀內如數動給飭令各工員乘時趕辦勒
限於來年春汛前完竣以資後靠而免貽患無任
稍有草率偷減工竣核實驗收照例保固其限內
工段已故東防同知楊棟秀應賠繳銀四千八百
六兩零已故海防守備顧振綱應賠繳銀二千二

百五十六兩零着卽行知各原籍在於各該故員
等家屬名下照數着追完繳還款此項銀兩斷不
准其無着將來該故員等家屬有無完繳着該撫
奏明核實辦理總期着落歸款以重帑項該部知
道欽此
同日奉到
上諭吳椿等奏請停辦石工一摺浙江范公塘應築條
塊石工現應竣事此外推緩工段據吳椿等察看

埽外已有新沙漲起埽根得有擁護埽身自能結
實堪資抵禦所有前請築辦條塊石塘四百十七
丈着卽停辦以歸節省如將來潮勢遷移應須添
築着該撫隨時查看再行奏請辦理所有節省銀
七萬三千八百餘兩着妥爲存貯如通塘續有必
不可緩之工卽於此內奏請動用該部知道欽此
道光十五年十二月二十五日東塘戴鎮兩汛二
層坦水如式完竣一摺奉到

硃批知道了欽此
道光十六年三月二十三日奉到
硃批另有旨欽此同日奉到道光十六年三月十三日
內閣奉
上諭吳椿等奏海塘完工屢邀
神貺一摺此次興辦海塘大工地處頂沖形俱險
要開工以來南潮洶湧工段節節堪虞經吳椿等
率在工各員前赴近塘各廟誠求默禱東南風色

迭轉西北全塘藉得平穩此皆仰賴
神庥靈異屢昭覽奏欣慰茲特親書匾額五方發
交該撫等祗領卽虔詣各處
廟中敬謹懸挂用酬
靈貺而肅觀瞻欽此
海神廟
御書朝宗效祉
天后宮

御書恬波昭貺
潮神廟
御書靈源符候
觀音殿
御書法雲照海
捍沙神廟
御書長塘砥柱
道光十六年三月二十三日奉到

硃批另有旨欽此同日奉到道光十六年三月初十日
內閣奉
上諭吳椿等奏海塘大工全行完竣一摺浙江海塘捍禦潮汐爲下游七郡田廬保障前因南沙中亘逼潮北趨險工疊出經富呢揚阿奏請興修朕先後簡派趙盛奎嚴烺烏爾恭額敬徵吳椿等前往會勘並令吳椿留於該省會同烏爾恭額督辦各工茲據吳椿等奏稱自道光十四年八月開工至道光十六年二月工程完竣統計修築各工共一萬七千餘丈動用工料銀一百五十七萬二千餘兩吳椿等親往驗收俱係整齊鞏固並無草率偷減情弊數十年來未修之工得以同時竣事辦理尙爲迅速所有承辦督催各員着吳椿等擇其尤爲出力者酌量保奏候朕施恩毋許冒濫此項工需共計撥銀一百九十一萬八千六百餘兩除動用外尙餘銀七萬二千餘兩着報部撥用又節省存

銀二十七萬四千餘兩着准其留爲改修坦水及發商生息預備修塘之用該部知道欽此
道光十六年四月二十九日奉到
硃批另有旨欽此同日奉到道光十六年四月十四日
內閣奉
上諭前據吳椿等奏浙江海塘大工完竣當降旨飭令擇其在工尤爲出力之員酌量保奏茲據吳椿等查明開單呈覽自應量予恩施以示鼓勵浙江杭

嘉湖道竇欲峻着交部從優議敘揀發道金洙着
遇有閩浙兩省道員缺出奏請補用揀發知府伊
克精額吳俊民着遇有閩浙兩省知府缺出奏請
補用試用知府于鼎培着以本省中簡知府儘先
補用石浦同知鄧廷釆着俟再滿三年以本省應
陞之缺儘先陞用東海防同知王德寬西海防同
知于尙齡着免其報滿以本省應陞之缺儘先陞
用鹽運司運副李華着以應陞之缺即行陞用前

任嘉興通判羅鑲着俟服闋後儘先選用鎮海縣
知縣李超咸着以本省應陞之缺即行陞用改補
縣丞汪仲洋着俟本班補缺後留浙以應陞之缺
儘先陞用黃巖縣縣丞任應祥着以應陞之缺陞
用署海防營守備朱大榮着賞加都司銜餘着照
所議辦理該部知道欽此

道光十六年三月二十三日酌議塘工善後事宜
一摺奉到
硃批該部議奏欽此

道光十六年四月十三日工部等部具奏本日奉
旨依議欽此

道光十六年四月二十九日奉到
硃批另有旨欽此同日奉到道光十六年四月十四日
內閣奉
上諭吳椿等奏紳士捐備工需懇予獎勵一摺浙江修
築海塘該省紳富踴躍捐輸興辦挑河盤頭等工

尙屬急公好義自應量予恩施所有捐銀三萬兩
之捐職知府瞿世瑛捐銀二千兩之生員蔣光煦
各捐銀一千五百兩之捐職布政司理問陳守繩
捐職布政司經歷陳有聲捐銀四百五十兩之捐
職道銜馬洵即馬思洵監生閔學儀捐銀三百兩
之監生史繼善均着交部照例議敘以示鼓勵此
項捐辦工程着免其造冊報銷該部知道欽此

道光十七年四月初六日奉

上諭給事中沈鑅奏酌擬浙江省海塘善後事宜一摺
着烏爾恭額督飭該管道廳詳加察核妥議具奏
原摺着發給閱看欽此
道光十七年七月十二日奉到
硃批另有旨欽此同日奉到道光十七年六月二十六
日内閣奉
上諭前據給事中沈鑅奏酌擬海塘善後事宜一摺當
降旨交烏爾恭額覈議具奏兹據該撫督飭司道

各員逐條詳議所稱徧種柳株雖不足以備工料
而於塘後寀隙處所亦可種植使之盤根入土以
固塘基現在塘後坑窪均已一律填好近塘高處
現種桑樹近河低處尚屬空閒着該撫督飭廳備
飭令塘兵分段栽柳每兵每年現種一百株三年
覈計果能如數種活即酌量獎賞倘有遺誤責革
示儆務須認眞經理無致有名無實餘着俱毋庸
議欽此

道光十九年十月二十日奉到
硃批另有旨欽此同日奉到道光十九年十月初三日
内閣奉
上諭烏爾恭額奏請將道員交部議敘等語此次浙江
仁和等縣海塘各工一律修防悉臻完善該管道
宋國經督率有方已歷三汛之久著有微勞自應
量予鼓勵杭嘉湖道宋國經着交部議敘所有上
戧土堰附土等工均免其造冊報銷該部知道欽

此

續海塘新志卷二

防汛

謹按防海設官設兵厥制等於漕運河防惟浙江海塘爲然自康熙以迄乾隆職官兵制迭有增減章程大備職官以專責成兵制之設防潮汐兼防奸宄保護周而安瀾有慶訓練熟而安堵無虞則惟我

朝立法爲盡善也爰於沿海防汛地系一圖圖係一說而海塘形勢無難按籍而稽矣志防汛

浙江杭嘉湖三府海塘全圖

西防海塘圖

東防海塘圖

乍防海塘圖

李家埠汛海塘圖

翁家埠汛海塘圖

戴家石橋汛海塘圖

鎮海塔汛海塘圖

念里亭汛海塘圖

尖山汛海塘圖

鹽平汛海塘圖

浙江杭嘉湖三府海塘全圖

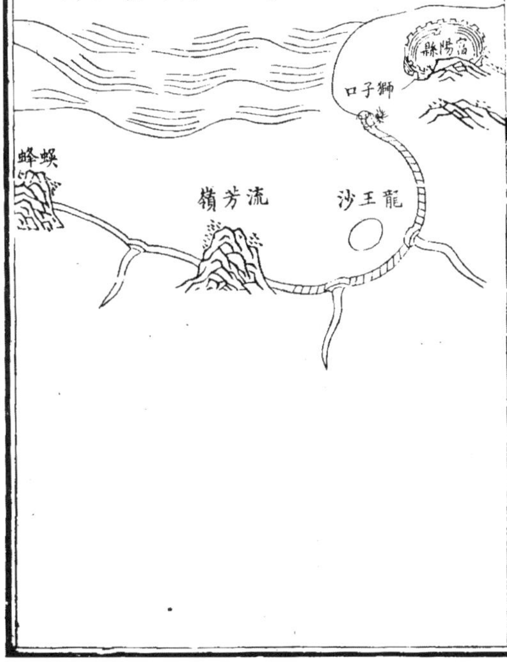

續海塘新志　卷二　三

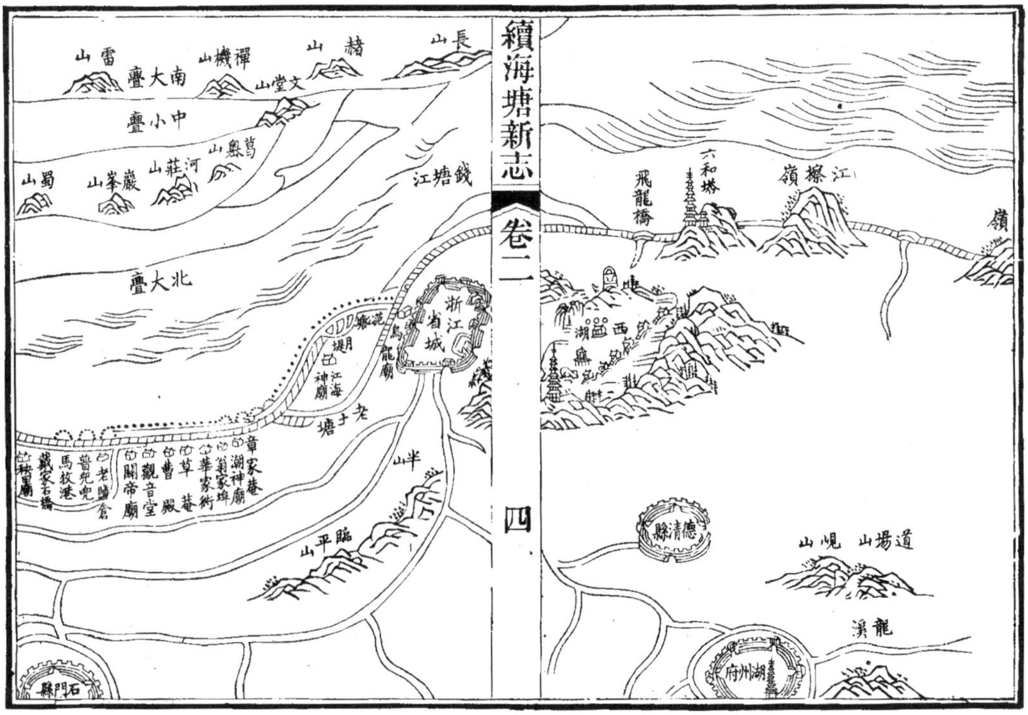

續海塘新志　卷二　四

續海塘新志　卷二　五

續海塘新志　卷二　六

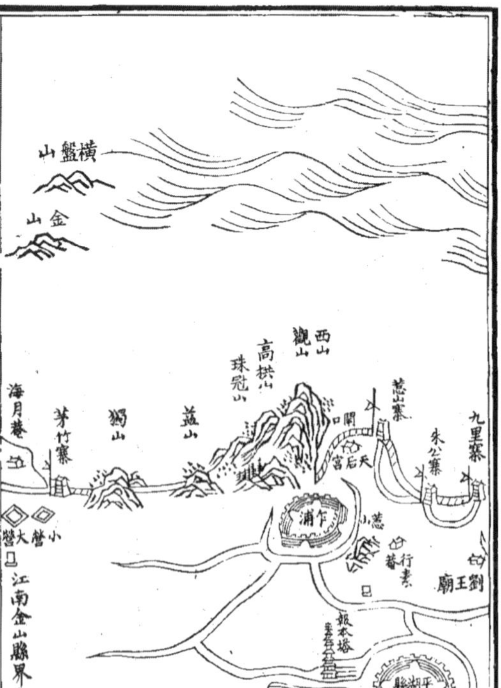

謹按浙東西十一郡濱海者六郡杭嘉寧紹溫台也寧溫台三郡久慶安瀾紹郡則有蕭會諸山聯絡捍衛惟杭嘉湖三郡與江蘇之蘇松常鎮四郡境本毗連地尤窪下民廬田畝全賴仁寧鹽平二百餘里海塘以爲外衛一有不慎患且波及江南地勢使然關係顧不重歟唐宋以來屢築屢圮固由興修之未善抑亦職守之不專也我

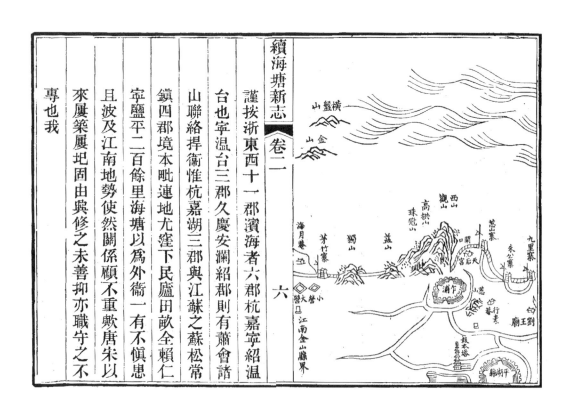

朝
列聖相承廑念東南要害
特命大臣閱視
復命重臣督理以杭嘉湖道統理北塘修防事宜東西防
分駐仁寧專司塘務乍防則兼修戰船而沿海
各汛星羅棊布統以守備防護周詳洵萬年鞏
固之策也我
皇上念海塘爲下游七郡田廬保障不惜帑金數百萬

命一律修築完整在工各員大小相維選材集事悉臻
妥速經始於道光十四年告成於道光十六年
統計東西兩塘鱗石柴埽各工一萬七千餘丈
俾數十年未修之工得以化險爲平由是濱海
生民農桑利賴
聖恩漸被與水德共慶靈長矣

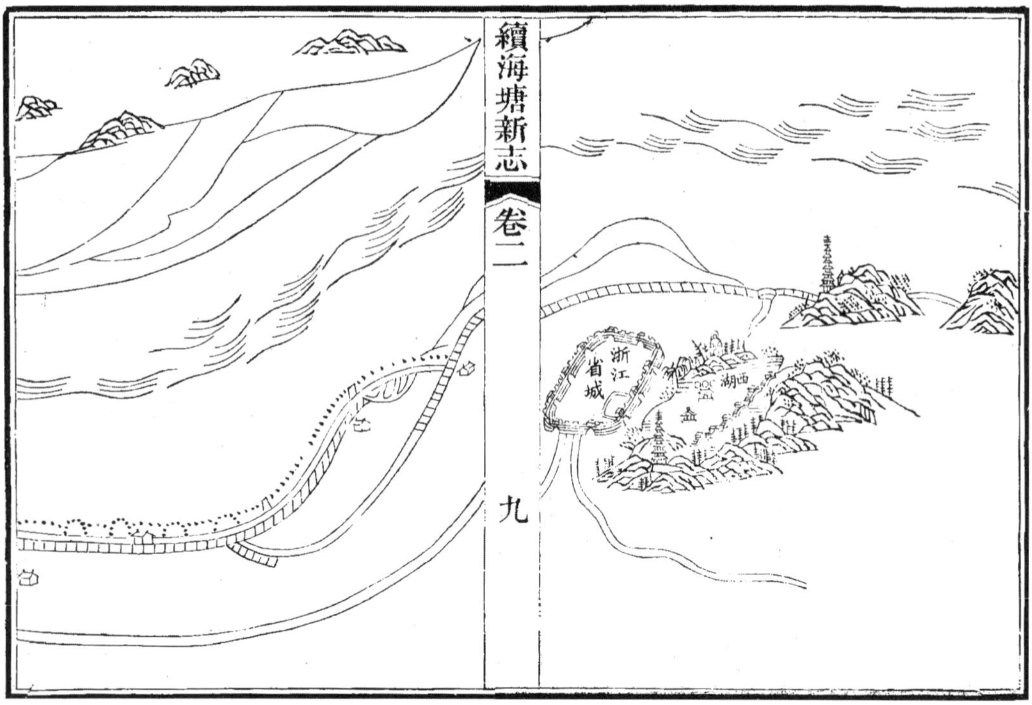

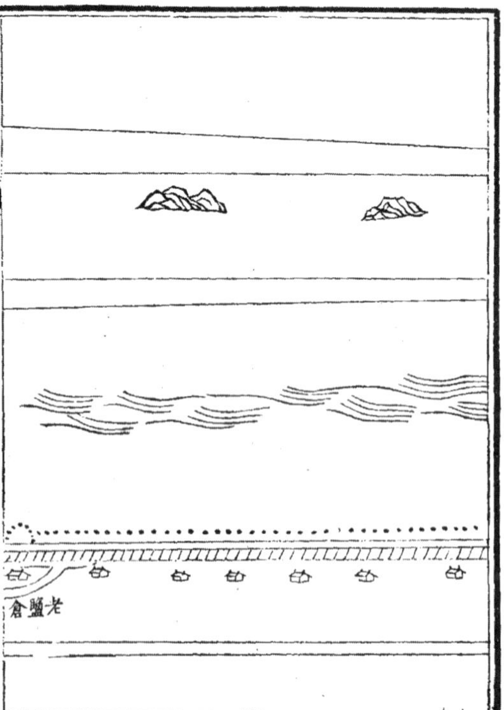

謹按自烏龍廟以西爲江塘江塘盡處卽海塘起處迤東至老鹽倉計七十餘里雍正十一年增設同知一員駐仁和分防西塘伏按乾隆四十五四十九等年

高宗純皇帝兩次巡幸相度機宜

諭令將西塘老鹽倉及烏龍廟等處柴塘共長九千五百四十丈一例改建石塘經前撫臣瑯玕察看烏龍廟以東計長二千九百三十丈塘外沙塗尙

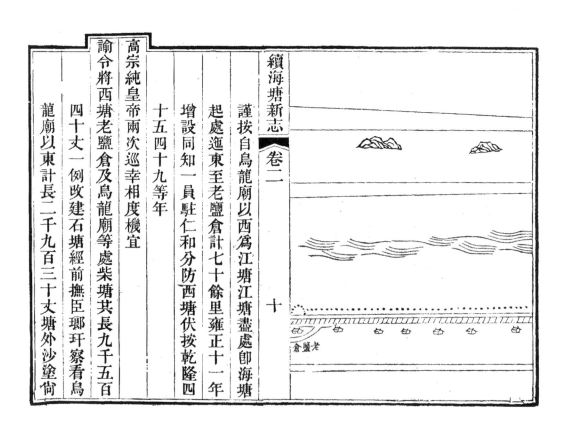

寬奏請停辦湖西塘形勢受江水之迴瀾當來潮之巨浸自改建石塘以來四十餘年隨時保護迄無浸溢之虞道光十五年因范公塘一帶地近省垣沙塗坍徙潮水直逼塘根因於埽內建築條塊石塘四百六十一丈此段潮來雖猛較之東塘最險之念汛其勢已殺取以

奏辦大工西塘減於東塘也今則仍柴石相聯之制

隄防尤爲完固云

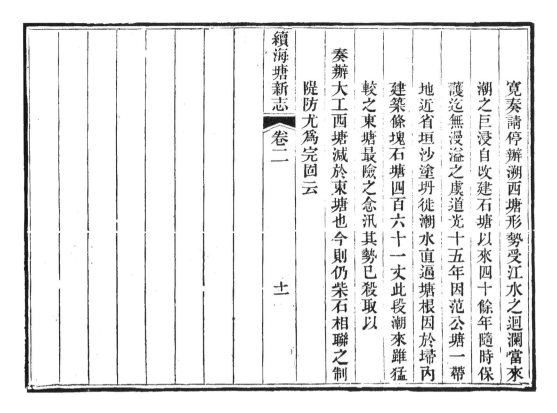

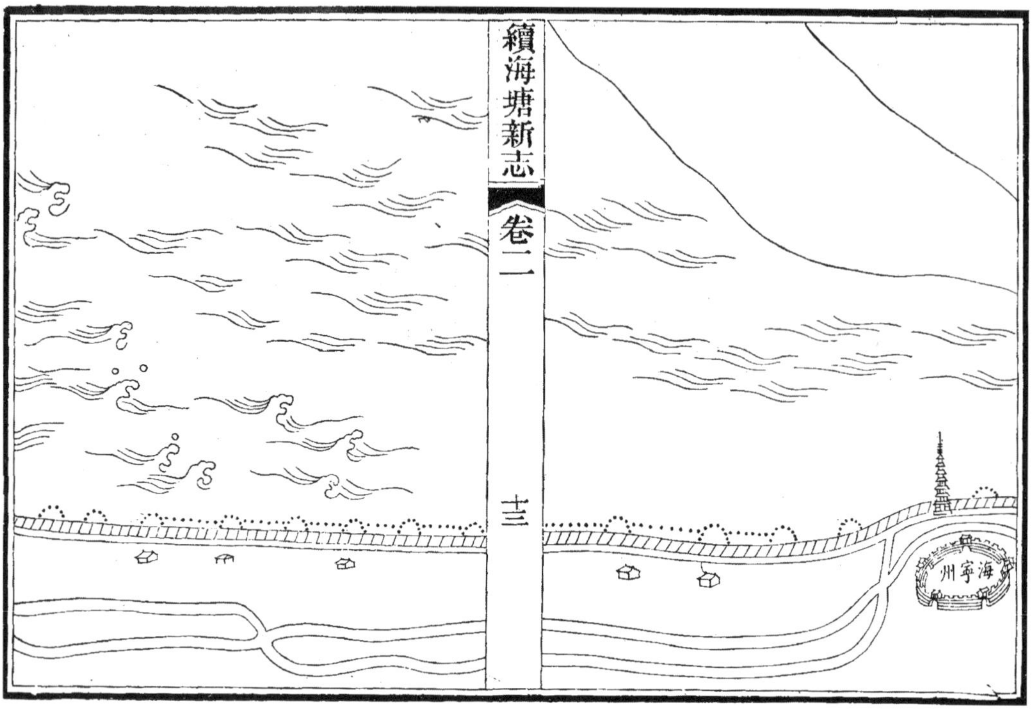

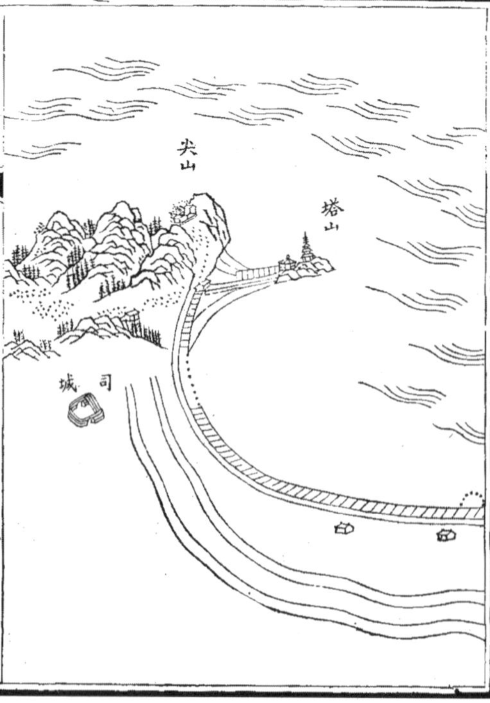

謹按東塘自老鹽倉迤東又折而南至談仙嶺計七十餘里雍正十一年以舊設杭州府海防同知一員駐海寧分防東塘乾隆五十五六等年沙勢南坍北漲塘身恃以鞏固嘉慶年間兩岸坍徙不定工亦無多道光元年至十年東塘念里亭汛對峙之黨山一帶逐年沙漲至四千餘丈十三年間又漲寬三千餘丈水底復接漲陰沙東潮愈高撲塘愈力坦水既多殘缺塘身

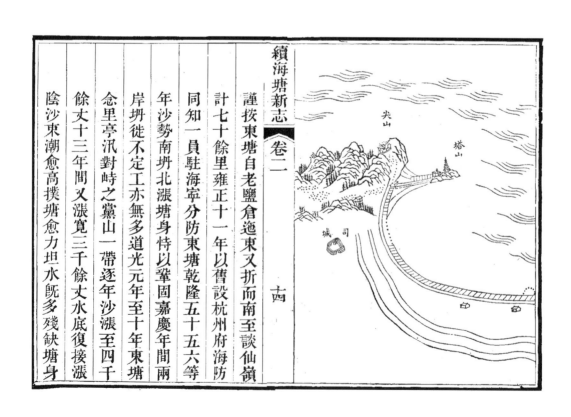

亦且傾頹而東塘險工遂層見疊出矣夫沙勢
既不可以人力爭則惟有講求修守之法
皇上俯念要工
特頒巨帑凡埽坦土石各工權其緩急以次迭興不三
年而竣事修工之多與成工之速伊古所未有
也今卽長隄屹峙潮汐不驚仍於沙水情形月
有奏報仰見
大聖人憂勤惕厲安不忘危云

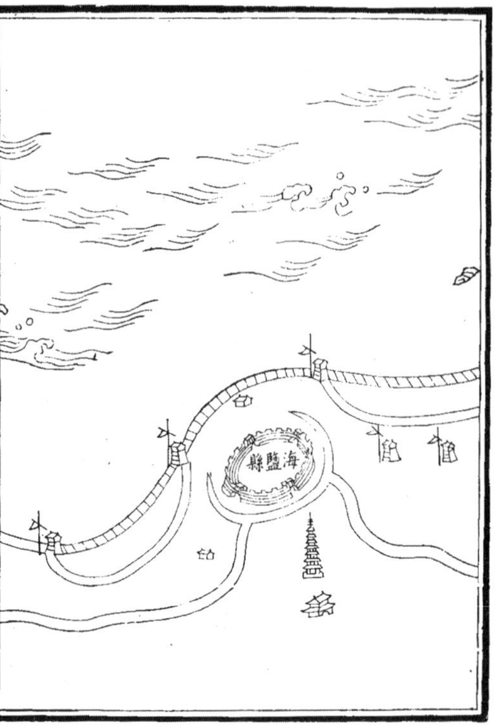

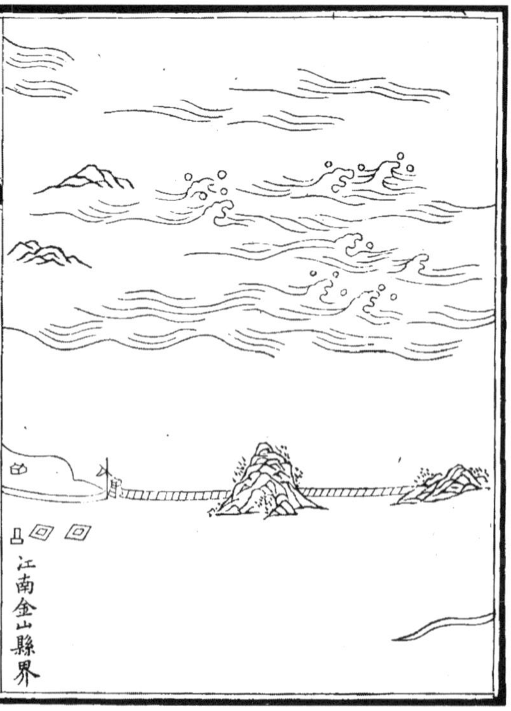

謹按自談仙嶺起斜趨東北至江蘇金山縣交
界止計一百四十餘里康熙五十九年以嘉興
府同知增給海防字樣關防移駐乍浦今仍舊
制鹽平二邑地處低平南則鹽之秦駐山北則
平之乍浦諸山俱突出海中山趾遥對潮勢不
舒以致東面受衝之處洶湧澎湃直撲塘身工
稱險要歷稽前明至
國初修築最繁近來潮係暗長撲塘之勢尚不過猛

石塘舊工完整居多道光初年前撫臣帥承瀛修築海鹽敕海廟一帶大石塘其工料三倍於東西兩塘鏨鑿平正一律穩固嗣後接築者卽依爲成式近年間有歲修足資抵禦蓋海鹽之塘專重塘身工料堅實卽可經久至平湖以北各塘土石相間或則山根蟠護或則沙勢綿延雖臨大洋潮來較緩修補每易爲力云

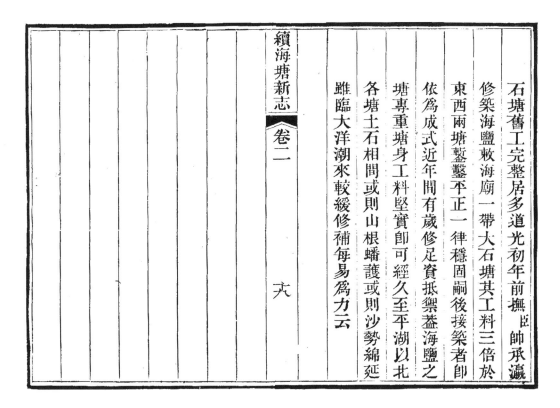

謹按李家埠汛西映字號至西官字號計一百八十七號共長三千七百十六丈自烏龍廟以東舊塘九百三十丈均係埽工乾隆年間因護塘有沙因將石工停止近則沙塗漸卸潮逼塘根地近省垣急資鞏護道光十五年議於埽工之內築條塊石塘八百七十八丈先築四百六十一丈其餘四百十七丈塘外向有月堤環拱可資後靠暫爲推緩入冬以後埽外新沙漲起

察看情形已有擁護其推緩之工

奏請停止此時潮勢仍無變遷不須添築現額設把總一員外委一名額外外委一名馬步兵丁八十四名駐仁和縣李家埠

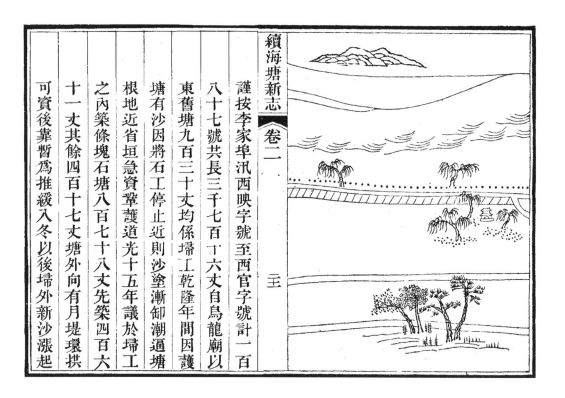

謹按翁家埠汛西官字號至女字號計二百十六號共長四千二百九十八丈爲仁寧分界其華家衖迤東之地塘外恰對河莊巖峯兩山逼起潮頭直趨北岸塘內接連長安壩下河一帶低窪之處內外形勢俱關險要道光十二年風潮案內柴埽工間段衝卸節次修築完整化險爲平且柳根蟠固柴石聯爲一勢不減舊制云

現額設千總一員外委二名額外外委一名馬

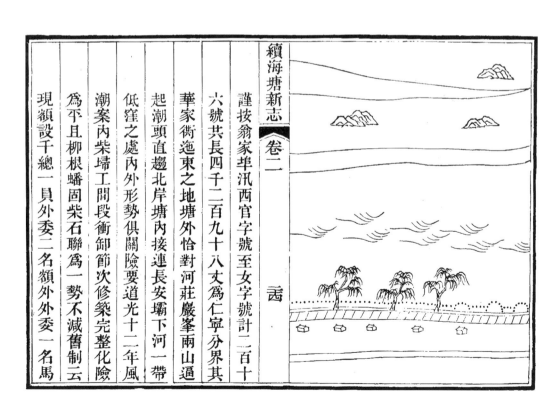

步兵丁一百八名駐海寧州翁家埠

謹按戴家石橋汛女字號至婦字號計一百六十四號共長三千二百七十一丈二尺以一汛分承東西兩防道光十二年風潮案內聲字號以西埽工及積字號以東石工俱間段坍損其因積忠則如松等號盤頭三座又皆衝卸迭次興修並修復條石坦水接續完竣東西防向以戴家橋榮業字號爲界自大工之後估辦坦水盡歸東防自積字號起已入東防冊籍而盤頭

則仍歸西防歲修通融辦理較爲簡易也現額設把總一員外委一名馬步兵丁八十四名駐海寧州老鹽倉

謹按鎮海塔汛婦字號至聚字號計一百三十一號共長二千五百九十四丈五尺六寸其地俯臨江海緊接城垣眞有建瓴之勢鱗塘原砌條石十六層道光十四年因潮汛盛大處其潑漫塘面議加高縱橫條石兩層以爲保障次年潮汛稍殺

奏請停止自興辦大工以來新建之盤頭足以挑溜續修之坦水足以護塘前則鞏以石工後復

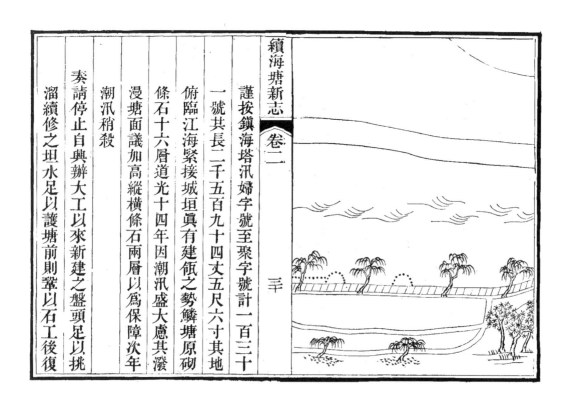

鞏以土戧附郭居民安如磐石矣現額設把總一員外委一名額外外委一名馬步兵丁一百十五名駐海寧州東門外敎場

念里亭汎海塘圖

謹按念里亭汛聚字號至石字號計一百五十一號共長三千十丈三尺二寸東南兩潮晝夜撞擊洵爲頂衝極險之地舊工外無衛護底樁顯露日漸坍卸道光十四年仿照西塘之式護以高寬柴埽塘根塘面兩受其益柔能克剛理可斷也然塘藉埽爲外護埽尤藉塘爲後靠十五年間查有溪字等號埽內石塘年久樁腐間段挫低復修鱗工一百二十三丈六尺自此埽

石比附如脣齒之相依且密築盤頭加幫土戧有備無患矣現額設千總一員外委二名馬步兵丁七十一名駐海寧州戚姬衙

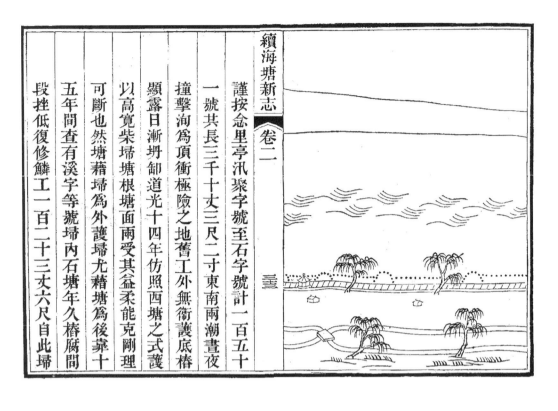

續海塘新志　卷二　三五

續海塘新志　卷二　三六

謹按尖山汛石字號至尖山脚瓤字號計一百二十五號其長二千四百八十二丈八尺潮由尖山入口實爲北岸海塘第一門戸近年西爲巨沙阻截潮即回溜而東直沖到塘勢難抵禦

道光十四年間

奏請於韓家池逍字等號改建條塊石塘三百四十餘丈塘外復護以塊石坦水又鉅字等號內有坦水係前明舊基一律改建條石坦水又猷

字等號仍將舊有塊石坦水照式修補又庶幾字號添建盤頭一座又黍稷於農字號添建盤頭兩座重門疊障足資海口之關鍵由小尖山迤東至大尖山至巖石山皆有碎塊石塘其間大小山各圩向係官民捐辦事隸海寧州牧云現額設把總一員外委一名馬步兵丁六十二名駐海寧州尖山司城

鹽平汛海塘圖

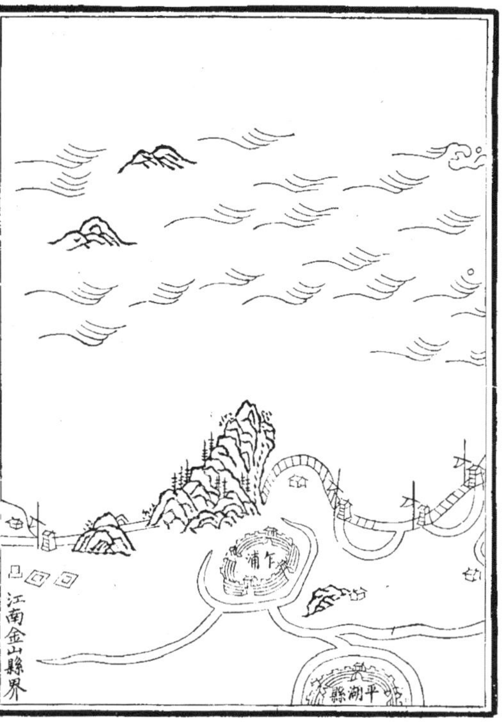

謹按鹽平汛談仙嶺至金山縣交界計石塘六千六百八十二丈四尺土塘一萬二千五十七丈二尺沿塘沙性堅實湖汛又係暗長塘身既固即無鬆浮之處遇有歲修則歸縣營分辦此地勢之異於東西兩塘也惟二邑東南之境濱臨大洋易啟奸匪所以修築之功較少而巡防之事居多乍防既有修造戰船之責而沿海堡房鱗次櫛比擊柝相聞俾宵小聞風知警則營員之隨時防守 關係亦匪輕哉現額設把總一員外委一名額外外委一名馬步兵丁一百一名駐海鹽縣城東門外

續海塘新志卷三上

修築上

謹按前代修築塘工兩浙海塘通志列爲專門新志補其未備搜採綦詳無須複敘新志成於乾隆五十五年迄今四十餘年歷稽檔案其間祇係歲修初無建築道光十二十三等年濱海州縣屢被風潮塘工間段坍損

皇上軫念民艱

簡派大臣來浙疊蒙

指示周詳期於修防盡善自十四年八月開工以後凡改築柴埽添建盤頭接建條塊石塘修復條石坦水加幫土堰土戧及修砌鱗塘等工至十六年二月以次完竣一律鞏固砣若金城此皆

聖天子子惠黎元不惜重帑爲一勞永逸之計也謹依前志之例凡修築事宜按年備載俾斯民知鑿井耕田皆由

帝力也志修築

道光十二年九月初十日巡撫臣富呢揚阿恭摺

具

奏爲濱臨江海各州縣猝被風潮沖卸柴土鱗石各塘間有淹及內地禾棉坍損官民房屋分別查勘辦理大概情形奏祈

聖鑒事竊照本年八月十六日至二十一日連日風雨山水下注江流泛漲又值仲秋潮汐旺盛東西兩塘恐有漫溢之虞正在札飭查報間即據各廳備及杭防道稟報十六十七等日風雨連宵該員弁等晝夜在工防護尙俱平穩十九日戌刻復起東北颶風大雨如注勢甚猛烈至二十一日寅刻忽轉東南風狂浪大適當潮至之時互相衝擊湧過塘面數尺人力難施致將李汛西方字號沖刷缺口十二三丈西及字號缺口六七丈化揚兩字號毘連坍卸二十餘丈其餘各工潑損一千餘丈塘

內棉花間及淹損又翁汛埽工柴工戴汛柴工亦各有潑損數百餘丈並柴盤頭五座並有坍至行路溝槽深至腰樁及底樁之處又東塘念汛地當頂沖潮水漫塘處所土堰附土均已被潮銼陷間段潑去面石并土備塘涵洞石閘各一座亦被沖坍淹及塘內禾棉並坍壞民房竈舍又鎮汛自字都字東字等號戴汛積臨映容篤和六號石塘亦間段坍卸一百五十餘丈幸於午刻風雨止息各

工始俱平定潮水亦退沿塘竈地涸出惟被鹹水潑浸棉花多有傷損民田因有備塘遮護被淹尚輕又海鹽縣同被風潮亦據報坍損四十餘丈各等情前來維時杭防道桂菖辦理文闈提調臣郎親赴該塘察看大概情形實因連朝風雨山潮二水旺盛風勢過猛海波漫蓋過塘被掣缺口實屬人力難施該塘面黨山邊舊有漲沙一道逐漸增長至數千丈激起潮頭分爲東南兩潮沖激北岸

情形險要迥非昔比經前任督臣孫爾準前任撫臣劉彬士於十年七月二十一日風潮案內先後聲明具

奏是時因工段過多只將險中又險各工籌欵請修於上年陸續辦竣其列入次險及陸續潑損之工未及一律修整加以此次風潮猛烈情形益覺增重現在險工林立勢難同時並舉自應先其所急將各缺口勒限該丞備立購料物漏夜設法搶堵

以免海水漫入其坍卸塘身在限內者照例飭令承辦各員趕緊賠修在限外者西塘共計柴埽工二千餘丈東塘石工尤爲險要者亦有一百五十餘丈應俟該道出闈逐一周歷確勘查明實在刻不可緩之工開具丈尺清摺到日臣再逐加核實

請

旨施行一面將海水過塘地方行司委員查明淹損禾棉田地若干坍壞民房竈舍應行量予撫卹之處

照例辦理並據紹興府屬之山陰會稽蕭山上虞四縣各稟報八月十九至二十一等日颶風猛雨潮勢洶湧沖坍土石塘堤更有山潮二水陡發沖通土塘又據台州府屬之臨海縣稟報同日風勢猛烈大雨連宵天台仙居二縣山水下注沖淹入城積水六七尺餘不等城內民房壇廟監倉衙署城樓營汛校士館養濟院棲流等所均有坍損間有壓斃人口四鄉田廬查明另稟又據溫州府屬

之樂清縣稟報八月二十等日狂風烈雨並被大潮沖坍堤埭陡門淹損沿海塗田等情臣均經批飭司道委員往勘並查明沖壓田地禾棉坍損民房及壓斃人口照例分別撫恤一切工程內如監倉等項由地方官先行設法修葺其餘一切工程俟委員等覆到酌分緩急次第請
旨辦理所有各州縣猝被風潮情形理合恭摺奏
聞伏乞
皇上聖鑒謹
奏
道光十二年閏九月初九日總督臣程祖洛巡撫臣富呢揚阿恭摺會
奏爲勘明風潮案內衝坍東西兩塘鱗石柴埽各工擇險籌款趕修以資保衛奏祈
聖鑒事竊照浙江省八月十六七等日風雨連宵山水下注十九至二十一日颶風大雨勢甚猛烈又當

仲秋潮汐旺盛之時互相沖激湧過塘面數尺人力難施致將東西兩塘各汛鱗石柴埽盤頭等工間段沖卸並掣通缺口臣富呢揚阿接據廳備稟報即親詣查勘當將大概情形並先搶堵缺口緣由恭摺
奏報在案臣程祖洛時駐省城睹此情形亦甚焦急隨會查此次風潮異常洶湧所有東西兩防限內限外柴石各塘多被潑損除限內柴埽各工三千

七百餘丈照例飭令承修各員趕緊賠修外其限外各工西方及二號並埸化字號沖通各缺口現經該道督飭廳備趕辦柴椿料物晝夜搶辦業已先後堵合亟須趕辦埽工以資捍衛此外要工林立若同時並舉不惟經費浩繁即料件人夫亦驟難齊集不能不擇其險中之尤險者儘先修築當經臣等批飭各司道等周歷查勘通盤籌畫分別最險次險據實估計詳修去後茲據藩司程矞采

臬司兼署運司張岳崧杭防道桂菖勘明李家舖等六汛一帶工段內西塘自李汛西政字號起至戴汛磬字號止間段柴埽工長一千五百七十七丈五尺又因積字號普兒兜馬牧港柴盤頭三座均已坍去行路溝槽間有顯露石塘暨裂縫露底並後無石塘土堤僅存丈餘情形均極危險例限已逾約需工料銀七萬七千一百五十兩零又東塘鎮海汛自字號起至尖山汛治字號止舊石塘

工又有續坍共計一百六十九丈八尺六寸坍卸到底並兩頭裂縫臌突均屬年久未修最爲險要約需工料銀三萬八千四百七十兩零又念汛陪字號起至輕字號止一百四十三丈間段激去面石二三層至六七層不等前於七月朔汛被潮潑損曾經捐廉加石補砌惟地當頂沖值此風潮抽掣益加寬深原石大半沈沒應請照例加高嵌用鐵錠方能堅固計需銀五千七十三兩零以上東西

塘極險各工三共約需銀十二萬二百七十兩零亟應乘時動修趕於歲內搶築完竣以禦春汛並據聲明次險又次險之西首字霜字號柴埽共長九百八十二丈五尺並盤頭二座請俟冬底春初再行動支來年額款作爲續行修辦之工惟本年經費僅存銀五萬三千兩計不敷銀六萬七千二百七十兩零查兩塘遇有要工歷係地丁項下動支又道光十年風潮潑損東塘各工因歲額本款

不敷會於新工經費項下詳請
奏借銀十萬兩聲明俟歲修經費積有餘銀陸續還
款有案現當停工之際未便請動地丁而新工經
費除節次
奏明發商生息及運庫商息節省引費並糧道借支
運費尚未歸還外僅存銀二千六百餘兩不敷撥
用查藩庫存有節年奉部採辦絨觔節省銀四萬
餘兩雖係應行解部之項究屬節省盈餘似可於

此內暫借銀四萬兩尚不敷銀二萬七千餘兩運
庫查有報存京協餉餘平款銀四萬餘兩亦係報
部雜款堪於此內奏借銀二萬七千二百七十兩
零以濟要工之需仍照上屆
奏借成案俟將來歲修減少經費積有餘存次第歸
款再此次應修柴石各工段落較長現在廳備各
員均各有應修工段且有限內坍卸應行賠修之
工勢難兼顧請援照嘉慶二年成案調委幹員分

段趕辦經該司道公同酌擬查有湖州府同知于
尚齡海寗州知州王頤署嘉興縣候補通判宋鑛
秀水縣知縣陳徵芝嘉善縣知縣李東育烏程縣
知縣楊紹霆山陰縣知縣周鏞堪以委令分辦等
情會詳請
奏前來臣等查兩塘工程自海中漲沙逐年增長後
潮勢被逼直撲塘身不惟東塘當沖之念里亭汛
等處情形倍加危險即西塘柴埽各工亦因盪激

力猛易致損傷近來險工疊出本非昔比加以本
年八月風潮猛烈坍損工段甚多現據該司道確
勘請修之坍卸石工本係年遠未修久逾固限其
柴埽盤頭等工亦均在限外實係刻不可緩應請
先行趕修以禦春汛且所需石料必須先期開採
鑿鑿六面光平輾轉載運均需時日自應乘此秋
汛安瀾之後開槽清底釘樁鋪石砌築及時興舉
惟約需工料銀兩除額款支用外尚不敷銀六萬

七千二百七十兩零擬於藩運兩庫雜款內暫行
照數借湊以濟要工仍遞年於歲修經費款內撙
節支用陸續歸還合無仰懇
皇上天恩俯念海塘爲浙西三郡民生保障工關至緊
准令照詳動借興辦至此次請修工段綿長兩塘
應備各有應修應賠之工勢難兼顧亦係實在情
形據詳援案酌調幹員分修係爲慎重要工期歸
妥速起見應請如詳辦理所有臣等酌議緣由謹

合詞恭摺具
奏並繕清單敬呈
御覽伏乞
皇上聖鑒訓示謹
奏
道光十三年三月初三日奉
巡撫部院批本道會同藩司呈詳秀水縣陳徵芝
等六工員承辦各工均屬迅速奮勉急公可嘉應

如詳各記大功以示鼓勵
道光十三年三月初九日內閣學士臣陳嵩慶跪
奏爲謹陳海塘險要情形請
飭籌備事昨見閣鈔經浙江撫臣富呢揚阿請項修築
西塘柴埽各工東塘魚鱗舊石工加高石工共估
需銀六萬三千餘兩已蒙
恩准在於運庫生息項下動支給辦在案臣籍浙江屢
詢家鄉來人知東塘堤身受病更重此次風濤砰

擊根腳日虛其勢危如累卵地方大吏未即奏請
修築者祇因例增五倍柴塘工鉅費繁不敢列入
請修項下近聞念里亭汛一帶上年秋汛南潮橫
擊高過塘顛塘後附土概行潑沒間有將面石揭
至海中者一線危堤實不足以資捍禦此時及早
提辦椿石皆可採用尚是料省工輕若再遷延聽
其潰敗必致無從措手杭嘉湖蘇松常鎮七郡皆
在下游東南財賦之區恐盡爲斥鹵不毛之地民

命亦懸於呼吸患且不可勝言臣確切訪聞眼前
萬難刻緩之工計不過一千餘丈并外加護塘碎
石據士人約畧估計云需銀二十餘萬兩若能核
實經理務使工堅料固或可化險爲平請
旨敕下浙江撫臣令熟籌通盤大計雖値帑項支絀之
際然數百萬生靈財賦所繫惜小費而貽重患臣
竊慮之不揣冒昧據實上
聞伏乞

皇上聖鑒謹
奏再此時籌款甚難
國家經費有常豈能給例外之用臣思近畿施賑京
員捐資圖效者頗不乏人此七郡中紳士殷商及
附近江浙處亦有急公好義者若准其輸貲捐辦
既於要工大有裨益亦不至動用正項錢糧臣所
指念里亭汛石工倘是擇要與修捐項倘有贏餘
更可一律修整爲鞏固持久之計臣言是否可采
其如何指認工段及量予奬勵之處併請
敕下部臣酌議施行謹
奏
道光十三年四月二十八日巡撫臣富呢揚阿謹
奏爲遵
旨查明海塘石塘坦水年久失修應請捐攤並籌先行
借款分年修復以資捍衛恭摺覆
奏仰祈

聖鑒事竊照浙省海塘爲杭嘉湖及江南蘇松常鎭七
郡保障最關緊要近年以來江潮洶湧凡年久石
塘以及塘外坦水漸次潑損已非一日臣迭次履
勘以東塘要工林立經費浩繁勢難同時並舉曾
於上年風潮案內
奏明擇其險中尤險者儘先修築其餘次要各工飭
令司道查明分別詳辦嗣據勘得塘坦各工失修
已久多屬傾陷臌裂非數十萬金不能修復現在

無項可動請先借款應用再行攤徵歸補等情會
詳請
奏臣正在查辦間即承准軍機大臣字寄道光十三
年三月初九日欽奉
上諭本日據陳嵩慶奏海塘險要情形請飭籌備一摺
國家經費有常此時籌款甚難不能給例外之用然
如該學士所奏及早趕辦椿石皆可採用倘屬料省
工輕若再遷延聽其潰敗杭嘉湖蘇松常鎮七郡皆

在下游東南財賦之區恐盡爲斥鹵不毛之地民命
懸於呼吸患且不可勝言是海塘關係甚鉅又爲該
省刻不可緩之工此項工程據陳嵩慶奏不過一千
餘丈估計需銀二十餘萬兩着富呢揚阿迅速體察
情形據實具奏不許稍涉含混又另片奏七郡中紳
士殷商及附近江浙處所所有急公好義者准其輸
資捐辦是否可行亦着富呢揚阿一併議奏候旨遵
行陳嵩慶摺片並着鈔給閱看將此諭令知之欽此

遵即恭錄咨行並飭該司道通盤籌畫能否捐辦
併確查工段核明銀數據實詳報去後茲據布政
司程矞采會同杭嘉湖道桂菖查得東塘搶綫魚
鱗石塘共計九千五百餘丈係康熙雍正乾隆年
間先後建築其下築有條塊石坦水二三層不等
計長八千二百丈擁護塘根溯查嘉慶二十四年
以前尖山迤西至潮神廟一帶塘下間漲水沙坍
徙無定潮勢尚緩即有險工每年不過數十丈自

道光元年至九年止亦祇修石塘四百二十五丈
零迨後水沙逐漸刷盡而對面黨山腳下南沙一
片漸漲至八千餘丈高至二丈及丈餘不等海面
逼窄潮來不能容納兼被沙阻激怒搏躍高撲塘
巔以遠年久損之工當大潮頂沖之患實屬難支
以故石塘坦水屢形坍陷自道光十年至今又擇
其最險工程修過石塘九百十三丈零加高石工
三百二十丈零坦水一千二百九十五丈統計東

西兩塘歲修定額共銀十五萬六千餘兩東塘僅
歲支銀五萬兩本為專修坦水而設自石塘損壞
勢不能不先其所急移以修塘又不敷用併將西
塘經費通融湊辦更不能兼顧坦水是以石塘因
無坦水而受病日深坦水因無修費而溜卸日甚
年復一年勢均危險雖各工員加意防護竊恐終
有意外之虞若不及早籌辦誠如陳嵩慶所奏患
有不可勝言者以目下通塘情形而論不修坦水

非特老塘失其保衛即新建石工亦恐塘脚空虛
未能經久計惟有將坦水一律修整俾塘根結實
其石塘先擇其刻不可緩之工趕緊修理藉資保
衛查東塘念里亭及戴鎮尖等汛塘身矬陷裂縫
外拜將就傾圮者共有搶緩魚鱗石塘三百八十
丈零約需修費銀九萬九千四百四十兩零又限
外坦水共計六千二百餘丈約需修費銀四十一
萬三千四百九十兩零工段綿長若一時併辦無

論料多人衆難齊集且恐急於蕆功必致草率
應將石塘及頂沖之念里亭汛坦水二千丈先於
本年暨十四年內照式興修其餘坦水四千二百
餘丈歸於十五六兩年內次第修復惟是需費甚
鉅每年歲修定有限制其藩庫新工經費一項又
經各前撫臣
奏明借墊無存此外實無可動之款現經陳嵩慶奏
請於江浙紳富中勸諭輸資捐辦業奉咨行曉示

而體察民情均知海塘係屬要工恐捐無定數即
辦無定時轉致延擱情願仍照道光四年奏辦嘉
湖水利之案先行借款興工再行攤徵歸還以期
迅速集事核計本年額支銀五萬兩除正月分奏
修東塘稟字等號石工用銀一萬二千餘兩尚存
銀三萬七千餘兩加以十四五六三年額銀可得
十五萬兩尚不敷銀三十二萬五千九百餘兩應
請

奏明先於解部捐監銀內借支興工一面在於東塘
下游各州縣民田內分作八年每年攤徵銀四萬
七百餘兩歸還原款第按畝攤銀數極零星易滋
弊竇不如按其銀額攤錢核定數目大張曉諭俾
民心目了然胥差無從淆混較為妥協查杭州府
屬之仁和錢塘海寧嘉興府屬之嘉興秀水嘉善
海鹽平湖石門桐鄉湖州府屬之烏程歸安長興
德清安吉武康等十六州縣均藉海塘為屏障該

縣等每年合共額徵地漕等銀九十三萬九百餘
兩每徵正銀一兩帶徵工費錢六十一文自道光
十四年上忙為始令其隨同正銀輸納由各該州
縣按照時價易銀解司足敷借款此外如紳富捐
有成數再行查明應修石工接續籌辦可期全塘
鞏固等情詳請具
奏前來臣復親歷確勘緣塘工之夷險全視海潮為
轉移從前潮行中小亹在河莊山以南今則南沙
高壅逼潮北趨已過河莊四十餘里海為沙佔僅
餘其半海窄則潮束而其勢愈高其力倍猛東塘
所建石工遠者已百餘年近亦七八十年及四五
十年不等樁本老朽石多剝落遇此異常潮汐朝
暮擊撞何能抵禦而又限於歲修歷年來各段工
程皆核計銀數與辦凡稍可支持者概行停緩是
以塘坦積漸損壞現據該司道議修各工實難再
緩惟

國家經費有常勢不能給例外之用而體察情形小
民咸知修此海塘即以衛彼田舍共願輸將合無
仰懇
皇上天恩俯念海塘緊要准於應行解部捐監銀內陸
續借銀三十二萬六千兩將石塘坦水各工按年
次第修整仍援照前辦嘉湖水利成案在於仁和
等十六州縣民田內分作八年攤徵歸款以順輿
情而濟實用出自

鴻施至勸諭江浙紳富捐助一節臣業已飛咨江蘇撫
臣妥籌並行司轉飭各府出示曉諭如有急公好
義情願捐輸者俟有成數臣查照上年部定章程
再行
奏請鼓勵一面勘明次要各塘工續請修辦如此捐
攤並籌庶使險要之工不致遷延次要之工亦得
興舉且歸款有著塘保無虞似於
國計民生均有裨益是否可行伏乞

皇上聖鑒訓示謹
奏
司道詳呈杭嘉湖三府得沾水利民田並攤徵銀
數
杭屬仁和縣民田四千九百七十三頃二十畝二
釐三毫四絲八忽錢塘縣民田二千五百五十六
頃八十畝六分九釐二毫五絲海寧州民田六千
七百九十頃十五畝七分七釐六毫五絲五忽餘

杭縣民田二千三百五十五頃三十四畝九毫七
忽共一萬六千六百七十五頃五十畝五分一毫
六絲嘉屬嘉興縣民田八千四十七頃五十一畝
三分一釐六毫秀水縣民田五千九百六十二頃
十畝九分九釐八毫三絲嘉善縣民田五千九百
四頃三十二畝一釐二毫海鹽縣民田五千二百
四十八頃十六畝八分三釐七毫五絲平湖縣民
田四千四百四十一頃三十八畝九分三毫石門

縣民田二千九百二十九頃十九畝六分三釐三
毫桐鄉縣民田四千三百九頃七十八畝五分二
釐四毫共三萬六千八百四十二頃四十八畝二
分二釐三毫八絲湖屬烏程縣民田七千一百六
十六頃四十七畝六分六釐五毫一絲歸安縣民
田六千二百五十九頃五十九畝四釐四毫長興
縣民田七千一百八十九頃四十五畝一分四釐
德淸縣民田四千五十六頃三十九畝四釐二毫

武康縣民田一千三百八十七頃十畝一分七釐
安吉縣民田一千九百八十二頃五十六畝四分
七釐七毫統共額田八萬一千五百五十九頃五
十六畝二分六釐三毫五絲以現修塘坦等工不
敷銀三十二萬五千九百四十四兩零分作八年
分攤還款每年攤徵銀四萬七百四十三兩零計
田一畝每年攤徵銀四釐九毫九絲六忽
道光十三年五月十九日戶部謹

奏爲遵
旨速議具奏事道光十三年五月十六日內閣鈔出奉
上諭富呢揚阿奏請借款分年修復海塘一摺着戶部
速議具奏欽此欽遵到部臣等伏查浙江海塘爲杭
嘉湖及江南蘇松常鎮七郡保障而七郡又爲東
南財賦之區修築最關緊要是以歷年該撫月報
海塘沙水情形案內聲明險要各工奏請動款興
修均經奉

旨允准在案茲據該撫奏稱親歷確勘東塘新建石工
遠者已百餘年近亦七八十年及四五十年不等
樁木老朽石多剝落塘坦積漸損壞議修各工實
難再緩所有念里亭及戴鎮尖等汛塘身矬陷除
將就傾圮者共有綏搶魚鱗石塘三百八十丈零
約需修費銀九萬九千四百四十兩零又限外坦
水共計六千二百餘丈約需修費銀四十一萬三
千四百九十兩零工段綿長若一時併辦恐致草

率應將石塘及頂沖之念里亭汛坦水二千丈先
於本年及十四年內照式興修其餘坦水四千二
百餘丈歸於十五六兩年內次第修復惟是需費
甚鉅藩庫新工經費一項歷經奏明借墊無存此
外實無可動之款現經勸諭紳富輸資捐辦而體
察民情均知海塘係屬要工恐捐無定數卽辦無
定時轉致延擱情願仍照道光四年奏辦嘉湖水
利之案先行借款興工再行攤徵歸還以期迅速

集事核計本年額支銀五萬兩除正月分奏修東塘橐字等號石工用一萬二千餘兩尚存銀三萬七千餘兩加以十四五六三年額銀十五萬兩尚不敷銀三十二萬五千九百餘兩請先於解部捐監內借支興工一面在於東塘下游各州縣民田內分作八年攤徵還款等語查道光四年署理浙江巡撫黃鳴傑奏杭嘉湖三府河道水利各工估計銀數借款修濬分年攤徵於道光五年正月初

十日奉

上諭准其借給興辦查明得沾水利各縣分年攤徵還款欽此欽遵在案現在東塘坦水等工既據奏稱積漸損壞實難再緩自應修復其所稱不敷銀三十二萬五千九百餘兩請於應行解部捐監銀內借支銀三十二萬六千兩應於所奏准其借支興辦以資捍衛乃俟分年修竣將用過銀兩報部核銷至所稱攤徵還款於杭州等府屬之仁和錢塘等十六州縣按每徵正銀一兩工費錢六十一文自道光十四年上忙爲始分作八年令其隨同正銀輸納由各該州縣按照時價易銀解司足數借款應令該撫轉飭將每年攤徵銀四萬七百餘兩另款存貯司庫仍照監餉之例解交部庫充餉至勸諭江浙紳富捐輸俟有成數勘明次要各塘工續請修辦應請飭令該撫悉心籌辦嚴飭各州縣妥爲經理毋得任聽胥吏勒索滋弊以安閭閻而濟

工用所有臣等遵議緣由是否有當伏乞

皇上

聖鑒謹

奏

道光十三年十月初二日巡撫臣富呢揚阿謹

奏爲備陳沙寬潮盛老塘危險情形前擬指項緩不濟急請先撥款修復坍損各工以資抵禦恭摺奏

祈

聖鑒事竊照浙江杭嘉湖及江南蘇松常鎮七郡為東
南財賦之地全賴海寧等處捍海長塘為田廬保
障所關甚大臣於道光十年十二月抵任後細察
海塘情勢知南亘舊沙逐年增漲已寬至四千餘
丈過潮趨北塘身喫重迥非昔比節次親詣履勘
見東塘念里亭汛一帶與南沙對峙適當頂沖老
塘受損之處不可勝數尤為危險溯查檔案該塘
係康熙雍正乾隆年間先後建築多未修過而每

年修費前撫臣程含章會於道光五年間奏定東
西各塘不得用過本款十五萬六千餘兩之數東
塘專修坦水額支五萬兩歲以為常即移以修塘
不敷應用亦祇將西塘經費通融湊辦總不適乎
前數凡過工多之年各工員止擇其險中尤險者
計銀請修其稍可支持者一概緩辦其本年春間
南沙又陸續漲寬三千餘丈海面益窄東潮愈力
念里亭等汛石塘日形敗壞正與司道籌修塘坦

各工擬先借款應用再行攤徵歸補適內閣學士
陳嵩慶具奏東塘堤身受病更重請修一千餘丈
並稱江浙紳富有急公好義者准其輸貲捐辦等
因欽奉
諭旨令臣體察議奏臣又與司道通盤籌畫以東塘險
工林立雖修千餘丈而不修坦水新舊工程仍難
保衛且石塘需費較多未能並舉不得不酌量增
減隨請修坦水六千二百餘丈石塘先擇其刻不

可緩者請修三百八十丈零定限四年修復約估
經費二共需銀五十一萬二千九百兩有奇其時
訪察杭州等府輿情均願攤捐濟工祇因年來未
能豐稔尚須養其元氣未便多攤定議請借監餉
三十二萬五千九百餘兩應用分作八年攤徵歸
款尚不敷用又將本年及十四五六三年歲修銀
十八萬七千餘兩盡數湊入並聲明次要各工如
江浙紳富有情願捐輸者俟有成數再請續辦等

情奏奉

諭旨允准當於接到部咨後

奏請先修聚字等號坦水一千丈靜字等石塘一百十二丈零委員分辦爾時正值伏秋盛漲不能施工飭先購備料件一俟霜清潮落即行趕緊興辦以資鞏固原擬此後捐項充裕未修要工即可次第就理詎料八九月間陰雨連綿沿江底水過高怒濤洶湧百倍尋常十月朔汛潮頭猶高過塘巔致將限內限外工段先後擊坍五百丈零並將塘

後附土全行沖卸節經嚴飭汛弁設法挑填幸先期貯有柴薪得以隨時搶築柴壩不致擊通過水

臣於報到後即親詣履勘雖從前極險各工未盡坍卸而次險工段轉多變爲極險坍工以外尚有游拜臌裂將就傾圮者間段其長四百九十丈零尤岌岌不可終日復詳細詢訪南沙水底近又接漲陰沙形勢南高北低水性就下江漲海潮一併側注北岸較前愈甚又親見潮頭遇沙阻激即分爲二東潮則靠塘搜刷南潮更對直沖不特漫過塘面抑且撼動塘身冬潮如此實爲從來所未有無怪各工段日危一日殊深惴恐因思念里亭等汛塘工地勢卑下石砌十有八層已較他塘爲高今潮水仍復漫溢若再行加高恐底盤年久勢難負重若照海鹽大石塘身高二丈四尺面寬九尺五寸之式一律改建計工共有三千餘丈需銀不

下二百萬兩無論經費有常即舊制亦難輕改計惟有另設挑溜殺勢之法俾潮來稍得平緩或不致如此激沖當與司道面商熟籌並飭核明應賠應修各工分別議詳去後茲據杭嘉湖道桂菖會同藩司程矞采查得限內坍工共計一百四十餘丈內有已故東防同知楊棟秀應賠五十八丈業已委員督同該家屬趕修又把總錢兆亨應賠五十丈因延不修理亦經詳請咨革押令措辦又有

三十餘丈係已故守備顧振綱及各委員分賠之工均已勒限嚴催上緊修復其限外已坍將坍各工共計尚有八百五十餘丈自建築後歷今百餘年及六七十年從未修過萬難停緩俱應一律興修此項工程卽有捐攤並籌案內二百六十餘丈工程在內其修費亦應統𥚃搭算方歸核實查現工共長八百五十餘丈約需修費銀十九萬四千餘兩前次捐攤並籌案內奏准存銀五十一萬二千九百兩零內除請修坦水六千二百餘丈應用銀四十一萬三千四百九十兩零又請修東塘靜字等號石塘及沛字號盤頭共支用銀三萬四千九百兩零止餘銀六萬四千五百兩零尚缺銀十三萬兩零前議咨行江蘇及各府屬曉諭捐輸現尚無人呈請捐辦各工甚急未便懸待輾轉籌畫別無可動之款惟有於藩運兩庫報撥存款內奏懇

聖恩敕部如數動撥以便乘時趕辦至目下潮汛動輒漫塘若非挑溜以殺其勢來年大汛斷難捍禦檢查海塘通志內載雍正七年前督臣李衞以南首海中橫亘巨沙潮逼北岸坦水坍卸塘身震撼奏請於陳文港等處建草盤頭五座周圍簽釘排樁中塡塊石竹簍深入軟泥之中作爲底脚上加埽料壓蓋堵禦頂沖使水勢稍緩可引漲沙漸聚又於八年奏稱東塘盤頭自塔門念里亭已先建大者二座其餘三座今春築完並於小墳前之項大一座盤頭兩旁增築雁翅使潮水得以兩面順勢掃出不致壅遏沖激現在頗有成效各等語是念里亭一帶本有盤頭五座以殺水勢嗣因建築石塘卽經廢置刻下南沙中滿正與志載中沙阻扼情勢相同且馬牧港普兒兜曹殿等處均築有盤頭雖該處潮勢稍緩而塘工平穩未必非盤頭挑溜挂淤之力若仿照成法於念里亭塘外建築盤

頭事或有濟惟工係試辦未敢遽行請
帑擬擇頂沖險要之處先行捐辦大盤頭一座兼築
雁翅約需銀四千兩令委員具領如式建築俟經
歷來年伏秋大汛果與塘工有益再行添建等情
詳請具
奏前來臣查潮隨沙轉沖突靡常南北兩岸之利害
往往隨潮爲遷移南岸尙有蕭會諸山聯絡捍衛
及受潮沖刷其利害猶小北岸則一帶平衍均屬
田廬全恃一綫危塘與潮爭勝稍有疎失害卽不
可勝言溯自道光五年以前南沙止有千餘丈潮
來尙緩迨八九年間陸續漲至四千餘丈北岸形
勢已覺喫重至本年春又漲寬三千餘丈對峙之
念里亭汛等處卽險工疊出今復於八千餘丈之
北接漲陰沙南潮益形猛烈各工段更易傾頹倘
陰沙漲高一經伏秋大汛老塘猶爲可慮臣不敢
預存成見多請

帑銀以待未來之工惟現已坍塌及將就傾圮各工
時雖冬令潮猶未平旣恐坍寬又防掣透設有疎
失補救已遲又何敢以無款可籌稍事停緩致滋
貽誤再四思維惟有仰懇
皇上天恩俯念工程緊要准飭部臣在於浙江藩運兩
庫報撥款內撥銀十三萬兩以濟工用如蒙
俞允臣卽飭令該司道派定字號遴員接續趕辦仍歸
沙水月摺
奏報至柴盤頭卽係挑水壩該處未建石工以前曾
建五座以挑急溜行之有效應如該司道所議先
行試築一座兼築雁翅其經費卽由臣與司道捐
廉籌辦如果經歷大汛實能挑動溜勢有裨塘工
再請動項添建合并陳明伏乞
皇上聖鑒訓示謹
奏
道光十三年十二月十三日三品頂戴前任河東

河道總督臣嚴烺跪
奏爲海塘工程緊要亟宜擇要勘估籌款興修以衞
民生而全財賦仰祈
聖鑒事竊查浙省海塘爲杭嘉湖蘇松常鎮七郡之保障年久未修如東塘之念里亭戴鎮尖等汛間有塘身矬裂及塘外坦水沖卸屢見危險經浙江撫臣富呢揚阿於本年五月間奏請擇要興修計魚鱗石塘三百八十丈約需修費銀九萬九千餘兩

又限外坦水六千二百丈約需修費銀四十一萬三千餘兩借項興修攤徵還款當蒙
恩准在案臣近閱邸鈔又據該撫奏稱本年八月九月間陰雨連綿致將限內限外工段先後擊坍石塘五百丈並將塘後附土全行沖卸次險工段變爲極險已坍將坍各工八百五十餘丈萬難停緩動撥藩運兩庫報撥款內銀十三萬兩以濟工用等因續蒙
俞允欽閱之下仰見我
皇上廑念東南七郡不惜巨萬
帑金以期弭患安民之至意臣籍隸杭州事關桑梓
感
厚澤深仁之渥沛實淪肌浹髓以難名臣前歲蒙
恩賞假僻處鄉園稔知近來海潮洶湧實爲從前所未有而海塘石工已近百年樁朽根鬆矬陷欹斜日甚一日若不及早擇要興修不但勞費終無已時

且恐一經風潮異漲其患有不可勝言臣受
恩深重聞見既確不敢不爲我
皇上縷析陳之伏查浙潮之由海入江向有三亹曰南大亹中小亹北大亹南中兩亹久已淤不通潮潮自康熙年間以來潮勢漸次北趨直抵上塘於是建築石塘繼又改建魚鱗大石塘及大小條石陂塘添設坦水柴塘石壩盤頭等項或爲塘脚之外護或爲挑溜之急需是海塘一事百餘年來時廑

列聖宸衷曩蒙
欽派大臣臨工籌畫機宜歷費帑金奚止數千百萬惟是
海沙遷徙不常潮流南北靡定在當年新工甫就
歲修工段無多所籌經費易敷物料足資抵禦且
從前潮溜尚有時南北分行不似今日全潮盡趨
北岸歷歲既久塘外漲沙坍刷殆盡經每日潮汐
兩次之淺損與夫三汛江漲之沖刷塘身漸多矬
陷樁木大半黴朽西塘雖有外護之柴塘東塘雖

有備腳之坦水而兩塘歲修定額僅止十五萬六
千餘兩以之修補坦水柴塘尚有不敷歷任撫臣
以經費有常不敢於歲額之外多請支發邇年以
來遇有石塘險要工程率多挪用柴塘坦水之項
通融湊辦無暇顧及坦水以致坦水殘缺而塘身
愈形險要自尖山至省城共計石塘一萬數千丈
已歷百年之久風潮沖激難免日就傾頹查錢塘
江居七郡之上游測水平者謂吳江縣塔尖與長

安瀾底相平設被潮水灌淹實有建瓴之勢所恃
爲金湯之固者全在此一線長堤東防廳所屬石
塘計九千五百丈半多欹斜矬陷本年兩次請修
石塘一千二百餘丈外約尚有應修者三千餘丈
西防所屬亦有險要之處若不擇要勘估一律興
修恐來年大汛一經異漲彼坍此卸措手不遑設
有疏虞不特杭嘉湖三郡膏腴盡成斥鹵即蘇松
常鎮四郡民田勢必同受浙潮之患東南財賦半

出於江浙錢漕是海塘實爲目前第一要務應請
敕下浙江撫臣沿塘詳加履勘體察現在情形分別極
要次要逐段核估據實
奏請籌款興修臣管窺所及是否有當理合恭摺具
奏伏乞
皇上聖鑒訓示謹
奏
道光十四年二月初四日巡撫臣富呢揚阿爲遵

旨確查據實覆奏仰祈
聖鑒事竊臣承准軍機大臣字寄欽奉
上諭據給事中金應麟奏浙江海塘工程緊要亟宜釐
剔弊端大要有二一在隨報隨修該塘遇有坍損工
員詳報上司多不即時勘估及至愈刷愈寬萬不得
已上司始行查勘亦只以原報丈尺爲斷自此詳請
領銀又復遲遲給發其輾轉沖刷數與原報丈尺更
屬懸殊遂致工員以原估之銀彌補續坍之數不能

不將就了事一在實領實用工員領銀之時藩運兩
司以及巡道衙門均有規費領銀到手復又假手門
丁胥吏包與工頭除各項尅扣已去十分之半而工
員之希圖自肥更無底數宜其草率偷減尺寸不符
工程日壞等語浙江海塘現經該撫奏請動項興修
所有該給事中奏稱釐剔弊端二款是否切中時弊
着即查明妥議具奏將此諭令知之欽此遵查修理
海塘全在工員妥速經營核實銷算庶使

帑不虛糜工歸鞏固該給事中金應麟所奏隨報隨
修實領實用兩端洵爲辦工之要領惟是東西兩
塘遇有坍損向由各汛弁立時搶護以防邊坍內
灌一面呈明廳備轉請杭嘉湖道馳往勘估稟報
由臣覆勘彙案
奏修從無遲滯其間或值伏秋大汛人力難施須俟
霜降潮平始得領銀工作或值工程較多應於歲
額之外另籌別款須俟奏奉

諭旨允准方能動款興修此等工段發銀領辦勢不能
不稍稽時日並非由於勘估遲延若謂上司不即
查勘以致輾轉沖刷丈尺懸殊遂使工員以原估
之銀彌補續坍之數將就了事無論工多銀少力
有未逮且坍工有保固限內限外之分限內者應
令承辦之員賠修限外者始發例估之銀建築一
經涉手身家繫之各工員何肯減應行保固之工
銀修估外續坍之工段致留後累況西塘埽工面

寬二丈者每丈例估銀四十餘兩東塘石工抵用
五成舊料者每丈例估銀二百餘兩近因潮勢洶
湧埽工每有坍至行路溝槽進深不下五六丈及
七八丈不等石工每有坍卸到底舊石率多掣入
海中不能撈獲各工員辦理情形已極苦累而一
切物料人夫又無不昂貴更何能以無銀之工責
令通融牽辦此實情之顯見者也至支發工料銀
兩例應搭放局錢每銀一兩給錢一千西塘三成

東塘二成俱於領銀內照數坐扣又乾隆二年間
前督臣奏明辦料銀內每兩扣留五分以一分二
釐解部充公歸准部行各項工程每銀百兩扣平
二兩又於前項平餘內劃出二分報部餘銀一分
八釐留為柴壩等項外銷之用雖搭放錢文不無
折耗核扣平餘不無短缺然皆奏定章程未便以
現今辦工竭蹶遽請免扣又東塘拆修清底暨坍
卸之工先須搶築柴壩禦潮每丈需銀三十兩外

銷平餘支用不敷即歸工員捐辦近年塘工甚多
力難賠墊於道光十二年間該司道議請將壩銀
作正開銷經臣奏奉
諭旨柴壩隨同正項估辦為從來所未有所請不准行
等因欽此據司道覆詳以柴壩為必需之工別無
可動之款請在東西兩塘額修銀內每兩酌扣銀
三分以備隨時發給工員搶築以免耽延亦係以
公濟公並非扣留作為別項支用此外各衙門實

無絲毫尅扣之項臣所深悉如該給事中所奏工
員領銀有費又假手丁胥工頭已去十分之半復
希圖自肥更無底數等語此在數十年前例價有
餘險工甚少經費無限之時容或有之今則歲有
定額工極難辦而又價不敷用各工員率皆駐札
海濱課工購料事事躬親料理非必工員均能急
公蓋緣潮盛工險一有損壞即須賠修不得不逐
細講究冀多一分實用即少一分賠累人夫丁役

實屬無從侵蝕且自西防同知方秉摘去頂戴改補地方守備顧振綱千總錢兆亨分別降革後各工員益加警惕自顧考成即如近日工段較多該廳備趕修不及遴委地方官分辦雖不敢臨差規避無不視爲畏途其非利藪可知此又事之易明者也臣見聞所及尚無前項情弊第海塘爲民生保障所關甚鉅辰下大工迭舉臣不敢以辦工爲艱稍事寬假致啟草率偷減之弊惟有督飭各司

道不時查察認眞驗收以仰副
聖主愼重海防之至意合將確查緣由恭摺覆
奏伏乞
皇上聖鑒謹
奏

道光十四年四月初二日巡撫臣富呢揚阿爲遵
旨查勘海塘情形日危一日請將應修應建各工動款興辦以資捍衛仰祈
聖鑒事竊臣承准軍機大臣字寄道光十三年十二月十三日欽奉
上諭本日據嚴烺奏海塘工程緊要請飭籌款興辦一摺浙省海塘爲杭嘉湖三府及江南蘇松常鎭四府田廬保障關係匪輕近年坍損過多愈形危險據嚴烺奏東防廳所屬本年兩次請修塘工一千二百餘丈外尚有應修者三千餘丈西防所屬亦有險要之處請飭勘估籌辦等語此項工程本年五月間據該

撫奏稱擇其尤險者先行修築估需銀五十一萬二千餘兩十一月間又稱限內限外各工俱已掣坍估需銀十九萬四千餘兩添建挑水壩尚須在外先後均經降旨允准現在估需銀兩該撫通盤籌辦自已足敷應用惟此項工程關係緊要務期一勞永逸堪資保障嚴烺所奏情形是否均應及時興修着富呢揚阿悉心體察究竟需費若干確切估計據實具奏嚴烺摺着鈔給閱看將此諭令知之欽此臣查塘工

之夷險全視海潮爲轉移海潮之撃撞又視沙水爲遷徙沙北漲則潮南趨南岸尙有蕭會諸山抵禦雖被冲刷其患猶小沙南漲則潮北趨北岸僅恃一線危塘爲下游七郡田廬保障如有疎失害卽不可勝言溯自雍正六七年間北沙坍刷南沙突漲以後塘工卽絡繹不絕前督臣李衞以潮頭直射北岸不能捍禦於是有題請東西塘改建石工及分築盤頭以挑溜勢之舉十三年間因工程險要奏

世宗憲皇帝特簡大學士臣嵇曾筠督辦又有議請於塘身裏面幫築土戧以防潰缺之舉嗣至乾隆四年南沙漸坍北沙遠漲潮勢向南兩塘始安如磐石暫免歲修迨二十七年潮復趨北四十一年南岸河莊巖峯兩山之間沙又漲起此十餘年中北岸堤防或修築盤頭柴塘石工或添建坦水木櫃竹簍殆無虛日四十五四十九等年恭逢

高宗純皇帝兩次巡幸閱視塘工先後

諭令將西塘老鹽倉及烏龍廟等處柴塘共長九千五百四十丈一律改建石塘經前撫臣琅玕奏明烏龍廟以東計長二千九百三十丈塘外沙塗尙寬石工可緩荷蒙

聖諭如水勢漸近仍行接築等因直至五十五六等年西塘漲沙五千七百餘丈東塘漲沙三千四百餘丈對面南岸之沙日漸坍卸塘身始得鞏固是沙水一經南漲大工卽因之迭興上廑

列聖宸衷費帑不下千百萬方能蕆事此皆載諸志乘歷歷可考者也迨嘉慶年間兩岸沙塗坍徙不定工亦無多自道光元年以至十年河莊山等處淤成平陸其與東塘念里亭汛對峙之黨山脚下逐年沙漲遠至四千餘丈逼潮北趨以致北岸自江海神廟迤西三官堂起直至尖山百餘里內片沙無存塘俱臨水東修西塌工無已時臣到任後歷次

查勘見塘身受損之處不一而足因思海潮之患
雖在北岸而受病之源實在南岸必須設法治沙
使之南坍北漲庶可一勞永逸隨廣諮博採僉云
前曾兩次挑挖中亹引河均無成效又查乾隆三
十七年前撫臣富勒渾以潮水北行奏明飭屬於
西口門內開溝俾經中亹欽奉
諭旨潮汛遷移非可以人力相爭今改趨向北惟當於北
岸塘工勤加相度修繕俾無衝齧之虞恐挑港鑿沙徒

勞無益不必急爲開溝引溜之計等因欽此恭繹
聖訓乃知沙不能治祇有講求修守之法以爲弭患之計
詎至上年南沙增漲三千餘丈水底復接漲陰沙
東潮愈高撲塘更力致令念里亭汛等處險工疊
出正與乾隆年間南沙中亘北岸受險情形如出
一轍惟念
國家經費有常卽要工林立亦當權其先後緩急力
籌撙節故稍可支持之工仍嚴飭各工員不時保

護暫緩請修其已坍將坍各塘以及護塘坦水勢
難停緩於是議請攤徵銀三十二萬五千餘兩湊
入歲額銀十八萬七千餘兩又請籌款銀十三萬
兩先後奏請分年修復石塘九百六十餘丈坦水
六千二百餘丈並捐辦大盤頭一座奉
旨允准此不過補苴罅漏先其所急之辦法非敢謂工
止此段修止此數也茲前任河臣嚴烺以塘工緊
要猶應擇要興修請飭查勘籌辦復蒙
皇上軫念海防殷殷垂詢令臣體察確估據實具奏仰

見
聖聖相承欲登斯民於袵席有加無已凡屬臣民曷勝欽
感臣遵卽督同杭嘉湖道桂菖節次赴塘詳細履
勘見小汛潮勢並不落低仍極洶湧朝撞暮擊前
次擬爲次險之工率多變爲極險其東塘念里亭
汛一帶潮頭激起輒高過塘巔三四尺到處漫溢
尤爲危殆伏查浙江潮勢冬春歷來微弱今自南

沙續漲而後上年十月朔汛已塹坍工段甚多不謂本年正二月望汛潮來愈旺又將念里亭汛現辦坦水三百餘丈樁木間被沖拆塊石多掣入海並將新舊各塘二十餘號附土刷深五六尺面石揭去數層至十餘層不等此爲從來所未有之事冬春如此將來伏秋大汛猛烈更甚實難保其安然無事爲今之計前擬暫緩請修之工固當陸續興辦即原工卑薄深處掣通漫過之處亦當補偏

救弊思所以抵禦而遏阻之乃可有備無患臣再四審度其間工程有險中尤險應行修復接築並改建另建加幫者約計銀數敬爲我

皇上陳之查東塘戴鎮念尖四汛坐當頂沖潮日砰擊塘身間段損壞不可勝數此即嚴烜所奏在應修之列者前因稍可支持之工一概剔除是以祗請修辦九百六十餘丈今則日形敗壞若復緩待必致傾圮掣透害及田廬今年伏秋大汛工程有無

增添尚難預定現查搶緩修工並魚鱗石塘業已遊陷蛀拜將就坍卸者又有七百八十餘丈勢甚危險不可終日應請一律修復鱗塘以資鞏固約共需銀二十一萬兩又西塘烏龍廟以東計塘二千九百三十丈均係埽工前於乾隆年間因護塘有沙是以將石工請緩該處地近省城其塘後支河汊港處處皆通設有疏虞關係甚重現在塘外沙塗半已刷坍潮水直逼塘根即如道光十二年

八月猝遇風潮內有方及場化等字號竟至沖缺掣通四十餘丈深爲可慮此即嚴烜奏爲險要之處應行籌辦者必須於臨水埽工內再築石塘以爲後靠庶免潰缺應請自前建工尾鳴字號起迤西至能字號止計長八百七十八丈接築條塊石塘以衞省垣約共需銀十五萬六千兩又東塘尖山汛韓家池一帶前因尖塔兩山之中築有石壩潮頭不能抵塘僅建柴工數百丈今潮入海門西

爲巨沙阻絶卽回溜而東直沖到塘勢難攖禦其後面又係居民甚爲險要應請自逍字號東六丈二尺起至杷字號西十六丈止計長三百三十七丈零改建條塊石塘以防沖刷約共需銀六萬兩又東塘石工根脚全築坦水擁護內惟尖山汛迤東有前明舊基一千二百七十餘丈護於塘下未經建有坦工今歷年久遠殘缺者多完整者少塘根漸形高露失今不修塘必日壞現在殘缺舊基

計有九百二十丈應請改建坦水以資保衛約共需銀六萬餘兩又東塘界內惟念里亭汛與南沙緊相對峙地勢最爲窪下潮勢最爲頂沖故近來工程較通塘獨險修者賠者亦較他汛獨多近因南潮高湧無汛不漫塘面人無站脚之地殊難保護設或猝不及防沖缺過水其下游七郡何以措手卽不掣通而鹹水日夕漫灌沿塘田地不久俱成斥鹵害亦匪輕 臣熟籌辦法非塘高於潮斷難

阻禦第該塘石砌俱十有八層已極厚重如再加增年久底盤必致漸陷漸傾若照海鹽大石塘身高二丈四尺及魚鱗舊塘身高二丈七尺之式分別改建所需不下數百萬金當此工多費繁之時亦未敢率意輕議因查塘後地形較之塘基稍高計惟有於舊塘背土後貼近處所照依鱗塘身高一丈八尺之制再加兩層另建一道並於前後兩塘中間用土填實似此重關疊障卽前塘坍卸修

築需時尙有後塘抵禦不致通潮貽害或潮漫前塘而後塘巔頂已加高數尺亦可仰遏攩回不致沖刷附土順流內灌應請於念里亭汛內自戶字號起至石字號止塘後另建鱗塘二千六百餘丈約共需銀九十萬二千兩惟工段綿遠物料人夫驟難湊集辦理必須數年辰下伏秋大汛轉瞬卽届仍屬緩不濟急先須查照前大學士 臣 嵇曾筠成法在於附土之後加幫土戧高過塘身六尺面

寬五尺底寬二尺夯硪結實使與石塘依爲脣齒暫作關攔以救目前之急應請先在塘後自聚字號起至石字號止一律加幫土戧三千丈約其需銀二萬七千兩以上各工統共約計銀一百四十一萬五千兩均係最爲險要刻不可緩之工臣不敢祇圖節省輙貽異日之憂亦不敢稍任浮多致啟虛縻之漸現據司道以浙省無款可籌詳請

奏撥前來合無仰懇

皇上天恩俯念塘工緊要准令及時興修如蒙

俞允並請敕部如數籌撥以濟工用其工段應如何委員分辦按年派修石料應如何採購運腳應否加增後塘地基內間有廟宇橋梁民居墳墓應如何給價遷徙容臣悉心妥籌條晰另奏除飭各工員速將春汛沖去土石趕緊搶築撈砌加意防護外合將查勘大概情形先行恭摺覆

奏並繪圖貼說敬呈

御覽伏乞

皇上聖鑒謹

奏

再臣正在拜摺間據杭嘉湖道桂菖暨辦工各員先後具稟三月朔望兩汛潮來愈猛鎮海汛及念里亭汛一帶又潑損石塘三十餘號間有沖卸到底或揭至十五六層不等並擊斷新釘坦樁三千八百餘根塊石沖失無數等情接閱之下實深焦

急伏查春汛非伏秋可比乃竟異常洶湧損工壞料無汛不然過此以往伏汛即臨何堪設想若不預爲籌備勢必臨時倉皇無從措手所有請築土戧三千丈應即先行趕辦工關甚緊臣未敢拘泥停待擬於捐攤並籌前案借存監餉款內暫撥銀二萬七千兩給發各委員勒令將土戧分段趕築於四月內一律全完用資保護其款俟撥銀到日再行歸還除檄行遵照並將沖損各工嚴飭補釘

堵砌毋任延緩外相應附片奏
聞伏乞
聖鑒謹
奏
道光十四年四月二十二日戸部謹
奏爲遵
旨速議具奏事道光十四年四月十九日内閣鈔出奉
上諭富呢揚阿奏遵旨查勘海塘情形請將應修應建

各工動款興辦一摺着戸部速議具奏欽此欽遵
到部臣等伏查浙江海塘爲杭嘉湖及江南蘇松
常鎮七郡保障而七郡又爲東南財賦之處修築
最關緊要是以上年五月内該撫奏請興修搶緩
魚鱗石塘及念里亭汛坦水等工約需修費銀共
五十一萬二千餘兩除奏入歲額銀十八萬七千
餘兩尚不敷銀三十二萬五千九百餘兩請先於
解部捐監銀内借支興工分作八年攤徵還款經

臣部議覆奉
旨允准在案又十一月内奏請修復坍損限内限外各
工約需修費銀十九萬四千餘兩内除動修坦水
等工尚餘銀六萬四千五百兩零不敷銀十三萬
兩請於藩運兩庫報撥款内動撥復經奉
旨允准亦在案茲據該撫奏稱戴鎮念尖四汛坐當頂
沖潮日砰擊搶緩修工並魚鱗石塘業已陷矬將
就坍卸勢甚危險應請一律修復約需銀二十一

萬兩又西塘烏龍廟以東地近省城現在塘外沙
塗半巳刷坍潮水直逼塘根自前建工尾鳴字號
起迤西至能字號止接築條塊石塘約需銀十五
萬六千兩又東塘尖山汛韓家池一帶因潮入海
門西爲巨沙阻截郎回溜而東直沖到塘勢難攩
禦甚爲險要請自道字號六丈二尺起至杷字號
西十六丈止改建條塊石塘約需銀六萬兩又東
塘石工根腳全築坦水擁護内惟尖山汛迤東有

前明舊基一千二百七十餘丈護於塘下未經建
有坦工今歷年久遠殘缺者多塘根漸形高露失
今不修塘必日壞現在殘缺舊基計有九百二十
丈請改建坦水以資保衛約需銀六萬餘兩又東
塘界內惟念里亭汛與南沙緊相對峙地勢最爲
窪下潮勢最爲頂沖非塘高於潮斷難阻禦惟於
塘背後貼近處所照依鱗塘身高一丈八尺之制
再加二層另建一道並於前後兩塘中間用土塡

實自戶字號起至石字號止塘後另建鱗塘二千
六百餘丈約需銀九十萬二千兩又於塘後自聚
字號起至石字號止加幫土戧三千丈約需銀二
萬七千兩以上各工統共約計銀一百四十一萬
五千兩均係最爲險要刻不可緩之工請
敕部如數籌撥以濟工用等語查浙江海塘既據該撫
查勘情形危險所有應修應建各工自應次第與
辦以爲一勞永逸之計惟查所請另建鱗塘一款

需銀九十萬二千兩該撫聲明工段綿遠物料人
夫驟難湊集辦理必須數年其所請銀兩臣等酌
議應俟興工按年陸續請撥外其餘請撥銀五十
餘萬兩臣等擬撥本年春撥現報之山東地丁銀
十萬兩浙江地丁銀十二萬兩蘇州地丁銀八萬
兩江西地丁銀五萬兩兩浙鹽課等銀十五萬兩
以上共撥銀五十萬兩應令各該撫於文到日迅
卽派委妥員解赴浙江藩庫以供支用其餘應令

該撫相度緩急隨時奏請撥給仍將修過工段銀
兩核實造冊報部核銷至所稱工段應如何委員
分辦按年派修石料應如何採購運腳應如何加
增後塘地基內間有廟宇橋梁民居墳墓應如何
給價遷徙俟妥籌條款分晰另奏等語應請
敕令浙江巡撫悉心籌畫妥協辦理務期無弊無擾以
資捍衛而靖閭閻所有臣等速議緣由是否有當
伏乞

皇上
聖鑒謹
奏
道光十四年六月初十日刑部右侍郎臣趙盛奎
前任河東河道總督臣嚴烺謹
奏爲查勘浙省海防潮勢塘工大概情形先行據實
恭摺具
奏仰祈

聖鑒事竊臣等欽奉
諭旨馳赴浙江查勘海塘應修應建各工當於跪聆
聖訓
陛辭後帶同刑部員外郎怡昌主事蔡瓊束裝出京於
五月三十日行抵浙江嘉興府境因聞該府屬之
海鹽縣前辦大石塘工最爲認眞隨即取道海鹽
查看該工坐當海潮直沖塘身向爲喫重幸近來
潮係暗長撲塘之勢尚不過猛石塘舊工完整既

多新工亦甚鞏固堪資抵禦旋即前赴海寧撫臣
富呢揚阿亦已前來臣等即帶同司員並該管杭
嘉湖道覺羅桂菖會同赴工沿塘查勘東自海寧
州尖山汛起西至仁和縣烏龍廟止兩塘一百五
十餘里自六月初二日至初五日履勘一周查念
里亭汛近日當潮勢頂沖塘工時有潑損坍蟄處
所因初三日係海潮大汛之期臣等會同撫臣即
在念里亭汛之華岳廟地方佇立新築土戧堤頂

察看潮勢沖擊情形倏潮頭東入海門分爲二股
一由東普漫而來一由南岸折趨北岸適會於華
岳廟前兩潮互相撞擊高過塘頂四五丈浪花掀
潑勢如傾盆驟雨臣等猝不及防衣履無不溼透
嘗見塘工條石隨潮掣卸實爲猛烈異常次日又
於該處附近地方復行察看潮頭較昨稍低而搜
刷塘根其力亦復甚勁且有間段潑過塘頂之處
推究其故總由南沙漲高寬至數十里堅逼江海

之水全由北大亹以北經行海面愈窄潮頭愈高且南潮一股遇南沙阻其怒勢折而北趨適與東潮會合其勢愈猛以北岸一線之塘工欲抵禦全潮排山倒海之勢其危險情形誠不堪設想查自乾隆年間建築鱗塘以來內幫土戧外護坦水而坦水尤為捍海要工總令隨時認眞修補倘恐北沙坍盡難資捍衛況近年以來東塘坦水六千餘丈片段無存石塘外無擁護此坍彼塌險工因而

迭出勢所必然上年四月撫臣請修坦水六千餘丈亦是見及於此惟原分四年完工內有千丈勒限年內報竣至今尚無一段報完詢據該工員及該道面稟或因已經興辦旋被潮刷或因存水甚大難於簽樁雖係實在情形第伏秋大汛現已屆期潮汐往來危在旦夕豈容束手坐視迄無成功茲該撫續請自念里亭汛戶字號起至尖山汛石字號止另於塘後建築鱗塘二千六百餘丈亦因

該處正當潮勢會合頂沖欲為重門保障起見第興築新工即極力趕辦非三年不能蕆功設塘外別無擁護之法舊工必日見坍卸新工仍立形危險其新幫土戧三千餘丈雖可以防潑頂之潮水而不能護外坍之石工是保護塘工實為目前第一要務必得詳考成規博採輿論分別緩急設法趕辦期於辦一段可免一段之虞早一日可收一日之效斷不容畏難苟安聽其坐誤現在該省於

念鎮等汛內籌辦柴盤頭以資挑溜業已辦有三座亦係急則治標之法此後如有成效尚可請動經費接手添辦藉資保衛另容臣等定議會同撫臣具

奏其餘請修各工內除修復坍損鱗塘必應趕辦外

臣等聞浙潮望汛大於朔汛擬於十六日復詣海寧察看潮勢情形再與撫臣詳悉妥議另行陳奏

候

旨遵辦所有臣等到浙履勘潮勢塘工大概情形先行
據實恭摺具
奏伏祈
皇上聖鑒謹
奏
道光十四年六月二十七日刑部右侍郎臣趙盛
奎前任河東河道總督臣嚴烺浙江巡撫臣富呢
揚阿謹

奏爲遵
旨會同籌議保護海塘各工分別應否修建恭摺詳晰
陳
奏仰祈
聖鑒事竊臣趙盛奎臣嚴烺到浙後將查勘海塘大概
情形於初十日由驛恭摺具
奏旋卽查照道光十三四兩年臣富呢揚阿三次請
辦各工奏案逐加履勘詳細核議並於六月望汛
內帶同司員會同臣富呢揚阿暨該管杭嘉湖道
復往海寧察看潮勢仍與朔汛相仿臣等卽因潮
勢之輕重分工程之緩急查東南兩潮頂沖之地
現以念里亭汛爲最險臣富呢揚阿本年奏請自
該汛戸字號起至石字號止塘後另建鱗塘二千
六百餘丈正以博採輿論皆謂舊塘之險患在與
水爭地故有此退後另建之請玆公同熟商剏建
新工斷非一兩年所能全竣不但緩不濟急且舊

工外無衞護底樁顯露尺餘及三四尺者居多日
漸坍蟄卽新工辦成仍形危險是現在籌防海塘
仍以講求外護爲當務之急而外護塘根無如坦
水現在水深潮猛不能修復檢查成案有護塘竹
簍成法係多造竹簍塡貯塊石聯以篾纜密布塘
根再行疊高放寬做成坡陀形勢尚可於水內施
工行據司道詳復塊石竹簍必須關以排樁方免
掣卸而念里亭汛不能釘樁亦與坦水不能修復

無異惟有仿照西塘石工之外改修高寬柴埽不
惟可護塘根兼免掀揭面石且潮頭遇剛則激遇
柔則緩即如新築柴盤頭現能穩立乃係柔克之
理則石外鑲埽自屬可行臣等體察情形所言較
有把握或疑海塘工程從前仰荷
列聖垂念海防以柴工爲不足恃始改石工以期經久今
轉議鑲柴埽似非改建石工本意不知從前改建
石工之處柴塘並未廢盡是以西塘石工賴有柴
工擁護而石工至今完整並查乾隆四十九年欽

奉
聖諭石柴聯爲一勢即以柴塘爲石塘坦水等因今東塘
坦水既不能修則鑲築柴埽以代坦水不但可以
護塘根抑且可以護塘項是正與石工相爲依輔
並非舍石工而專意柴埽雖埽工保固限滿不無
應增歲修惟石塘得此外護可免潮水砰擊坍卸
不復逐年間段請修此後年復一年所省正復不

少如竟置之不辦無論臨水補修之石工既不能
開槽清底又不能抿灰灌漿旋修旋坍勢所不免
即或勉支歲月而完新坍舊循環估修
國帑之虛耗無窮下游七郡之廬舍民田仍無時不
瀕危險是歲費於修塘而險工自在不若暫費於
鑲埽而塘保無虞臣等公同酌議擬東自念里亭
汛石字號起西至鎮海汛甲字號止除已捐建盤
頭六座現擬擇要添建盤頭三座外其餘請改建
柴埽三千四百四十四丈連頂土估計以高過石

塘四尺爲度計高深二丈七尺頂底牽寬二丈五
尺埽前仍照成案拋護塊石以資保護至念里亭
汛迤西鎮海戴家橋兩汛實爲次險之工臣富呢
揚阿上年四月內奏修坦水工程即有兩汛在內
茲復會同履勘該汛塘工沖刷日久底樁無不顯
露若議修復坦水不過簽樁拋石難用灰漿灌砌
仍必隨潮掀揭豈能衞護塘根查塊石竹簍係用

竹簍聯絡成片間層又密釘排樁爲之關束不致遇潮掣卸因念里亭汛最險之處水深難以釘樁是以議鑲柴埽鎮海汛以西近塘底水較淺尚可乘險簽樁較之修復坦水更爲得力擬東自鎮海汛啟字號西至戴家橋汛積字號止除亦擇要添築盤頭四座外其餘概用竹簍塊石保護塘根計長三千八百三十一丈五尺寬四尺前高二尺後高一丈查竹簍保固成案止限半年未免過少應

請改定保固兩年限滿後每年酌辦塊石數千方堆貯備防遇有刷缺丈尺非稟由撫臣親往驗明不准補拋動用若干隨時如數購貯不得視爲歲修定例率以爲常此外西塘烏龍廟以東臣富呢揚阿本年奏請自舊工尾鳴字號起至能字號止接築條塊石塘八百七十八丈查係捍衛省城要工塊石究難經久且迤東舊工本係條石鱗塘應請一律接築魚鱗石塘以昭慎重再查海寧繞城

石塘五百三十四丈二尺原因地勢稍高僅砌築條石十六層現在海潮大汛出水石工僅止一二層一遇風隨潮湧即潑漫塘面該塘近在臨城殊爲可虞臣富呢揚阿前未估及請修之處應請將繞城塘五百三十四丈二尺一律加高縱橫條石兩層於保障城垣更爲有益其尖山汛迤東塘下舊基臣富呢揚阿本年奏請改建坦水九百二十丈乃係間段請修茲查尖山汛鉅字號起至慮字

號止均應一律修整惟該處地勢較高潮不當沖無庸改建坦水祇須護以塊石計長一千九百丈寬二丈四尺前高二尺後高八尺雖較原請銀數增多而工長加倍不止兼可永資保衛又韓家池逍字號東六丈二尺起至杷字號西十六丈止請改建條塊石塘三百三十七丈零又戴鎮念尖等汛三次奏修鱗塘一千七百五十餘丈又自念里亭汛聚字號起至石字號止塘後加幫土戧三千

丈皆係應辦之工均應請照原奏辦理所有節次
奏請修復鱗塘並土戧各工由臣富呢揚阿隨時
嚴催剋期完竣外其現議興辦柴埽盤頭竹簍塊
石鱗塘等工原爲亟資保衛起見應分別勒限以
免延誤應請將柴埽盤頭勒限本年十二月十五
日以前完工塊石竹簍勒限來年四月十五日以
前完工其改建接築各石工需料較多需時稍久
應限來年七月底完工均須照估如式辦理報候

撫臣隨時驗收如有遲延草率立即指名嚴參務
期
帑不虛糜工歸實濟以紓
宵旰而衞民生如蒙
聖慈俯允照辦查臣富呢揚阿上年兩次原請銀六十
四萬三千餘兩此次續請銀一百四十一萬五千
兩除節次請修復鱗塘銀四十三萬九千餘兩又
韓家池改建條塊石塘銀六萬兩塘後加幫土戧

銀二萬七千兩係照原請銀數並無增減外臣等
現請東塘石工外改修埽工銀五十六萬六千六
百餘兩添建盤頭銀四萬二千兩塊石竹簍銀三
十九萬八千八百餘兩烏龍廟以東接築條石鱗
塘銀二十七萬七千餘兩海寧繞城塘加高條石
二層並附土銀九千一百餘兩與原請互有增減
統計共需銀一百九十一萬八千餘兩核較臣富
呢揚阿三次請銀二百五萬八千餘兩計節省銀

十四萬兩惟臣富呢揚阿原奏各工係分年辦理
是以將十四五六等年東塘歲修銀十五萬兩並
未收監餉預入估計現准部咨亦以另建鱗塘銀
九十萬二千兩應俟興工按年陸續請撥今埽石
各工統限年內及來年七月以前一律完竣除前
請預借十五六年歲修額款並未收監餉銀共十
八萬兩應請先於報撥款內如數借支俟收有成
數另由臣富呢揚阿核明具

奏外其未撥鱗塘工需現請改修埽簍各工銀共七
十七萬五千兩恭懇
天恩敕部如數籌撥於本年八九月內全數解浙以便
採購各項料物接濟工需謹將辦工事宜條議章
程呈繕清單恭呈
御覽並繪圖貼說附報咨送軍機處以便進
呈所有臣等會同相度籌議緣由謹合詞恭摺具
奏伏祈

皇上聖鑒訓示遵行再東塘石工孤立潮汐時刻可虞
臣等現飭擇要鑲埽並添建盤頭以資捍禦不敢
拘泥貽誤合並陳明謹
奏
謹將保護海塘修築各工事宜公同酌議七條恭
呈
御覽
一遴派公正道府丞倅人員總催分催驗料查工
以期認眞也查浙江海塘向係本省該管東西
兩防同知海防守備承辦如工程較多添派地
方現任候補人員分辦工有保固事有責成自
當仍循其舊惟辦理各工以料足工堅爲首務
無如積弊相沿已久丁役夫匠惟圖偷工減料
不按成法每致固限未滿率多坍卸在工員自
顧考成察奸剔弊者或不乏人而任用非人苟
簡敷衍者實屬不免甚至上年東防同知楊棟

秀因而自盡現在委辦工程無不視爲畏途非
得公正誠實諳練之員專司查驗則積弊不除
要工終無實濟應請每二十里專派分催丞倅
一員常住在工隨時監修稽查責成驗料催工
如不遵照成法卽隨時稟究倘或扶同草率一
經驗出除將工員參賠外分催之員亦同參究
仍派道府二員協同該道總催撫臣仍不時赴
工查驗如此層層稽核有弊必除不特料戸匠

工無所呈其伎倆卽承辦工料各員亦必知所
儆惕相率認眞矣
一支發錢糧應設立總局核實除弊也查錢糧有
一分虛糜卽工料少一分堅足向聞工員領銀
一經胥吏之手往往託詞影射層層尅扣以致
工員不肖者偷減守法者賠累率多以此爲口
實此次辦理海塘必應設立總局專司支發查
藩司爲錢糧總滙應請飭總其成仍遴派公正

精細道府一二員幫同稽核遇有批准給領銀
款照數兌足當面發給不經胥吏之手其有例
外支銷銀款應於領項內核扣者開局之日司
道稟由撫臣據實
奏明一面明白出示按數扣留不得絲毫浮扣庶弊
端可除而工員無可藉口矣
一應用條石分別協濟採辦以期迅速也查塘工
條石向在紹興府屬採購歲需無多尚可敷用
此次石工估需條石二十餘萬丈除已派工員
承辦外約尚少條石十七八萬丈爲數既多各
工均限來年七月內完竣爲期又促現於紹興
府外查得杭州湖州二府之屬縣亦有山可採
卽分派該三府領銀採辦趕速運工核計其數
仍有不敷案查乾隆四十五及四十八年浙省
塘工條石由江蘇先後協濟應用所用銀兩卽
由江蘇報銷茲浙省採石不敷相應原照成案

仰懇
聖恩敕下江蘇撫臣按照浙省現辦寬一尺二寸厚一
尺長四五尺六面見方之條石於蘇州洞庭一
帶採辦協濟四萬丈期以來春全數交工可資
應手與砌此項條石尺寸係照定例辦理如辦
有不足驗收之員應行駁回承辦者不得掗交
驗收之員亦不得任意刁難如違均准稟究
一樁木柴束等料酌委妥員遠近分辦也向來塘

工椿木均於附近購辦玆查本省所產龍游開化諸山者爲最質性堅老入水久而不朽惟因價值較貴工員圖省率皆購買由福建泛海販運之木質性鬆脆又多大頭小尾不適工用應委熟諳誠幹之員賫帶銀兩前赴龍游開化產木處所如式購運以應目前工需惟恐所產無多不敷工用仍分委幹員前詣江寧江西各省按工用圍圓尺寸定例挑取直長者趕速運工

以資接濟其埽工柴束向於富陽分水建德桐廬四縣購辦現在需用較多除委工員自辦外仍分派該四縣協同購運以期迅速其石灰鐵錠竹篾塊石等料均令照例辦運與椿柴各項並由委員驗收不准稍有短少偷減

一埽石各工取用土方分別官地民地酌量辦理也查塘身裏面舊多坑坎不能取土卽有平衍可取之處而貼近塘根斷不容仍前挑成深坑致留暗險無論官地民地凡距塘十丈以內一概嚴禁取土其在十丈以外二十丈以內官地聽其取土民地按雍正年間成案照河工例購買應用每田一畝例價六兩每地一畝例價四兩交地方官給銀收買對工量明不得稍有侵越仍將所買民地額徵錢糧由撫臣

題請豁免庶於工有益於民無損其買地價銀卽由工員所領土方銀內支給不准另請開銷

一鑲埽簽椿酌添料物選派熟手率同妥辦以期堅穩也查鑲築柴埽工必應層柴層土釘椿拴纜方期堅穩而海塘向辦埽工壓土厚薄皆不如法只有椿木而無竹纜殊不足以抵風浪應請酌添竹纜緊拴各椿庶可牽扯得力至椿木從頂簽釘必須到底排列必須整齊而海塘向釘各椿或簽釘不深或參差不齊以致砌石鑲埽不能穩實推究其故海塘釘椿之人搭架既

不如式硪打又無多時詢以雲梯天硪各器具
俱茫然不知不但無裨工程抑且虛費椿木應
遴選熟手攜帶雲梯天硪率同本工兵目如法
簽釘並幫做埽工可期要工益臻堅穩
一嚴禁包料包工以期工歸實用也查料販匠工
惟利是視即工員按照時價購僱躬親查驗尚
不免串通丁役朋比爲奸乃有一種牟利之徒
聞有工員領辦工料即圖包攬代辦大抵照原

領銀數留給工員成頭工員止貪目前之盈餘
不計將來之賠累往往樂於從事而包攬之徒
或因向來未識工員或恐工員不肯相信輒轉
託人鑽營攬辦其素爲營謀者或又先行自攬
然後分給料戶匠工凡此鑽營分給剝削層層
短少草率勢所必然而工員既行扣有成頭爲
其所據亦不能再行認眞稽查塘工之壞坐此
病者爲最大現在條石椿木大宗分派各府及

委員承辦又另委多員不論何項料物均須報
候驗收做工之時責成監視前項情弊當可剔
除惟現交工員自辦之料恐不免沿於積習必
應嚴行飭禁如有犯者包戶照積蠹棍徒例從
嚴辦理工員參革庶辦理均臻核實

再臣等承准軍機大臣字寄道光十四年六月初
七日奉
上諭本日據富呢揚阿奏海塘工程前請捐辦大盤頭

一座業於四月上旬趕辦完竣經歷四五月望朔兩
汛頗能挑溜中趨尙屬得力如果抵禦伏汛屹然不
動當相度地勢再建數座以禦頂沖等語海潮逼近
塘根必須抵禦有資方免沖刷既據該撫查明所建
大盤頭一座實爲得力着趙盛奎嚴烺富呢揚阿體
察情形悉心妥議此項大盤頭工程如果實能挑溜
中趨歷久無弊俾通塘大局日有轉機即着相度地
勢據實奏明再行添建數座以資捍禦總期於工程

實有裨益而帑項不致虛糜方爲妥善將此諭令知
之欽此仰蒙
訓示精詳欽感不可言喻遵查東塘陳文港小墳前薛
家壩念里亭白墻門錢家坂等處雍正年間經前
督臣李衞分築挑水盤頭大柴壩六座以禦首沖
而緩水勢載在通志著有成效臣富呢揚阿於四
月上旬捐建大盤頭一座即係白墻門舊址左近
嗣據各府知府暨海寧紳富並四所鹽商等於錢

家坂舊址左近捐建二座又於小墳前舊址左近
捐建二座現尚擬於念里亭西首適中之地捐建
一座以禦秋汛惟查李衞築壩之時祇稱東塘潮
頭自尖山直趨而來勢猛溜急故築壩六道專以
捍禦東潮今潮過尖山分爲東南二段東潮順刷
塘根自與雍正年間相仿南潮爲老沙所阻折而
北趨復與東潮適相會合撞擊則較雍正年間潮
勢更爲猛烈臣等體察近日所築盤頭於東潮之

來挑溜數十丈之外始復刷及塘根尚爲得力惟
南潮之來直沖塘身不能適遇建築盤頭之處可
以抵禦則於南潮恐不能得力是以臣等擬將最
險之處築做柴埽次險之處護以竹簍仍於捐建
大盤頭六座之外間段酌添盤頭七座以保埽簍
而引漲沙已於正摺內詳晰具
奏恭候
訓示遵行緣奉前因謹附片覆

奏仰祈
聖鑒謹
奏
再臣等仰蒙
特簡勘視海塘事關
國計民生至爲艱鉅自跪聆
聖訓後惟恐籌畫未能精詳有辜
委任日深祇懼遂購覓海塘各種成書逐次詳細閱看

互相講求並隨處博訪周諮期於集思廣益其言之無當者固無足論有言似近理而實格礙難行者一曰切沙一曰改制一曰讓地讓地之說卽撫臣富呢揚阿前摺退後另建鱗塘之請所請另建者僅二千六百餘丈尚以查勘塘後廟宇民居塋地河道溝池應行遷移改建塡築挑復之費爲數不貲業經改議若將念鎭等汛最險之處一律讓地改建更多滋擾小民安土重遷豈可以利民之

事爲病民之舉殊難置議切沙之說蓋以潮循南岸遇沙梗阻折而北趨爲全塘致病之由故欲將南岸積壅之沙挑切陡崖再挖深溝槽引潮衝刷俾沙隨潮去不復再折爲探本窮源至計不知引河屢挑屢塞切沙偶通旋淤自康熙以逮乾隆年間歷經辦理無效現在塘工緊急斷難再行嘗試改制之說蓋以海寧之潮向係循塘而西順刷塘根是以祇建魚鱗條石塘工卽資保衛不似海鹽

正當海之西面潮來直撲塘身必須五縱五橫大石塘方能抵禦今因海寧念里亭汛一帶正當南潮北向直撲塘身且與東潮會合砰擊潮頭愈高撲塘更猛亦欲照海鹽大石塘之制另行改建若祇就現在潮勢頂沖之處改建數百丈經費雖不過多而臨水施工已屬限於措手況潮頭頂沖之處上下不無遷移卽如臣等六月初三四日往看潮勢其撲過塘面處兩日相距卽有數百丈之遠

是其明驗若並將現勘最險之處念里亭汛三千餘丈悉行改建大石塘不但經費石料數倍鱗塘難以籌備卽此水深潮猛斷難折卸塘石就地興工若退後另建則較改建鱗塘地基丈尺更寬遷移擾累更多何敢輕率置議臣等體察情形思維至再除現議鑲築柴埽而外別無濟急良策亦知柴埽乃補偏救弊之計而以土能尅水柔可勝剛之理測之尚屬確有把握況此外東塘次險各工

均已一律估辦若能工堅料實如式修築則石工柴埽脣齒相依是標治而本亦兼資其益臣趙盛奎未諳工程不過講求理解臣嚴煩可保數十年塘工無事雖埽工兩年保固限滿不無歲修之費然以西塘柴工七千餘丈歲修十萬兩之數計之每年需費不過七八萬兩查東塘例有歲修坦水銀五萬兩現已將該塘坦水改用竹簍每年祇須添拋塊石較之歲修坦水大可節省即可留爲歲

修柴埽之用如有不敷約計添銀四五萬兩儘足敷用應請

敕下撫臣每年酌增東塘歲修銀兩至多不得過五萬兩之數以示限制現已添建並捐辦盤頭十餘座挑溜中趨如數年之後北岸得有漲沙即此歲修經費可以量加節省臣等因正摺未能詳盡用敢附片再行縷晰陳明伏祈

聖鑒謹

奏

道光十四年七月十四日戶部謹

奏爲遵

旨速議具奏事道光十四年七月十一日內閣鈔出奉

上諭趙盛奎等奏籌議修建塘工銀兩計共需銀一百九十一萬八千餘兩所有鱗塘工需並改修埽簍各工請撥銀七十七萬五千兩着戶部速議具奏欽此

欽遵到部臣等伏查上年五月內浙江巡撫奏請

興修搶緩魚鱗石塘及念里亭汛坦水等工約需修費銀共五十一萬二千餘兩除奏入歲額銀十八萬七千餘兩尚不敷銀三十二萬五千九百餘兩請先於解部捐監銀內借支興工分作八年攤徵還款經臣部議覆奏

旨允准十一月內奏請修復坍損限內限外各工約需修費銀十九萬四千餘兩內除動修坦水等工尙餘銀六萬四千五百兩零不敷銀十三萬兩請於

藩運兩庫報撥款內動撥復經奉
旨允准各在案又於本年四月內據該撫奏稱海塘險要工程有應行修復接築并改建另建加幫者約共需銀一百四十一萬五千兩經臣部以所請另建鱗塘一款工段綿長辦理必須數年所請銀九十萬二千兩應俟興工後按年陸續請撥其餘請撥銀兩於本年春撥冊內議撥銀五十萬兩湊交該撫妥協辦理奉

旨允准亦在案茲據
欽差侍郎趙盛奎等奏籌議保護海塘分別勒限修築各工內修復魚鱗石塘韓家池改建條塊石塘塘後加幫土戧等工係照原請銀數並無增減又現請東塘石工外改建埽工添建盤頭塊石竹簍烏龍廟以東接築調石鱗塘海寧繞城塘加高條石尖山汛以東塘下舊基酌護塊石等工與原請銀數互有增減統共計需銀一百九十一萬八千餘兩核較浙江巡撫富呢揚阿三次請銀二百五萬八千餘兩計節省銀十四萬兩除節經撫臣原奏各工需用銀兩外其未撥鱗塘工需現請改修埽簍各工銀共七十七萬五千兩恭懇
天恩敕臣部如數籌撥於本年八九月內全數解浙以便採購各項料物接濟工需臣等擬撥本年春撥留協之山東地丁等銀十五萬兩山西地丁等銀二十萬兩長蘆鹽課銀七萬兩餘平銀一萬兩廣

東留備地丁等銀十七萬兩再撥北新關徵存稅銀十萬兩滸墅關約徵稅銀五萬五千兩浙海關約徵稅銀二萬兩以上共撥銀七十七萬五千兩應令各該撫鹽政等於文到日迅即派委妥員務於本年八九月解赴浙江藩庫以供支用仍令該撫按照該侍郎擬定限期統於年內及來年七月以前一律修築完竣仍將用過銀兩核實造冊報部核銷所有臣等遵議緣由是否有當伏乞

皇上
聖鑒謹
奏
道光十四年八月初五日刑部右侍郎臣趙盛奎
前任河東河道總督臣嚴烺浙江巡撫臣富呢揚
阿謹
奏爲遵
旨查明會同籌議恭摺據實覆

奏事竊臣等承准軍機大臣字寄道光十四年七月
初十日奉
上諭東西兩塘每年歲修究竟爲數若干現在兩塘據
稱每年歲修需費不過七八萬兩東塘例有歲修坦
水五萬兩現議酌增銀兩是否卽係節省銀兩抑係
在常例歲修之外此時妥議章程酌定限制將來是
否仍有歲修之項不致再爲增添着詳細查明據實
具奏趙盛奎俟接奉此旨會同籌議覆奏後再行來
京復命等因欽此臣等跪讀之下仰見
聖謨深遠
指示周詳欽服不可名狀當卽欽遵恭録分行藩運兩
司及杭嘉湖道詳查妥議旋據會詳前來臣等公
同覆核逐細籌議查海塘經費向係動支地丁正
款自乾隆二年至嘉慶八年節次奏撥引費及發
商生息等款銀每年共十五萬六千餘兩爲東西
兩塘歲修之費嘉慶二十三年以前每年本款用

有餘存二十四年至道光四年本款之外每年長
用銀一二萬至十餘萬不等前撫臣程含章於道
光五年奏定限制每年歲修不得過十五萬六千
餘兩之數由是西塘以十萬餘兩爲定額東塘以
五萬餘兩爲定額此東西兩塘歲修銀兩之額數
也查東塘歲修銀兩專爲坦水之用今坦水坍卸
首險之處改鑲護埽次險之處改用竹簍則歲修
坦水銀五萬兩已可全數節省但柴埽竹簍兩項

連盤頭十三座共工長七千餘丈核與西塘柴工丈尺相仿以西塘歲修額銀十萬餘兩計之東塘此後歲修亦應以十萬兩爲率雖竹簍保固限滿購貯塊石備防必須驗明刷缺丈尺然後補拋不得歲以爲例而購備塊石之項亦須於節省坦水銀內動支且現辦埽工坐當頂沖潮猛溜急較之西塘情形尤重自未便惜費貽誤所有節省坦水銀五萬兩以抵歲修埽工等項之用尙少一半此

臣等於歲修常例之外酌議請添五萬兩之原委也臣等深知

國家經費有常何容於常例之外稍有增添但修埽簍以衛石工石工不坍經費實有節省即如年來鱗塘坍塌積至一千七百餘丈現經奏修銀至四十三萬九千餘兩之多計石工一次補修之年可爲埽工八年歲修之費而埽簍不修則石工之日就坍塌者更不知凡幾是以不敢拘於常例求省

轉費惟此項酌添銀五萬兩地丁正項斷難動撥自應籌款生息以便支銷茲據藩運兩司詳稱庫貯雜款節經動支無存現在實無可籌之款臣等熟商再四可否仰懇

天恩於浙省捐監項下每年提銀五萬兩存貯藩庫備添東塘歲修之用俟將來籌有生息銀款仍照監銀全數報撥伏祈

敕部議覆遵行臣等復查歲修原額銀十五萬六千餘

兩祇爲修理西塘柴工盤頭及東塘坦水之用其補修鱗塘本不在內嘉慶二十三年以前石塘無險每年用有餘存二十四年至道光四年石工屢坍每年額外多用自五年迄今每年歲修雖不逾定額而歲修坦水之項移爲補修石工之資並因坦水不修石塘危險致有現辦埽簍及補修石工之鉅費是歲修之有無不敷全視石塘之有無坍塌現在東塘石工之外旣有埽簍以爲外護則補

修之費可省而歲修銀兩更無別工挪用以此覈
計所請酌添銀五萬兩將來不致再爲增添緣奉
諭旨飭查謹詳悉覈明會議據實覆
奏伏祈
皇上聖鑒再臣趙盛奎拜摺後卽帶同司員起程遵
旨回京復
命合并陳明謹
奏

同日恭摺會
奏爲海塘要工興舉差委乏員恭懇
聖恩揀發飭調事竊臣等會籌保護海塘請辦柴埽竹
簍及各項石工限以本年至來年七月完竣現以
奏奉
諭旨允准在案此次工程既繁限期復緊節次估需錢
糧至一百九十餘萬之多所有監工驗料隨時催
查及稽察收支幫辦局務無不需員差委浙省現
任候補人員非派辦工程卽委辦料物其總理錢
糧監催工料雖有專司之藩司及杭嘉湖道二員
現已分別札委並經添委運司宋其沅協辦局務
而塘工頭緒殷繁非有幫辦之員究恐經理不能
周到倘有工員積弊未剔致誤要工關係實非淺
尠查幫辦局務總催工程責任均爲重大非公正
明幹大員難期得力仰懇
聖慈於在部候選人員揀發曾任實缺道一員知府二

員來浙差委其分段監催驗收料物又須諳練河
務精明誠實之員始副分任應請就近浙省
敕下江南河臣於所屬候補丞倅佐雜內遴選四五員
派令來浙聽候分派工竣之日揀發道府留浙補
用南河人員仍回本工至海塘埽簍石工皆以扞
椿爲要務而在工並無熟手扦釘不能如法並請
敕江南河臣於所轄河營內酌派千把總一二員選帶
熟諳椿埽兵丁一百五十名攜帶雲梯天硪各器

具即日來工率同力作工竣仍令回管臣等爲愼
重要工起見恭摺具
奏伏乞
皇上聖鑒訓示謹
奏
再此次請辦埽石各工俱係照例估計若工員等
悉遵定制定式認眞核實興辦必能標本並治工
歸實濟臣等奉

命督工責無旁貸且費
帑幾及二百萬之多臣等具有天良敢不破除情面
嚴澌積習以期仰副
委任第臣等一二人耳目難周不能不藉羣策羣力以
資勷助而揀選各員中求其人正派誠實又能深
悉工作者不可多得現辦工段綿長遴選實屬乏
人査浙省塘工向以前浙江巡撫大學士朱軾在
老鹽倉建築石塘四百六十丈至今完整堅穩看

其所用石料並非加長加寬不過鑿鑿平整層砌
如式即能垂永久而資鞏固此後則惟有前撫臣
帥承瀛修築海鹽敕海廟一帶大石塘九十九丈
亦係照式鑿鑿層整屹若金鏞以後接築者皆照
依爲成式至今海鹽紳民等稱頌不置在當時隨
同朱軾辦工之員歷年久遠杳不可得而帥承瀛
所委之員則係前任海鹽縣知縣汪仲洋該員前
經緣事革職後因石工保固年限未滿未敢回籍

向在江蘇安徽一帶地方遊幕査該員被議之案
係在錢塘縣任內失防斬犯徐倪氏在監自縊經
前撫臣程含章奏參革職嗣據錢塘海鹽士民先
後赴
欽差尙書王鼎行館公呈保留經王鼎咨交前撫臣程
含章覈辦旋爲該員奏請捐復原官欽奉
諭旨該員平日居官雖好惟於徐倪氏在監自縊此等
要犯漫不經心實有應得之咎不能寬容一人令天

下州縣咸知警戒所請捐復原官之處着不准行等
因欽此嗣經在部呈請降捐教諭經吏部覈議奏蒙
恩准在案臣等伏念該員原議之案究係失防公過尙
與本案承審承檢不實各員畧有區別且自革職
後閑廢已閱十年似足以示警戒可否仰懇
天恩俯准該員以對品改爲縣丞留浙差遣委用臣等
得隨時派令查料稽工藉收指臂之助實於要工
有裨臣等爲工程須資誠實可靠熟手起見用敢

冐昧附片具
奏伏祈
聖鑒訓示謹
奏
道光十四年九月十三日盛京工部侍郎烏爾恭
額謹
奏爲海塘應修各工現在查詢實在情形據實直陳
仰祈
聖鑒事竊奴才仰蒙
恩命會辦海塘要工跪聆
聖訓後惟恐有負
委任遂購覓海塘各種成書沿途悉心研究以資學習
並廣諮博採期於要工有濟茲於八月二十九日
馳抵海寧工次撫臣富呢揚阿亦於是日到工咨
送軍機大臣字寄道光十四年七月初十日奉
上諭海塘工程現派烏爾恭額嚴烺會同富呢揚阿妥

爲辦理此項工程關係甚鉅務須斟酌妥辦以爲一
勞永逸之計倘辦理稍有不善以致帑項虛縻工無
實濟惟烏爾恭額等三人是問朕言出法隨不能稍
從寬貸也等因欽此奴才跪讀之下仰見
聖慮周詳
洞悉無遺亟宜恪遵
諭旨斟酌妥辦以爲一勞永逸之計正在會同履勘各
工前河臣嚴烺於九月初一日到工遂又督率杭

嘉湖道海防廳備各員會同詳加履勘後於九月
初四日抵省復勘西塘應建工程 奴才 溯查東塘
於雍正乾隆年間改築魚鱗大石等塘內幫土堰
外護坦水法至善也西塘柴埽原係柴塘嗣於柴
塘之後建築石塘遂以柴塘為石塘之坦水並非
專建柴埽為石塘坦水至竹簍塊石乾隆八年前
督 臣 那蘇圖以海寧觀音堂諸處草堂沖刷成險
編造竹絡丁順鋪放以作坦水嗣後並未續辦其

條石坦水則自前大學士嵇曾筠修辦之後至今
垂為成法彼時即因鋪砌塊石雖多至四五層易
於潑卸終非經久之策是以改用條石坦水二層
載在志乘班班可考況此次改築柴埽竹簍塊石
等工較之修復坦水多用銀至四十八萬餘兩之
多又係更改舊制尤宜籌畫盡善務期經久始於
塘工有裨遂向前河 臣 嚴烺撫 臣 富呢揚阿逐項
講求詳細詢問以今議坦水改築柴埽是否相宜

據前河 臣 嚴烺以水深溜猛不能釘樁修復坦水
是以會議仿照西塘石工之外改修柴埽不惟可
護塘根兼免掀揭面石較之坦水實有把握 臣 富
呢揚阿亦以為改鑲柴埽可與石工有益又議改
用竹簍塊石等工究竟能否經久據前河 臣 嚴烺
以竹簍塊石保護得力亦屬實有把握據撫 臣 富
呢揚阿以石塘外護無如坦水是以前經疊次
奏請修復嗣因潮勢洶湧念里亭一帶已修坦水節

被潑損樁石一時難以竣工於
欽差到浙時會同履勘商酌改用竹簍塊石尚可於水
內施工俾石工早資保護以免情形增重亦屬得
力並據該道廳備各員俱稱是否可以經久難以
預料 奴才 查此項工程事關東塘坦水全行更改
舊制誠為
國計民生之所係現又欽奉
諭旨着斟酌妥辦以為一勞永逸之計亟須再四熟籌

庶足以資捍禦而垂久遠且奴才抵工時看視潮汛見潮退後坦水畢露逐段掣損參差不齊當經詢問該道廳等可否修復坦水據稱自建盤頭以後已能挑溜中趨以現在潮勢而論念里亭一帶仍難施工其餘似尚可以修復因又連日會同商酌撫臣富呢揚阿以工關緊要現奉
諭旨斟酌妥辦自應再行逐細講求以期要工有裨而
前河臣嚴烺荷蒙

特簡辦理海塘要工以本籍之人辦本籍之事自無不殫心竭慮仰紓
宵旰及奴才甫經到工旁詢官僚下採輿論除柴埽可以藉資保護外皆以竹簍塊石等工爲不足恃奴才伏查東塘自建盤頭以後挑溜中趨潮退後坦水畢露自應趕緊修復條石坦水爲是如將坦水全行更改舊制稍不合宜誠如
聖諭關係甚鉅除念里亭汛最險之處議鑲柴埽現已

開工不計外其餘坦水尚可修復頭層坦水係保護塘根二層坦水係保護頭層坦水其自鎮海汛啓字號起至戴家汛積字號止計長三千八百三十一丈五尺請將頭層坦水趕緊修復先護塘根再將二層坦水修整兩層相爲依輔塘根自必穩固又尖山汛鉅字號起至慮字號止計長一千九百丈內有坦水亦有前明舊基原議全行拋護塊石現在體察情形難保不無掣卸應請分別改建修復坦水較妥且該處尚可擇要估計請修現在

查詢實在情形如此不敢不據實陳
奏奴才受
恩深重未效涓埃茲又仰蒙
簡畀塘工鉅任惟有竭盡血誠破除情面不敢畧避嫌怨以冀稍酬
高厚於萬一奴才愚昧之見是否有當伏祈
皇上聖鑒

訓示遵行所有未盡事宜容俟履勘明確公同妥商再
行
奏聞合併陳明謹
奏
道光十四年九月二十二日盛京工部侍郎臣烏
爾恭額浙江巡撫臣富呢揚阿謹
奏爲遵
旨查明據實覆

奏仰祈
聖鑒事竊臣等承准軍機大臣字寄道光十四年八月
十六日奉
上諭本日據嚴烺奏海塘首險要工先行價辦一摺據
稱現在石工孤立潮汐可危前經奏明擇要鑲埽添
建盤頭自應趕緊妥辦乃時將帀月未據該管杭嘉
湖道桂菖派員興修着烏爾恭額富呢揚阿查明桂
菖因何與修遲延如係有心疲玩即着據實嚴參並

即嚴飭總局司道刻速派員分投價辦其餘應辦各
工亦着轉飭次第興舉不准稍有觀望等因欽此遵
即恭錄札行總局司道並嚴飭該道據實稟覆去
後茲據杭嘉湖道桂菖稟稱遵查前奉飭知議奏
動帑改築柴埽三千餘丈並添建盤頭七座均事
屬創始非舊章可比意謂必須奉到
諭旨准行始可委辦是以拘泥稍稽非敢心存觀望至
官民捐建盤頭共有六座俱在塘工險要之處除

已建三座外尚有頗收匡合等號二座業於七月
間催令趕緊完工其家給字號一座現亦開工價
辦未敢停緩並因念汛磻溪等號石塘間有坍卸
臌裂情形危險又飭廳備先後搶築柴壩俱已一
律告竣尚無遲誤等情具稟前來臣等伏查前議
改築柴埽並添建盤頭各工曾經奏明飭令擇要
趕辦鈔摺行知今據該道稟覆因事屬創始候
旨遵行未經即時委辦祇將官民捐建盤頭擇要添建

二座及最險之盤溪等號搶築柴壩均於是時辦
竣該道雖屬拘泥尚非有心疲玩所有請修之柴
埽盤頭自奉
諭旨允准後俱已委員備料陸續具報開工刻下水平
潮緩正可乘時興築臣等惟有會同前河臣嚴烺
督飭總局司道勒催各委員認眞趕辦務遵原奏
十二月十五日限期完工其餘修復鱗塘現在陸
續派員興修新建石工料件已嚴飭杭湖紹三府

趕緊採辦斷不敢稍任草率耽延以冀仰副我
聖主愼重海防至意合將查明緣由恭摺覆
奏伏乞
皇上聖鑒謹
奏
道光十四年九月二十六日江蘇巡撫臣林則徐
謹
奏爲遵
旨協辦浙江海塘條石並動用銀款緣由恭摺奏祈
聖鑒事竊臣承准軍機大臣字寄欽奉
上諭浙江塘工應用條石爲數甚多着林則徐採辦條
石四萬丈務於來春全數解交浙江工次應用等因
欽此當經恭錄行司欽遵查照乾隆年間蘇省協辦
浙江海塘條石成案派令出產石料之蘇州府屬
太湖吳縣常州府屬無錫宜興荆溪等五廳縣分
領承辦一面將應行採運各事宜臚列條款咨詢

浙省去後旋准覆稱協濟條石四萬丈內應辦面
石三千三百丈墻石一萬二千丈裏石二萬四千
七百丈均由江蘇就近監鑿委員運赴之施賀二
壩交浙江委員接收所有石價鑿工運脚俱照成
案由蘇自行給領浙省先解銀五萬兩交蘇州藩
庫兌收應用其不敷之項亦照前案由蘇找發自
行報銷等因臣當飭藩司陳鑾查覆茲據詳稱浙
省所撥銀五萬兩現在尚未解到而蘇省業經開

採亟須發銀給辦且核計工料運費除浙省撥銀
五萬兩外不敷尚多應請在於蘇州藩庫正項道
光十四年秋撥款內先撥銀五萬兩以資支用俟
事竣同浙省解到銀兩核實報銷如有盈餘另行
奏請撥還歸款又查乾隆年間海塘石料曾由浙江
委員來蘇會辦此次准到浙省咨覆因值興舉大
工勢難多派委員駐蘇督採等因但江蘇各廳縣
辦石既多卽難保無丈尺參差石質高下若不就

開採之地逐一驗明任聽承辦各員徑行運至工
次事關隔省一經駁回更換往返需時不特運費
縻費轉恐要工停待現在商明俟蘇省採有成數
咨會浙省酌委妥員來蘇量驗不如式者就地立
卽駁換如果合式卽於石上蓋用浙省委員驗明
戳記並標明尺寸再令起運赴壩其在壩收石之
員除查無委員驗明戳記及雖有驗戳而途中別
經磕碰折斷殘損不准掗交外其餘驗明合符者

收石之員亦不得故意刁難勒令守候致啟需索
而誤工需再查蘇省產石廳縣惟太湖吳縣石質
尙堅堪以充選面石墻石之用其荆溪宜興無錫
多係黃石質地鬆脆溯查乾隆四十六年間欽奉
諭旨無錫宜興荆溪三邑之山質雖鬆脆堪作裏石之
用等因欽此此次該三縣之石自應照案採作裏
石仍飭加意選擇務合工用合併聲明等情請
奏前來臣復核無異除飭各屬妥速採辦務令依限

足額以濟要工不任稍有遲誤外所有採辦石料
動用銀款緣由理合恭摺具
奏伏乞
皇上聖鑒謹
奏
道光十四年十月初五日盛京工部侍郎臣烏爾
恭額前任河東河道總督臣嚴烺浙江巡撫臣富
呢揚阿恭摺會

奏仰祈
聖鑒事竊照浙省海塘工程前經臣嚴烺臣富呢揚阿
會同刑部侍郎臣趙盛奎籌議與修並於條奏支
發錢糧設立總局核實給發工員款內聲明如有
例外支銷銀款須於領項內核扣者由總局司道
具稟據實奏明不得絲毫浮扣等情奏蒙
允准在案茲臣等查得乾隆年間辦工章程凡在局在
工各員以及總局書吏皆給薪水及飯食紙張銀

兩均在平餘項下開支現在興辦大工設立總局
所有在局稽核文案銷算錢糧及在工分段監催
驗收料物之員為數不少且有奏調南河官弁兵
丁來工率同力作其一切薪水盤費口糧並局書
飯食紙張需費浩繁例無開銷俱應酌量支給以
資辦工查乾隆二年間前督臣奏明辦料銀內每
兩扣留平餘銀五分以一分二釐解交工部充公
餘銀留外預備公用迨嘉慶十一年間戶部行知

以各項工程每銀百兩扣平二兩爾時外用無多
即於前項通扣平餘銀內劃出二分報部其餘一
分八釐留為柴壩等項外銷用度此次興舉大工
應給各項公費核與乾隆年間同一繁多若將續
奉戶部行知應扣之平餘二分仍於原定五分內
劃出報解支用實有不敷自應各扣各款以濟公
用應請於工員所領工料銀內每兩另扣平餘銀
二分造報戶部此外循照向例通扣五分仍以料

銀內所扣一分二釐解歸工部充公其餘銀兩統
作前項在局在工例外支銷之用如此分別扣解
庶辦公不致竭蹷而於工員並無妨礙據總局司
道會詳請
奏前來謹將外銷銀款仍照向例核扣濟公緣由合
詞恭摺奏
聞伏乞
皇上聖鑒再此項外銷銀兩向不報部此次仍照舊章

請免造冊報銷合併陳明謹
奏
道光十四年十一月初八日浙江巡撫臣富呢揚
阿謹
奏爲恭報十月分海塘沙水情形並請修整東塘石
工仰祈
聖鑒事竊照仁和海寧二州縣海塘沙水情形向係按
月繪圖具

奏茲據布政使程矞采杭嘉湖道桂菖會同稟稱時
屆孟冬潮勢漸緩查勘得東塘尖山護壩併西塘
范公塘二處沙塗及南岸各沙水丈尺均與上月
奏報時相同惟查本年會
奏請修各工內除節次奏修石工之外尚有未修石
塘計自戴家汛攝字號起至尖山汛慮字號止間
其搶緩修及魚鱗石塘共長四百七十三丈三寸
節被潮汐沖激拗拜絓裂臌突坍卸情形均極險

要亟應乘時一律全換新椿照例復建魚鱗石塘
以資鞏固共約需例加工料銀十一萬二千二百
十三兩零內除多本二號工長二十六丈係已故
前任東防同知楊棟秀革弁錢兆亨承辦加高二
四層不等尚在保固限內應行着落賠繳外實需
例加工料銀十一萬一千五百五十二兩零請在
於協撥塘工暨道光十五六兩年歲額款內分別
動給惟年額尚未屆期工關緊要未便緩待應請

遵照前奉
諭旨先借報撥之款興修在於藩庫報撥項下動支銀
十萬四百兩以濟要工仍俟運庫陸續解還歸款
等情請
奏前來臣覆核無異除飭該道督率辦工各員勒限
上緊趕辦務期工堅料實妥速完竣以資抵禦不
使稍有草率偷減外合將十月分海塘沙水情形
並請修築東塘石工緣由恭摺具

奏並繕清單繪圖貼說敬呈

御覽伏乞

皇上聖鑒謹

奏

再臣烏爾恭額臣嚴烺臣富呢揚阿查東防一帶石塘綿亘數十里歷年久遠日受潮沖情形危險將就傾圮各工現已間段請修以資聯絡其餘各塘雖非極險查看塘身亦每有裂縫毛洞及揭去面石抽出底石之處而又底樁顯露以致附土土堰率多低陷若不一併修補完整加填平實誠恐潮汐浸灌雨水停積必致情形增重需費益多當飭杭嘉湖道桂菖督同廳備逐細履勘計有裂縫毛洞者五六十處揭去面石抽出底石數層不等及有游拜矬低情形者九十二處亟須分別添石抿灰加高理砌附土土堰低陷者一千八百八十餘丈一律培高填平核實估計約共需銀一萬三

千四百兩零臣等正在籌議奏辦間適臣敬徵臣吳椿奉

命來浙於會勘工段時查亦以爲均係實應辦理之工與臣等意見相同相應請

旨俯准在於協撥塘工節省銀兩內如數動用以便委員趕緊修填實於要工有裨所有臣等核議添修緣由理合附片會

奏伏乞

皇上聖鑒

訓示遵行再此項工程零星其高寬丈尺及應用夫工料件細數請俟報銷時再行逐款開報合併陳明謹

奏

續海塘新志卷三下

修築下

道光十四年十一月初八日兵部尚書宗室臣敬
徵都察院左都御史臣吳椿盛京工部侍郎臣烏
爾恭額前任河東河道總督臣嚴烺浙江巡撫臣
富呢揚阿謹
奏爲遵
旨會勘海塘情形酌擬工程事宜恭摺覆
奏仰祈
聖鑒事道光十四年九月二十三日奉
旨着派敬徵吳椿前往浙江查辦事件所有隨帶司員
着一併馳驛欽此同日臣敬徵承准軍機大臣字寄
奉
上諭前據趙盛奎等奏籌議保護海塘工程并將辦工
事宜條議章程開單繪圖貼說一併呈覽朕因此項
工程關係甚鉅當降旨允准特派烏爾恭額嚴烺會

同富呢揚阿斟酌妥辦茲據烏爾恭額單銜具奏現
在查詢海塘應修各工實在情形內以此次改築柴
埽竹簍塊石等工較之修復坦水多用銀至四十八
萬餘兩又係更改舊制向嚴烺等詳詢是否相宜保
護能否經久再四熟籌連日會同商酌嚴烺富呢揚
阿初皆以爲實有把握可資得力詞因工關緊要富
呢揚阿以爲遵旨妥辦仍應逐細講求嚴烺仍照前
議是烏爾恭額在工與嚴烺意見旣有不合均係特
派辦工之員確有所見自不能不據實直陳本日朕
特派敬徵吳椿前往會同烏爾恭額嚴烺富呢揚阿
將此項工程詳加履勘應如何辦理妥善爲一勞永
逸之計務各廣諮博採悉心講求於要工有濟如意
見相同卽聯銜具奏倘有意見不同之處不妨將情
形緊要有無裨益各自據實直陳總期於工程實有
裨益折衷一是敬徵等俱朕信任有素務須從長計
議不避嫌怨以期妥定章程及時趕辦斷不可依違

遷就致誤要工所有趙盛奎等原摺與烏爾恭額奏
摺着鈔給敬徵帶往與吳椿一同閱看將此各諭令
知之欽此欽遵臣敬徵於跪聆
聖訓後帶同戸部郎中張晉熙工部郎中毓衡於十月
二十八日馳抵海寗工次臣吳椿在蘇州途次接
奉
諭旨即回杭城亦於二十八日前赴海寗臣敬徵即將
欽奉

訓諭及原奏二件給臣吳椿恭閱遍臣烏爾恭額臣嚴
烺臣富呢揚阿正在工次隨連日同往念里亭及
尖山等汛會看潮勢查看新築柴埽等工及東塘
形勢於十一月初一日由鎮海塔迤西復查至原
議添設竹簍塊石工所臣敬徵將欽奉
諭旨與臣烏爾恭額臣嚴烺臣富呢揚阿恭閱臣等當
即欽遵詳加履勘公同丈量水勢適値潮落頭層
條石坦水全露二層坦水椿木內間有積水自四

五寸至一尺餘寸不等其坦水未動段落塘工尚
屬整齊坦水沖缺之處塘椿即有顯露情形輕重
不等於會勘之際即公同講求悉心默記挨章家
庵一帶西塘形勢直抵杭城臣敬徵臣吳椿伏思
此次修理塘工
皇上不惜數百萬帑金爲七郡民生保障
特簡臣趙盛奎臣嚴烺會同撫臣富呢揚阿逐細查勘
擬定做法原期工歸實濟

帑不虛糜副復
命臣烏爾恭額會同修理詳愼斟酌因竹簍坦水一項
意見不同
命臣等會勘折衷一是臣敬徵等受
恩深重曷敢不敬愼將事悉心講求廣諮博採以期有
裨要工查江溜海潮原無定向近年自翁家埠迤
東由老鹽倉及海寗城東因潮勢北趨搜刷塘根
至念里亭一帶更爲喫重前議由鎮海塔汛甲字

號起至念里亭汛石字號止於石塘外改築柴工三千四百四十餘丈係因夏季潮勢較大坦水修復難成是以議鑲柴埽現在柴工已做至五六成尙能抵溜惟該處南潮頂沖塘身尤爲緊要自應乘此柴工外護將此內坍卸石塘即時修整完固現查奏修工段有業經辦竣者有尙未開工者 臣 等已面告撫 臣 務須速飭工員趕緊興修以資保障自鎮海汛啟字號起至戴家橋積字號止原議

改建竹簍塊石工程計長三千八百二十餘丈此段塘工實爲次險現查坍卸石塘俱已照式修補惟塘根間有顯露是以建設竹簍查竹簍塊石原係前人成法照式修補溯查雍正年間堵禦尖山海口全用竹簍初未合龍至乾隆四年因日漸沙淤始得竣事又西塘柴埽工前屢有增設竹簍成案迨至乾隆四十五年巡撫李質穎以章家庵柴塘間段潑損矬陷竹簍俱被沖失是年以後迄無辦過成案查竹簍與石塘不相聯屬卽使縱橫纍砌何能擁護塘根從前柴埽工前雖經安設藉以挑溜挂淤亦屬未能經久石塘之外從無用過竹簍成案而保護鱗塘之法自大學士嵇曾筠修辦條石坦水做成坡陀形勢兩層相爲依輔保護塘基較爲得力現在查據海防道廳營備稟覆坦水設自康熙年間迄今百有餘年屢經修復確有成效並據結稱積水一尺餘者尙可釘樁砌石 臣 敬

徵 臣 吳椿復博採輿論體察情形若修復條石坦水較之改用竹簍塊石可有把握 臣 烏爾恭額前於抵工時見潮退後坦水畢露逐段掣損不齊詢據該道廳等俱稱念里亭一帶仍難施工其餘尙可修復是以

奏請修復條石坦水今遵

旨會同履勘仍與前次情形相同 臣 嚴烺復查坦水與竹簍均係海塘成法惟是工員認眞照估辦理不

致草率偷減於石工足資保護成見斷不敢存臣
富呢揚阿原奏本係請修坦水嗣於六月間臣趙
盛奎臣嚴烺到工會勘因水深潮猛坦水驟難修
復是以議改竹簍辦理較爲迅速現在察勘情形
可以施工應請仍修坦水臣敬徵等從長計議公
同商酌意見相同謹聯銜具
奏請將原議改建竹簍塊石處所仍照舊制丈尺做
法修復條石坦水二層以護塘基惟當此水落潮

平卽須乘時趕緊興工臣等未敢拘泥貽誤一面
恭摺陳
奏一面卽由臣烏爾恭額臣嚴烺臣富呢揚阿委員
購料分別緩急先後尅日分段承修總限於明年
四月內將頭層坦水一律修整堅固其二層坦水
原爲保護頭層亦卽接續趕辦統限於明年九月
內竣工臣烏爾恭額等仍不時稽查如有偷減草
率情弊立卽嚴參懲辦惟是工段綿長購運物料
有需時日若各項工程同時並舉恐工員藉口草
率擬請將烏龍廟以東原奏添建鱗塘八百七十
餘丈限明年七月竣工者暫爲推緩俾得專辦坦
水椿木條石以濟要工其海寧繞城三層坦水及
原議繞城塘工加高二層五百三十餘丈請俟明
年大汛時察看情形再行
奏明辦理至請修坦水段落內舊存椿石逐段掣損
不齊飭據杭嘉湖道桂菖詳細查核分別添换抵

用臣等核實計算除限內坦工例應賠修不計外
實應修條石坦水三千五百三十九丈零共需銀
二十一萬三千九百餘兩較本年七月內臣趙盛
奎等原議請辦竹簍塊石銀數計少用銀十八萬
四千九百餘兩至臣烏爾恭額所奏稱改築柴埽
竹簍塊石等工多用銀四十八萬餘兩係統計兩
項比較全修坦水銀數是以需用較多今柴埽工
段以該處潮勢當沖急資保護

奏明後業經興辦限於本年十二月內完工合併陳
明所有臣等會勘塘工酌議辦理緣由謹會銜恭
摺具
奏並繪圖貼說恭呈
御覽是否有當伏祈
皇上聖鑒
訓示遵行謹
奏

再查臣烏爾恭額原奏內稱尖山汛自鉅字號起
至盧字號止計長一千九百丈內有坦水亦有前
明舊基原議全行拋護塊石現在體察情形難保
不無掣卸應請分別改建修復坦水較妥且該處
尚可擇要估修等語臣敬徵臣吳椿履勘該處情
形自撥轉廟迤東原擬拋護塊石工段係斜對塔
山石壩潮不當沖現有條石塊石坦水不一若加
以修補整齊足資抵禦其撥轉廟迤西潮勢沖擊
漸猛且回溜搜刷塘根非塊石所能抵禦臣等公
同酌議應請自尖山汛鉅字號起至嘉字號止又
索字號起至默字號西十二丈止計長一千二百
七十二丈一律修建條石坦水二層又猷字號起
至誰字號止並默字號東八丈起至逍字號西十
三丈七尺止計長六百四十一丈八尺零仍將舊
有塊石坦水照式修補以資保護并請於該汛適
中之地擇要添建盤頭一座以挑溜勢庶坦水易

於施工而於現築柴埽工程亦有裨益其盤頭工
料銀兩仍飭按例核實估辦至前項坦水工程除
舊料抵用外計需銀九萬八千二百二十餘兩較
原議全拋塊石用銀九萬八千八百餘兩之數並
無增多臣等會勘商酌意見相同理合附片具
奏請
旨遵行謹
奏

道光十四年十二月初九日都察院左都御史臣
吳椿浙江巡撫臣烏爾恭額片摺附
奏
再東塘尖汛一帶坦水舊基前經臣等會同
欽使敬徵附請分別修補並請於適中之地擇要添建
盤頭以挑溜勢其盤頭工料銀兩飭令按例核實
估辦奏奉
諭旨允准遵即飭道相度地基由局詳辦去後茲據杭

嘉湖道桂菖親詣該處查勘擇於庶幾字號內添
建大盤頭一座會同總局藩運兩司援案估需銀
五千九百四十三兩零請於協撥塘工經費節省
銀內動支其應建盤頭後身計長二十四丈即在
請修坦水之內前估坦水例加銀一千六百兩零
應全扣除等情具詳前來臣等覆查無異除批飭
委員領辦外相應附片奏
聞伏乞
聖鑒謹
奏
道光十五年正月十一日巡撫臣烏爾恭額謹
奏為遵
旨查勘據實覆
奏仰祈
聖鑒事竊臣承准軍機大臣字寄道光十四年十二月
初六日奉

上諭本日據富呢揚阿奏浙江仁和海寧二州縣海塘
沙水情形除節次奏修石工外尚有未修石塘自戴
家汛攝字號起至尖山汛慮字號止搶緩修及魚鱗
石塘共長四百七十三丈三寸節被潮汐沖激拗拜
矬裂蹾突坍卸情形危險亟應乘時一律全換新椿
照例建復魚鱗石塘除着落應行賠繳外實需例加
工料銀十一萬一千五百五十二兩零請遵照前奉
諭旨先借報撥之款與修在於藩庫報撥項下動支

銀十萬四百兩等語海塘沙水情形向係按月繪圖具奏如必須修築亦應分別緩急覈實辦理方可工歸實用帑不虛糜着烏爾恭額再行查勘體察情形據實具奏再降諭旨將此諭令知之欽此臣查前項工程間段坐落戴鎮念尖四汛即在前撫臣富呢揚阿暨

欽使刑部侍郎趙盛奎等會同勘定奏准應修之內茲

奉

諭旨飭臣覆查如非至險至要之工自當從緩辦理斷不敢稍事遷就臣遵即恭錄飭知總局一面親赴該處逐細履勘查得戴汛攝字號起至存字號止計搶緩修工共長十六丈五尺內有六尺業已坍卸餘俱拗拜又鎮汛姑字號起至典字號止計搶修以及鱗工共長一百三十八丈四尺九寸內有八丈九寸亦已坍卸餘或蛀裂巉突勢不能支又念汛鍾字號起至昆字號止計緩修以及鱗工共長二百五十三丈五尺四寸尖汛本字號起至慮字號止計鱗工共長六十四丈五尺其間或拗突蛀遊或散裂外拜皆岌岌不可終日以上各工統共四百七十三丈零三寸體察情形俱極危險實難緩待亟應乘時一律全換新樁照例建復魚鱗石塘以衛田廬而禦潮汐現在

欽使都察院左都御史吳椿不時赴工查勘臣與之面加商確意見相同並據總局司道會詳請修前來相應仰懇

皇上天恩俯念工關緊要

允准如數修復藉資鞏固其所需例加工料銀十一萬一千五百五十二兩零請在於協撥塘工暨道光十五六兩年歲額款內分別動給惟年額尚未屆期工難停緩並請遵照臣趙盛奎等原奏請修案內奉到

諭旨准先借支在於藩庫報撥項下借動銀十萬四百

兩以濟要工仍俟運庫陸續解到年額卽行歸款
合將查勘緣由據實覆
奏伏乞
皇上聖鑒訓示謹奏
奏
再查前撫臣富呢揚阿於道光十三四年間三次
奏請擇要與修搶緩修工及魚鱗石塘共長一千
七百五十餘丈約共需銀四十三萬九千四百餘

兩欽奉
諭旨允准嗣經
欽使刑部侍郎趙盛奎等赴浙會勘皆係應辦之工奏
請照辦因前准工部以各省工程先由該督撫將
應修情形專摺奏報復將各工長寬高厚丈尺及
工料銀數開單一一奏明行令浙省嗣復遇有修
築塘工應於具奏摺內將丈尺銀數分晰聲明等
因又經前撫臣富呢揚阿先後開具各工丈尺銀

數清單彙入沙水情形單內八次奏修共計石塘
一千七百二十六丈九尺零並加高塘石五十六
丈盤頭一箇共用銀四十三萬二千一百三十六
兩零內有第八次奏辦攝字等號塘工現奉
諭旨飭臣覆查業經臣勘明工甚危險於正摺內仍請
修復核計前撫臣富呢揚阿三次請修石塘及所
請銀兩總數僅止石塘二十四丈零未修銀七千
二百六十四兩零未用臣節次赴工查勘其戴汛

篤初兩號內計石塘二丈八尺已經坍卸又映字
號搶修工十四丈五尺塘身游裂將就傾圮此十
七丈三尺現據總局司道會詳請修必須飭令委
員趕緊修建約需銀五千三百二十兩零統計尚
剩銀一千九百六十二兩零此外未修塘七丈零
工雖年久尚可支持此等次險之工所在多有自
當權其先後緩急次第辦理應仍嚴飭該管廳備
不時保護暫行緩修如遇大汛後變為極險必須

修築臣當親往勘明再行定辦臣與
欽使都察院左都御史吳椿面商意見亦屬相同理合
附片奏
聞伏乞
聖鑒謹
奏
道光十五年正月二十八日都察院左都御史臣
吳椿浙江巡撫臣烏爾恭額恭摺會

奏爲海塘柴埽及添建盤頭辦理完竣親往驗收恭
摺具
奏仰祈
聖鑒事竊照海甯塘工惟念里亭汛爲最險故自甲字
號起至石字號止改築柴埽三千四百四十四丈
添建盤頭七座先經
欽差趙盛奎嚴烺會同前撫臣富呢揚阿
奏准辦理卽派委杭州府西防同知于尙齡等十四

員分段承辦嗣臣烏爾恭額續奉
諭旨來浙因竹簍恐難經久
奏請仍修坦水又蒙
欽派敬徵臣吳椿詳加履勘亦照修復坦水之議其念
里亭等汛修築柴埽盤頭仍照前奏辦理臣等常
往督查各工員釘樁壓埽塡土均尙認眞惟各段
內面寬尺寸間有短缺鎭汛尙少念汛較多且柴
埽盤頭藉塊石擁護根腳查看水底尙未盡數拋

擲恐該員等有偷減情弊當經嚴行飭查旋據該
司道查明詳覆東塘水深數尺至丈餘不等搶築
時於海內憑空落底用竹纜聯絡埽籠飄浮水面
人立其上用竿向後支撐一面趕用柴薪積壓俟
落實至底高出水頭卽扦釘底樁以禦晚潮倘未
釘樁以前重土未塡一經浪擊埽身卽致內移潮
汐往來時甚倉猝落實之後勢難再行移動非比
陸地工程得以舒徐丈量尙可隨時添改前項埽

工原估鑲柴底寬三丈面寬二丈後塡尾土底寬四尺一寸面寬二丈統計面寬四丈底寬三丈四尺一寸因魚鱗石塘十八層向例底脚收分五尺九寸故原估底寬照數扣除今查該處工段皆係底寬面窄並有埽底柴尖擁進以致面寬不敷該工自底至面計高二丈五尺柴工間鑲不下五六十層逐層墊版敲撲自不能上下一律齊平況小汛落底後趕緊鑲築尚未及半大汛已臨新築之

工柴土未堅猝被潮頭推擁損動甚至旋築旋衝工員屢受賠鑲之累鎮汛潮勢稍平短缺較少念汛地當頂衝乘險搶築驟難措手短缺較甚查尺寸稍缺處所僅係向後推移侵佔後土地步而迎溜過窄之處並將柴頭揿播實係限於地勢並非該員等有心偷減第究與原估不符自應各按所短尺寸分別扣除柴土例加銀兩以昭核實至埽工盤頭用塊石擁護根脚緣塊石必須用船裝運

該員等先將各工需用毛草柴薪椿木僱用海船運工趕緊修築以副嚴限是以塊石運工較少現在埽工雖竣而新舊石塘坦水俱已開工均須趕運料物其裝運船隻本屬無多而要工同時並舉更難迅速轉運溯查乾隆年間節次修辦海塘遠者六七年近亦三四年方能蕆事彼時專辦石塘並無他工限期寬裕物料夫工價平易辦今則大工林立期限緊迫較之乾隆年間情形逈不相同

應請自驗收之日起勒限三箇月飭各員將塊石轆轤趕運拋護齊全不得稍有遲滯短絀核計限滿係四月中旬尚在伏汛以前於工無礙等情會

詳請

奏前來臣等會同親往驗收各工尚屬穩固其尺寸短缺之處洵如該司道等所稟實由地勢使然第與原估未符不能因該工員尚非意存偷減稍任含混應如所請將來各按所短尺寸分別扣除柴

土例加銀兩以杜浮冒現飭該司道嚴催各工員趕運塊石隨到隨拋勒限三箇月照數拋全并責成催工道府驗明方數將所拋塊石方數字號按旬摺報以憑稽核再查原估埽工一丈應拋塊石二十七方二分臣等眼同拋護查看情形塊石專爲擁護埽根全在底層結實俾無向外游拜之虞若拋至二十二方二分高可一丈七尺上層浮水之石總屬虛鬆易於沖失於工無益徒事虛糜臣

等公同商酌每工一丈拋護塊石二十五方二分足資捍禦計節省銀一萬五千四百二十九兩有零惟前准部咨嗣後修築塘工應於具奏情形摺內將段落字號及長寬高厚丈尺估計銀數分晰聲明等因今此次埽工盤頭塊石尙須展限拋竣每丈又須核減二方所辦柴埽面寬尺寸短缺盤頭因兩邊俱有埽工坦水塊石亦須酌減應將原估銀數核實扣除請俟塊石展限屆滿時於

題估案內開具丈尺銀數清單咨部核銷合併陳明所有埽工盤頭現已辦竣緣由謹合詞恭摺具

奏伏乞

皇上聖鑒訓示謹

奏

道光十五年五月二十二日都察院左都御史臣吳椿浙江巡撫臣烏爾恭額恭摺會

奏爲查明塘工條石實不敷用請將范公塘工程仍

改條塊石塘以節經費而速工作仰祈

聖鑒事竊照東西兩塘因上年潮汐洶湧勢甚危險先後奏請修建塘坦各工荷蒙

恩准內有西塘烏龍廟以東范公塘一帶埽工前撫臣富呢揚阿以地近省垣潮水直逼塘根深爲可虞請自鳴字號起迤西至能字號止計長八百七十八丈於埽內另建條塊石塘以爲後靠計約需銀十五萬六千兩經

欽差臣趙盛奎臣嚴烺會同履勘以該工係捍衛省城塊石究難經久迤東本係條石鱗塘請一律改築魚鱗石塘以昭愼重約計需銀二十七萬七千餘兩勒限於本年七月內完工並因浙省所採條石不能敷用援照乾隆年間成案請由江蘇省採辦四萬丈協濟工需嗣經臣等會同

欽差敬徵於奏改坦水案內聲明坦工綿長購料需時請將前項鱗塘暫爲推緩俾得專辦坦水木

石以濟要工在案伏查辦工之遲速視石料之盈絀爲迅緩石料之盈絀又以工程之多寡爲權衡統計修築鱗塘及韓家池條塊石塘並范公塘鱗塘各工共應用條石十八萬餘丈茲復將前議積字等號竹簍塊石等工仍改坦水又增多條石八萬餘丈除江蘇省協濟四萬丈外浙省實應採辦條石二十二萬餘丈而條石之料須長四五尺六面見方者乃爲合式非隨處皆有之塊石可比杭

州湖州府屬各山可採條石者無幾祇能開鑿四萬丈其餘十八萬餘丈均須取給於紹興府屬之羊大遶門等山臣等以工難停待料須應手屢飭地方官上緊趕辦並分委各員駐宕駐壩催令多集工匠開採源源接濟現將積字等號頭坦趕緊修復二坦亦陸續興辦其應修鱗塘及條塊石塘除范公塘一段暫緩外餘俱飭令次第修築惟查石匠係屬專門苟非素習無能爲役辰下開石宕

戶止有六十餘家此外無可僱覓以紹屬一隅之山待取十餘萬丈之石物產本有不敷以數十家之匠責取尅期應用十餘萬丈之石人力更有不及現在塘坦應用條石刻不能緩夫匠晝夜趲辦已形竭蹶若將范公塘一帶鱗塘接續建築則此十萬丈條石斷難驟集各工員必致停工待料轂作無時實有不能應手之勢檢查海塘志載乾隆四十五年因章家庵添字等號工段頂沖經前督

臣富勒渾等先後奏建條塊石塘五百丈以備捍禦該工與范公塘相近兩處潮勢不相上下臣等於節次查工之便履勘添字等號石工已歷五十餘年尚屬完整可見條塊石塘不在極險之處亦能經久其范公塘一路潮來雖猛較最險之念汛必須鱗塘抵禦者其勢已殺揆度情形若倣照成案於埽工內添建條塊石塘足資捍衞飭據總局司道詳請改建前來相應請

旨將前議范公塘埽工內自鳴字號起迤西至能字號止計長八百七十八丈請築鱗塘之處仍改爲條塊石塘計可節省銀十二萬餘兩兼可少用條石六萬六千餘丈如蒙

俞允現查該工自鳴字號東第三丈起迤西至常字號東第三丈止計長四百六十一丈埽外片沙無存工俱臨水難以再緩應請先行建築其自常字號東第四丈起迤西至能字號止計長四百十七丈埽內舊有月堤環拱尚無妨礙仍請暫爲推緩以便提辦石料運濟各工之用如此分別籌辦庶經費可節工作可速而范公塘一帶工亦鞏固不致稍有疎失似於

帑項工程均有裨益謹將擬請改建緣由繪圖貼說

恭呈

御覽伏乞

皇上聖鑒訓示再江蘇省協濟條石四萬丈臣等札詢

撫臣林則徐得其覆函據稱將次辦竣於五月內可以掃數運工請將范公塘應用條石即於蘇石內如數劃留餘俱飭運東塘以濟要工其節省銀十二萬兩並請仍存原款一俟通塘續有必不可緩之工即於此內

奏請動用合併陳明謹

奏

道光十五年六月十五日都察院左都御史臣吳

椿浙江巡撫臣烏爾恭額恭摺會
奏爲恭報東塘頭層坦水依限砌竣仰祈
聖鑒事竊照東塘自鎮海汛啟字號起至戴家橋汛積
字號止原議改建簍石工程前經臣等會同
欽差敬徵等履勘講求以竹簍與石塘不相聯屬未能
經久請仍照舊制修復坦水除限內坦工飭應賠
修不計外實應修條石坦水三千五百三十九丈
零限本年四月內將頭層坦水修整二層坦水統

限九月內竣工奏奉
諭旨允准並令臣等不時稽查如有草率偷減情弊立
即嚴參懲辦遵經札飭總局司道派委候補知府
于鼎培等二十員分段趕緊並飭委道府各員駐
工周歷督催在案伏查坦水二層各寬一丈二尺
做成陂陀形勢內外俱用木樁排釘下用塊石塡
高上用條石密砌頭坦所以保護塘根二坦即以
捍禦頭坦緊相依輔最爲得力然必須樁石結實

始能鞏固臣等隨不時到工稽查一面嚴札飭令
所辦坦工樁須平直不許歪斜面石須五面光平
不許粗糙塊石須按層實砌不許虛放去後旋據
具報頭坦於四月二十二五七八九等日先後修
竣時臣等在工查驗坦面間有高低不平合縫未
緊之處復指令工員立即拆起改做不准稍有參
差茲據總局司道詳報拆做各工已如式修竣其
賠修坦水亦隨同正工先將頭坦鋪砌完整開摺

呈請驗收前來臣等又逐段查勘實已修築整齊
一律堅固尙無草率偷減情弊此番辦理坦水催
工各員均屬認眞辦工各員亦俱踴躍從事現在
接辦二坦樁木已釘一半並有釘齊鋪石處所除
催令趕緊趲辦如限完工外合將頭坦砌竣緣由
恭摺
奏報伏乞
皇上聖鑒謹

奏
再東塘鎮念二汛甲字等號改築埽工三千四百
四十四丈添建盤頭七座前據各工員辦理完竣
經臣等會同親往驗收均屬穩固惟查埽外應拋
塊石專為擁護坦根原估每丈拋石二十七方二
分高可一丈七尺上層浮水之石易於衝失公同
商酌每工一丈拋護塊石二十五方二分足資捍
禦即飭令總局司道嚴催各工員趕運塊石隨到

隨拋勒限於本年四月中旬照數拋全併責成催
工道府驗明將所拋塊石方數字號按旬摺報以
憑稽核等情奏奉
硃批依議欽此欽遵在案臣等不時親臨查驗嚴札飭
催旋據監工揀發知府伊克精額吳俊民等具報
承辦各員均於限內一律拋竣並出具眼同拋擲
塊石俱係足數並無短少虛揑各印結並據杭嘉
湖道寶欽峻總催揀發道金洙各加印結由總局
司道呈請驗收前來臣等復逐段查勘俱已照數
拋足一律齊全合將東塘埽工盤頭外護塊石全
行拋竣緣由謹附片奏
聞伏乞
聖鑒謹
奏
道光十五年十月十二日都察院左都御史臣吳
椿浙江巡撫臣烏爾恭額恭摺會

奏為恭報東塘尖汛韓家池改建條塊石塘如限完
竣仰祈
聖鑒事竊照東塘尖山韓家池一帶舊設柴工前因潮
入海門西為南沙阻截回溜而東直沖到塘勢難
擴禦經前撫臣富呢揚阿
奏請自道字號東六丈二尺起至杷字號西十六丈
止計長三百三十七丈零改建條塊石塘約估銀
六萬兩復會同刑部侍郎臣趙盛奎前河臣嚴烺

覆勘係屬應辦之工奏明勒限於本年七月底完
竣欽奉
諭旨允准飭據總局司道詳委上虞縣知縣師長治石
門縣知縣齊雙進遂安縣知縣洪錫光分段趕辦
臣等節次查工諭令督催各道府於工匠砌石時
務須逐層查勘不得稍任偷減亦不准逾時延擱
旋據該局詳報前項工程已據承辦各員於七月
二十九日一律完竣並聲明該工起止實有三百

四十二丈二尺二寸前次約畧查丈少算四丈五
尺應請更正等情臣等親赴該處勘得新築條塊
石塘自遵字號東六丈二尺二寸起至杷字號西
十六丈止共計十八號一律如式整齊均屬工堅
料實核其丈尺每號定例二十丈其中間十六號
共計三百二十丈加以首尾遵杷兩號合共二十
二丈二尺二寸實有三百四十二丈二尺二寸並
無短少委係前丈遺漏而核計工料共止銷銀五

萬六千九十九兩零尙屬撙節惟查塘後背土稍
直復飭各員將土腳格外幫寬層累而上鑲塡結
實作爲斜坡形勢以資鞏固茲據一體加築申請
查驗前來臣等復勘無異謹將韓家池新建條塊
石塘如限完竣緣由合詞恭摺
奏報伏乞
皇上聖鑒謹
奏

道光十五年十月十二日都察院左都御史臣吳
椿浙江巡撫臣烏爾恭額恭摺會
奏爲東塘尖汛石塘附土土堰土戧間段卑薄難以
禦潮請分別加高培厚以資捍衞仰祈
聖鑒事竊照東塘尖汛一帶爲錢塘大江入海下游地
勢長窪石塘限於地形較他汛爲低其附土土堰
亦因之下陷先經臣烏爾恭額會同前河臣嚴烺
前撫臣富呢揚阿彙入戴鎭念三汛應修各工一

律奏請培高塡平欽奉
諭旨允准在案本年自夏徂秋潮汐甚旺六月十四暨七月初二等日又值颶風陡起挾潮猛湧凡尖汛低窪處所動輒漫塘而秋汛風潮尤爲猛烈卽念汛較高之埽工間亦漫起致有潑損臣等節次赴工查勘目擊情形甚爲危險立飭原辦各員將被潑處所趕緊賠修完固惟尖汛逼近南沙年來伏秋潮大無不漫溢其本低之石塘附土土堰以及

土戧實不足以阻遏潮勢塘後一帶俱屬田廬竈舍設有沖缺所關甚鉅察看情形必須將土石各工再行加高培厚庶可有備無患當經飭局確查估辦去後茲據總局司道轉據該廳備查得尖汛自鉅字號起至庶字號止間共工長八百十六丈塘後土戧業已年久坍卸較多應一律加幫寬厚以爲後靠又塘面附土內除鉅字等號一百六十九丈前已加幫毋須再築其餘六百四十七丈前次未辦土俱低陷應一併加塡高厚以免溜瀉又塘面土埝內有曠字號起至魚字號止間共工長五百二十丈先僅加築牮寬二尺九寸五分高六寸尚屬卑矮應再加幫牮寬四尺五寸五分加高五尺四寸其餘工長二百九十六丈前亦未辦並應加幫牮寬七尺五寸築高六尺以遏潮流又鉅字等號石塘內有形勢較高者毋庸再加其塘身較低時遭潮漫者間共計工二百十六丈一尺應

加高一二層不等以資攔截統計以上各工除前辦附土等項土方扣除不計外約共估需土方工料銀九千七百八十五兩零均請在於協撥塘工節省款內動支給辦等情詳請具
奏前來臣等復加查勘各工均關緊要失今不修勢必情形增重需費更多亟應乘時趕辦免致海潮漫溢沖潑堪虞合無仰懇
皇上天恩俯准動款興築以便飭令各委員刻期辦竣

俾尖汛工臻鞏固籍資捍衛謹合詞恭摺具
奏伏乞
皇上聖鑒訓示再此項工程零星其高寬丈尺及應用
土方工料請俟估銷時再行逐細開報合併陳明
謹
奏
同日恭摺會
奏爲轉運江蘇省協辦條石所需運腳銀兩應請動

款支給仰祈
聖鑒事竊臣等前因塘工條石不敷應用請將前議范
公塘埽內應築鱗塘八百七十八丈仍改條塊石
塘先築四百六十一丈餘工推緩並聲明江蘇省
協濟條石四萬丈將范公塘應用之石如數劃留
餘俱飭運東塘以濟要工奏奉
諭旨允准併咨會江蘇撫臣林則徐查照在案茲據總
局司道查得范公塘需石一萬七千六百四十二
丈四尺七寸據仁和縣冊報應從施貿二堰起剝
由內河運至十六堡翁家埠計水程二十五里擡
運過塘陸路一里復由十六堡裝載海船運至八
堡工次起貯計水程二十四里總共水陸程途五
十里估計內河外海船運水腳及扛擡人夫並楞
木跳版損索器具等項每丈計銀三錢三分三釐
六毫共需銀五千八百八十五兩五錢二分八釐
又撥歸東塘工用石二萬二千三百五十七丈五

尺三寸據東西兩防同知暨海寧州會同冊報應
由海寧大東門起剝擡運至鎮海塔裝載每船計
陸路一里自鎮海塔運至念汛華岳廟一帶各工
適中之地堆貯計水程十五里總共水陸程途十
六里估計擡運夫船腳價及楞木跳板損索器具
等項每丈計銀一錢八分七釐六毫四絲其需銀
四千一百九十五兩一錢六分六釐九毫二絲均
請在於協撥塘工款內動支給辦等情詳請核

奏前來臣等伏查乾隆年間西塘辦理鱗塘江蘇省
協辦條石運至浙江其浙省運費會經開銷有案
從前係由施賀二堰運至十八堡西鹽倉工次計
水程二十八里並無陸路每丈奉部准銷運腳銀
一錢八分八釐五毫此次仁和海寧二州縣接運
蘇石民間一切工價物料已較乾隆年間增昂而
所估運腳銀數核之前案較爲撙節並無浮溢相
應請

旨俯准在於協撥塘工款內如數動支給辦以期速運
而濟工用除將送到估冊分咨戶工二部查核外
理合恭摺會
奏伏乞
皇上聖鑒敕部核覆施行謹
奏
道光十五年十月二十八日都察院左都御史臣
吳椿浙江巡撫臣烏爾恭額恭摺會

奏爲勘明新建塘根須護坦水應請一律添築以資
經久仰祈
聖鑒事竊照東塘尖汛韓家池迨字迤東等號柴埽前
請改建條塊石塘業經臣等督飭各委員趕辦完
竣恭摺
奏報在案該處逼近尖山潮入海門西爲巨沙阻遏
即回溜東趨勢如排山倒峽直撲塘身極爲危險
仰蒙

皇上不惜巨萬帑金准將舊有柴工一律改築石工與
迤西石塘緊接聯絡較前實爲穩固塘後居民無
不歡欣感頌惟以一線堤防抗捍巨濤全賴外衞
結實始能屹立不動故西塘則護以柴埽東塘則
護以坦水脣齒相依不能偏廢此其明證況條塊
石塘更非鱗塘可比若塘根聽其孤露頻受潮汐
搜刷勢必內土日瀉底樁日顯塘身雖堅即因之
日壞而迨字號迤西一帶塘下舊有條塊石坦水

又經臣等會同前任兵部尚書宗室臣敬徵等奏
准照式修補其地兩相毗連若留此迤東一段任
其空缺則潮來滙聚沖刷愈力塘身尤易敗壞察
看情形必須添築坦水藉以保護乃可一勞永逸
當經飭局確查妥議去後茲據總局司道查得韓
家池新建條塊石塘自道字號東六丈二尺二寸
起至杷字號西十六丈止其長三百四十二丈二
尺二寸工俱臨水日受回潮沖激苟非坦水護根

勢難經久即撙節辦理亦應仿照迤西程式接築
塊石坦水一層與之聯成一片工庶有濟內除條
字號塘外有舊建石盤頭一座底脚尚堅可以整
理扣除四丈八尺不計外應請於新築條塊石塘
下共築塊石坦水三百三十七丈四尺二寸計寬
一丈六尺用塊石砌高六尺外釘排樁兩路緊緊
攔住用以禦潮約估需銀一萬四千六百九十一
兩零等情詳請核

奏前來臣等節次覆查察看潮勢實爲必不可少必
不可緩之工相應請
旨准於協撥塘工節省銀內動給委員作速如式添築
俾新塘益資鞏固得保無虞謹合詞恭摺具
奏伏乞
皇上聖鑒訓示謹
奏
同日恭摺會

奏爲察看海寧繞城石塘經歷大汛尚未潑溢前請
加高及三層坦水各應分別停止推緩以重經費
而歸節省仰祈
聖鑒事竊照海寧州繞城石塘五百三十餘丈原砌條
石十六層前因海潮潑漫塘面該塘近在臨城殊
爲可虞經刑部侍郎臣趙盛奎前河臣嚴烺查明
前撫臣富呢揚阿未經估及修辦當經會商
奏請一律加高縱横條石兩層以爲保障估需銀九

千一百餘兩嗣經前任兵部尚書宗室臣敬徵會
同臣等復勘因修戴鎮二汛頭坦二坦各工緊要
請將前工及繞城三層坦水俟本年大汛時察看
情形再行
奏明辦理欽奉
諭旨允准在案臣等於今年伏秋旺汛時節次前赴各
汛查工均由海寧繞城經過觀看該處潮勢雖屬
洶湧尚未潑溢工亦穩固緣海寧地居尖汛上游

塘基較高其塘東又新建盤頭挑溜頗能得力是
以本年潮勢較之上年稍殺察看情形該塘足資
抵禦毋須再行加高至該處三層坦水原爲捍禦
兩坦而設現在頭二兩坦一律修築工堅料實甚
爲鞏固堪以護塘此時三坦亦可緩辦據總局司
道具詳前來相應請
旨將前議加高海寧州繞城塘工停止並請將三層坦
水暫行推緩以重經費而歸節省謹合詞恭摺具
奏伏乞
皇上聖鑒謹
奏
道光十五年十一月二十九日都察院左都御史
臣吳椿浙江巡撫臣烏爾恭額恭摺會
奏爲勘明念鎮兩汛新築埽內石塘間段沈陷散裂
亟應動項修築以資後靠而免貽患仰祈
聖鑒事竊照東塘念鎮兩汛爲東南兩潮頂沖極險之

地曾於上年十二月間改建埽工三千四百四十
四丈與石工緊相比輔塘固藉埽爲捍衛埽尤藉
塘爲依倚勢如唇齒不能偏廢臣等節次赴塘查
工自春徂秋見念汛溪桓公趙盟軍紫塞暨鎮汛
右達集典亦等號埽內石塘間段矬低入冬以後
天晴土燥其土石交接之處或致散裂未能合縫
塘已沈陷三四尺不等情形更爲增重細加查察
石工全憑底樁擎托樁如屹立塘自堅固倘樁已

朽腐或扦釘不直日久月長其塘身未有不陷且裂者檢查桓盟軍塞等號內間有固限未滿之工其餘均係乾隆四五六七及四十八五十三等年建築從未修過歷年久遠樁已朽腐無存其塘石焉得不入土沉陷脫灰散裂伏思埽無結實後靠即成孤立之勢將來伏秋大汛竟任孤立之埽以禦頂沖之潮其危險已岌岌不可終日設埽被潑卸而此等沉陷散烈之塘一掣即通爾時措手不

及潮由內灌其貽患更有不可勝言者臣等再三商確事當防於未然乘此水落潮平易於施工之時亟應將埽內陷裂舊工一律拆起修復鱗塘庶可有備無患即經飭令總局司道確估詳議去後茲據該局轉據廳備查得溪字等十三號間段其塘一百二十三丈六尺內有限外工二十丈前於道光十三年間加高一二層不等現因樁朽塘陷並非揭去面石應免賠繳又有限內工三十一丈

三尺係已故東防同知楊棟秀已故海防守備顧振綱承辦楊棟秀名下應賠繳銀四千八百六兩三錢九分七釐顧振綱名下應賠繳銀二千二百五十六兩五錢二分五釐現在工難懸待若俟追繳再行興辦實屬緩不濟急應請先行籌款建築一面在於該故員等家屬名下如數追繳歸款此外工長七十二丈三尺久逾固限以上各工五十一丈三尺約估共需銀二萬七千八百九十兩零

應請在於協撥塘工節省銀內動給趕辦等情詳請具

奏前來臣等復赴工次逐段履勘實爲至險至要必不可緩之工合無仰懇

天恩俯准如數動款興修以便委員乘時趕辦限於來年春汛前完竣以資埽工後靠而免通潮貽患其故員楊棟秀等應賠之項仍各分别咨行各原籍在於該家屬等名下照數着追完繳還款謹合詞

恭摺具
奏伏乞
皇上聖鑒訓示謹
奏
同日恭摺會
奏爲范公塘前請推緩石工察看情形俱可停辦以
歸節省仰祈
聖鑒事竊臣等前因塘石不敷工難趕辦請將議築范

公塘埽內鱗塘八百七十八丈改爲條塊石塘以
節經費而速工作並請先辦四百六十一丈其餘
四百十七丈埽內舊有月堤環拱尙無妨礙奏明
暫爲推緩欽奉
諭旨允准在案現在應築條塊石塘臣等節次赴工督
催各員趕緊興辦不日卽可竣事此外推緩工段
入冬而後察看埽外已有新沙漲起埽根得此擁
護埽身自能結實且月堤既資後靠潮勢又較急

汛頂沖之地迥不相同相度情形卽埽後不築石
工亦能抵禦相應請
旨將前項條塊石塘四百十七丈一併停辦以歸節省
如將來潮勢變遷必須添築容臣烏爾恭額隨時
查看再行奏請辦理謹合詞恭摺具
奏伏乞
皇上聖鑒再前項停辦工需計可省銀七萬三千八百
餘兩應請仍行存貯如通塘續有必不可緩之工

卽於此內
奏請動用合併陳明謹
奏
同日恭摺會
奏爲恭報東塘二層坦水依限砌竣仰祈
聖鑒事竊照東塘戴鎮二汛積字等號修復條石坦水
三千五百三十九丈零經臣等會同
欽差敬徵等履勘奏明定限於本年四月內將頭層坦

水修整二層坦水統限九月內竣工欽奉
諭旨允准遵經飭局派委候補知府于鼎培等二十員
分段興修先將頭層坦水及賠修頭坦依限辦竣
會摺奏
聞並飭將二層坦水趕緊接築在案伏查二坦所以保
護頭坦全在底石填實面石砌平與頭坦緊相依
輔作為陂陀形勢而於接縫處又彼此湊合不使
稍有罅隙庶不致為潮汐掀動得以歷久鞏固臣

等節次赴工查勘疊經諭令承辦各員務須如式
修築並飭督催道府認真稽查旋據具報二層坦
水於閏六月暨七月八月九月間陸續完工其賠
修二坦亦隨同正工一體完竣臣等先後赴工挨
號查驗其間樁木或有不平面石或有離縫之處
又指令工員重加釘砌不准稍有參差茲據總局
司道詳報前項樁石均已釘平砌好呈請驗收前
來臣等復逐段查勘實已一律整齊統工完固倘
無草率偷減情弊仍飭各員留屬在工不時查勘
如兩坦內偶或被潮沖動立即修補以免殘缺而
期經久合將二坦工竣緣由恭摺
奏報伏乞
皇上聖鑒謹
奏
道光十六年二月二十四日都察院左都御史臣
吳椿浙江巡撫臣烏爾恭額恭摺會

奏為海塘屢邀
靈貺安穩完工奏懇
聖恩特頒匾額以答
神庥事竊照此次興辦海塘大工地處頂衝形俱
險要鉅工鱗列人力難施仰賴
聖明洞燭機宜隨時指示臣等得以遵循辦理自開工
以來天時雨少晴多遂得次第施工依限完竣惟
上年六七月間兩次風潮異常洶湧其時大工僅

止得半南潮沖擊工段節節堪虞臣等不勝焦急
屢率在工各員前赴近塘各廟誠求默禱而東南
風色迭轉西北全塘藉得平穩且尖汛正值興工
南潮擊撞難以措手忽又改歸念汛得以竣事尤
徵非常感應此皆仰荷
聖德感孚
百靈效順故得屢昭神異化險爲平現在全工告
蕆允宜籲懇

聖恩特頒匾額以答
神庥謹查康熙五十九年間於海寧州小尖山前
敕建潮神廟奉祠
敕封運德海潮之神乾隆二十七年
欽頒恬波孚信匾額山上舊有
觀音廟亦於是年
欽頒補陀應現匾額雍正七年於海寧州城
敕建海神廟奉祠
敕封寧民顯佑浙海之神以唐誠應武肅王錢鏐吳英衛
公伍員配祀十一年
欽頒福寧昭泰匾額乾隆四年
欽頒清晏昭靈匾額二十七年
欽頒澄瀾保障匾額以上三處相應奏懇
天恩加頒
御書匾額三分俾得敬謹鐫刻分別懸挂又海寧州城
之

天后宮神靈素著尖山之英濟侯廟又名捍沙廟
考之誌乘係蕭山布衣張六溺水爲神屢著靈顯
士人立廟奉祀宋咸熙間封號賜額此次修辦大
工每遇颶風異漲臣等及各工員虔誠祈禱靡不
立時響應危險悉平可否一體
欽賜匾額之處出自
聖裁如蒙
俞允並請

御書匾額兩分頒發恭懸俾廟貌共肅觀瞻
神佑益垂永久據總局司道會詳前來臣等謹恭
摺具
奏伏乞
皇上聖鑒訓示謹
奏
同日恭摺會
奏爲恭報海塘大工全行完竣仰祈

聖鑒事竊照浙江濱臨大海全憑一線危塘捍禦潮汐
爲下游七郡田廬保障近因南沙中亘逼潮北趨
險工疊出經前撫臣富呢揚阿
奏蒙
皇上軫念民艱節次
簡派大臣來浙會勘凡有益於修防之工無不仰邀
恩旨允准興修計自道光十四年八月開工以後派委
幹員分首趕辦已將鎮念二汛改築柴埽添建盤
頭及韓家池接建條塊石塘並鎮戴二汛修復條
石坦水各工次第完竣經臣等先後驗收恭摺
奏報在案此外應修各工程復經臣等率同駐催各
道府督飭工員趕緊修築並不時赴塘查看如石
工稍不如式卽令拆起重做土工未能加厚又飭
格外培塡層層稽考無稍間隙並查東塘庶幾字
號盤頭一座已於十五年三月完工鉅字等號條
石坦水一千二百四十餘丈猷字等號塊石坦水

六百四十餘丈范公塘條塊石塘四百六十餘丈
均於十二月完工韓家池添修塊石坦水三百三
十餘丈亦於十六年正月完工鉅字等號加幫土
堰土戧八百餘丈及培高附土土堰一千八百八
十餘丈暨修補舊塘裂縫毛洞並加高埋砌各工
段截至十六年二月初四日止亦陸續報竣臣等
迭次查驗俱係整齊堅固並無草率偷減情弊又
應修土戧三千丈及靜字等號鱗塘一千七百四

十四丈零並續修溪字等號鱗塘一百二十三丈零自十三年十一月起至十四年八月止內有土戧及鱗塘四百六十九丈陸續完竣者業經前撫臣富呢揚阿赴工驗收臣等接辦要工當以捍潮全賴鱗塘最關緊要務在釘樁結實砌石平整乃能經久屢飭該道府於各工員底樁釘齊時先行驗樁方准砌石每砌一層驗看一次及至工竣報由臣等按丈履勘其中條石或未合縫立即指令

重加改砌不准稍有參差所有前項鱗塘一千二百九十八丈零計自十四年九月起至十六年二月二十一日止又接續報竣均經臣等先後會同查驗實已屹如金城一律鞏固統計以上驗收各工共長一萬七千餘丈核計動用銀數共有一百五十七萬一千八百餘兩此皆仰蒙

聖天子如天之仁欲登斯民於衽席不惜多費帑金為濱海羣黎遠籌樂利以故數十年來失修之工得以同時並舉迅速竣事

聖恩浩蕩遐邇蒙庥凡屬臣民同深感頌伏查此次興舉大工承辦各員皆知上廑

宵旰罔不激發天良踴躍從事自派委以後無分寒暑風雨親自督率工匠人等於水深浪猛之中竭力趲辦遇有危險之處夫工畏難退縮即捐資懸賞示獎總期工程結實尅日蕆事其承催各員梭織巡查不遺餘力有功必校有過必糾事事從實無

稍容隱溯查乾隆年間辦工時每次二三千丈至七八千丈不等計其完工日期自二三年至五六年不等此次修工較多收工較早實由各該員辦理妥速督催認真之故據總局司道會詳請

奏前來臣等未敢沒其微勞可否仰懇

天恩擇其尤為出力者酌量奏請鼓勵之處恭候

諭旨遵行除將修竣各工由臣烏爾恭額分別另疏報並造冊咨部外合將海塘大工全竣緣由恭摺

具
奏伏乞
皇上聖鑒訓示再此次奏撥工需共計銀一百九十一萬八千六百餘兩除動用外約計尚餘剩銀七萬二千餘兩應請報部撥用又節省銀二十七萬四千餘兩已歸善後另摺奏請留爲改修坦水及發商生息預備修塘之用敬繕清單恭呈
御覽至臣吳椿現在並無應行督辦之工請俟奉到

諭旨即行趨叩
闕廷復
命供職合併陳明謹
奏
謹將修築海塘奉撥動用及餘剩節省各銀數開具清單恭呈
御覽
協撥各銀款

一初奏請撥各省銀五十萬兩
一續奏請撥各省銀七十七萬五千兩
一奏撥藩運兩庫報撥銀十三萬兩
一奏撥道光十三四五六年歲修經費銀十八萬七千六百四十餘兩
一奏撥借動藩庫監餉銀三十二萬六千兩
以上統共協撥銀一百九十一萬八千六百四十餘兩

協撥項下動用
一節次奏辦東塘靜字等號石塘一千七百五十一丈二尺三寸加高石塘五十六丈並修沛字號盤頭一座原請銀四十三萬九千四百餘兩嗣核實估計內除七丈未修實修一千七百四十四丈二尺三寸連加高石塘五十六丈共估需銀四十三萬七千四百三十九兩零計餘剩銀一千九百餘兩內又撥用蘇石二萬二千三

百五十七丈五尺二寸按照節省例價扣回石
價銀三萬三千四百八十四兩零實動用銀四
十萬三千九百五十餘兩
一奏辦韓家池追字等號條塊石塘三百四十二
丈二尺二寸原奏請銀六萬兩嗣因核實估辦
計餘剩銀三千九百餘兩實動用銀五萬六千
九十餘兩
一奏辦西塘范公塘條塊石塘四百六十一丈該

工原奏請辦鱗塘八百七十八丈請銀二十七
萬七千餘兩嗣奏改條塊石塘計節省銀十二
萬五百餘兩又奏請停辦四百十七丈計節省
銀七萬三千八百餘兩共節省銀十九萬四千
三百餘兩計先辦四百六十一丈應需銀八萬
二千六百五十二兩零內又撥用蘇石一萬七
千六百四十二丈四尺七寸按照浙省例價扣
回各價銀二萬六千五百九十五兩零實用銀
五萬六千五十餘兩
一奏辦聚字等號土戧三千丈計動用銀二萬七
千兩
一奏辦甲字等號埽工三千四百四十四丈並塘
外沈護塊石及添建盤頭七座原奏請銀六十
萬八千六百餘兩嗣奏減塊石計節省銀一萬
五千四百餘兩又刪減面寬丈尺等項計餘剩
銀六千二百餘兩實動用銀五十八萬六千九
百三十餘兩

一奏辦積字等號坦水三千五百三十九丈八尺
該工原奏請辦竹簍請銀三十九萬八千八百
餘兩嗣奏改坦水計節省銀十八萬四千九百
餘兩實動用銀二十一萬三千九百餘兩
一奏辦東塘尖汛鉅字等號條石坦水一千二百
四十八丈又猷字等號塊石坦水六百四十一
丈七尺八寸該工原奏拋護塊石請銀九萬八

千八百餘兩嗣奏辦條塊坦水計節省銀二千
二百餘兩實動用銀九萬六千六百餘兩
一江蘇省協濟石料解交石價計動用銀五萬兩
一海寧仁和二州縣接運蘇石水腳計動用銀一
萬八十兩零
一海寧繞城加高石工原奏估銀九千一百餘兩
嗣奏請停緩計節省銀九千一百餘兩
以上統共實用協撥項下銀一百五十萬六百

四十餘兩
餘剩項下
一各工核實計餘剩銀一萬二千餘兩
一扣回蘇石例價銀六萬八十兩零
以上餘剩並扣回蘇石例價共銀七萬二千餘
兩應請報部撥用
節省項下動用
一續奏請辦東塘庶幾字號盤頭一座計動用銀
五千九百四十三兩零
一續奏請辦東塘溪字等號石塘一百二十三丈
六尺計動用銀二萬七千八百九十兩零
一續奏請辦韓家池塊石坦水三百三十七丈四
尺二寸計動用銀一萬四千六百九十餘兩
一續奏請辦戴鎮念尖四汛加高裂縫石塘附土
土堰等工計動用銀一萬三千四百兩零
一續奏請辦鉅字等號加高石塘加幫土堰等工
計動用銀九千七百八十五兩零

以上統共動用節省項下銀七萬一千六百八
十餘兩實存節省項下銀二十七萬四千餘兩
請以七萬四千餘兩仍貯藩庫留備柴埽修復
坦水之用其餘二十萬兩請發交杭嘉湖三府
屬殷實商人按月一分生息以備修復鱗塘之
用
道光十六年三月二十七日都察院左都御史臣

吴椿浙江巡撫臣烏爾恭額恭摺會
奏爲遵
旨查明催辦海塘大工尤爲出力各員酌量開單保
奏仰祈
聖鑒事竊臣等欽奉
上諭吴椿等奏海塘大工全行完竣一摺浙江海塘捍禦潮汐爲下游七郡田廬保障前因南沙中亘逼潮北趨險工迭出經富呢揚阿奏請興修朕先後簡派

趙盛奎嚴烺烏爾恭額敬徵吴椿等前往會勘並令吴椿留於該省會同烏爾恭額督辦各工茲據吴椿等奏稱自道光十四年八月開工至道光十六年二月工程完竣統計修築各工共一萬七千餘丈動用工料銀一百五十七萬二千餘兩吴椿等親往驗收俱係齊整鞏固並無草率偷減情弊數十年來未修之工得以同時竣事辦理尙爲迅速所有承辦督催各員着吴椿等擇其尤爲出力者酌量保奏候朕施
恩毋許冒濫等因欽此臣等跪讀之下仰見我
皇上懋賞有加微勞必錄凡屬臣工同深欽感遵卽恭錄飭局查覆去後茲據總局司道查明各員勞績分別開單詳請保
奏前來臣等覆加查核此次興辦海塘大工段落最爲綿遠工料極其繁多全賴在工各員加倍踴躍方能迅速奏功自開局以後統計委辦工程者共五十四員隨工幫辦者共二十八員催工催料者

共二十三員辦理局務者共七員均經臣等時時策勵頗知奮勉又飭監司道府大員認眞稽查實力催辦不使稍有罅隙而在工各員亦能湔除積習振刷精神力圖報稱以故新建各工得以一律完固及早竣事溯查康熙雍正乾隆年間志載南沙中亘潮必北趨北塘修整潮自南徙塘之興廢與潮之轉移若形影然故歷數十年而鉅工不得不興潮勢亦不得不變由來已久現在臣等往來

塘上查看形勢從前東南兩潮會於念汛極爲猛
烈近則念里亭一帶盤頭林立石土各工又屹如
金城潮來擊撞即轉南星散高高下下由海中遠
去此即潮勢南徙之漸併即北塘堅固之驗而各
工員之殫心竭力亦於此稍稍見效臣等詳加考
察此一百十餘員中其實在出力者甚多第未敢
概請甄敘稍涉寬濫除經理總局之前任布政使
程喬采現任布政使錢寶琛前任按察使劉韻珂

前任鹽運使宋其沅現任鹽運使王鑄前任杭嘉
湖道現調糧儲道桂菖均未始終其事並杭州府
知府胡元熙僅止始終在局稽核文案俱毋庸議
敘外謹於催辦各項人員內擇其尤爲出力者酌
量十四員遵
旨據實保
奏另列清單註明勞績恭呈
御覽可否仰懇

聖慈俯准分別
加恩以示獎勵之處出自
鴻施臣等謹會同閩浙總督臣程祖洛恭摺具
奏伏乞
皇上聖鑒訓示再臣吳椿於拜摺後即行回京復
命合併陳明謹
奏
謹將催辦海塘大工尤爲出力各員開列清單註

明勞績恭呈
御覽
杭嘉湖道賓欲峻
該道總理塘工事無鉅細俱能實心經理實力
籌辦而於查驗稽察各事宜尤能任勞任怨無
稍寬假俾各工員知所警勉奮往從事洵爲臣
等指臂之助可否
賞加按察使銜

揀發道金洙
該道總司催查調遣得宜凡遇艱險難辦工程
又能籌畫盡善督率妥辦俾各員踴躍赴工得
以迅速竣事悉臻穩固勷助實爲得力可否
賞加鹽運使銜
揀發知府伊克精額
揀發知府吳俊民
該二員分段駐工查催事事喫緊而於考校各

工務求如式毫無徇隱又能竭盡心力始終不
渝洵屬最爲出力之員可否
賞加道銜
試用知府于鼎培
該府承修坦工悉心籌辦不辭勞瘁並委令分
催工段督率認眞均歸妥速該府係由知縣加
捐知府分發浙江試用於道光十三年期滿甄
別以簡缺知府留浙補用可否以中簡缺知府

儘先補用
石浦同知鄧廷彩
該員承修石塘埽工盡心經理竭力趲辦各工
俱極妥速查石浦同知係海疆要缺定例三年
俸滿保題以陞銜留任再滿三年遇有浙省部
選知府缺出准其陞用該員前次三年俸滿已
題奉部覆准加知府銜且歷署繁要府篆才具
開展辦理均能裕如可否俟再滿三年以應陞

之缺儘先陞用
東塘海防同知王德寛
西塘海防同知于尙齡
該二員承辦工段最多始終奮勉均極妥固尤
能熟悉防務遇事勇往爲各工員倡率查東西
兩防同知定例三年俸滿准其保題入於郎陞
班陞用該員王德寛俸次應於道光十七年十
一月期滿該員于尙齡俸次應於道光十六年

十一月期滿可否免其報滿以應陞之缺儘先
陞用
鹽運司運副李華
該員承修坦工不避艱險親督趲辦極爲勇幹
其平日居官廉能素著於地方公事頗能留心
可否以應陞之缺卽行陞用
前任嘉興府通判羅鑲
該員承辦石塘埽工最爲勤奮其督率人夫揀

選物料經理無不盡善該員前在通判任內辦
工甫竣卽行丁憂可否於服闋後儘先選用
鎮海縣知縣李超咸
該員承辦石塘遇有要工能首先奮往尅期竣
事實屬勤幹可否以應陞之缺卽行陞用
改補縣丞汪仲洋
該縣丞隨同總催認眞稽查工段備極辛勤凡
遇險工能悉心區畫設法幫辦最爲得力該員

前在浙江歷任繁要知縣因在錢塘縣任內失
防監犯革職降捐敎諭復
奏調來浙請以對品縣丞改補差遣委用可否免補
本班留浙以應陞之缺儘先陞用
黃巖縣縣丞任應祥
該員隨辦局務於勾稽錢糧查辦文案事事認
眞毫無貽誤該員前在甘肅幫辦軍需出力議
敘選授今職可否以應陞之缺陞用

陞署海防營守備朱大榮
該員在本營服官已及十年於工程最爲熟悉
此次承辦工段較多極其出力可否
賞加都司銜
以上查明尤爲出力者共十四員遵
旨酌量保
奏恭候
欽定其餘出力稍次者尚有一百二員由臣烏爾恭額

飭司分別記功示獎不敢冒濫合併陳明

計開

承辦大工四十一員

歸安縣知縣 徐起渭 秀水縣知縣 劉禮章

前上虞縣知縣 師長治 平湖縣知縣 鄭錦聲

山陰縣知縣 宋大寅 蕭山縣知縣 朱煌

鄞縣知縣 周召棠 署錢塘縣知縣 陸模

桐鄉縣知縣 黃攀桂

以上記大功三次

德清縣知縣 裘榮甲 常山縣知縣 張祖基

江山縣知縣 倪玢 西安縣知縣 周壬福

嘉善縣知縣 李東育 嘉興縣知縣 江思濬

海鹽縣知縣 侯承誥 前嘉興縣知縣 朱浩

署東陽縣知縣 蔣嘉璋 杭州府通判 張騰輝

遂安縣知縣 洪錫光 石門縣知縣 齊雙進

江山縣縣丞 沈皋

以上記大功二次

前署東防同知 盧昆鑾 候補知縣 傅延熹

前分水縣知縣 楊兆奎 署烏程縣知縣 王鼎勳

前慈谿縣知縣 張如梧 玉環同知 張洵

永嘉縣知縣 張久照 湖州府同知 葉申薌

嵊縣知縣 何瑞榴 前署餘姚縣知縣 張惟孝

嘉松分司 鍾秀 前海寧州知州 王頤

溫州府同知 祝普慶 臨安縣知縣 馮雲祥

餘姚縣知縣 宛名震 前壽昌縣知縣 馮應漢

歸安縣縣丞 劉秀鈺 奉化縣知縣 龔振麟

以上記大功一次

局員五員

杭州府知府 胡元熙 候補運副 周縉

海鹽縣縣丞 劉秩 候補理問 楊春煦

錢塘縣主簿 蘇盛春

以上記大功二次

隨工幫辦二十八員

候補鹽大使 楊珍秀 前餘杭縣知縣 楊溯伊

城中務大使 嚴錦堂 西安縣縣丞 伍鳳儀

慈谿縣縣丞 汪大煐 撫右營把總 王 煜

候補從九品 李 澍 試用主簿 王世衡

天目巡檢 鄧煇珍 布照磨 顧偉烈

候補從九品 曾守約 金華縣縣丞 韓 錞

以上記大功二次

候補鹽大使 石 麟 三山巡檢 李凝宇

以上記尋常功二次

海寧州州判 汪士瀾 前試用府經歷 沙德培

翁汛千總 孫光耀 鎮汛把總 楊攸由

尖汛把總 夏德風 李汛把總 張 欽

戴汛外委 徐萬青 念汛外委 張 讓

前署黃巖縣縣丞 沙心培 試用縣丞 孫熙祖

試用從九品 呂明修 候補府經歷 卜 詢

杖錫巡檢司 席紹疇 穿山巡檢司 魏景珩

以上記尋常功一次

催工催料二十一員

紹興府同知 余覲和 記尋常功二次

試用通判 呂樹梅 候補布庫大使 丁廷鈺

試用從九品 馬桂林 候補縣丞 郭世昌

署海寧州吏目 劉春臺 鹽務課大使 王靜波

候補運判 伊念曾 候補運副 明 楓

前署南塘通判 嵇文凱 前紹興府經歷 徐延勳

紹興府照磨 成毓璜 仁和縣知縣 楊鶴書

署海寧州知州 李象昺 南塘通判 王世履

前柯橋巡檢司 李 漳 仁和縣縣丞 陳 煇

錢塘縣縣丞 王錫周 蕭山縣縣丞 許繼栢

候補鹽經歷 呂偉山 候補鹽大使 黃 鶴

以上記尋常功一次

此外工員烏程縣知縣周棨湖州府同知馬兆椿

昌化縣知縣武鴻騫餘杭縣知縣沈淇青田縣知
縣童立成局員金華府通判宋璜隨員山陰縣縣
丞吳中憲均已病故毋庸議
再南河遴派來浙工員候補通判黃世恩候補主
簿朱兆勳碭山縣主簿張嘉琳呂梁洪巡檢張芬
運河營千總陳應祥海防營把總王成邳北營協
防杜士貴前經
奏咨陸續回南河銷差所有一體記功之處亦已咨

明江南省查照核辦
同日恭摺會
奏爲酌議塘工善後事宜仰祈
聖鑒事竊查浙江海塘歷代俱有創建迨入我
朝荷蒙
列聖深仁厚澤不惜億萬帑金一律改建石塘功成奠定
西塘以柴埽爲外衛東塘以石坦爲外護塘根並
於附石土塘幫寬土戧加高土堰又於塘後挑挖

備塘河以資宣洩修築土備塘以作重關法制極
爲周備近因歷年久遠各工不無偏廢復蒙我
皇上善繼善述發帑興修
特命臣等會督勘辦臣等凜遵
聖訓悉心講求並不時親往查看嚴飭各員認眞催辦
年餘以來各工竣事兩塘大局百廢具興又復一
律完固惟
國家經費有常當此告成之初必須通盤籌畫酌劑

盈虛乃可用之不窮悉臻妥善且有損於塘工者
查禁尤在從嚴有益於塘者保護不可稍忽凡在
工修防各員當時時稽察分勤惰以定功過嚴賞
罰以示勸懲俾工程均歸實濟
帑項不致虛糜庶於通塘有所裨益臣等與總局司
道再三酌議謹擬善後事宜五條敬爲我
皇上陳之
一修塘經費應核實籌計以免支絀也查海塘歲

修經費從前止有鹽務節省引費銀二萬餘兩
遇有應修工程隨時請撥地丁銀兩存貯備用
後經額定銀十五萬六千餘兩遇有不敷於新
工項不借撥至道光五年前撫臣程含章奏定
每年歲修不得過十五萬六千餘兩之數於是
西塘額定十萬六千兩專修柴埽東塘額定五
萬兩專修坦水並無歲修石塘專款迨五年以
後南沙漲寬東塘念汛一帶起有南沙與東潮

會合沖激石塘漸多傾圮不能不先其所急即
以歲修坦水之銀挪以修塘遂至坦水因無修
費而溜卸日甚石塘因無坦水而受病愈深現
因東塘改築柴埽每年添撥監餉銀五萬兩濟
用第各工限滿以後以之修辦柴埽三千四百
數十丈並坦水六千餘丈盤頭十四座斷不敷
用即設法撙節輪流估辦亦形支絀且埽工固
限止有兩年較之坦水四年之限爲期已促修

復埽工每丈需銀九十餘兩較之修復坦水每
丈需銀六十餘兩之數爲銀又多期促則修理
更勤銀多則費用益大況塘後之土愈厚愈固
當惜之如金埽工則需土甚多塘後坑窪甫經
塡平不能任其挖取是經費既絀土方又難揆
度情形似須將前項埽工擇其潮緩處所仍改
坦水方可籌辦查東塘自家給字號以東至碣
石字號共二千五百八十丈爲東南兩潮會合

之處前因水深溜猛不能修復坦水故議改建
柴埽現在兩潮仍然沖擊祇可暫留以爲石塘
外護應俟潮勢變遷再行
奏請酌辦其家給字號以西至聚羣字號工長四百
餘丈上年並無南潮到塘聚羣字號以西至甲
帳字號工長六百餘丈潮勢較前和緩以上一
千餘丈埽工請俟限滿應修時察看形勢另行
奏明改築坦水庶經費稍得寬餘洵爲一舉而兩得

至東塘石工共長九千數百丈現在已修一千
八百餘丈尚有七千數百丈均係年久老塘遇
有坍卸仍屬無款可動前於奏改范公塘摺內
欽奉
諭旨准將塘工節省銀兩留備必不可緩之工現計節
省項下共存銀二十七萬四千餘兩應請撥銀
七萬四千餘兩存貯司庫以備改建坦水之用
其餘二十萬兩飭交杭嘉湖三府轉發殷實商

人按月一分生息每年可得息銀二萬四千兩
以備歲修石塘之需如有餘剩照數留抵次年
監餉仍將監餉劃出解部倘有不敷再行
奏提本銀濟用免致短絀
一新建塊石塘坦請定保固限期並預備歲修料
物隨時修補以免延誤也查鱗塘保固十年條
石坦水保固四年均有向例可循現在新工築
有條塊石塘及塊石坦水例無定限核其原領

工料價銀較之鱗塘條坦已減十分之三四若
一律保固未免無所區別應請酌量定限將條
塊石塘保固七年塊石坦水保固三年以昭平
允其保固限內應原辦工員照例修補保固限
外應該管廳備隨時加修所有塘坦應用之木
石及柴埽應用之柴土俱在所必需若俟需
用之時始行分頭購辦一遇潮大沖卸必致緩
不濟急且各項工程果能有缺即補有殘即修

可以費半而功倍並請嗣後各工如在保固限
內者仍責令承辦各員預備料物貯塘隨壞隨
修不得刻延如在保固限外者應飭該管廳備
查照例定各項物料數目預購十分之一二堆
積塘上遇有殘缺處所就便取給隨時補葺不
得遲誤其需用料價先於歲修項下動給預備
實用若干分別拆修加鑲核實估計照例保固
仍按銀數五百兩上下分別奏咨辦理並由杭

嘉湖道隨時稽察物料履勘工段詳明巡撫覆
查核定飭辦庶塘工不致坐失機宜經費亦可
稍從節省實於修防有裨
一南沙淤岸應按年查勘禁止也查海塘患在北
岸而其受病之源實在南沙從前屢議挖切總
無成效近年以來南岸沙塗愈漲愈寬佔海及
半東潮益力且潮爲沙阻起有東南兩股勢更
洶湧不可抵禦尤爲切近之患前聞南岸居民

希圖種植恒於沙邊圍堆圩岸以致溜緩沙停
日有積滯曾嚴札飭查已據該府縣稟明將圍
堆全行拆毀惟該處人民專以圍佔沙地爲利
若不嚴行查禁勢必仍蹈故轍應飭該管地方
官出示禁止隨時察查並於每年二三月間派
委道府大員前往周歷履勘一次以聳耳目庶
居民咸知圍堆淤岸有干嚴禁不敢再圖小利
貽患海塘

一塘後備塘河應按年挑挖培戧也查浙江海潮
勢如排山倒峽若值大汛兼遇颶風潮即湧高
數丈不特激上塘面抑且漫過塘身時所常有
塘後原有備塘河數十里以備宣洩鹹水所以
思患預防者最爲切要近來逐段淤塞不能容
納潮水間致淹及民田殊有關係而塘後又多
坑窪雨水淋積浸及塘根更非所宜恭讀乾隆
年間

御製詩有其無室廬處又復多池坑之句自係由來已
久此次興舉大工前經
奏定塘後十丈以內不准取土其舊有池坑終未填
平正在勘估籌辦間適有職員瞿世瑛情願捐
銀三萬兩以助工需即飭將此項銀兩爲挑河
填坑並加培土戧之用現在挑通河身計有四
千八百五十餘丈填平舊坑計有二千五百七
十餘丈並將土戧培厚其塘後地基一律議種

桑樹飭令各汛兵分段經理按年挑土壅桑以
培土塘基址仍令該地方官於每年二三月間
親歷沿河查勘遇有淤塞處所立卽設法挑挖
並將淤土加培土戧務使河道日益深通塘基
日加寬厚俾鹹水有所歸宿不致漫溢爲患
一各官責成應嚴加考察以警怠忽也查東西兩
塘爲杭嘉湖道專管所屬有同知二員守備一
員千總二員把總五員經制外委九員額外外

委四員均有巡查修防之責向例新工驗收後
卽交弁兵看管遇有損動稟明廳備移知原辦
工員赴工賠修現因文移往返曠日持久已責
令各工員於保固限內預備物料派留丁屬住
工看守遇有應修之處隨時認眞修理自不致
或有疎虞惟保固限滿交給弁兵接管例無保
固疎防失守事所不免應責成該管廳備將限
滿各工專飭弁兵分段看管時時巡查如塘坦

之椿石埽工之柴料俱不准稍有疎失並令該
廳備十日一次杭防道每月一次周歷查察詳
報內除實應歸入歲修之工准其照例勘估詳
辦外其餘如坦水偶有沖動柴埽偶有潑損石
塘偶有裂縫毛洞並面石移動及附石土塘滲
漏殘缺等事應飭隨時修補免致因小失大若
應修不修當以疎虞查究不應修而請修卽以
冒濫懲治如官員查辦不力承修不實應由杭

嘉湖道查明稟揭參處着賠其石塘大工及緊
要工程杭嘉湖道接據稟報應卽馳往勘估詳
由巡撫親臨履勘明確始准領銀興辦以昭核
實其每年春霉伏秋各汛杭嘉湖道卽親駐工
次就近稽察巡撫亦於每汛喫緊之際親往督
飭巡防並將該廳備及汛弁等所管工程周歷
查勘以修防之勤惰定其功過隨時甄別顯示
勸懲如此層層考察庶文武各員弁咸知責無

旁貸不敢玩忽因循而於修防各事宜益昭慎
密矣
以上五條臣等謹就現在塘工緊要情形熟籌善
後管見所及是否有當謹合詞恭摺具
奏伏乞
皇上聖鑒訓示謹
奏
同日恭摺會

奏爲紳士捐備工需請
旨敕部議敘以示獎勵仰祈
聖鑒事竊照海塘興舉大工經前撫臣富呢揚阿於捐
攤並籌摺內聲明江浙紳富如有急公好義情願
捐輸者請照部定章程鼓勵奏奉
諭旨允准其時海潮形勢惟東防念汛一帶最爲頂衝
受險必須建築盤頭挑溜中趨庶免疎失當經前
撫臣富呢揚阿飭屬曉諭勸捐一面先與司道公
同捐廉倡率於極險處所興辦更霸字號大盤頭
一座兼築雁翅以挑溜勢頗能得力並與杭州府
知府胡元熙等十一府公同捐辦家給字號盤頭
一座前任餘杭縣知縣楊溯伊獨力捐辦匡合字
號盤頭一座四所鹽商合力捐辦碑刻雁門字號
盤頭兩座海寧州生員蔣光煦等醵資捐辦頗牧
字號盤頭一座亦各陸續竣事復經前撫臣富呢
揚阿會同

欽使臣趙盛奎嚴烺於籌議保護海塘摺內附片奏明
在案此外尚有塘後備塘河數十里本以宣洩鹹
水近因逐段淤塞不能容納復有舊存坑窪雨水
淋積浸及塘根均非所宜必當勘估籌辦適有錢
塘縣捐職知府瞿世瑛情願捐銀三萬兩以助工
需又經臣等飭將此項銀兩爲挑河填坑及加培
土戧之用並於條議善後事宜摺內列入附陳現
在挑通河身計有四千八百五十餘丈填平舊坑

計有二千五百七十餘丈培厚土戧計有一千七百餘丈經臣等赴工查驗俱已深通完固由總局司道詳請
奏獎前來臣等查例載地方遇有築堤等項公事紳士捐銀三四百兩據實奏請給以八品頂帶人員於奏時聲明聽部另行議敘至一二千兩者從優議敘又奉部奏定捐輸議敘章程內載紳士急公報効捐銀三萬兩以上給予道員職銜各等語今

官商紳士捐辦盤頭等工外以敵潮擋溜內以疏河培基均於塘工大有裨益除更覇等號盤頭五座係現任官員及鹽商大衆捐輸不敢仰邀議敘外惟有頗牧字號盤頭一座計用銀六千二百兩係生員蔣光煦等捐辦與捐備挑河等項工需之職員瞿世瑛俱屬誼敦桑梓急公好義洵堪嘉尚自應循例獎敘用昭激勸相應請
旨俯准將捐銀三萬兩之捐職知府瞿世瑛捐銀二千兩之生員蔣光煦各捐銀一千五百兩之捐職布政使理問陳守繩捐職布經歷陳有聲捐銀四百五十兩之報捐道銜馬洵即馬思洵監生閔學儀捐銀三百兩之監生史繼善
敕部照例分別議敘以示獎勵此係捐辦工程並請免其造冊報銷除取具瞿世瑛等履歷各冊咨部查核外臣等謹合詞恭摺具
奏伏乞

皇上聖鑒訓示謹
奏

總局司道詳擬海塘外辦事宜五條

一東塘歲修經費宜示以限制也查東塘每年埽坦等工歲修原額銀五萬兩近因添撥監餉銀五萬兩共成十萬兩今復於節省項下撥銀二十萬兩發商生息爲石塘歲修之用是十萬兩之數專顧埽坦各工自宜諸從撙節俾敷工用總在修之

得當工歸常固用之有節項不虛糜就管窺所及如柴埽來歲兩年限滿除家給字號以西至甲帳字號工長一千八十丈已蒙
奏明屆時察看情形改復坦水外其餘二千三百六十四丈爲東南兩潮會合之處每年擬酌修三分之一柴盤頭十四座亦地當頂沖二年限滿之後每年擬酌修四座其新葺楊故丞等限內坍損條石坦水三百七丈二尺及新修條石坦水四千七

百八十七丈八尺地處既不甚險且係條石工程四年固限滿後每年擬酌修六分之一至塊石坦水地非衝要止須間年修理無庸定以年限例其埽工柴盤頭分別折修加鑲坦水分別折修修補折修有舊料可抵加鑲修補更添料無多現經逐細撙節估計所有約需銀數開列於後

一新建柴埽除應改坦水外下剩二千三百六十丈固限滿後請自道光十七年爲始每年酌修三分之一計工七百八十八丈查埽工原估每丈九十七兩零歲修如有舊料抵用約計折修每丈需銀六十餘兩加鑲每丈需銀三十餘兩查道光五年　奏案折修保固二年加鑲保固一年

一新建捐建柴盤頭十四座照道光五年　奏案保固二年應自道光十四年十二月二十九日起至十五年三月二十五日陸續完工連閏扣

至十六年十一月至十七年二月先後限滿請自道光十七年爲始每年酌修四座查盤頭原估每座六千兩歲修除抵用外約計折修每座需銀二千餘兩加鑲每座需銀一千餘兩查盤頭折修加鑲固限自應與柴埽同

一新葺楊故丞等原辦限內坍損條石坦水三百七丈二尺照外辦工程向規保固一年應自道光十五年八九月陸續完工起至十六年八

九月限滿請自十七年爲始每年酌修六分之一計工五十丈查坦水原估每丈六十六兩零歲修如有舊料抵用應分別核實估辦約計拆修每丈需銀四十餘兩修補每丈需銀二十餘兩查條石坦水固限四年其拆修自應同是四年修補應請減爲二年

一新修條石坦水四千七百八十七丈八尺照道光五年　奏案保固四年應自道光十五年四月二十九日暨九月二十九及十二月初十等日陸續完工起連閏扣至十九年二月及七月十月先後限滿請自十九年爲始每年酌修六分之一計工七百九十八丈內分別拆修修補每丈拆修約需銀四十六兩修補約需銀二十三兩保固請照前條拆修四年修補二年

一將來柴埽改修條石坦水一千八十丈亦照前條條石坦水之例辦理

以上歲修各工約畧估計難遽定爲確數總須臨時察看核實辦理尤須歲有盈餘有備無患

一限外不入歲修各工應酌加外辦經費以期通塘各有責成也查埽坦歲修既經撙節必有限外不能歸入歲修之工除塊石坦水已在歲修案內間年理砌毋庸再加黏補外其餘各工雖前次詳請飭令廳備弁兵加意看管若不隨時黏補必致因小失大而黏補不給經費殊覺難以責成今議在鹽務歲捐銀一萬兩內酌給黏補之費有約需銀數開列於後

一柴埽除當年酌修及前一兩年所修尚在限內不計外其餘每百丈酌給黏補銀二百兩

一柴盤頭除當年酌修及前一兩年所修尚在限內不計外其餘每座酌給黏補銀五十六兩

一條石坦水除當年酌修及前四年所修尚在

限內不計外其餘每百丈酌給黏補銀一百兩
以上捐辦各工均係約畧核計仍須臨時察
看辦理不得稍涉浮冒
一附土土塘及備塘河宜按年增修疏濬也查土
工九千八百九十六丈實爲石塘內靠現雖一律
完整但不從此勤加增修恐風雨淋漓潮水潑激
不數年後又復漸形單薄應飭令該管廳備督飭
弁兵每年於照例塡墊塘面之外查照河工之例

間段堆積土牛每五丈堆土牛一處高五尺寬五
尺長二丈以合每丈積土一方之數一遇土塘各
工稍有沖刷立即隨時取用修補務使前高一尺
後高二尺之附土以及高出附土之土堰土戧常
不改觀如查照土戧舊制於塘頂之上通例加高
三尺更足以資抵禦其新修之二千八十餘丈俟
固限滿後再給修費又新疏備塘河四千八百五
十餘丈應請俟三年之後每年酌給歲疏工費如

數年後必須大修再行核實估計以上修費亦請
於鹽務歲捐項下支用所有約需銀數開列於後
一塘後土工每丈酌給黏補土一方每方約需
銀二錢三分有零
一備塘河每年約給歲疏工費銀三百兩
以上捐辦各工均約畧估計臨時察看實用
實銷不能指爲定額稍滋冒濫
一工員遇有事故應籌備保固也查工員承辦工

程例有保固定限遇有事故不得親自在工照料
亦應派留丁屬隨時修理此次大工並舉承辦工
員較多除現任職官及無官有人可以派留家屬
者俱照常辦理外惟無官無人並無丁屬可留者
不能不預爲籌備以免限內失修之弊茲查塘坦
各工俱有扣存工程五釐銀現存司庫遇有埽工
偶形蟄陷坦水遇有沖動足敷動用即無官無人
亦可責成廳備代爲請領修理惟埽工間段坍塌

坦水連片沖揭斷非存司銀兩所能敷用若靜候
咨追賠修勢必緩不濟急應請於鹽務歲捐項下
暫借墊辦俟咨追到日照數還款仍一體責成該
管廳備隨時察看據實估報由杭防道詳請動用
認眞修理如有疎失惟該廳備是問
一舊存廢地應勘丈備用也查海塘舊有官買谿
糧辦工取土用剩廢地曾於道光十三年間經前
杭防現調糧儲道桂飭令東防同知會同海甯州
丈得廢地共有二百十五塊計一百八十畝有零
逐塊註明坐落字號造冊呈道有案無難按籍而
稽且恐尚不止此數應請飭令海甯州會同東防
同知再行親詣近塘一帶逐細確切勘查清釐務
使將所隱之地悉數退出同先經丈得之地一併
丈量定界留爲塘工取土之用出示曉諭毋許附
近居民侵佔違者照例治罪如此則辦工不患無
土官地免被隱私矣

以上五條道光十六年四月初五日奉
巡撫部院烏　批如詳分別遵行遵照
道光十六年五月二十日准工部等部爲遵
旨議奏事都水司案呈內閣鈔出
欽差都察院左都御史吳椿等奏酌議塘工善後事宜
一摺道光十六年三月初十日奉
硃批該部議奏欽此臣等謹就
欽差都察院左都御史吳椿等所奏逐條核議開列於
左
一奏稱修塘費用應核實籌計以免支絀一條臣
等查東塘自家給字號以東至碣石字號坦水工
程前因水深溜猛不能修復酌議改建柴埽現在
兩潮既仍沖擊自應暫留以爲石塘外護俟潮勢
變遷再行奏請酌辦其家給字號以西至聚羣字
號埽工上年既無南潮到塘聚羣字號至甲帳字
號埽工現在潮勢既較前和緩自應俟限滿應修

時察看情形另行奏明改築坦水似於經費稍得寬裕免致支絀至東塘石工除已修外尚有老塘七千數百丈均係年久老塘如有坍卸無款可動據吳椿等請於節省項下撥銀七萬四千餘兩存貯司庫以備改建坦水之用應如所奏辦理戶部查節省項下餘存銀二十萬兩據吳椿等於恭報工程完竣摺內奏請發商生息以備歲修石塘之需已奉

諭旨准行應令浙江巡撫即將前項銀兩轉飭發給殷實商人按月一分起息每月所得息銀除添給歲修石塘不敷銀兩外如有餘剩照數留抵次年監餉仍將監餉劃出解部毋得另行開銷仍將發給銀兩數目並年月日期及商人姓名先行專案報部備查

一奏稱新建塊石塘坦請定保固限期並預備歲修料物隨時修補以免延誤一條臣等查定例鱗塘保固十年條石坦水保固四年今新工條塊石塘及塊石坦水原領工料價銀較之鱗塘條坦減少自應如所酌量定限條塊石塘保固七年塊石坦水保固三年以示區別自此次議定之後倘有在保固限內致有坐蟄等情該撫等斷不得爲承辦之員稍存迴護除着落賠修外分別輕重照例嚴辦至承辦各員預備料物隨壞隨修既在保固限內自不得另請開銷其保固已經逾限者應責

成該管廳備隨時修葺並由杭嘉湖道履工詳勘實力稽查如工程完好不得因保固限滿濫行請修致滋糜費至需用料物應於歲修項下核實估銷以杜浮冒而重要工

一奏稱南沙淤岸應按年查勘禁止一條臣等查南沙淤岸大爲海塘之患該處居民希圖種植恒於沙邊圍堆圩岸勢必溜緩沙停日有積滯即將圍堆全行拆毀自應出示禁止隨時查察併於每

年二三月間派委道府大員前往周歷履勘並按
年取具道府大員及該管地方官查勘沙邊並無
居民圈堆圩岸切實印結送部備查不得日久視
爲具文
一奏稱塘後備塘河應按年挑挖培戧一條臣等
查塘後備塘河所以宣洩鹹水關係匪輕既經挑
挖深通填平舊坑培厚土戧自應飭令各該汛兵
分段經理按年挑土以培塘基仍令該管地方官

於每年二三月間親歷沿河查勘遇有淤塞處所
立即挑挖深通並將土戧加培寬厚報明該管上
司親自查驗以昭慎重
一奏稱各官責成應嚴加考察以警怠忽一條臣
等查塘工保固限滿自應專飭弁兵分段看管時
時巡查該管廳備並杭防道周歷查察如該管官
弁查辦不力及承修不實自應由杭嘉湖道查明
稟揭參辦着賠其石塘大工及緊要工程應由巡

撫親臨履勘明確始准領銀興辦其每年春霉伏
秋各汛杭嘉湖道自應親往工次就近稽查巡撫
亦當親往督飭巡防並將該管員弁分別勤惰以
示勸懲均應如所奏辦理總之有治法仍在治人
經此次明定章程之後該省大吏應隨時查勘實
力修防固不得惜小失大有誤要工尤不得任聽
員弁虛報浮銷致滋糜費庶於錢糧工程兩有裨
益臣等核議緣由理合恭摺覆

奏伏乞
皇上聖鑒謹
奏
道光十六年七月二十五日准江蘇撫院林　揭
開江蘇省協辦浙省塘石四萬丈共用過腳價銀
八萬五千六百九十四兩三分六釐造冊
題估等因到院行局查照來揭事宜即便移行知照
道光十七年六月初九日浙江巡撫臣烏爾恭額

恭摺覆
奏爲遵
旨詳查核議據實覆
奏仰祈
聖鑒事竊臣承准軍機大臣封洛道光十七年四月初
六日內閣奉
上諭給事中沈鑅奏酌議浙江省海塘善後事宜一摺
着烏爾恭額督飭該管道廳詳加察核妥議具奏原

摺着發給閱看欽此遵即恭錄行查核議茲據布政
使錢寶琛兼護杭嘉湖道事嘉興府知府伊克精
額督同東防同知王德寬西防同知于尙齡海防
守備朱大榮查議詳覆前來臣查浙江海塘爲杭
嘉湖蘇松常鎭七郡民生保障前因東西兩塘與
舉大工荷蒙
皇上軫念民依
特命大臣來浙會督勘辦一律修竣復經

欽差臣吳椿與臣督同總局司道酌擬善後事宜五條
會同具奏奉
旨敕部議准在案今給事中沈鑅陳奏海塘善後事宜
四條臣復督飭司道廳備詳加確核皆係治河措
溜之法並非治海禦潮之法第其中有辦法各異
而用意則同者有辦法畧同而名稱各異者有可
以遵照籌辦者有礙照依辦理者謹就原摺逐條
詳議敬爲我

皇上陳之
一原摺內稱每年歲修塘工宜漸次改築海漫坦
坡以期永無沖刷一條查魚鱗石塘十八層本屬
逐層收分避讓潮勢並非壁立陡砌每層石縫灌
漿抿灰又用鐵錠鋦連俾通塘聯爲一氣惟巨石
壘壓全在底樁堅穩故西塘之外護以柴埽東塘
之下護以坦水皆係因地制宜藉資保衛前因東
塘坦工日久殘缺無以護塘曾于大辦塘工案內

經

欽差臣敬徵等奏請自老鹽倉戴汛積字號起至鎮汛
啟字號止尖汛鉅字號起至韓家池杷字號止仍
建復添辦條塊石坦共計五千七百六十餘丈其
條石坦水臨水者謂之頭坦計寬一丈二尺扦釘
雙排樁附塘者謂之二坦又寬一丈二尺扦釘單
排樁第沙隨潮走不能於沙上砌石故坦工辦法
先須去淨浮沙然後堆貯塊石再用條石合縫蓋

面以防刷失其勢外低內高斜護塘根自四五層
至六七層不等不惟遮蔽底樁抑且護持塘腳此
即摺內坦坡順潮先平其下之意是坦工雖與坦
坡各異而用意則同所請改築之處應毋庸議
一原摺內稱順水壩挑水壩為保護險工要務必
須雁翅遞築而後見效一條查河工向築順水挑
水壩以防險海塘則專築柴盤頭以挑潮前於興
辦大工案內計發款委辦及官民捐修共築大小

柴盤頭十四座其制形如偃月斜出海中大者中
心直長五丈內面靠塘橫長二十四丈外面臨海
圍長二十八丈所以左右斜圍者即是順而不逆
中心微突者即是挑而不迎直長僅有五丈制度
固短而不長鎮念兩汛最險現有盤頭九座布置
亦密而非疎且盤頭兩邊狀若雁翅右擋江溜左
順海潮不獨保護險工且海口中沙已漸就刷動
頗為得力是柴盤頭與順水挑水壩辦法實同不
過名稱各異所請築壩及遞築雁翅之處亦毋庸

議
一原摺內稱塘內沙地宜編種柳株以保塘根而
備工料一條查東西兩塘之內多屬民田廬舍並
無沙地西塘先建柴埽後修石塘塘埽之中原有
溝槽填平以後間種柳株其歷修埽工皆用堅料
栗柴作骨從未用過柳條緣柳枝柔嫩一遇鹹潮
隨即霉朽不能經久故也惟柳株雖不足以備工

料而於塘後空隙處所亦可種植使之盤根入土以固塘基查大工善後事宜已將塘後坑窪一律填好其近塘高處現種桑樹近河低處尚屬空閒應即遵照籌辦飭令塘兵於來春得以栽柳時分段種柳每兵每年限種一百株三年核計果能如數種活即由該廳備等酌量獎賞倘有違誤責革示做以免曠廢

一原摺內稱盤頭擋溜不若製木龍之節省而靈

便一條查木龍成規內載編紮木龍每架長十丈寬一丈計縱橫之木九層又有天平架地犁眠車大戧諸制乾隆五年間奏部准銷木龍一架計本植價銀六千三百八十八兩零其夫匠及篾纜雜料等價尚屬在外訪之曾任河工人員據稱木龍用法係將龍頭插入正溜藉以迎溜挂淤等語伏查河溜自西而東終年不改水有一定向背故木龍得以奏功至於海塘江水西來海潮東至如用以迎潮則背江水用以迎江水又背海潮安放尚難穩妥何能得力且塘下坦水皆用巨石填砌一遇猛潮猶能揭起而木龍性本上浮恐編紮甫成衝擊即散況大盤頭需用四千餘金小者不過二千餘兩比之木龍價值較為節省盤頭又例應保固兩年及至限滿或僅拆修一半或止加鑲三分費用更少以木龍較之其功效之有無經費之多寡俱相去遠甚礙難照依辦理應請毋庸議製

以上四條臣與司道等悉心講求河海情形迥別做法亦判然懸殊現在海塘所築坦水盤頭及所用柴埽料物皆係前人籌定成法歷今百餘年俱著有成效似未便輕議更張致鮮依據除將原摺咨送軍機處備查外理合恭摺具

奏伏乞

皇上聖鑒謹

奏

道光十九年八月初五日巡撫臣烏爾恭額片摺

附

奏

再浙江省前次大辦塘工經

欽差刑部侍郎趙盛奎等以東塘鎭汛等汛改建埽工三千四百四十餘丈竹簍塊石三千八百三十餘丈連盤頭十三座核與西塘柴工丈尺相仿以西塘歲修額銀十萬餘兩計之東塘歲修亦應以十萬兩爲率內除節省坦水銀五萬兩抵用尙少一

半

奏請於浙省捐監項下每年提銀五萬兩備添東塘修費等情於道光十四年八月十六日欽奉

上諭趙盛奎等奏籌議海塘歲修銀數一摺浙江海塘歲修銀兩本有定額經該侍郎等查明東塘柴埽竹簍兩項連盤頭十三座共工長七千餘丈現辦埽工坐當頂衝潮猛溜急較之西塘情形尤重自應籌款辦理以濟要工着照所請准其於該省捐監項下每年提銀五萬兩存貯藩庫備添東塘歲修之用俟將來籌有生息銀款仍將監銀全數報撥該部知道欽此嗣臣會同

欽差臣敬徵吳椿等先後奏請將原議簍石工程仍照舊制修復坦水除限內坦工三百餘丈不計外實修條石坦水三千五百三十餘丈併在東塘尖山汛修築條石坦水一千二百餘丈塊石坦水六百四十餘丈添建庶幾字號盤頭一座並於新築韓

家池石塘之外添建塊石坦水三百三十餘丈又因庶幾字號迤西一帶南潮直沖老塘危險經臣

奏建於農黍稷等號盤頭兩座均蒙

恩准在案是東塘應修各工計有柴埽坦水九千四百七十丈零盤頭十六座較之西塘應修柴工九千二百四十餘丈盤頭七座爲工更多前定歲修銀十萬兩實屬有絀無盈爾年以來因坦水尙未滿

限無庸修辦即埽工盤頭逾限應修其間有中心
結實可免全拆者埽工或止加鑲盤頭或僅修外
圍無不撙節估辦以故每年仍支歲額銀五萬兩
不將監餉留用現在各項坦水限滿者多已有沖
掣必須擇要修築埽工盤頭日受鹹潮漫浸中心
亦多朽爛遇有坍卸必當拆底重建此後東塘各
工日多一日照前支銀五萬兩斷不敷用據藩司
宋其沅杭防道宋國經請照

奏准原案自本年爲始在於浙省捐監項下提銀五
萬兩存貯藩庫添備東塘修費等情具詳前來臣
察看情形委係無可節省應如所請留備免致貽
誤理合附片
奏明伏乞
皇上聖鑒再臣前與臣吳椿酌議塘工善後事宜摺內
聲明歲修石塘息銀二萬四千兩如有餘剩照抵
次年監餉仍將監餉劃出解部等語嗣後石塘息

銀若有盈餘可抵監餉當照前議如數劃解合併
陳明謹
奏
道光十四年九月十四日巡撫臣烏爾恭額片摺
附
奏
再查仁和海寧東西兩防石塘統長一萬七千二
十餘丈外護盤頭二十三座柴埽各工一萬二千

八百十餘丈海鹽平湖土石各塘又長一萬七千
六百八十餘丈一切修防事宜俱歸杭嘉湖道管
轄該道宋國經於道光十七年八月到任迄今已
歷三汛曾動歲額銀兩修理過柴埽工八千八百
七十餘丈石塘六百四十餘丈柴盤頭十座皆係
該道認眞督辦無不工堅料實而又撙節估用每
年歲額或剩一萬四千餘金或剩三千七百餘兩
其修工洵屬節省鞏固頗爲盡心至於巡防大汛

該道往來查察不辭勞瘁前經查出海防千總孫
光耀把總陳新外委賈歧山額外外委潘文斌防
守不力立即詳請咨部撤降毫無徇隱其防汛復
能任勞任怨實爲得力又查石塘捍海全在土工
高厚相爲依輔方能結實東西兩塘核計大工案
內及續後修建共有新塘二千九百三十丈零餘
多年遠老塘或石縫散裂或附土低陷或土堰土
戧卑薄皆足爲塘身之害臣相度情形必須加高

培厚庶舊塘得以堅固惟經費有定不能於例外
多增正與司道再三籌畫適據衆鹽商以塘內竈
舍毘連藉塘保障情願每年公捐銀一萬兩以備
額外工用等情稟司詳准當委該廳等先在險要
等處塘後幫築子堰三千三百六十餘丈高自一
丈五六尺至七八尺不等俱面寬五尺底寬一丈
三四尺不等盡作陂陀形勢爲塘依靠自該道任
事後又飭率令該廳備等在於東西兩防塘面陸

續加塡附土九千八百八十餘丈俱內高三尺外
高一尺五寸又在塘尾加築土堰九千七百六十
餘丈俱面寬四尺底寬八尺高出附土五尺又在
塘後加幫戧腳四千九百三十餘丈俱高六七尺
不等面寬五尺底寬八九尺不等所有塘石散縫
處所均用油灰抅抿使無罅隙以杜進水浮土之
患自此一百四十餘里全塘一律整齊平坦屹如
金墉足資捍衛此皆由該道修防緊嚴以故悉臻

完善固係分內應辦之事第該廳備等辦理妥協
三年無過例准保題陞用此次該道督率籌辦實
屬有方且臣目覩其竭盡心力已有三汛之久何
敢沒其微勞壅於上
聞可否仰懇
天恩俯准將杭嘉湖道宋國經交部議敘以示激勸之
處出自
鴻施臣謹附片具

奏伏乞
皇上聖鑒訓示再土戧土堰附土等工均係捐辦請免
造冊報銷合併陳明謹
奏

續海塘新志卷四

工程

謹按前代修築海塘歷年既遠志乘未詳明楊瑄黄光昇之築海鹽塘蘇湖之築海寧塘規模畧備而滕伯倫傅孟春合奏一疏獨加詳焉迨

聖朝屢建鉅工講明切究進而益精凡木石之式取之有度夫工之數用之有節懲浮濫以肅官方杜朘削以恤民力酌古斟今犂然各當既能率前人之法即可爲後事之師謹依通志新志之例量爲增減繪圖如左以備參稽志工程

魚鱗大石塘圖

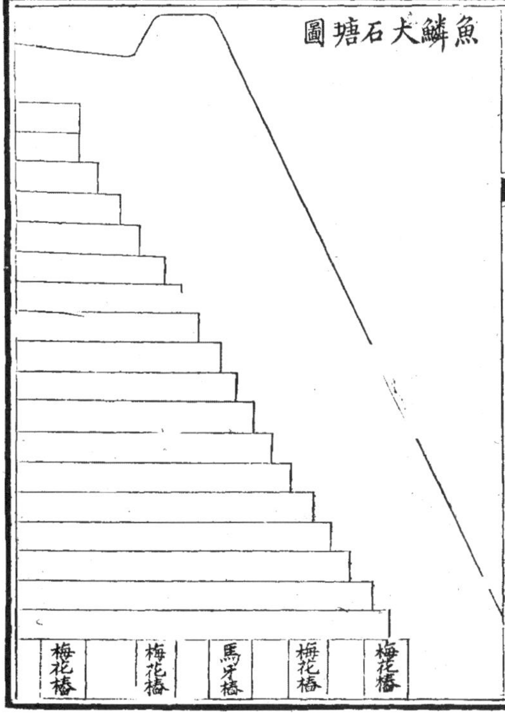

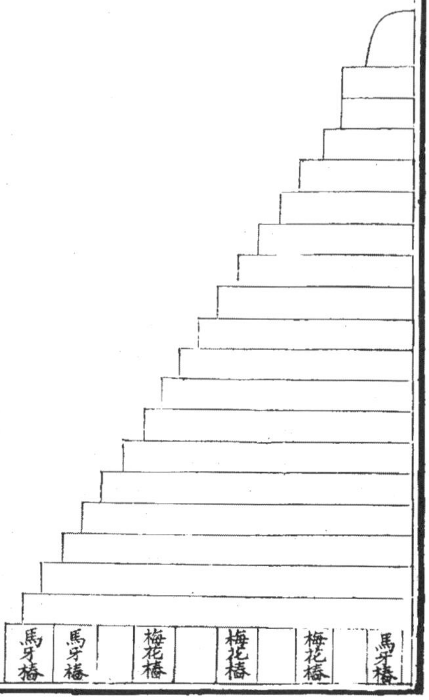

謹按魚鱗石塘之制仿自前明
國朝自雍正迄今建築不下萬餘丈道光十三年起至十六年止
奏辦東塘靜字等號鱗塘一千七百四十四丈又溪字等號鱗塘一百二十三丈接續報竣
東塘修築十八層魚鱗石塘每丈底寬一丈二尺面寬四尺五寸築高一丈八尺計用條石十八層內除底面二層不留收分外自底上第二層

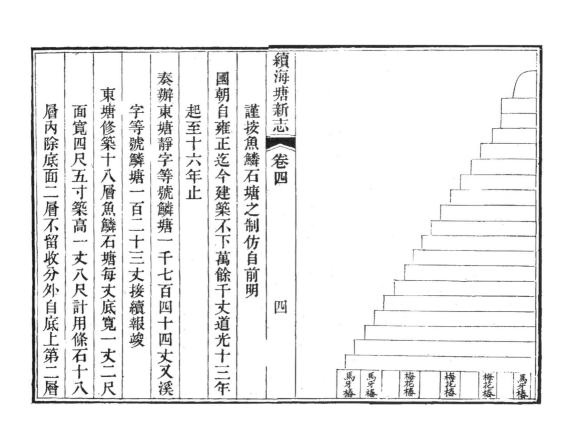

至十二層外留收分各四寸內留收分各一寸又自十三層至十七層外留收分各三寸內留收分各一寸內外共留收分七尺五寸鋪底第一層用厚一尺寬一尺二寸條石一十丈第二層用條石九丈五尺八寸三分三釐第三層用條石九丈一尺六寸六分七釐第四層用條石八丈七尺五寸第五層用條石八丈三尺三寸三分三釐第六層用條石七丈九尺一寸六分七釐第七層用條石七丈五尺第八層用條石七丈八寸三分三釐第九層用條石六丈六尺六寸六分七釐第十層用條石六丈二尺五寸第十一層用條石五丈八尺三寸三分三釐第十二層用條石五丈四尺一寸六分七釐第十三層用條石五丈八寸三分三釐第十四層用條石四丈七尺五寸第十五層用條石四丈四尺一寸六分七釐第十六層用條石四丈八寸

三分三釐第十七層用條石三丈七尺五寸第十八層用條石三丈七尺五寸塘身九層以下不扣錠鍋外自第十層十二層十四層十六層每層扣砌生鐵錠二箇熟鐵鍋二箇又蓋面一層前後扣砌生鐵錠二路計一十六箇塘底外口釘馬牙樁二路中心釘排樁一路及後一路每路用樁二十根又間釘梅花樁七路每路用樁一十根每丈需用物料如左

條石一百十八丈三尺三寸三分每丈銀一兩三錢二分六釐七毫二忽共銀一百五十六兩九錢九分二釐

鏨鑿安砌石匠二百三十三名二分八釐每名銀一錢共銀二十三兩三錢二分八釐

擡運幫砌夫一百四十二名每名銀八分共銀十一兩三錢六分

馬牙樁八十根每根銀四錢一分共銀三十二兩

八錢
梅花樁七十根每根銀三錢六分共銀二十五兩
二錢
釘馬牙樁每根釘工銀一錢梅花樁每根釘工銀
六分共銀十二兩二錢
剷樁每根銀一釐二毫五絲共銀一錢八分七釐
五毫
石灰八十四石四斗四升四勺一鈔七撮每石銀

三錢共銀二十五兩三錢三分二釐一毫
汁米五斗二升三合二勺六鈔八撮每石銀二兩
四錢共銀一兩二錢五分五釐八毫
生鐵錠二十四箇每箇重四觔每觔銀三分共銀
二兩八錢八分
熟鐵鍋八箇每箇重一觔每觔銀六分七釐共銀
五錢三分六釐
鏨鑿錠眼每箇銀一分鍋眼每箇銀六釐共銀二

錢八分八釐
開槽清底面寬三丈一寸底寬一丈六尺深一丈
八尺築還尾土頂寬二丈五尺六寸底寬四尺
高一丈八尺每丈土夫工銀十三兩四錢一分
四釐二毫
築攔水草壩工料銀四兩
搭架撞石等項麻皮九十觔每觔銀二分七釐六
毫共銀二兩四錢八分四釐

雜料器具夫工銀四兩三釐九毫
以上每丈估需工料銀三百十六兩二錢六分
二釐五毫
拆築十八層舊魚鱗石塘每丈舊石抵用五成計
減石價夫匠工料銀九十兩六錢一分一毫
每丈估需工料銀二百二十五兩六錢五分二
釐四毫
東塘城西修築十七層魚鱗石塘每丈底寬一丈

二尺面寬四尺五寸築高一丈七尺計用條石
十七層內除底面二層不留收分外自底上第
二層至十六層外留收分各四分內留收分各
一寸內外共留收分七尺五寸塘身九層以下
不扣錠鋦外自十層十二層十四層十六層每
層扣砌生鐵錠二箇熟鐵鋦二箇又蓋面一層
前後扣砌生鐵錠二路計十六箇塘底外口釘
馬牙樁二路中心釘排樁一路及後一路每路

用樁二十根又間釘梅花樁七路每路用樁一
十根每丈需用物料如左
條石一百十三丈七尺五寸銀一百五十兩九錢
一分二釐二毫
鏨鑿安砌石匠二百二十二名四分五釐銀二十
二兩二錢四分五釐
擡運幫砌夫一百三十六名五分銀十兩九錢二
分

馬牙樁八十根銀三十二兩八錢
梅花樁七十根銀二十五兩二錢
釘馬牙樁梅花樁工錢十二兩二錢
剗樁工銀一錢八分七釐五毫
石灰八十一石一斗七升六鈔六撮銀二十四兩
三錢五分一釐
汁米五斗三合二撮銀一兩二錢七釐二毫
生鐵錠二十四箇銀二兩八錢八分

熟鐵鋦八箇銀五錢三分六釐
鏨鑿錠鋦眼銀二錢八分八釐
開槽清底面寬三丈一寸底寬一丈六尺深一丈
七尺築還尾土頂寬二丈五尺六寸底寬四尺
高一丈七尺每丈土夫工銀十二兩六錢六分
九釐
築攔水草壩工料銀四兩
搭架擡石等項麻皮八十觔銀二兩二錢八釐

雜料器具夫工銀三兩九錢一分六釐
以上每丈估需工料銀三百六兩五錢二分
拆築十七層舊魚鱗石塘每丈舊石抵用五成計
減石價夫匠工料銀八十七兩一分一釐
每丈估需工料銀二百十九兩五錢九釐一毫
東塘繞城原建十六層魚鱗石塘每丈底寬一丈
二尺頂寬四尺高一丈六尺計用條石十六層
內除底面二層不留收分外自底上第二層至

十一層外留收分各五寸內留收分各一寸又
自十二層至十五層外留收分各三寸五分內
留收分各一寸五分內外共留收分八尺塘身
九層以下不扣錠鋦外自十層十二層十四層
每層扣砌生鐵錠二箇熟鐵鋦二箇又蓋面一
層前後扣砌生鐵錠二路計一十六箇塘底外
口釘馬牙樁二路中心釘排樁及後一路每路
用樁二十根又間釘梅花樁七路每路用樁一
十根每丈需用物料如左
條石一百一丈六尺六寸六分銀一百三十四兩
八錢八分四毫
鏨鑿安砌石匠二百一名一分二釐七毫銀二十
兩一錢一分二釐七毫
擡運幫砌夫一百二十二名銀九兩七錢六分
馬牙樁八十根銀三十二兩八錢
梅花樁七十根銀二十五兩二錢

釘馬牙樁梅花樁工銀十二兩二錢
刨樁工銀一錢八分七釐五毫
石灰七十二石五斗四升七合一勺二鈔九撮銀
二十一兩七錢六分四釐一毫
汁米四斗四升九合五勺六鈔七撮銀一兩七分
八釐九毫
生鐵錠二十二箇銀二兩六錢四分
熟鐵鋦六箇銀三錢九分九釐六毫

鏨鑿錠鍋眼銀二錢五分六釐
開槽清底面寬二丈三尺六寸底寬一丈六尺深
一丈六尺築寬尾土頂寬一丈九尺六寸底寬
四尺高一丈六尺每丈土夫工銀九兩九錢一
分六釐四毫
築攔水草壩工料銀四兩
搭架撞石等項麻皮五十一觔四兩八錢銀一兩
四錢一分五釐九毫

雜料器具夫工銀三兩七錢五分七毫
以上每丈估需工料銀二百八十兩三錢六分
二釐二毫
拆築繞城十六層舊魚鱗石塘每丈舊石抵用九
成計減石價夫匠工料銀七十七兩八錢八分
二釐九毫
每丈估需工料銀二百二兩四錢七分九釐三
毫

條塊石塘圖

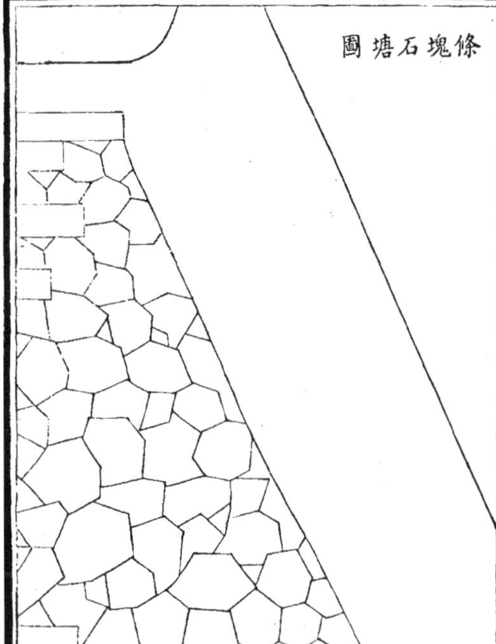

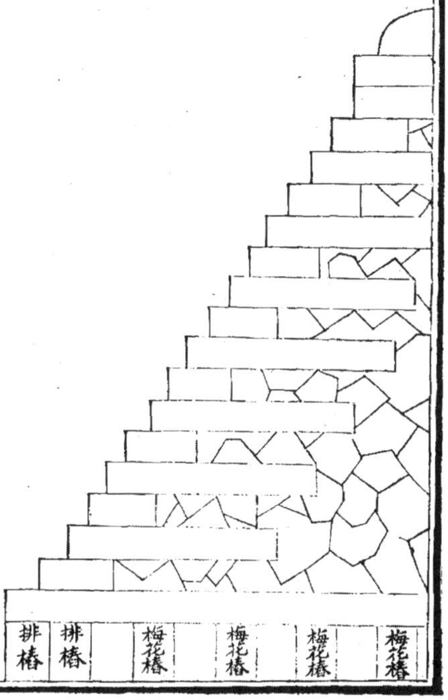

謹按條塊石塘之制自乾隆元年大學士嵇曾筠辦理海塘曾有搶險石工外用條石疊砌內用塊石填堵所用條石椿木可減魚鱗石塘之半施工少易而成事較速嗣於乾隆四十五年總督富勒渾因章家庵添字等號工段頂沖先後建條塊石塘五百丈以資捍禦道光十四年東塘尖山汛韓家池一帶潮爲沙阻直沖到塘議將舊設柴工改建條塊石塘三百四十餘丈又烏龍廟以東沙塗坍卸議於臨水埽工內築條塊石塘四百六十一丈均於十五年間先後報竣係仿照成案也

東塘尖山汛韓家池新建條塊石塘每丈底寬一丈四尺面寬四尺築高一丈八尺計砌石十八層除底面二層不留收分外自第二層第三層每層外留收分各三寸內留收分各四寸第四層內外各留收分四寸第五層至十七層內外

各留收分三寸共留收分一丈鋪底第一層寬一丈四尺外口丁砌蓋椿條石二路進深八尺裏填塊石六尺第二層寬一丈三尺三寸外砌順石四路進深四尺八寸裏填塊石八尺五寸第三層寬一丈二尺六寸外砌丁石一路進深四尺裏填塊石八尺六寸第四層寬一丈一尺八寸外砌順石三路進深三尺六寸裏填塊石八尺二寸第五層至十七層計十三層每層外

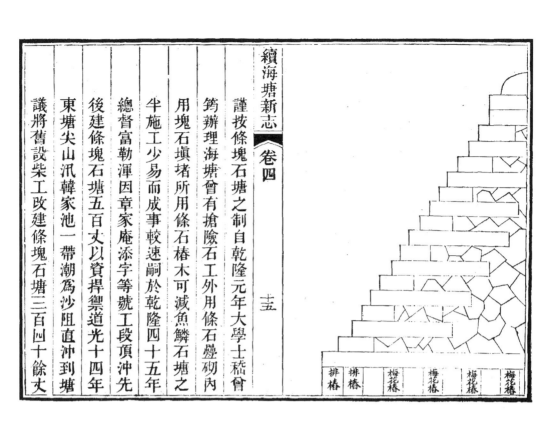

口丁順石間砌每三尺五寸長丁石二塊三尺八寸長順石二塊共用丁石二十六塊順石二十六塊裏填塊石第五層計寬一丈至第十七層計寬二尺八寸上下牽寬六尺四寸第十八層用長四尺蓋面條石一路塘底外口釘馬牙樁二路每路用樁二十根裏釘梅花樁五路每路用樁八根塘身九層以下不扣鐵鋦自第九層十一層十三層十五層十七層每層扣砌熟

鐵鋦四箇每丈需用物料如左

條石厚一尺寬一尺二寸三十九丈三尺一寸三分三釐每丈銀一兩三錢二分六釐七毫二忽共銀五十二兩一錢五分七釐

塊石十一方四分五釐內除第五層至十七層丁頭石尾折抵塊石七分二釐外計實用塊石十方七分三釐每方銀二兩二錢四分共銀二十四兩三分五釐

馬牙樁四十根每根銀四錢一分共銀十六兩四錢

梅花樁四十根每根銀三錢六分共銀十四兩四錢

條石鑿鏨石匠一百十七名九分四釐每名銀一錢共銀十一兩七錢九分四釐

擡運幫砌夫四十七名一分七釐每名銀八分共銀三兩七錢七分四釐

塊石安砌沙匠十六名九釐每名銀一錢共銀一兩六錢九釐

擡運幫砌夫三十二名一分九釐每名銀八分共銀二兩五錢七分五釐

前條石共用砌灰二十八石五升三合三勺六撮

塊石用砌灰十六石九升五合共計石灰四十四石一斗四升八合三勺六撮每石銀三錢共銀十三兩二錢四分四釐

汁米三斗一升每石銀二兩四錢共銀七錢四分
四釐
熟鐵鍋二十箇每箇重一觔每觔銀六分七釐共
銀一兩三錢四分
釘馬牙樁每根工銀一錢共銀四兩
釘梅花樁每根工銀六分共銀二兩四錢
剷樁工每根銀一釐二毫五絲共銀一錢
開槽清底面寬二丈四尺底寬一丈六尺深一丈

八尺築還尾土面寬一丈五尺一寸底寬二尺
高一丈八尺每丈土夫工銀九兩九錢一分五
釐
鏨鑿鍋眼二十箇每箇銀六釐共銀一錢二分
雜料器具夫工築壩等項銀五兩三錢二分
以上每丈估需工料銀一百六十三兩九錢二
分七釐
西塘范公塘新建條塊石塘築高一丈七尺做法

如前每丈估需工料銀一百五十六兩一錢三
分五毫

條石坦水圖

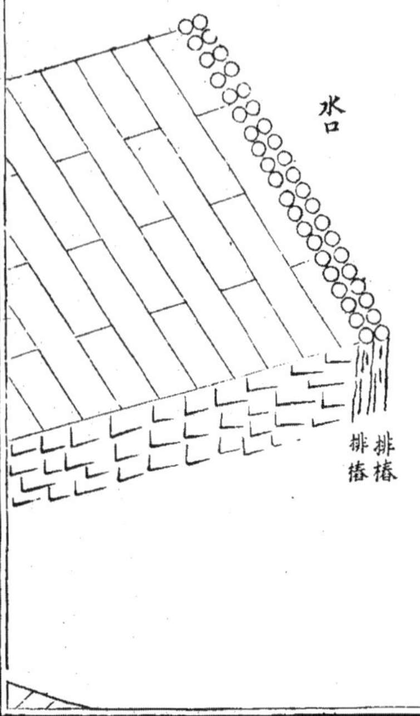

謹按條石坦水之制備詳通志道光十四年
奏請修復戴鎮二汛積字等號條石坦水三千五百
三十九丈又改建尖汛鉅字等號條石坦水一
千二百四十八丈均於十五年間接續報竣
東山戴鎮尖三汛塘外條石坦水二層每層寬一
丈二尺共寬二丈四尺每層用寬一尺二寸厚
七寸蓋面條石十路計石十丈墊底塊石深三
尺計石三方六分頭層釘排樁一路二層釘臨

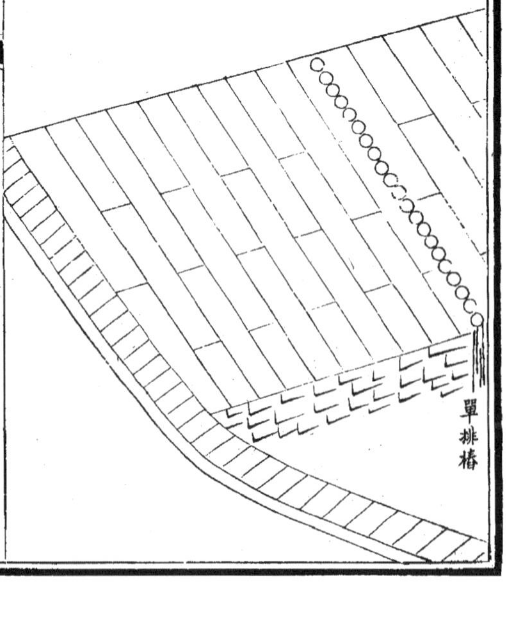

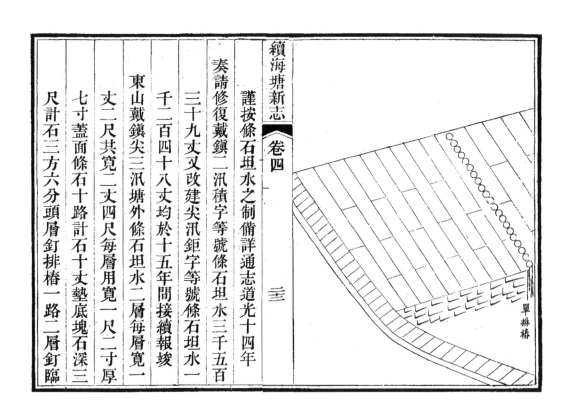

水排樁二路每路用樁二十丈頭二坦每丈需
用物料如左
條石二十丈每丈銀八錢九分共銀十七兩八錢
石匠十四名每名銀一錢共銀一兩四錢
幫砌夫十四名每名銀八分共銀一兩一錢二分
塊石七方二分每方銀二兩二錢四分共銀十六
兩一錢二分八釐
沙匠十名八分每名銀一錢共銀一兩八分

幫砌夫工十一名六分每名銀八分共銀一兩七
錢二分八釐
尺四木二十根每根銀三錢六分共銀七兩二錢
尺五木二十根每根銀四錢一分共銀八兩二錢
尺六木二十根每根銀四錢五分共銀九兩
釘樁工每根銀五分共銀三兩
剷樁工每根銀六毫二絲五忽共銀三分七釐五
毫

以上頭二坦每丈估需工料銀六十六兩六錢
九分三釐五毫
頭坦每丈計應銀二十八兩七錢七分三釐八
毫五絲
二坦每丈計應銀三十七兩九錢一分九釐六
毫五絲

塊石坦水圖

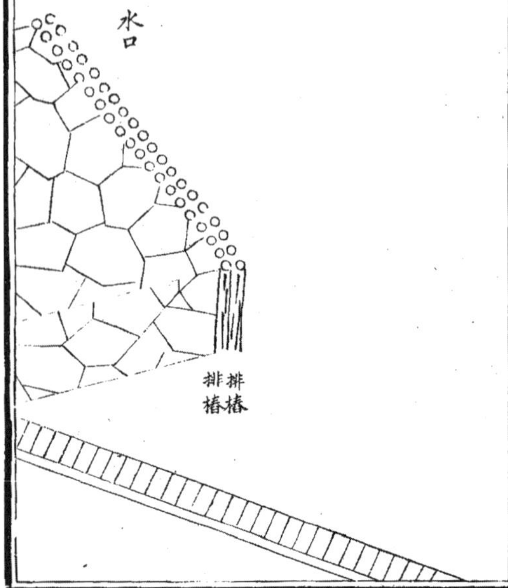

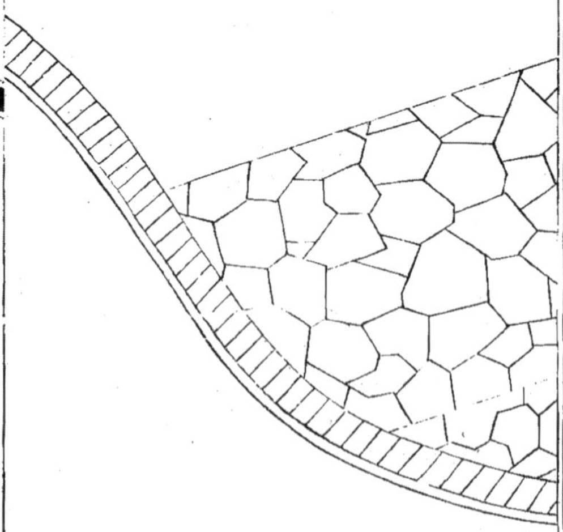

謹按道光十四十五年間先後
奏銷於尖汛猷字等號修補前明舊基塊石坦水六百四十餘丈韓家池條塊石塘外添築塊石坦水三百三十餘丈於十五年十二月十六年正月次第完工

東塘尖山汛猷字等號塊石坦水每丈築寬二丈四尺高三尺釘排樁二路每路用樁二十根每丈需用物料如左

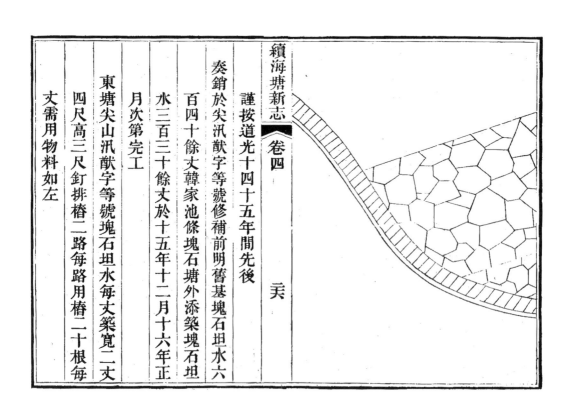

塊石七方二分每方銀二兩二錢四分共銀十六
兩一錢二分八釐
安砌沙匠十名八分每名銀一錢共銀一兩八分
幫砌夫二十一名六分每名銀八分共銀一兩七
錢二分八釐
椿木四十根內尺四尺五尺六木三股勻用尺四木每根銀
三錢六分尺五木每根銀四錢一分尺六木每
根銀四錢五分共銀十六兩二錢六分六釐六

毫
釘椿工每根銀五分共銀二兩
剷椿工每根銀六毫二絲五忽共銀二分五釐
以上每丈估需工料銀三十七兩二錢二分七
釐六毫
東塘尖山汛韓家池條塊石塘外新建塊石坦水
一層每丈築寬一丈六尺塊石築高六尺外釘
臨水雙排椿一道每丈需用物料如左

塊石九方六分每方銀二兩二錢四分共銀二十
一兩五錢四釐
安砌沙匠十四名四分每名銀一錢共銀一兩四
錢四分
擡運幫砌夫二十八名八分每名銀八分共銀二
兩三錢四釐
椿木四十根內尺四尺五尺六木三股勻用尺四木每根銀
三錢六分尺五木每根銀四錢一分尺六木每
根銀四錢五分共銀十六兩二錢六分六釐六

毫
釘椿工每根銀五分共銀二兩
剷椿工每根銀六毫二絲五忽共銀二分五釐
以上每丈估需工料銀四十三兩五錢三分九
釐六毫

石盤頭圖

謹按尖山舊築石盤頭一座靠山海中形如半月與柴盤頭相似用條石灣環鋪砌亦抵溜之一法也後身長九丈五尺外圍長十七丈八尺迎面長七尺

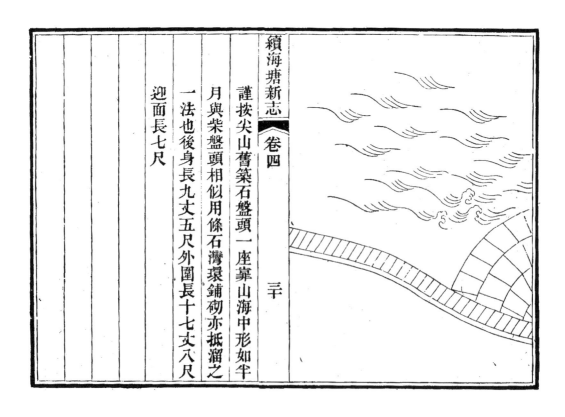

續海塘新志　卷四　三十二

柴塘圖

續海塘新志　卷四　三十三

謹按柴塘亦謂之草塘西塘較東塘爲多自乾隆年間西塘改建石塘卽以柴塘爲坦水今范公塘一帶建築條塊石塘亦仍舊制東塘韓家池一帶近年潮勢回溜東趨非柴工所能抵禦因改築條塊石塘若非險要之區則隨時鑲築柴塘亦可經久也舊築工料詳見通志

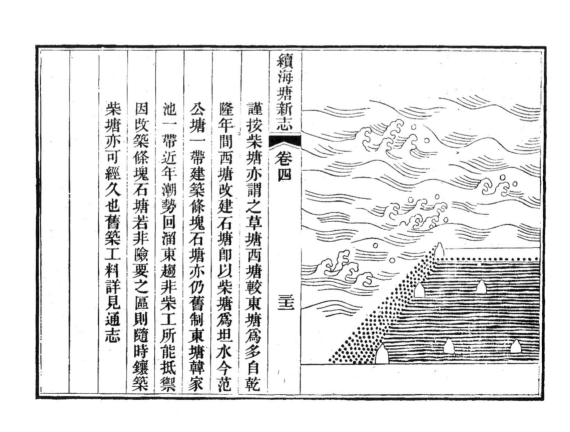

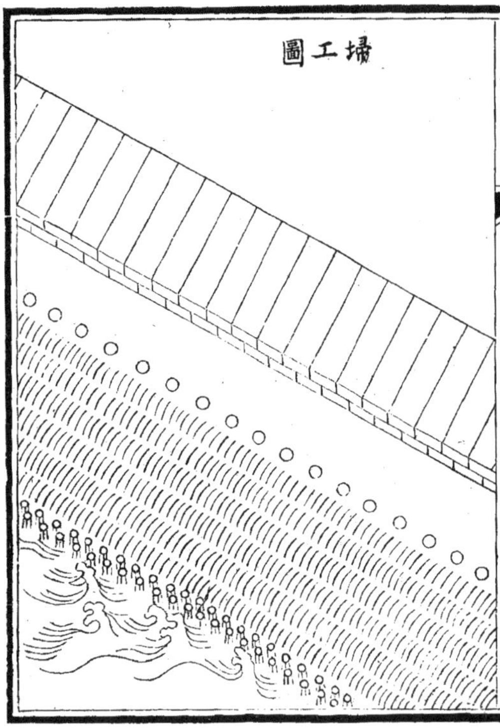

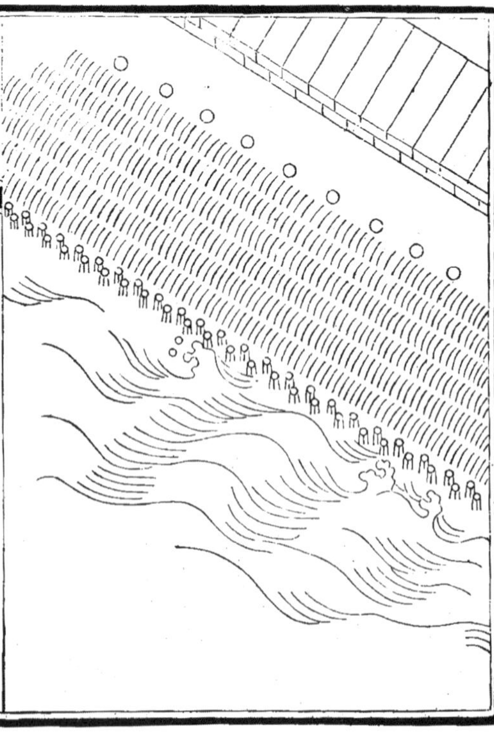

謹按埽工式與柴塘相似而工料較多於柴塘
道光十四年自念汛石字號西至鎮汛甲字號
除添建盤頭外改建埽工三千四百四十四丈
高出塘頂低護塘根較之坦水更爲得力埽工
之外又復抛護塊石自此石塘可保永固矣
東塘鎮念二汛新建埽工每丈面寬二丈底寬三
丈築高二丈七尺除面土高二尺實鑲柴高二
丈五尺釘底腰面樁各一層每丈需用物料如

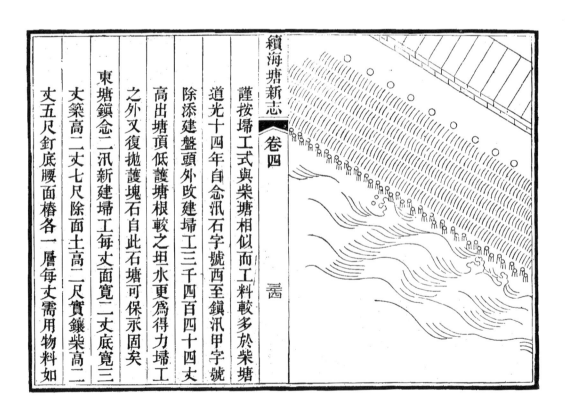

左

槍柴三萬七千五百觔每百觔銀一錢九分共銀七十一兩三錢五分

壓埽工三十一方二分五釐每方銀九分共銀三兩八錢一分二釐五毫

加填面土四方每方銀九分共銀三錢六分

運柴夫五十名每名銀八分共銀四兩

圍圓一尺四寸長一丈八尺底樁十根每根銀三錢六分共銀三兩六錢

圍圓一尺五寸長一丈九尺腰樁十根每根銀四錢一分共銀四兩一錢

圍圓一尺六寸長二丈面樁六根每根銀四錢五分共銀二兩七錢

釘底樁工每根銀五分共銀三錢

釘腰樁工每根銀五分共銀五錢

釘面樁工每根銀一錢五分共銀九錢

剷樁二十六根每根銀六毫二絲五忽共銀一分六釐二毫五絲

土箕麻皮雜料等項計銀二錢三分五釐

以上每丈估需工料銀九十一兩七錢七分三釐七毫五絲

新建埽工外抛護塊石每丈護高一丈五尺七寸五分底寬二丈四尺面寬八尺每丈需用物料如左

塊石二十五方二分每方銀二兩二錢四分共銀五十六兩四錢四分八釐

擡運抛堆夫七十五名六分每名銀八分共銀六兩四分八釐

以上每丈估需工料銀六十二兩四錢九分六釐

柴盤頭圖

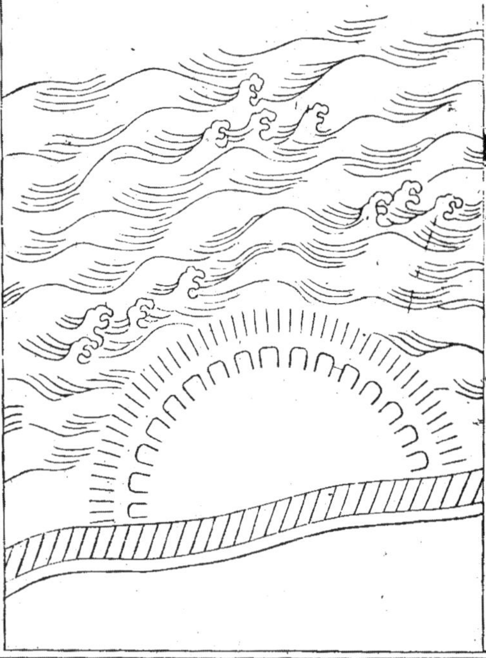

謹按柴盤頭又名挑水壩蓋因塘堤之外或對岸沙漲或潮水直沖須擇要建立以殺其勢挑溜禦沖法至善也此次東塘鎮念尖三汛建築盤頭計十六座合西塘七座共有二十三座大小不一其鑲填柴土加蓋頂土以及簽釘椿木工料悉如柴塘

東塘鎮念尖三汛新建盤頭每座外圍長二十八丈後身長二十四丈高二丈九尺除面土高二

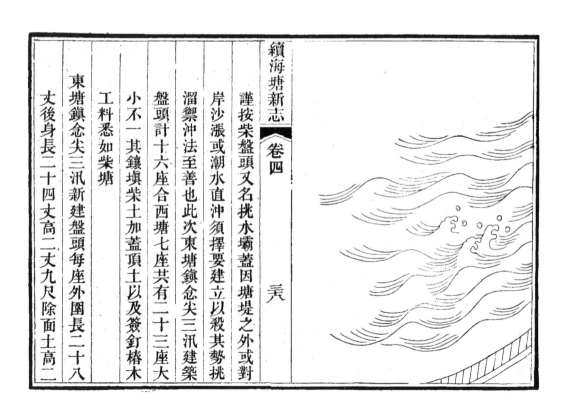

尺實鑲柴高二丈七尺中底寬六丈二尺東西
兩雁翅各底寬四丈四尺中面寬五丈東西兩
雁翅各面寬三丈二尺釘底腰面樁各一層每
座需用物料如左
榆柴一百八十五萬三千二百八十觔每百觔銀
一錢九分共銀三千五百二十一兩二錢三分
二釐
壓埽土一千五百四十四方四分每方銀九分共

銀一百三十八兩九錢九分六釐
加填面土高二尺計土一百九十七方六分每方
銀九分共銀十七兩七錢八分四釐
運柴夫二千四百七十一名四釐每名銀八分共
銀一百九十七兩六錢八分二釐
圍圓一尺五寸長一丈九尺底樁一百四十根每
根銀四錢一分共銀五十七兩四錢
圍圓一尺六寸長二丈腰樁一百四十根每根銀

四錢五分共銀六十三兩
圍圓二尺長二丈面樁一百四十根每根銀八錢
六分八釐共銀一百二十一兩五錢二分
釘面樁工每根銀一錢五分共銀二十一兩
釘腰樁工每根銀八分共銀十一兩一錢
釘底樁工每根銀五分共銀七兩
剷樁工四百二十根每根銀六毫二絲五忽共銀
二錢六分二釐

土箕麻皮雜料等項計銀五兩二錢
以上每座估需工料銀四千一百六十二兩二
錢七分六釐
新建盤頭外面拋護塊石每座原估護高一丈六
尺面寬八尺底寬二丈四尺計每座需用工料
如左
塊石七百十六方八分每方銀二兩二錢四分共
銀一千六百五兩六錢三分二釐

擡運拋堆夫二千一百五十名四分每名銀八分
共銀一百七十二兩三分二釐
竹鐵器具雜料等項計銀三兩七錢三分
以上每座原估工料銀一千七百八十一兩三
錢九分四釐續奉
奏減以盤頭兩邊如有埽工者減拋塊石長三丈八
尺四寸計減塊石九十八方三分四毫計減銀
二百四十三兩八錢七分二釐兩邊如有坦水

者每座減拋塊石長四丈六尺計減塊石一百
十八方計減銀二百九十二兩六錢四分一釐
如一邊貼連坦水一邊貼連埽工者計減拋塊
石長四丈二尺二寸應減塊石一百八方一分
六釐九毫計減銀二百六十八兩二錢五分九
釐

石塘附土圖

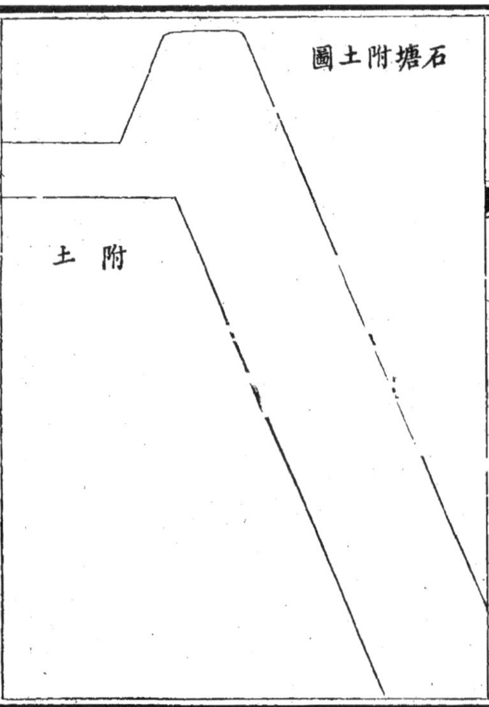

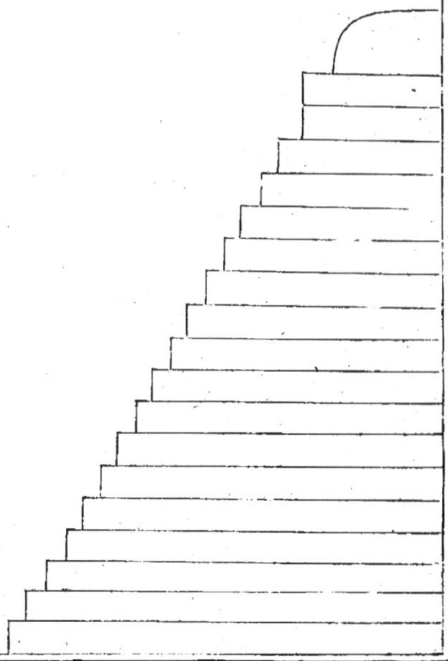

謹按東塘戴鎮念尖四汛石塘後尾舊存附土寬窄高低不一道光十九年照原寬丈尺核估以一律加塡至外高一尺五寸裏高三尺爲止動用外款每土一方連夫工准銷銀二錢三分如繞城石塘後取土較遠須船裝運者每方准銷銀四錢六分

石塘眉土圖

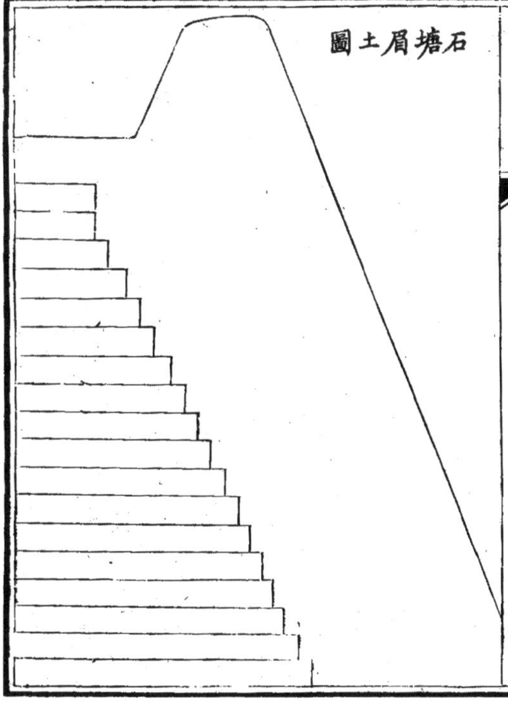

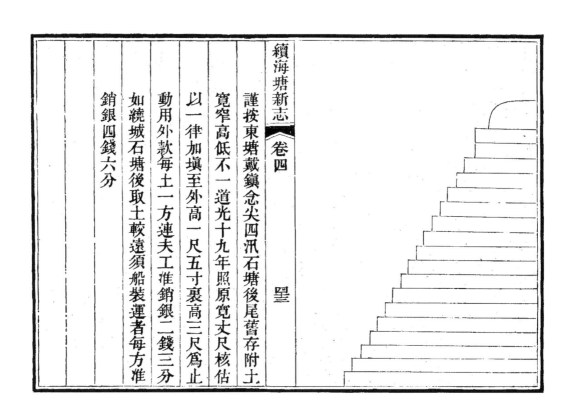

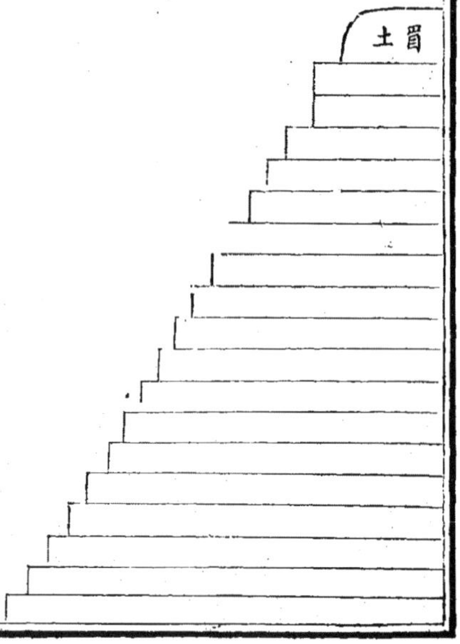

謹按東塘戴念鎮尖四汛石塘面石之上毘連附土加填土高一尺五寸遮護面石名曰眉土隨同附土并估辦理動用外款每土一方連夫工准銷銀二錢三分

埽工行路圖

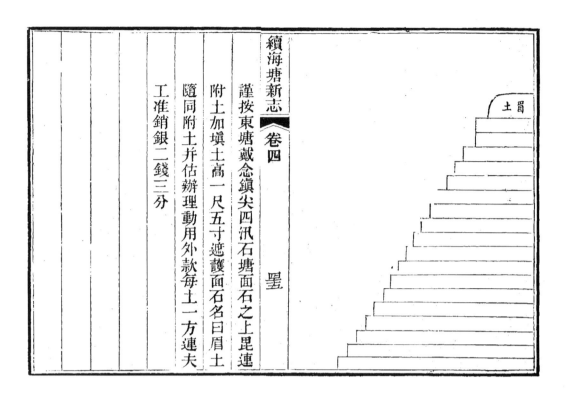

埽工溝槽圖

謹按東塘新建埽工後填築溝漕尾土其上即爲行路每丈面寬二丈底寬四尺一寸高一丈五尺每丈需用物料如左

土三十方一分二釐五毫每方銀二錢二分三釐二毫共銀六兩七錢二分三釐九毫

土箕麻皮雜料銀五分

以上每丈估需工料銀六兩七錢七分三釐九毫

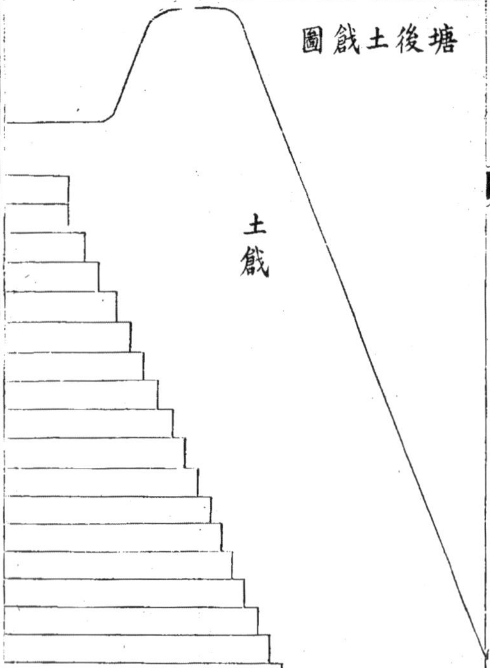

塘後土戧圖

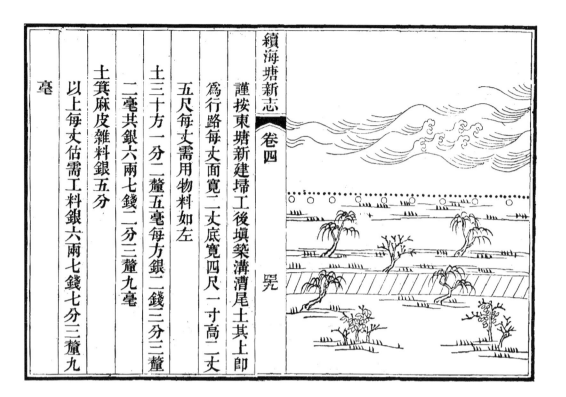

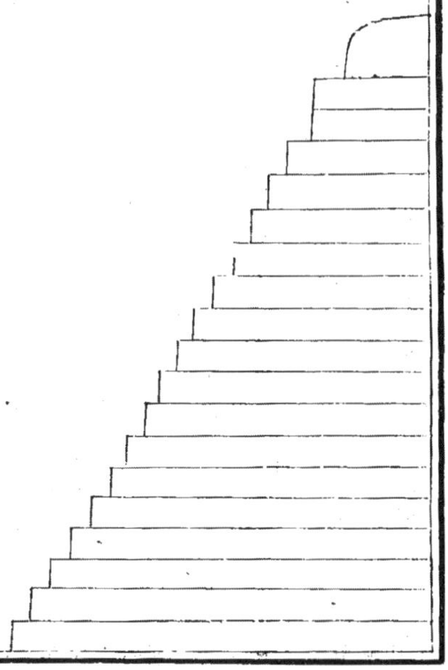

塘後子戧圖

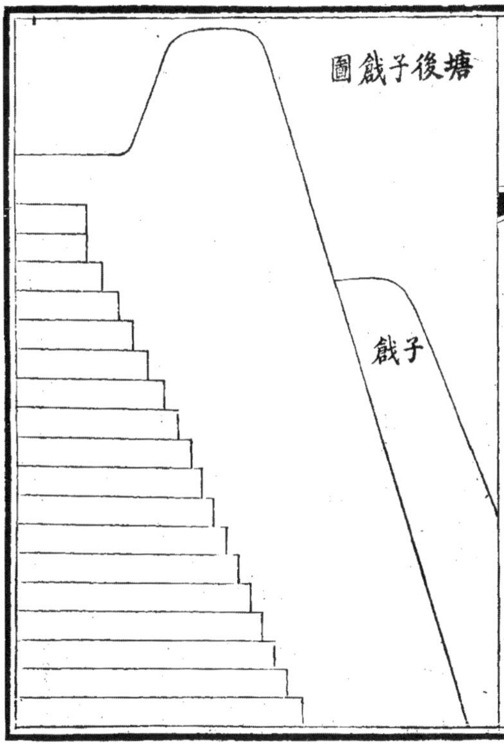

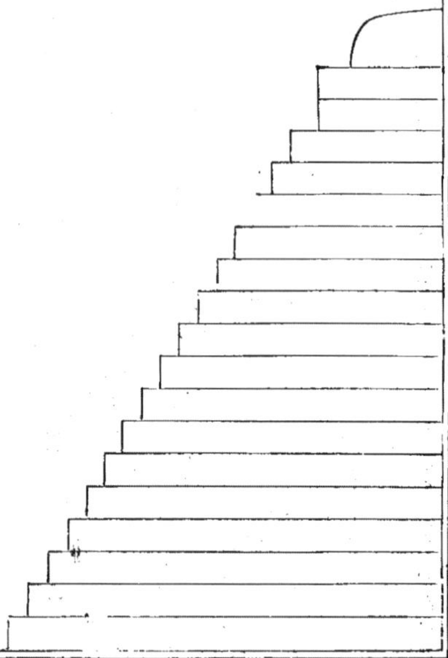

謹按東塘四汛石塘土堰原存土戧間段卸窄道光十六十九等年先後擇坍窄之處動用外款間段幫修念汛一帶加幫以新舊一律底寬一丈五尺爲止戴尖等汛底寬一丈爲止戧頂幫寬自五尺至四尺不等高逾附土五寸卽作堰後行路名曰子戧

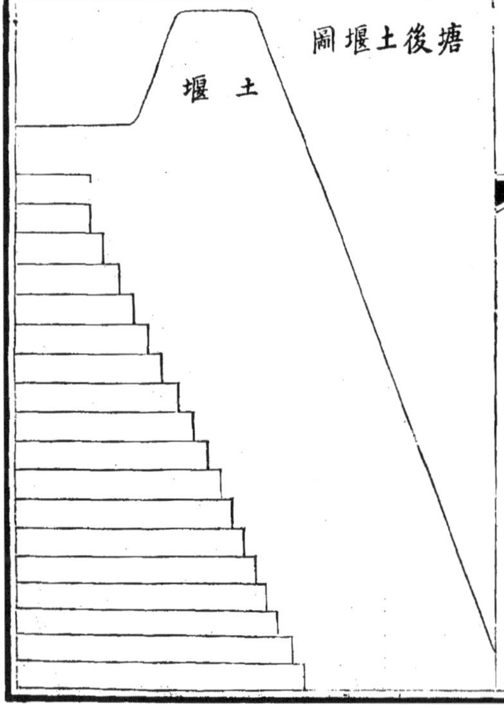

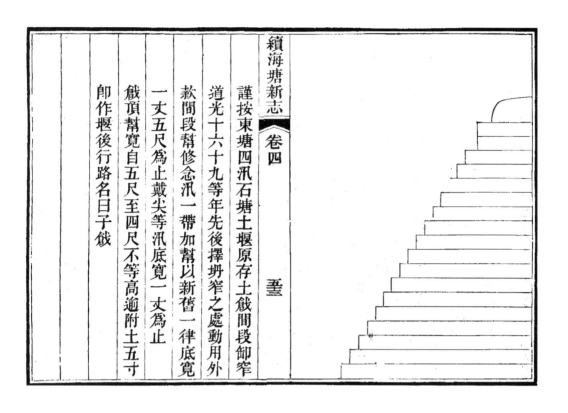

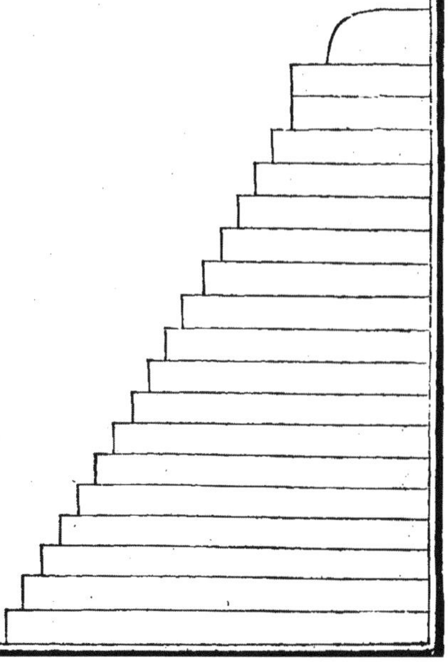

謹按東塘四汛附土之上一帶土堰每因雨水淋漓隨時加填高寬不一道光十九年核估以一律加幫至面寬四尺底寬八尺高五尺爲止動用外款每土一方連夫工准銷銀二錢三分如繞城石塘後取土較遠須船裝運者每方准銷銀四錢六分

土備塘圖

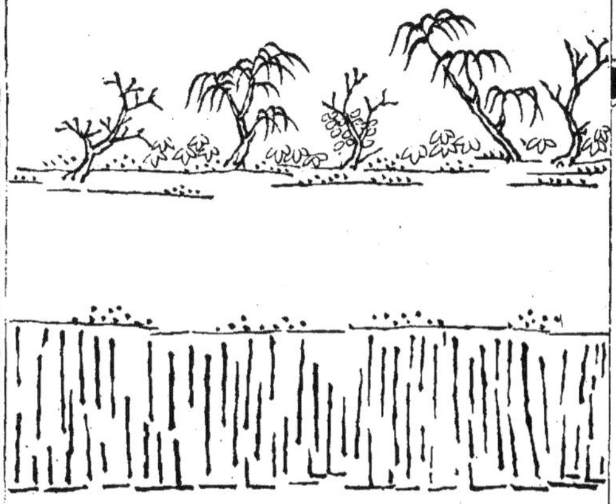

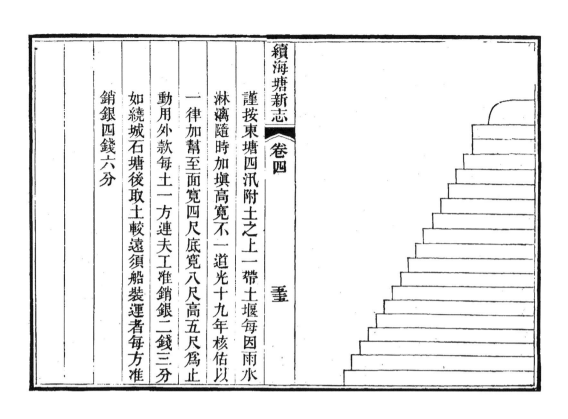

謹按土備塘建自雍正十一年內大臣海望直隸總督李衛議築石塘因工作需時舊塘難恃塘後俱係民田廬舍萬一風潮泛溢慮致損傷請先築土備塘一道以資護衛計自海寧龜山腳下起至仁和李家村止共長一萬四千四十八丈五尺底寬五丈頂寬二丈四尺築高一丈二尺每丈夫土工料銀五兩五錢五分四釐零詳見通志

備塘河圖

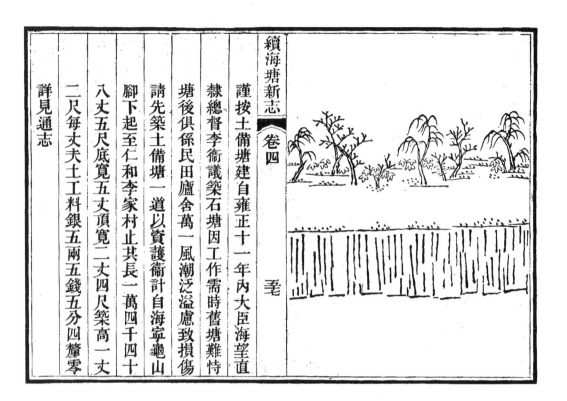

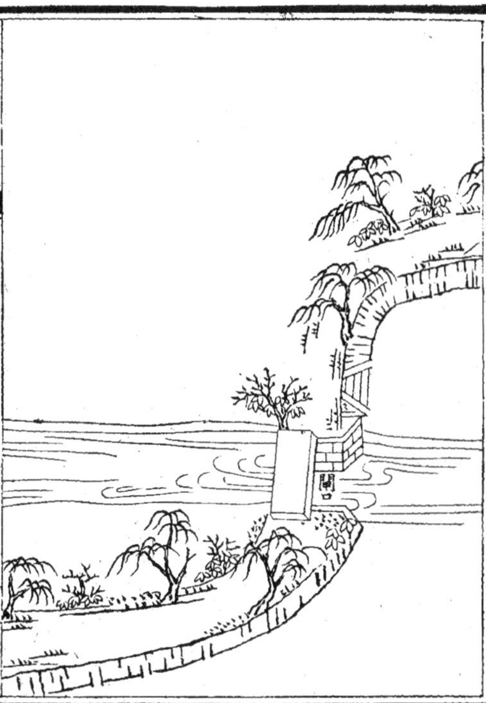

謹按乾隆四年巡撫盧焯請開濬備塘河以尖山迤東海鹽塘內舊有河形可達海寧而海寧東西塘內外從前取土築塘已挖成河形自尖山以至天開河計長一萬四千三百七十餘丈即達仁和縣之范家木橋自范家木橋至殊勝橋皆有舊河即達省城若一律深通舟楫無阻不特石料可免損壞即柴草木植亦可轉運且聚集商賈灌溉田畝通利鹽艘無不利賴通計

仁寧海三邑共開一萬五千一百四十丈築壩車戽挑濬夫工需銀九千四百一十五兩自此商竈兵民皆稱便云

備塘石閘圖

謹按備塘石閘雍正十一年建東塘閘道庵念里亭各一座西塘董石灰橋荆煦廟後各一座又修舊閘四座每座高一丈四尺金門闊入尺進深一丈迎水雁翅長二丈瀉水雁翅長一丈上鋪石橋中通舟楫每座需用工料銀四百四十兩三錢三分四釐零詳見通志

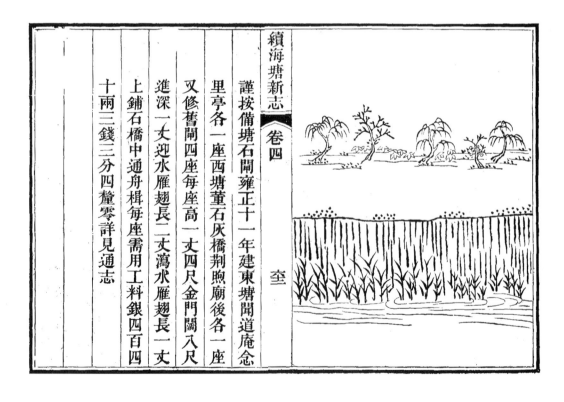

備塘石涵洞圖

謹按備塘涵洞所以宣洩積水雍正十一年建東塘七座西塘十座又修舊涵洞三座每座長五丈寬四尺六寸高三尺五寸每座需工料銀七十一兩一錢九釐零高二尺五寸者每座需工料銀六十五兩六錢九分六釐零詳見通志

道光十六年動用外款添築鎮汛明字號備塘內涵洞一座尖汛韓家池歡字號備塘內涵洞一座

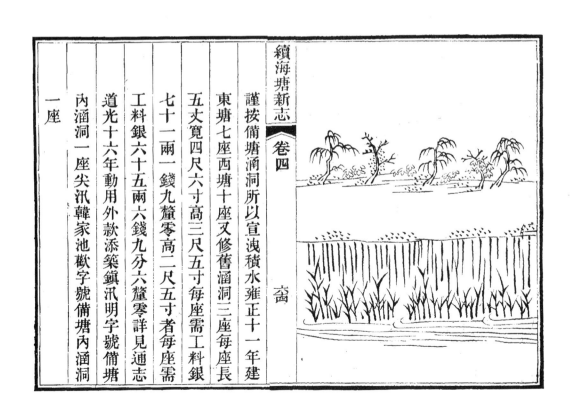

謹按尖塔兩山之間爲江海出入之處雍正十一年內大臣海望直隸總督李衛請築石壩一道以冀潮勢南趨護沙北漲十二年開工至十三年築至一百二十丈而未堵之處溜勢湍激合龍甚難經大學士嵇曾筠奏請停止乾隆四年巡撫盧焯察看湍激之勢已平將未堵口門八十丈奏請續行接築一畢合龍計頂寬自四丈起至三丈底寬自十四丈至六丈不等深自

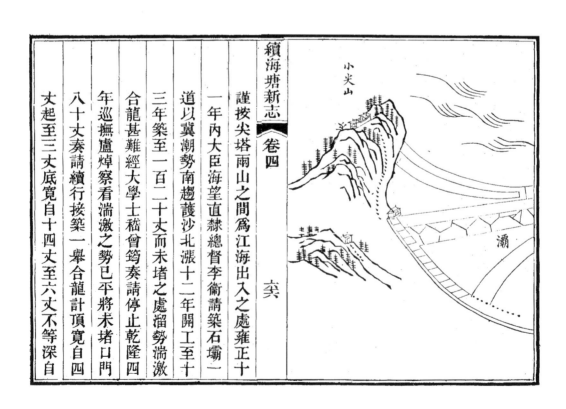

十一丈至三丈四尺不等外護竹簍三層長一

百十丈工料詳見通志

海塘新案

[清] 楊昌濬 纂

整理説明

《海塘新案》由浙江巡撫楊昌濬於光緒初年輯同治三年至光緒初興辦海塘工程文件纂修而成，爲抄本，湖南省圖書館及浙江省水利廳檔案室有收藏，國家圖書館存縮微膠片。

楊昌濬，字石泉，號鏡涵，别號壺天老人，官至浙江巡撫，陝甘總督，閩浙總督。同治三年杭州剋復後任浙江布政使，至十一年被撤職，其在浙於農桑、水利、海塘建設均有大功。因楊乃武與小白菜案，楊昌濬以對下屬『始終回護』而被撤職，其時楊昌濬已爲閩浙總督。光緒四年，左宗棠奏調楊昌濬佐理西征軍政事務及甘肅、新疆善後事宜。光緒六年重獲頭品頂戴；十一月，護理陝甘總督，對新疆建省做出了重要貢獻。九年，任漕運總督。光緒十年七月初三法國艦隊侵襲福建，左宗棠爲欽差大臣，督辦福建軍務，福州將軍穆圖善、漕運總督楊昌濬副之。作爲中法戰爭臺海戰區的副帥，楊昌濬爲保衛東南沿海做出了非常重要的貢獻。楊昌濬博學多才，工詩詞書畫。清政府誥贈其爲太子太傅。《清史稿・楊昌濬傳》評價其『性和撰，而務爲姑息』。

咸豐、同治間，太平軍兩次占據杭州，至同治三年杭州剋復，海塘年久未修坍塌愈甚，而海塘安危關繫杭嘉湖蘇松常鎮七府農田水利甚而漕運大局，海塘修築爲當時切要之務。兵燹之後，軍務尚未肅清，人民離散，物價騰貴，故而海塘修築困難重重。《海塘新案》所載内容爲同治三年至光緒三年錢塘江北岸，包括海鹽海塘之修築史，其間海塘修築工程按開辦時間、字號及工程類型之不同，分案實施，共二十一案。本書編排亦緣案排列，所有文件均爲奏疏或工、吏等部議奏之疏，爲當時浙江海塘文件彙編，未見人工修飾，是此時期浙江海塘建設極爲珍貴的原始資料。浙江省錢塘江管理局退休工程師周潮生先生曾據《清實録》及中國第一歷史檔案館館藏疏奏檔册進行校勘，發現其中略有出入，然舛誤甚少且無礙大局。

《海塘新案》全書共捌册，首册至第肆册爲奏疏附部文，第伍册爲保案，第陸册爲工段丈尺，第柒册爲估銷銀數，第捌册爲外辦章程及全案總數。

首册前部爲朝廷大員及浙江巡撫勘察、籌劃修復錢塘江海塘事宜疏奏，其後部爲多方籌措海塘經費疏奏及工部相應咨文。

第貳册包括杭州剋復後海塘修築第一案：搶築西中兩塘缺口柴壩及建復外埽、盤頭案。第二案：建復海寧繞城石塘坦水、盤頭、竹簍案。第三案：搶築東塘缺口柴壩及鑲柴、附土並西中兩防續辦柴埽等工案。第四案：海寧繞城塘外改砌竹簍坍卸仍建條石二坦案。第五案：修塔山石壩案。第六案：建復修整西防魚鱗條塊石塘、盤頭、裹頭各工案。第七案：搶築東防坍缺拗拜石塘、柴壩及塘後鑲柴、建築盤頭並西防續辦埽工、埽坦各工案。

第叁册内容爲第八案：建復中防魚鱗石塘並填築槽溝、埽壩各工。第九案：東塘境内續辦柴壩、外埽、鑲柴、附土、土墊各工。第十案：東防境内念、尖二汛續辦柴壩、埽坦並坦外拋護塊石案。第十一案：東防戴、鎮二汛坦水、盤頭案。第十二案：東防念汛境内搶築柴壩，並西防翁汛加築柴埽案。第十三案：東中兩防戴、鎮二汛石塘小缺口案。第十四案：東中兩防戴、鎮二汛填築舊存石塘後身土墊、附土、眉土案。

第肆册包括第十五案：中東兩防翁、尖二汛石塘小缺口並塘外添建埽坦、改築坦水案。第十六案：續辦西防加築李家橋汛西育西愛二號埽工。第十七案：修復海鹽縣境坍損石塘。第十八案：建修東防念汛東西兩頭石塘埽坦案。第十九案：東防念汛大口門初限建復石塘案。第二十案：修建東防尖汛石塘、坦水、盤頭並添築戴、念二汛坦埽案。第二十一案：第二次續辦海鹽縣境石塘雙坦案。

第伍册爲保案，輯録兩任浙江巡撫李翰章、楊昌濬保奏辦理海塘各案尤爲出力，擬加升用各員之奏疏；吏部、兵部分别對文官、武職各員查照定例議奏之文，及對疏奏之上諭。

第陸册工叚丈尺，詳載所有二十一案完工叚落、字號、丈尺、塘型、開工時間、竣工日期、承辦人員（保固責任人）及保固期限。

第柒册估銷銀數，亦分案登載二十一案所屬各項細目之塘型塘式、高寬丈尺，報銷例估、加貼銀款數目，每丈實銷銀款。新增增貼一項非常詳細，所有海塘工料及施工項目均有登載。

第捌册外辦章程，内載『修理海塘辦法章程八條』（同治四年正月）『修建海寧繞城石塘章程八條』（同治五年九月）『東西兩防已竣柴壩外辦善後章程五條』（同治六年十二月）『西中兩塘已竣各工外辦善後章程』（同治七年四月）『海寧繞城各工善後歲修保護章程四條』（同治七年四月）『保護西中兩防限外埽坦善後章程四條』（同治十年三月）等制度類文件。本書最後列工款總數，分案登列二十一案所銷工款及總數。

《海塘新案》爲兵燹之後錢塘江北岸海塘修築之文件彙編，未見人爲編輯痕迹，可視爲海塘修築原始文獻，且外界瞭解不多，故而非常珍貴。此次以浙江省水利廳檔案室所藏儉凝堂潘藏本爲底本影印出版，對海塘史料的補充與研究，有極大的價值。

目録

壹册

海塘新案

海塘新案全集

總目

儉凝堂潘藏本

海塘新案
奏疏附部文
工部等部為遵
旨妥速議奏事都水司案呈內閣抄出掌江西道御
史洪　奏海塘潰決民生危廹關繫南漕大
局尤為緊要請
旨迅飭速籌修築以拯民命而裕倉儲一摺同治三
年九月初七日奉
上諭御史洪　奏浙江海塘潰決堪虞民生危廹
關繫南漕大局請飭速籌修築一摺着該部速
議奏欽此查原奏內稱海塘年久未修近日坍塌
愈甚湖水內灌自仁和海甯交界之翁家埠以
至許巷其間支港橋梁悉被冲損所過積沙一
二尺厚且直鬣海甯城根本年五月二十三二
十八兩潮灌入州城將城外窵橋城內堰下垻
全行冲去上溢之處波及仁和地界倘稍稽時
日危險各工設有潰決其害可勝道哉伏讀雍
正十二年
上諭浙江海塘關繫甚大固須詳慎尤戒遲疑
高宗純皇帝南巡屢次
親臨閱視指授機宜定歲修以固塘根增坦水竹簍
以資擁護迭降
恩諭為民保障豈惟浙江仰沐
生成大江以南各郡縣咸知樂利現在蘇浙蒼生安
危呼吸若以軍務尚未肅清稍遲修築或因部
議拘牽則例延悞事機內外輾轉因循日就蟄
溢南漕至計更且視為緩圖深恐潰決之後雖
有千百萬帑金亦束手無從措辦相應請
旨飭下浙江江蘇各撫臣趕緊籌商遵照乾隆二十
七年
諭旨一面奏請一面趲辦惟是經費浩繁必須多方
籌畫惟有仿照從前浙江總督程　請開海
塘捐例事宜凡有戶部捐銅局所不能報捐各
項准在蘇杭設局收捐令各該撫條例上
聞此項捐款湊足工需即行停止與他項捐例係屬
有閒請
飭部即行議准並恐捐例之開尚需月日請將沿海
各郡辦理善後各款先行墊用購辦柴料緣海
塘不修即善後亦無可措手況以工代賑亦未
始非善後之一端也其籍隸杭嘉湖蘇松太之

出仕京外各官應請
特降諭旨令其從厚捐輸並令迅速集解以衛桑梓
其江浙兩省無海塘處所紳衿富戶應由各該
撫派委清廉大員妥為勸諭廣為資助以敦鄉
誼其餘有可籌款之處令在事官紳通盤籌畫
而數百里財賦膏腴之地不致淹沒則南漕可
望復舊於
國計之裨益寔非淺鮮等因臣等查浙江省海塘
柴埽各工向係歷年奏請動項興修隨案報部
迨至軍務紛陳艱於經費是以多年未修漸次
坍卸本年夏間督臣左　　奏稱浙江海塘一
遇沖缺蘇浙二省農田水利大有關礙曾與江
蘇撫臣李　　會商亟應設法興修惟工繁費
鉅商令蘇浙各屬紳富捐修等語奏奉
諭旨着照所請該部知道欽此兹據該御史奏稱該
督具奏時潮信未大但就坍卸情形而言五月
下旬潮汐大信坍塌愈多橋梁田廬悉被淹沖
關繫南漕尤為緊要請將沿海各郡辦理善後
各款先行墊用並請在於籍隸江浙二省之官
紳富戶妥為勸諭捐助俾得購辦柴料趕緊修
築該御史所奏係為國計民生起見其所稱請
將沿海各郡辦理善後各款先行墊用並在蘇
杭設局仿照從前浙江總督程　　請開海塘
捐例事宜戶部查海塘捐例事隔多年咸豐九
年戶部稿庫不戒於火案卷被焚無從撿查海
塘工程緊要關繫
天庾正供沿海生靈亟宜擇要興修以免墊溺本年
六月間署浙江巡撫臣左　　奏請按照向行
籌餉減成章程凡報捐實職虛銜本減二成再
遞減一成其已減四成不再遞減等因經戶部
議准具奏奉
旨依議欽此行令遵照辦理在案此項捐輸原為該
省興辦善後修築海塘而設兹查該御史瀝陳
海塘坍塌情形甚屬緊急應令該督臣先將籌
備各郡善後捐項已收若干先行提用迅購柴
料即日動修毋致延緩漫溢惟工鉅用繁所恐
捐項寥寥緩不濟急臣等悉心商酌京銅局已
停者惟增坿捐教一項即令暫准捐收仍屬無
甚裨益擬就奏定專歸京銅局收捐及專歸皖
省收捐各條內酌量推廣如指省分發各項勞

續保奏補缺後以各項升途補用升用人員未
滿三年捐請免補本班並捐免遠省等九條酌
減京外官捐請翎枝銀數等八條以及軍務省
分實缺候補人員准於鄰近用兵省分捐升改
捐一條暫准由江浙收捐專辦海塘工料此項
海塘捐輸專歸浙江藩司委員收捐江蘇分局
亦歸浙江委員辦理所收捐項由浙江督撫臣
按季奏報仍令該督撫會同江蘇巡撫迅將沿
海各郡有海塘處所詳細履勘核實估計興修
將實在應需銀數先行奏報一俟捐有成數即
行停止其餘各捐局仍照奏定章程斷不准率
行援請以示限制如蒙
俞允即由戶部查照歷次奏准成案並京銅局現行
收銀成數章程分別抄錄行文浙江督撫臣遵
照迅即遴派賢員設局勸辦倘因海塘情形緊
迫捐款有需時日應准其先由浙海江海二關
關稅項下酌量動撥一面專摺奏
聞以期要需不致耽延塘工早臻完固至所稱籍隸
杭嘉湖蘇松太之京外各官以及該兩省無海
塘處所之紳富派員勸諭一節在該官紳籍隸
該省食毛踐土世代相承坟墓田廬詎能膜視
諒必自相勸勉共圖捍衛惟自髮逆竄擾該兩
省數年來焚掠頻遭毒流全境老弱轉乎溝壑
壯者散於四方家室仳離田園荒蕪近雖漸次
肅清為長吏者方招集撫綏之不暇更何堪再
事誅求即向稱豐厚之家經此亂離亦豈能蓋
藏獨固其有情殷桑梓勉力輸將者應聽其自
行赴局呈報若派員勸諭設有不肖官紳藉事
侵漁按戶抑勒勢必至未歸者聞風裹足已歸
者仍復流離無裨要需徒資中飽應請毋庸置
議以培元氣而固民心再此摺係工部主稿會
同戶部核議是以具奏稍遲合併聲明所有臣
等會議緣由理合恭摺妥議具奏伏乞
聖鑒訓示遵行謹
奏請
旨同治三年九月二十二日具奏本日奉
旨依議欽此

臣蔣　跪
奏為遵
旨籌修海塘要工現將進水缺口先行堵築情形恭
摺奏祈
聖鑒事竊同治三年十月初一日承准議政王軍機
大臣字寄九月二十三日奉
上諭前據御史洪昌燕奏浙江海塘潰決請速籌款
修理當經降旨交户部速議昨經户部議准將浙
海關等稅酌撥動用着左　遵照部議章程履
勘興修及此冬令水涸潮汐不旺易於告成東南
民命攸關漕運大局所繫諒該督必能仰體朝廷
惠愛黎元之意撙節帑項妥速籌辦其如何辦理
情形並着趕緊具奏以慰馳廑等因欽此當經前
兼署撫臣左　轉行欽遵去後茲據杭嘉湖
道蘇式敬詳稱查浙江海塘自錢塘縣所轄之
獅子口起迄海甯海鹽交界之尖山止延袤一
百五十里為杭嘉湖蘇松常鎮七府水利農田
保障情形最為衝要自以歲給帑金以時修築
自咸豐十年以後省城兩次失守該處久為賊
踞不但石塘柴埽各工盡行沖刷即石塘以內
之土備塘亦漸就卸缺以致鹹水內灌瀕海各
屬勢將盡為斥鹵春間省城克復後前兼署撫
臣左　以該工緊要即經會同江蘇撫臣李
奏明飭令蘇浙各屬紳富捐輸興辦並委
前任浙江臬司段光清會同藩司杭嘉湖道勸
捐督辦在案嗣據江蘇糧道楊坊等倡捐籌辦
先後稟報計已修竣土備塘堤五百丈尚有羊
字號起計長一百四十丈亦業已興辦俟報竣
後即將翁汛一帶要工以次興修至海甯州之
繞城塘亦已籌款飭修將次可以竣事惟石塘
工費甚繁刻難籌此巨款且兵燹之後人稀料
貴驟難集事即奉部指撥之海關等稅現在亦
未能足額就目前而論土備塘繞城塘果能一
律完整則進水缺口堵築堅固雖不能恃為久
遠尚不致如從前漫無收束俟土備塘捐修完
竣後再行酌量情形籌撥巨款
奏請開辦石工俾資鞏固等情具詳請
奏前來臣查海塘各工為江浙兩省農田水利所
係頻年因賊擾停修以致塘堤潰決田成斥鹵
九月內臣由湖州凱旋取道石門傳詢海甯州

知州馬修良等塘工情形咸稱需款甚鉅待修
孔殷捐項恐難應急臣隨諭飭趕緊設法勸捐
堵築又委員分往海甯德清武康等處開辦米
捐專為接濟海塘工用茲據該道等具詳土備
塘繞城塘將次竣工臣當嚴飭該道等妥速督
築務期一律堅固藉資捍衛仍俟省城善後事
宜辦有端緒臣再親往海甯一帶沿塘察看另
籌捐款興辦石工以資鞏固所有進水缺口先
行堵築情形理合恭摺具
奏伏乞
皇太后
皇上聖鑒訓示遵行謹
奏同治三年十一月初三日奏十二月初七日議
政王軍機大臣奉
旨知道了着即嚴飭該道等將進水缺口妥速督率
堵築務須工堅料實一律穩固不准草率偷減其
應須籌款興修石工之處並着俟省城善後辦有
端緒即親赴海甯一帶沿塘察看會同李　　等
酌量奏請開辦欽此

臣蔣　　跪
奏為現籌辦理浙省善後各事宜恭摺縷陳仰祈
聖鑒事竊臣於本年十一月二十五日准督臣左
咨開承准議政王軍機大臣字寄同治三年
十一月初六日奉
上諭左　　奏交卸撫篆赴閩督師剿賊併瀝陳浙
省應辦善後事宜徐宗幹奏官軍分路剿賊情形
併請將陣亾臬司張運蘭優卹各摺片覽奏均悉
福建官軍分路剿賊疊獲勝仗惟李世賢汪海洋
丁三陽等逆尚踞漳州濯田武平等處賊數頗眾
左　　現飭劉典王德榜由西路進黄少春劉明
珍由中路進高連陞等航海直趨福州出興泉為
東路之師而自率親兵由衢州浦城赴閩相機調
度於地師軍情籌畫均中竅要即着督率各軍迅
速入閩實力剿賊盡殄賊氛以副委任其閩省之
曾玉明康國器等軍及江西赴援之宋國永婁雲
慶等軍仍着左宗棠徐宗幹分別檄催會合夾擊
期收聚殲之效至援閩軍餉業由左　　飭令蔣
楊　　等按月籌解銀十四萬兩源源接濟
即着蔣　　督飭楊　　妥為籌畫按月如數撥

解以利軍行徐宗幹所請飭部酌撥鄰餉一節即可毋庸再議浙江初復百度維新左　於除匪安良散除痼獘修復水利諸大端竭慮殫心漸有端緒此時交卸起程蔣　護理撫篆即屬責無旁貸所有海塘工程農田水利及濱海各郡整飭水師台州所屬懲除豪惡各事宜併著與楊　審度時勢次第籌辦馬　到任後併着將以上應辦各事宜咨商左　妥籌辦理務出萬全至嘉湖鎗匪為蘇浙兩省奸盜之源風俗之害經蔣　節次擒斬劇匪徧立船埠稽查保甲勒繳器械浙境漸已歛戢而徒黨之投入上海者尚多著李　督飭員弁密速捕治以淨根株不得敷衍了事致成隱憂左　所稱為治之道興利不如除獘任法不如用人蔣　等歷來久請勿繩以文法等語部中文法皆係歷久奉行舊章自當遵守至地方瘡痍未起一切章程有必應變通者疆臣果能剴切敷陳朝廷未嘗不特予俞允蔣　等惟當勤求民瘼力矢公忠遇有應行事宜將實在情形詳晰具奏朝廷必能斟酌重輕權衡至當毋以文法相繩鰓鰓過慮也等因欽此跪讀之下仰見

皇上體恤臣僚整飭地方之至意欽感莫名伏念臣一介庸愚毫無知識忝任浙藩已屬非分茲復

仰荷

恩綸護理撫篆凡除匪安良剔除痼獘修復水利諸大端本屬責無旁貸況欽奉

溫諭遇有應行事宜將實在情形詳晰具奏少有天良更何敢不昕夕兢兢少酬

朝廷高厚之

恩而竟督臣左　未竟之志援閩軍餉關係緊要除本月應協餉銀先已如數撥解外下月餉需續經分起湊解計十二月中旬必可先後到營嗣後援閩軍餉臣當與署藩司楊　極力設法按月源源接濟斷不敢以浙省凋敝稍涉推諉海塘工程為江浙兩省農田水利所關臣以塘工需費甚鉅恐捐項緩不濟急委員分赴海甯海鹽平湖德清等處勸辦米捐專為接濟塘工之用業於本月初三日具陳在案嗣以土備塘已辦各工是否堅固未辦各工是否年內可竣臣復飭令杭嘉湖道蘇式敬會同前臬司段

光清於本月十六日前往海塘逐一履勘併現
於省城設立海塘總局派員專理收捐築塘各
事擬俟蘇式敬回省後臣仍親赴海塘察看情
形其應如何次第興修之處再行
奏明辦理蓋海濱之區水利為重裕民之道農田
為先浙省凋瘵已甚籌款本難但盡一分心力
或收一分實效此則微臣區區愚忱明知其難
而猶勉為之者職是故耳南湖前已粗為修理
西湖則淤墊已高蒔長水枯未遑修濬第念關
係仁和海甯水利不得不擇要興修現與楊
商籌銀一萬兩米一千石已於十一月十一
日開工至浙東近海各郡水師礮船久成虛設
第輪船需費甚昂目下力難猝辦因飭籍隸廣
東之副將銜留浙參將張其光赴粵催募頭號
紅單船十隻限明年二月內管帶來浙分撥溫
州定海黃道關等處駐防巡緝張其光未到以
前臣復於新授溫州鎮總兵劉連陞署定海鎮
總兵唐學發赴任時面囑將原帶勇丁及所轄
本標汰弱留強勤加訓練就近暫僱艇船數號
巡防洋面冀弭盜風而安行旅至台州風氣之
悍戾由來久矣而其積惡渠魁則管繼湧屠盛
興等為最管繼湧先經左　　任內剿除屠盛
興亦經左　　奏參革詢現飭杭州府嚴審擬
結另行
奏明懲辦其餘著名巨匪左　　於署台州府劉
璈赴任時飭帶本部勇丁會同副將各香山密
行查拏臣仍隨時督飭該守將等認真緝拏以
期除惡務盡藉安善良顧詰奸禁暴必威嚴始
能奏功而易俗移風非旦夕所能責效臣惟當
正己率屬慎選賢能守令咸克威愛猛以濟寬
需以歲月或者由革面而至革心亦未可知至
嘉湖鎗匪雖經臣節次擒斬巨憝勒繳鎗械設
立船埠稽查保甲後轄境現尚靜謐然潛逃上
海者根株未拔百密倘或一疏究恐復有乘間
滋擾之事臣已嚴飭地方文武及駐防浙西各
市鎮水陸將弁小心梭巡不准稍涉鬆懈凡茲
善後諸大端皆左　　瀕行時諄諄囑臣與楊
妥為籌辦者臣固不敢諉謝以墮前功亦
不敢急遽以求速效所慮臣知識微淺心有餘
而力不足惟祈

聖訓飭遵俾免貽悮除減漕察吏整軍諸政容臣隨
時分案奏報外謹將現辦善後各事宜據實縷
陳是否有當理合由驛馳
奏伏乞
皇太后
皇上聖鑒謹
奏同治三年十一月二十九日奏　月　日
議政王軍機大臣奉
旨該護撫縷陳籌辦浙省善後各事宜均已覽悉惟
當寔心實力與馬　楊　審度時勢次第妥
籌辦理總期弊無不除利無不興不可稍有畏難
之心欽此

奏為勘明塘工酌籌辦理情形恭摺仰祈　臣蔣　跪
聖鑒事竊海塘關繫緊要浙紳楊坊等現辦土備各
工是否堅固委令杭嘉湖道蘇　前往履勘
並聲明蘇　回省後臣擬親至工所察看情
形酌籌辦理業於前月二十九日
奏明在案嗣蘇　於三十日回省稟稱紳捐紳
辦之土備塘報竣者一千二百四十二丈現辦
者六百餘丈認辦者自十堡至翁家汛十七堡
止又四百八十餘丈但能堵浸潤之鹹潮斷不
能遏沖激之巨浪此外險工林立不辦則民困
益深猝辦則經費無出臣軫念民依無任焦灼
即於本月初一日詰早輕車減從率曾辦塘工
之候補知府高卿培自李家汛起東至尖山止
督同廳備逐一履勘晝夜奔馳於初四日五更
旋署實勘得仁和縣境自李家汛西效字號起
至西國字號止尤險工長八百九十六丈又西
過字號起至西歸字號止最險工長三百六十
丈又翁家汛西鹹字號起至五字號止尤險工
長七百八十丈翁汛官字號起至女字號止最

險工長二千七百五十九丈戴汛烈字號起至上字號止尤險工長二百八十丈又負字號起至傳字號止最險工長四百四十九丈五尺鎮汛庳字號起至亦字號止尤險工長四百九丈又次字號起至承字號止最險工長一百十九丈念汛將字號起至雞字號止尤險工長一千一百三十丈五尺又羣字號起至泰字號止最險工長二百六十七丈五尺尖汛鉅字號起至賞字號止尤險工長四十一丈又石字號起至躬字號止最險工長四十四丈九尺又海盐縣境坐字號石塘七丈又朝字號石塘二丈又崑字等號條石塘二十六丈結字等號土塘一百三十七丈五尺又平湖縣境内餘字等號石塘長九十六丈又天字號接頭處柴工十八丈以上共計尤險工三千八百餘丈最險工四千三百餘丈並據蘇　開載丈尺稟請核辦前來

臣查自李汛西效字號起至念汛雞字號止人烟稠密距海最近必應先行修築以衛民生又海盐縣坐字號石塘起至結字等號土塘止該處偪近縣城塘身單薄内無坿土亦係刻不可緩之工又平湖縣境餘字等號石工及天字號接頭處柴工為浙省石塘之始基即蘇省上流之屏障石塘則樁木朽壞坿土空虛柴工亦蕩然無存若不設法堵禦則鹹水直灌蘇松關係尤非淺鮮此時拆辦石塘非二百餘萬金不可浙省凋瘵之餘流民尚未復業萬難籌此臣款早在
聖明洞鑒之中微臣愚見擬先自李汛起至海甯州城為止缺口之石工修築壩以禦急湍僅存之石塘用柴埽以護塘脚至東塘鎮汛念汛尖山一帶土塘基趾尚存仍責成紳董加高培厚俾鹹潮不至横流雖未能永遠鞏固而暫時不致潰決即農田可無荒蕪此亦刻下釜底抽薪之一法也但值料稀工貴之際即此柴埽各工撙節估計亦須四五十萬金乃能敷用臣前
奏明委員分赴海甯海盐平湖德清等處勸辦米捐專以接濟塘工究恐捐款寥寥不敷應用臣與署藩司楊　等再四相商不得已惟有於杭嘉湖所屬擇其戶口少為殷實者酌量勸辦米捐以濟工用江蘇撫臣李　公忠素著併

擬函請飭令蘇松太所屬量力佽助以濟要需蓋借濱海之民力以衛濱海之民生諒衆擎易舉當能補救目前臣不時督令蘇式敬轉飭應備各員認真經理使涓滴皆歸實濟併選派樸寔幹練營官率領所部勇丁幫同督築務期趕於明年春夏之交及早竣事以冀仰副
皇上振興水利惠養元元之至意餘俟庫款充裕元氣稍復再行舉辦石工所有微臣勘明塘工酌籌辦理情形是否有當理合恭摺附驛具
奏伏乞
皇太后
皇上聖鑒訓示施行謹
奏同治三年十二月初十日奏是月二十日議政王軍機大臣奉
旨另有旨欽此仝日奉
上諭海塘工程既據蔣　親自履勘查出尤險工三千八百餘丈最險工四千三百餘丈自應先行修築以衛民生第柴埽各工撙節估計亦須四五十萬金蔣　現在委員勸辦米捐凋瘵之餘恐難集成巨款着李　派員勸諭蘇松太所屬殷寔之戶量力捐助俾得早日興工於江浙兩省地方均有裨益將此由五百里諭知馬　並傳諭蔣　知之等因欽此

臣馬　跪

奏為親詣勘明海塘工程酌籌辦理情形繪具圖說恭摺仰祈
聖鑒事竊臣於到任後將地方應辦事宜縷晰陳
奏並聲明海塘工程尤關緊要俟親詣查勘後另行詳細具報臣於正月二十六日出省率同督辦塘工之前臬司段光清杭嘉湖道蘇式敬沿塘履勘自李家汛起至尖山止計百五十里石塘缺口不下百餘處大者三四百丈小亦數十丈及數丈不等其間以翁汛為最險缺口亦最

大口大則潮寬潮寬則勢猛潮汐洗刷片石無
存塘內沙土淤墊民舍深埋詢之土人僉稱近
年以來海水北趨以致塘外培土盡在水中根
腳被浸日久木樁朽壞塘內坍土雨淋水積因
之低陷石工裏外皆空勢成孤立一遇大汛遂
致潰決此歲修失時之故現在已決之口若不
趕緊堵築沙淤愈高泛溢愈廣未倒之塘亦須
加之培墊方免續坍等語又勘得紳民捐辦之
土備塘已有九分工程尚屬整齊因立春以後
雨雪交加未能一律完竣仍飭趕緊挑築並飭
將項沖之卑狹處所加高培厚以期穩固約二
月內可以畢事惟土性鬆浮雖加以柴埽木樁
祇能堵浸潤之水不能遏沖激之浪石塘僅數
年失修坍塌如此而況新培之土塘伏秋大汛
不但漫溢堪虞仍恐潰決為患是石塘缺口險
工萬難延緩而石工無此經費無此工料難於
措手臣與各司道籌商惟有仍照前護理撫臣
蔣　原議自李家汛起至海甯州城迤東為
止凡石塘之倒塌者建築柴壩以禦急溜石塊
尚整而塘腳漏水樁木朽爛者於塘外修築柴
埽以資保護塘後坍土低陷殘缺者亦即填寔
培厚以免坍卸其缺口較寬之處水深溜急人
力難施祇能各就形勢築成月堤以救目前至
海鹽平湖一帶塘工為蘇松屏蔽已據嘉興府
知府許瑤光勘報情形由省另行委員勘估一
律興辦現於省城設立海塘總局檄委藩司蔣
鹽運司高鄉培籌備工需會同杭防道蘇
式敬前臬司段光清督飭文武員弁認真經理
於翁家埠分設一局由段光清蘇式敬駐紮工
所監督一切茲據報於二月初四日開工並據
議詳章程大致核實用項禁華浮費揀賢任能
工歸實在數端均屬妥協批准照辦惟兵燹之
後籌款固難即購料募工亦屬不易上年勸辦
米捐所收不過十餘萬串不及估工三分之一
蘇省雖有協貼之舉以冬漕吃緊暫難兼顧議
開捐例尚無把握臣當督飭該司道等先就現
成之款計應修之工分別緩急尅日興辦倘需
款急迫本項不敷擬照部議於藩關各庫酌量
籌撥
奏明動用不敢因經費艱難稍存膜視以期仰副

皇上軫念民生之至意謹將勘明海塘工程酌籌辦
理情形繪具缺口丈尺圖說恭摺馳陳伏乞
皇太后
皇上聖鑒訓示謹
奏同治四年二月十四日奏　月　日議政王
軍機大臣奉
旨覽奏均悉着即督飭段光清等覈實勘估認真興
辦務須工堅料實不准有草率偷減之弊以衛民
生而革浮費方為妥善圖留中欽此

臣馬　跪
奏為紳民捐修仁和海甯境內土備塘堤一律完
竣請將出力紳董量予獎勵以昭激勸恭摺奏
聞仰祈
聖鑒事竊照浙省海塘工程自遭逆擾以來歲久失
修上年省城克復因石塘工費浩繁無從籌此
鉅款經前兼署撫臣左　議將石塘以內舊
有之土備塘堤先行修葺免致潮水內灌當即
會同江蘇撫臣李
奏明飭令蘇浙各屬紳民捐輸興辦並委前任浙
江臬司段光清會同藩司杭道勸捐督辦旋據
紳士二品頂戴前江蘇糧道楊坊員外郎銜候
選主事經緯四品銜候選主事蔡慶地知府銜
江西候補同知馮祖憲知府銜江蘇候補同知
趙立誠同知銜廣東儘先補用知縣馮珪同知
銜舉人裘澄宗等倡捐籌辦計自同治三年八
月初八日開工起至四年二月初三日止一律
完竣經杭防道蘇式敬等親往週歷履勘該工
自戴家汛積字號起至翁家汛字字號止計長
二千六百九十丈面寬二丈四尺底寬五丈又
翁家汛文字號起至西宙字號止計長一千六
百六十八丈面寬三丈底寬五丈統計工長四
千三百五十八丈塘身均高一丈二尺外用槍
柴扦釘樁木裹用毛柴墊築其溝渠深處底寬
七八丈不等多用槍柴釘樁以資鞏固又勘得
東塘戴鎮念三汛一帶土備老塘多有低窪之
處亦經加高培厚間用毛柴填補計工長一千
二百餘丈如式完整足資捍禦共用工料錢二
十五萬串有零均係該紳董經理出納所用捐
項不敢邀獎請免造册報銷惟該紳董櫛風沐

雨駐工督辦始終其事未便沒其向義可否量
予鼓勵由該司道等會詳請
奏前來臣查翁家汛一帶舊有土備塘堤自乾隆
年間改築石塘之後外禦有資土塘年久失修
日損月削已成平陸加以近年潮水冲刷溝渠
縱橫施工尤難費用甚鉅前據具報工竣經臣
兩次便道勘驗所築之工均屬堅固不獨數郡
膏腴不為鹹水浸灌即此時興辦外塘柴埽亦
得藉資其力此次紳民捐修土塘工至四五千
丈費至二十餘萬而時僅半年一律告成皆由
前臬司段光清平日循聲感動又復不辭勞瘁
躬親督率所致而該紳等齊心協力籌辦妥速
當隆冬沍寒之際窮民就工以食全活甚多於
國計民生兩有裨益實屬著有微勞惟捐資本由
湊集不願邀獎應如所請其在工出力人員可
否量予鼓勵之處出自
聖主鴻慈如蒙
俞允容臣擇其尤為出力者酌量請獎不敢稍涉冒
濫至此案工程為數雖多係屬民捐民辦應請
仍照前兼署撫臣左　原奏免其造册報銷

所有紳民捐修土備塘堤一律完竣緣由謹會
同閩浙督臣左　署兩江總督江蘇巡撫臣
李　合詞恭摺具
奏伏乞
皇太后
皇上聖鑒訓示施行再現辦堵築石塘缺口之柴埽
工程係另開捐輸及動用米捐銀兩將來自應
照例報銷保固以昭核實合併聲明謹
奏同治四年閏五月十六日奏是月二十六日軍
機大臣奉
旨另有旨欽此仝日內閣奉
上諭馬　奏紳民捐修塘堤完竣可否將出力紳
董量予鼓勵一摺浙江仁和海寧境內土備塘堤
年久失修經該撫委令前浙江按察使段光清等
勸捐督辦一律告竣勘驗均臻堅固尚屬著有微
勞所有在工出力官紳著馬　擇尤保奏毋稍
冒濫餘著照所議辦理該部知道欽此

臣馬　　跪

奏為開辦海塘柴坝已未完竣各工及續坍丈尺酌籌辦理情形繪具圖説恭摺仰祈

聖鑒事竊臣前將勘明海塘缺口丈尺應築柴坝柴埽各工擬分别緩急酌籌辦理情形繪陳圖説

奏明在案計自本年二月初四日興工起至閏五月二十五日止開辦東中西三塘境内柴坝柴埽及理砌等工已報竣者五百二十八丈五尺其將次工竣者二百三十七丈至海盐縣境内開辦填築土塘暨理砌石塘等工已報竣者三百二十四丈共計竣工一千零八十九丈五尺所辦各工均係如式修築一律堅固迭經大汛足資抵禦惟自五月望汛以後霪雨連旬山潮二水互相冲激致將西塘李家汛西及賴木草被化官烏淡薑金成餘閏藏冬等字十七號中塘翁家汛霜金生麗水五字號東塘戴家汛命臨松流不息政存甘棠唱等字十一號間段共計續坍條塊魚鱗石塘缺口三百六十九丈又續坍李翁二汛西人官師潛翔淡等六號塘後坍土鑲柴共計工長七十五丈八尺經駐工之杭嘉湖道蘇式敬親歷勘明實因歲久失修塘身孤立勢極危險一經冲刷全行倒卸今就續坍缺口之工除列入初次

奏辦原估請築柴坝無須再請重築外實計應築間段柴坝共工長三百二十丈五尺又加填坍土工六丈五尺及塘後鑲柴工六十九丈三尺統共工長三百九十六丈三尺亟應籌辦興修等情由布政使蔣　　杭嘉湖道蘇式敬會核詳請具

奏前來臣查海塘工程從前歲時修築藉資保障自賊擾以後年久失修所有外護柴埽坦水冲刷浄盡塘内坍土低陷坐没僅存一線危堤勢成孤立一遇大汛難以搶護本年夏雨過多山洪潮汛同時盛漲以致續坍石塘三百餘丈幸有新築土塘尚屬穩固下游田廬無虞浸灌此項續坍之工亦應趕築柴坝鑲柴以禦急湍除飭該司道督率廳備各員分别緩急次第搶築務須一律堅固照例保固報銷外謹將開辦海塘柴坝已未完竣各工暨籌辦續坍石塘缺口丈尺搶築柴坝情形繪具清摺圖説恭摺具

奏伏乞
皇太后
皇上聖鑒訓示謹
奏同治四年六月十九日奏七月十七日軍機大
臣奉
旨工部知道圖併發欽此

臣馬　　跪
奏為海塘支絀集工購料均難湊手情形日益可
慮及現在盡力籌辦各緣由恭摺具
奏仰祈
聖鑒事竊東南兵燹之後亟宜講求水利盡力農桑
以蘇民困而浙省海塘關係兩省民命實為目
前至急之務臣於履任後歷將塘工歲久失修
陸續坍決急需先堵缺口趕辦柴壩坦水及續
坍石塘先其所急力籌堵禦各情先後
奏明在案然皆隨事隨時就工論工而言至通籌
全局前以體察未深究未能盡知底裏自上年
夏秋以來每值潮汐盛大或風雨不時臣輒單
騎詣工與前臬司段光清前杭嘉湖道蘇式敬
身歷目擊悉心講求益知工程關係之重僱夫
備料之難未能迅速集事之苦實有不寒而慄
者茲據藩司蔣　　署杭嘉湖道段光清會同
詳稱查以前三防建立石塘外面復建坦水石
堵柴埽盤頭裏頭並行路溝槽以禦潮水冲刷
塘内添築坿土土堰土戗以培後靠定章每年
額設歲修經費銀二十餘萬兩遇有工程損壞
隨時加修俾無坍決之患迨自軍興以來庫款
支絀歲修工程漸不足額賊擾數年石塘坍缺
三千六百餘丈拗裂外卸者二千四百餘丈其
老鹽倉迤東至海甯廟灣迤西塘外坦水塘内
坿土等工間段尚有存留此外石塘雖在而塘
外坦水石堵柴埽盤頭裏頭行路溝槽皆因歲
久失修被潮冲刷蕩然無存且水深七八尺至
一二丈不等塘腳空虛樁皆拗露塘面相離數
丈逐段裂縫其塘内坿土土堰土戗因塘腳灌
水洗刷亦蹲矬低陷是石塘外埽已無後靠復

虛底樁盡露勢成孤立每遇風潮大汛或值山水陡發必致續坍此石塘危險之實在情形也至從前每遇興工先備料物各山户積存柴木充足需用若干立即如數購辦今嚴州各屬蹂躪最深人民稀少山柴乏人砍伐雖經委員入山設法招募現採現裝每月不過二十萬擔上下實不敷用每致減工待料搶築未能應手即需用樁架夫向年沿塘一帶人煙稠密招募數百副一呼即至茲則十室九空蕩析離居各處催募不過二十餘副不敷分撥現在除坍決搶裂各工外加以七堡至尖山止應修應補坦水石堵外埽盤頭裹頭等工不下一萬餘丈處處危險誠有應接不暇之勢就目前所有工料而計實難趕辦此料物不齊人夫難集緩不濟急之實在情形也前次估工時石塘缺口之內雖深淺不一然處處見底皆有淤沙數尺是以所估柴料樁木夫工無不從減孰意上年五月霉汛山水陡發漫過石塘為從來所未有並將各口門新漲淤沙盡行洗去深至五六尺一二丈不等修築更難必須多用柴料樁木較之原估增至有一倍及二三倍者且新築柴壩縱極堅整而兩頭均與石塘緊接石塘穩固柴壩斷無他處設石工坍卸潮水內灌柴壩勢難獨立此工程更變需料增多而接辦石工亦難延緩之實在情形也該廳備責任修防誠恐曠持日久東堵西坍經費多糜於工無補不得不將石塘危險及現辦之工未能迅速各情形據實直陳並請寬免處分等情由該司道具詳請

奏前來臣復加體察該司道所稱與臣歷在工次目覩者無異土備塘堤幸於上年春間告竣漫水不致內灌蘇杭等七府屬秋禾無損南漕遂得起運柴壩工程自上年二月間開辦以來東中西三塘已報完工者二千餘丈現正搶築翁家埠要口無如經費既絀集夫辦料不但價值昂貴抑且購募皆難不得已委員赴嚴州山內購定山樹調派兵勇前往砍伐運濟工用並嚴飭該廳備盡力趕辦不准藉口延緩要皆補葺目前於全局仍萬分可慮況石塘一日不修則愈坍愈甚其新建柴壩交接之處尤屬岌岌可危向來一交冬令水落潮平及去年十二月潮

汐仍旺交春以後日甚一日萬一稍有踈虞則
兩省民生關係至大曷堪設想此臣自夏秋以
來輾轉於中每至午夜徬徨寢饋俱廢者也現
欲修復石塘萬難籌此鉅款臣亦不敢存此奢
想但期將廳修柴垻各工督飭廳弁接續趕辦
一面設法另籌十餘萬金多購料物存儲工次
倘遇危險尚可及時槍護庶幾有恃不恐然上
年所收米捐與蘇省協濟銀五萬兩業經用竣
塘工捐輸自設局以來僅收銀二萬餘兩以之
添補目前工程不敷尚鉅更何從籌此預備之
款臣思維再四惟有督同司道嚴飭各廳弁將
新築之土塘及已完之埽工認真保護未堵之
缺口趕緊修築現存之石塘或添修護埽或加
築坦水以期目前多保一丈石塘則險要時庶
少一分顧慮一面亟商署兩江督臣李　　護
江蘇撫臣劉　　能否再行設法資助並與藩
司蔣　　兼籌並計但得一分經費即辦一分
料物以備不虞然全工能否不致潰裂實臣所
不敢預必總惟盡其力之所能為以上副
皇上下對民生而已至此次工程均係該司道會同
稽核實用實銷毫無浮濫各廳弁皆三年杭城
克復後始行委署祗令晝夜在工盡力催辦於
銀錢全不經手與從前之領項承修者迥不相
同所有修防處分擬請俟工竣日再行扣限核
計又歲久失修各石塘如續有坍卸可否邀
恩一併免議俾該廳備益加奮勉出自
鴻慈逾格也理合恭摺具
奏伏乞
皇太后
皇上聖鑒訓示謹
奏同治五年正月二十日奏二月十八日軍機大
臣奉
旨另有旨欽此仝日内閣奉
上諭馮　　奏籌辦海塘情形一摺所稱石塘工程
甚危險僱夫儲料均難湊手未能迅速集事均係
寔在情形惟浙省海塘為兩省民命所關着該撫
督同司道嚴飭各廳弁設法籌款多購料物將土
塘埽工認真保護未堵缺口趕緊修築斷不可怠
緩因循停工待餉據奏此次籌修海塘工程均係
該司道會同稽核寔用寔銷各廳弁皆三年杭城

克復後始行委署於銀錢全不經手與從前領項
承修者迥不相同等語所有修防處分即着照馬
所請俟工竣日再行扣限核計至歲久失修
各石塘如續有坍卸該各員應得處分並着一併
免議該部知道餘着照所議辦理欽此

侯補內閣學士臣鍾佩賢跪
奏為海塘關繫東南大局尤於南漕切要為江浙
兩省善後第一急務不得因難苟安補苴目前
籲請
特派大臣總理督修以一事權而策萬全事竊浙江
海塘捍衛杭嘉湖三府民田江蘇之蘇松太三
府州同其利害額定歲輸漕糧亦此數郡居其
大半自粵逆踞杭將石工毀圮海潮湧入塘內
田廬咸被其患曾經御史洪昌燕剴切奏陳
飭部籌議特開海塘捐輸並准動撥浙海江海兩關
稅項先令興築在案本年春間浙江撫臣馬
具奏籌辦情形一曰石塘危險二曰料物不
齊人夫難集三曰工程更變需費增多接辦石
工亦難延緩此三者已覺議論自相矛盾復曰
土備塘於上年春間告成漫水不致內灌要皆
補苴目前全工能否不致潰裂所不敢預必等
語封疆大臣與
國家同休戚與民同患難焉　果清惠愛民者
此或具奏時未及審慮而出之辭也臣於回籍
葬親及服闋北上經由浙之杭嘉蘇之蘇常採
訪輿論知海塘之關係重大不止一端敬為我
皇上縷晰陳之查杭嘉湖三府額田八百五十餘萬
畝徵漕將及百萬近蒙
恩減三十分之八亦應起運米七十餘萬石即上年
偶遇偏災亦尚可收漕三四十萬而本年海運
米數僅二十萬石由於八百五十萬畝中蒿萊
居其半倘不亟籌開墾即此後年穀順成亦斷
不能徵滿七十萬之新額設塘裂潮沖併此一
半之田亦成斥滷浙漕將何所出荒田不治原
由流亡之戶未歸今則兩年有餘漸皆復業而

海塘安危不定縱有殷户出資閉壆承種萬一潮水泛溢工本悉歸烏有又非四五年雨水蕩滌不能土活播秧此力農之家所以相率袖手而曠土墾復無期漕米永難足額浙境地居上游其波及於蘇松太者可想而知此有關於
國計者一也浙江近年丁漕兩欵或蠲或緩司庫所入無多全賴商販流通抽釐以贍軍食而海塘坍近之長安垻等處皆貨船必經之所自塘工毀壞江水挾沙內灌支河汊港率多淤墊若不將石塘修整僅將一線土備塘抵禦潮汐晝夜往返沖刷土性遇水坍卸終歲補苴伊於胡底一經潰決人力難施內灌之淤沙日多遠來之商販不至釐金又從何出此有關於軍餉者二也海甯一州逼近尖山猶如釜底該處石塘尤為危險一有疏失建瓴直下海鹽平湖秀水等縣皆患其魚水過沙停淤成平陸蘇松亦不免墊溺之虞彼時再議濬挑即非千百萬不可此有關於水利者三也浙西三府賦陥數年之久被戕被擄而外繼以疫病飢寒户口凋零不及從前十之三四即以臣經過之嘉興而論海平秀三縣數十里渺無人煙小民生計已極艱窘若塘工不治水利不修設再遇海潮沖突併此遺黎亦填溝壑上年督臣左　奏上海向係淡水今水味忽鹹是入蘇松之確証再生之民何堪又遭此厄此有關於民命者四也從前雍正年間先後
特派大學士朱軾總督李衛河督嵇曾筠前赴浙江查勘並總理海塘工程事務
世宗憲皇帝諭內大臣海望等曰爾等到浙詳細履勘如果工程永固可保民生即帑金千萬不必惜費欽此因辦成大石塘工利賴百年之久道光年間亦蒙
特派尚書吳椿河督嚴烺相度兩年始克蔵事緣事關江浙兩省大局非通力合作不能奏功而兩省督撫事權不一倘各存意見必貽悞事機所以
特派大臣總理者
聖謨至深且遠也今東南蹂躪之餘一切善後事宜不過經畫一二年便有端倪而海塘工程非用數年人力數百萬帑金不足以臻鞏固若因費之不充工之太鉅為苟且補苴之計歲修仍不下

數十萬而塘工之能否無虞仍歸於不敢預必豈非以難得之財為無益之用乎論者謂大石塘工普律修復費須千萬亦因近日工料皆昂故為此說不知現在尚有舊築石塘與雍正年間之初次興辦者情形不同倘能熟計深籌次第修復費皆實用有五百萬金即可一勞永逸若欲驟集五百萬之巨款固屬不易而此則工非一時畢舉費亦可接續而來本年左　奏停浙江月解閩餉十四萬專留為塘工之用閩者為之感泣此款一年通計已將近百七十萬而浙省釐捐經左　蔣　認真辦理所入頗豐以前絲捐每包抽釐洋銀三元又加增一元最為巨款各善後事宜如省城之三處學宮上下各衙署及貢院書院各祠廟逐一修建如前以後用款日少而釐捐則有增而無減不以之修築海塘而僅屬望於捐輸能得幾何況省中設局太多時閱兩年有餘大可歸併善後一局便可節省無數閒費浙境軍務已完水陸留勇萬人一面操練本省額兵已足固疆圉而資倚禦聞蔣　之赴粵已將湘勇帶往餘存之客兵客勇亦不妨分別遣撤以節餉需通盤籌畫以一年釐金分作十成提出二成留充軍餉及尋常善後用度以八成專辦海塘期以三年次第興築亦已足敷工用又況蘇松太當海塘之下游事同一體蘇省督撫臣尤宜通籌接濟更無不足之理所慮者任事之人耳不諳工程不習勞苦任令工料草率偷減帑項虛糜一可慮委用非人致不肖官紳因利營私徒資中飽二可慮江浙大吏畛域太分不肯移緩就急彼此通融恐錢糧不能應手三可慮臣反復思維惟有仰懇
皇上天恩特派廉明公正大臣前往總理督辦周歷浙江江蘇海口有工處所相度修築新任督臣吳　實心實力從不因難苟安其在清淮成效可覩應令該督會同辦理總期慎選明白工程諳練事機之廉潔官紳不辭勞瘁者分任其事自然費省工堅蘇浙編氓永戴
皇仁於無既矣又調任督臣左　在浙較久塘工尤所切念此次由閩赴甘可否
飭下該督如經由浙境即會同

欽派大臣查勘定議益臻周妥至撫臣所稱山柴難運人夫難集然果議定有此巨款勘定全局工程分別最要次要劃清段落先後舉行則一年需料若干用夫若干皆有約略數目可以預計變遷之擾並未運出山石竹木之料又能逐年生長散勇難民即是人夫籍此亦可餬口且有工可作遠者亦聞風而至臣以為經費但能敷用諸事皆可籌畫思其艱以圖其易是在人之不畏其難而已臣為東南大局關係南漕恐因循日久則以工之四害必致日滋月盛益難措施情急勢廹攄誠上
聞伏乞
皇太后
皇上聖鑒再浙省每月撥解甘省要餉尚有地丁正雜鹽課鹽釐及甯波關等稅款可動無須仰給釐捐合併聲明謹
奏

再前經戶部議奏將海塘捐例酌量推廣內開指省分發等九條酌減京外官捐翎銀數等八條及軍務省分人員准於鄰近用兵省分捐升改捐一條暫准由江浙收捐專辦海塘工料所收捐項由浙江按季奏報等因行知在案今聞自開例以來請獎甚遲皆緣當事者必待集有成數方能詳奏以致延宕無期伏思招徠之道固在於捐例之推廣尤貴於奏獎之按期捐生扶貲而來皆思及時自効若遲之又久而始得獎後至者未免望風不前於收捐難期踴躍現當工需緊要可否
飭下該督撫無論捐數多寡每月奏獎一次由部核准即頒發執照庶捐生益形鼓舞捐項易於湊集於塘工不無小補也是否有當謹附片具
奏同治五年九月十三日奉
上諭侯補內閣侍讀學士鍾佩賢奏海塘關係東南大局請派員督修以策萬全一摺前因御史洪昌燕條奏海塘工程曾諭令動撥關稅特開捐例趕緊興築茲據該學士奏稱此項工程非用數年人力數百萬帑金不足以臻鞏固若為苟且補苴之計歲費仍不下數十萬而工之能否無虞仍不敢必所陳四害三可慮等情均尚不為無見著吳於赴閩浙新任時便道先往海塘詳細查勘與馬

妥速籌商現辦土備塘是否足資捍禦如必須興築石塘應如何籌撥款項約期竣事該學士所請於停解閩省月餉十四萬之外再提釐金八成專辦塘工之處均着統籌全局酌度奏明辦理蘇松太當海塘下游與浙省休戚相關如須通籌協濟即着咨商該省督撫一體會籌興辦另片奏海塘捐例請奬甚遲請飭每月奏奬一次由部核准頒發執照等語着照所請行原摺片均抄給閱看將此各諭令知之欽此

撫院馬　　片奏

再擬辦海甯繞城石塘籌議甫定正具摺間九月二十三日承准軍機大臣字寄同治五年九月十三日奉

上諭候補內閣侍讀學士鍾佩賢奏海塘關係東南大局請派員督修以策萬全一摺前因御史洪昌燕條奏海塘工程曽諭令動撥關稅特開捐例趕緊興築玆據該學士奏稱此項工程非用數年人力數百萬帑金不足以臻鞏固若為苟且補苴之計歲費仍不下數十萬而工之能否無虞仍不敢必所陳四害三可慮等情均尚不為無見着吴於閩浙新赴任時便道先往海塘詳細查勘與馬

妥速籌商現辦土備塘是否足資捍禦如必須興築石塘應如何籌撥款項約期竣事該學士所請於停解閩省月餉十四萬之外再提釐金八成專辦塘工之處均着統籌全局酌度奏明辦理蘇松太當海塘下游與浙省休戚相關如須通籌協濟即着咨商該省督撫一體會籌興辦等因欽此查浙省海塘為杭嘉湖蘇松太各郡保障關繫極重臣雖至愚敢不盡力圖維前此捐修土備塘以免潮水內灌原係救急之法兩年以來仰叨

聖主洪福浪靜波平民盡復業復於土塘之外將已坍石塘缺口搶築柴壩又於石塘之外添築柴埽以保未坍之石塘兼為土塘外蔽使潮水不致直浸土塘冀可稍資經久此柴壩與石塘相為依埒並與土塘互相表裏者也且三防興辦柴壩道廳員弁督率夫役終日在工每遇大汛何處工程吃緊即刻併力堵禦既能保衛土塘並免斥鹵內浸即將來開辦石塘亦可將柴壩

作為後靠層層保障更覺堅固臣通盤籌畫即
將目前柴埧等工停止當辦石塘亦非用數年
人力數百萬帑金不能竣事此數年中未坍之
塘已缺之口豈能任其沖刷坍卸而不為設法
保護是柴埧工程於未辦石塘之時固難延緩
即既辦石塘之後亦難中止縱使歲費數十萬
金寔與全塘不無裨益查以前石塘完固每年
尚有歲修經費二十餘萬兩以備遇險搶築況
現在石塘露底散裂拗拜者處處皆有若不隨
時趕護勢必致於一律傾圮恐將來多費尚不
祇數百萬也臣忝任疆圻開辦石塘之舉莫不
時刻在念惟以現在時事固不能與雍正年間
相提並論即較之道光年間亦有今昔之異浙
省經費入不敷出早邀
洞鑒臣於春間將籌辦情形詳細具
奏聲屬實情非敢畏難茍且設此依違之論欽奉
前因除飭該道廳將未完柴埧埽坦照常興辦
並俟新任督臣吳　到浙會同履勘統籌全局
酌定辦法另行
奏報外謹先附片覆陳伏乞
聖鑒謹
奏同治五年十月十一日奏本月二十一日軍機
大臣奉
旨知道了欽此

臣吳　臣馬　跪
奏為會勘浙省海塘要工謹擬籌撥釐款分別最
要次要次第辦理情形恭摺覆陳仰祈
聖鑒事竊臣等先後承准軍機大臣字寄同治五年
九月十三日奉
上諭侯補內閣侍讀學士鍾佩賢奏海塘關繫東南
大局請派員督修以策萬全一摺前因御史洪昌
燕條奏海塘工程曾諭令動撥關稅特開捐例趕
緊興築茲據該學士奏稱此項工程非用數年人
力數百萬帑金不足以臻鞏固若為茍且補苴之

計歲費仍不下數十萬而工之能否無虞仍不敢
必所陳四害三可慮等情均尚不為無見著吳
於赴閩浙新任時便道先往海塘詳細查勘與馬
　妥速籌商現辦土倫塘是否足資捍禦如必
須興築石塘應如何籌撥款項約期竣事該學士
所請停解閩省月餉十四萬之外再提釐金八成
專辦塘工之處均著統籌全局酌度奏明辦理蘇
松太當海塘下游與浙省休戚相關必須通籌協
濟即著咨商該省督撫一體會籌興辦原摺著抄
給閱看等因欽此仰見
皇上垂念要工痌瘝在抱跪聆之下欽悚難名臣崇
　於交卸漕篆後仰荷
聖恩賞假二十日回籍省墓即由原籍來浙於本年
正月初四日行抵杭州先將連年修辦塘工情
形詳加察詢即於初九日會同臣新貽輕騎減
從自仁和縣李家埠汛勘至海甯州境之尖山
止又自尖山勘至海鹽於十八日折回省城勘
得海塘自李汛五堡起至尖山止一百四十餘
里悉皆濱臨大海從前塘外間段尚有漲沙足
以擁護塘根現在南岸淤沙日寬有相距不過
數里者以致潮勢全趨北岸直逼塘身其西中
兩防所屬與上游諸山相近一遇陰雨連朝山
泉下注沖激尤為勁利臣等於潮汐來時親立
塘上詳加察看遠見海水自東南進至尖山以
內始行湧起潮頭直撲念里亭汛折而至南復
又北趨電掣星馳倏忽百數十里漲水至一丈
數尺其間以念里亭翁家埠及李汛之九十十
一十二等堡最為迎潮喫重之處就通塘形勢
而論西防受山水滲淘之患東防受海潮排擊
之患中防則兼受江海交激之患此現在海潮
趨向之大概情形也至塌損工程考查三防原
建石塘一萬七千二十二丈現在原續坍缺口
四千四百九十六丈六尺四寸拗裂外拜石塘
二千二百十九丈二尺二寸其現辦海甯繞城
石塘坍缺拗拜各工折寔二百六十七丈一尺
七寸不在其內原建埽工並柴塘一萬二千八
百五丈三尺八寸盤頭二十九座現在塘外埽
工及盤頭均已無存原建頭二條石坦及塊石
坦一萬一千六十四丈二尺現在間有存留三
防土倫塘均尚一律完整其尖山以下鹽平兩

汛計潑損石塘共長一百八十七丈三尺潑損土塘共長五百五十三丈五尺柴工十八丈此工段坍損之寔在情形也現做柴埽工程自四年二月興工後經臣新貽飭令前杭嘉湖道蘇式敬段光清陳璚先後常駐工次督率廳汛委員核實經理截至現在止已堵缺口二千二百五十八丈六尺四寸計越築柴埧二千九百五十七丈五尺均係層土層柴視地段之平險分別埧面之寬窄自數丈起至十餘丈不等以一丈六尺至三丈以外長樁由三坯至五六坯分次硪釘每丈用柴數百擔至一二千擔不等總以堅實為度不任稍有草率其外埽埽坦等工做法亦復相同計已成埽工埽坦坿土子塘行路共四千七百二十四丈五尺至海甯繞城石塘於上年十月初六日興辦初僅勻撥樁架二十副現在設法招募增至四十餘架惟斷樁沉石逐段皆有一丈之地淘拔輙須十數日方能施工且臨水築做潮來即須停止截至現在止約成石塘二成有餘坦水不過一成其向來砌法九層以下不用錠鋦今因脫卸塘工多屬底層先裂概自第二層起間層每丈扣砌錠三個五分鋦三個面石一層扣砌錠十六個較原辦每丈酌加錠二十二個加鋦十個以期石勢聯絡並因近水做工一日兩潮灰漿未乾每多滲脫用嚴州所產之蔦蘿擣浸和灰參以米汁層層灌砌復於臨水一面用桐油蔴絨仿照艌船之法加工艌縫此現辦石塘較之歷辦章程格外講求之實在情形也臣等伏查浙省海塘為江浙六府州民命餉源所繫有關於東南大局者甚鉅誠如鍾佩賢所陳非尅期修復石塘不足以資捍禦惟查歷屆興修塘工從未有至數千丈之多其時集料僱夫易於措手又非兵燹之餘所能比擬臣新貽前將種種為難之處縷晰奏陳均屬實在情形未敢於
聖主之前稍有欺飾此次周歷塘次會商熟籌石塘係屬至要之工而蕆功難以迅速且此時潮勢北趨山泉洩刷斷非此一線石塘所能支拄外而柴埽坦水內而坿土埝工均屬缺一不可若同時並舉是徒博興辦之虛名而並無程功之速效惟有籌定專款分別最要次要次第辦理

在捐挑瀏河無暇顧及又復無可指望現擬於絲捐及鹽貨各釐内每年撥定銀八十萬兩並佐以海塘捐輸專備塘工之需按月按數提存不准挪移别用此時僅辦柴工無需用此鉅款即以每歲所餘之項採辦石塘新料撈取舊石約計柴工年餘竣事則石工料物已可集有成數接手興修亦不致有减工待料之慮倘以後軍務戡平外撥之款可以從省民氣漸復人夫椿架可以踴躍或能無待十年得覩厥成是則存此希冀之心而不敢預必者也至於現辦柴壩目前原為堵禦缺口而設將來定築塘基或在柴壩之内或仍須臨水築做由臣新貽隨時相度形勢酌定

奏明辦理則柴壩即可作為外埽内靠之用並不多費其尖山以東鹽平兩汛潑損工段容隨時酌量修復以固全塘臣新貽惟當督飭在工各員視如家事各矢慎勤程功不厭其精求用款務歸於核實仍一面設法招徠多集夫料以期早辦一日早紓一日

宵旰之廑仰副

皇上軫懷民瘼之至意所有會同勘籌海塘工程緣由理合聯銜由驛恭摺覆陳伏祈

皇太后

皇上聖鑒訓示再臣崇　於拜摺後即由浙起程赴閩合併陳明謹

奏

再浙江海塘工程籌費不易經理苟不得人則虚糜即不能免臣到浙後詳加察訪撫臣馬　於塘工事宜盡心擘畫不時單騎赴工講求指示在工員弁無不懍服其未能早辦石工之故委因費鉅工煩夫料難集且此時之所最要者莫如先堵缺口以禦海潮並非為苟且補苴之計實係先其所急也惟工程浩大必得熟悉塘務人員以資指臂查有前杭嘉湖道陳璚人甚明幹聞其駐工年餘暑雨祁寒皆能黽勉從事該員來謁之時詢以潮汐情形工程做法均能明悉尚係實心任事之員昨經前督臣左　遵

旨查參以同知降補業已交卸原片言其辦理塘工亦稱勤慎可見左　亦並不沒其勞也現在

興辦要工之際正當吃緊而熟手之人更不可
多得可否仰懇
天恩准將陳璚仍留浙江辦理塘工交撫臣差委如
果始終誠謹再由臣會同撫臣馮　隨時
奏懇
恩施臣為要工得人起見謹附片具陳伏乞
聖鑒謹
奏同治六年正月二十五日奏二月初六日軍機
大臣奉
旨另有旨欽此仝日奉
上諭吳　馮　奏遵勘浙江海塘要工籌撥款項
分別工程辦理一摺浙江海塘工程浩大值此經
費支絀之時若一時悉行興辦必至有名無實自
應循照舊章分別最要次要次第辦理吳　等以
堵築缺口之柴垻為最要保護殘損石塘為次要
擬每年撥定銀八十萬兩佐以海塘捐輸次第興
修此亦就目前情形而論惟所築柴垻趕鑲外埽
建復坦水各工不過暫時堵禦潮汐將來仍需興
建石塘馮　當通盤籌畫使現辦各工堅實穩
固石塘興建後即可以保護塘身則此次辦理各
工錢糧不至虛糜而於將來有益若祇為目前一
時之計則日後興建石塘仍須多費帑項未免漫
無規畫馮　既知以十年為期諒能籌畫及此
海甯塘工現在只辦有二成馮　飭令酌加錠
鋦自當益臻堅固聞道光年間帥承瀛在浙江巡
撫任內修理海鹽石塘最為精密歷久不壞即著
飭令在工各員仿照辦理倘此次海甯塘工辦理
不能經久必將承辦各員賠修治罪決不寬貸海
塘用款雖繁歷屆辦理銀數皆有案可稽現即工
料較昂何至七八百萬該督撫等不可任聽屬員
張大之詞稍存畏難之心是為至要吳　另片奏
降調道員陳璚請留浙差委等語陳璚人既明幹
着准留於浙江辦理海塘工程交馮　差遣將
此由四百里各諭令知之欽此

臣馬　跪

奏為修復民築塘堤援案給款興辦恭摺奏祈

聖鑒事竊照海甯州迤東大小山圩及頭二圩塘堤前因賊擾失修間段坍卸上年秋潮洶湧異常各該圩堤復被沖決海水內灌田廬被淹即據該州暨東防廳備先後詳稟到臣當經飭局委員飛速會同該州廳備酌撥料物先行搶堵以保田廬一面飭委駐工之前任杭嘉湖道陳璚親往查勘去後嗣據勘明該處坐當南潮頂沖自小尖山起至大尖山止小山圩碎石塘工長三百六十八丈又大尖山至鳳凰山止大山圩碎石塘工長七百八十八丈又鳳凰山至望夫山止土圍工長九百八十餘丈內有碎石堤工長三百丈搏節估計需用樁木一萬餘根石價經費錢三千三百串各該圩向係民築工程現因情形喫重難以緩辦且兵燹之後民力實有未逮議由省局如數籌撥樁木石價飭發該州轉給該圩紳耆承領趕緊修復以衛農田經塘工總局司道核明呈請具

奏前來臣查海塘通志內載該處碎石塘堤曾於乾隆十三年間

奏准給價興辦迨道光十六年及咸豐八年兩次被潮沖坍均經援案給款修復有案今該處應築圩堤既因民力未逮自應酌給興築以恤民艱所估經費亦無浮濫　仰懇

天恩俯准援案給款修築以保生民除飭該司道等督率該州紳耆領項趕緊照估修築務須工堅料實足資抵禦工竣照例驗收取具承辦保固報銷冊結圖說另行請銷外謹將援案給款修復民築圩堤緣由繕摺具陳伏乞

皇太后

皇上聖鑒謹

奏同治七年閏四月初一日奏　月　日軍機

大臣奉

旨着照所請該部知道欽此

臣馬　　跪

奏為恭報微臣交卸撫篆日期並附陳經辦事件分別已竣未竣繕具清單恭摺具

奏仰祈

聖鑒事竊臣仰蒙

恩命陞補閩浙總督新任浙江撫臣李　　於閏四月初二日抵浙任事臣當於是日交卸訖伏查浙省行政大端如江海塘工農田水利兵制戰艦諸務均經臣先後

奏明開辦至於積儲為民生所繫兵燹以後尤未敢視為緩圖臣蒞任三年將以上各事督率司道竭誠圖維期於諸廢漸舉終因限於才力未能一律完竣現值交替之際補偏救弊尚須重賴經營新撫臣李　　係臣舊識深知其沈毅有為虛公無我必能斟酌損益次第告成除詳細晤商分別籌辦並將交卸日期恭疏

題報外所有經辦事件理合繕具清單恭呈

御覽伏乞

皇太后

皇上聖鑒再臣拜摺後稍為部署即當東裝北上合併陳明謹

奏

計開

一海塘情形除西中兩防柴壩及海甯繞城石塘均已奏報完工外截至四月底止東防柴壩未辦者尚九百餘丈西防埽工埽坦未辦者亦九百餘丈中防埽工埽坦未辦者一千一百餘丈核計原估工段已辦七成以上如夏秋潮汐平穩不致再有坍陷之處本年當可趕辦完竣西防石塘自開辦以來日夜趲築鳳在育黎等號盤頭兩座業已完工十堡大裹頭亦經下底十四堡律呂調陽等號石塘樁木已釘齊七十丈安砌條石至八九層不等辦理尚屬迅速現在樁木雜物均已齊集惟條石需用甚多採辦不敷應俟新任撫臣督飭委員設法購辦以免停擱

同治七年閏四月初二日奏　月　日軍機

大臣奉

旨知道了欽此

臣李　跪
奏為廵閱海塘工程情形現仍督飭趕辦恭摺具
奏仰祈
聖鑒事竊維浙省海塘工程為下游列郡田廬保障
關繫至重臣到任之初未能深悉情形當即詳
細面詢前撫臣馬　略知梗概適值陰雨連
旬山洪暴漲臣深慮新築柴壩埽坦或有矬陷
當即飛飭該管道督率廳備隨時搶護幸保無
虞一面將應辦要事稍為料理即於五月十一
日出省率仝署杭嘉湖道杭州府知府譚鍾麟
前任杭嘉湖道陳璚傒補道林聰彝沿塘履勘
自李汛至尖山計程一百五十里三防原建石
塘一萬七千餘丈坍塌者四千四百餘丈均築
柴壩以堵其缺中西兩防業已工竣東防缺口
未堵者尚九百餘丈該處潮勢稍緩不致漫溢
現飭廳備趕緊搶築年內可以完工新築海甯
繞城石塘一律完整惟二坦竹簍因潮汐沖激
間有潑損責成在工員弁隨時修補以固頭坦
至西防開辦石塘釘樁已及百丈砌石層數過
半而採辦石料樁木均屬維艱工匠又祇此數
約須一年以外方能蕆事臣查前撫臣馬
在任數年於塘工一事竭力經營先挑土塘以
禦潮汐旋築柴壩以堵缺口茲又開辦石工以
垂久遠實已籌畫盡善臣惟有循舊督飭在局
在工各員分任其事寬籌經費趕集夫料照常
興辦俾得早日完竣以副
聖主軫念海隅蒼生之至意惟石塘全恃外埽坦水
以護其根現在西中兩防舊塘趕築柴坦尚有
未竣工二千丈而翁汛以東埽坦無存塘身孤
立擬俟西防最要石工做有眉目一面購辦料
石接續興辦一面抽撥工匠夫役趕將東防坦
水八千餘丈先行建復庶幾得保一大舊塘即
可省却一丈新工此外塩平兩汛土塘少有矬
陷已據杭防道勘估委員堵築其拗裂石塘當
俟三防工竣次第興修臣勘畢後於十五日回
省瞬屆伏秋大汛潮汐盛旺塘工尤為吃重除
嚴飭杭防道督率廳備弁兵認真廵防隨時保
護毋稍疎忽外謹將臣查勘塘工情形及照常
趕辦緣由恭摺具
奏伏乞

皇太后
皇上聖鑒訓示謹
奏同治七年五月二十四日奏　月　日軍機
大臣奉
旨知道了欽此

臣楊　跪
奏為履勘三防塘工大概情形現仍分飭趕辦恭
摺具陳仰祈
聖鑒事竊浙省海塘自同治四年起各前撫臣次第
經營先築柴壩堵塞缺口隨即擇要開辦石塘
並於舊塘露底處所趕做柴坦石坦以資保護
均經
奏明在案臣在藩司任內雖不能常時往看而會
辦總局隨時留心情形頗悉去年秋冬潮汐甚
旺各處埽工不無潑損辦屆春汛亟應先事防
範因於啟篆後將諸事畧加清理即於正月二
十八日赴塘率仝督辦塘工總局候補道馮禮
藩前任杭嘉湖道陳璚逐段履勘西防石工已
經一律完竣坿土亦鋪填齊整工程尚為堅寔
外面舊修柴壩盤頭間有數處潑損該廳備正
在趕辦拆修加鑲可以無虞接修中防石工已
釘樁百五十餘丈安砌百二十餘丈約計二三
分工程惟翁汛大口門灣環迎潮高堤捍入海
中當面受沖為最險要之區現飭或作外帮或
辦柴坦擁護塘根翁家埠以東亦間須修補而
大段尚屬穩固東防戴鎮兩汛石坦自去秋開
工起已安砌者九百餘丈釘樁未砌者六百數
十丈因工段綿長臨水施工潮來即須停止急
切尚難蕆事東塘柴壩七年臘月一律完工嗣
因塘脚積沙漂去塘身間有游走隨修隨矬亦
所不免且海中新漲沙洲潮分兩道而來一始
南趨忽折而北謂之南潮一由東沿塘而西謂
之東潮兩潮相遇於念里亭一帶聲勢猛烈柴
壩尤為吃重已滿限者固多坍卸未滿限者亦
有傷損臣已飭令趕緊備料集夫應拆修者即

日拆修應加高者速行加高用資抵禦又尖山
塔山之間向有横壩一道長二百丈乾隆年間
百計而後成之現由尖山以至陳家塢石塘屹
然無恙皆此壩之力也惟年久失修塊石散落
塘身日就低薄亦應設法培修以免疎虞此三
塘工程之大概情形也臣維石塘缺口以東中
兩防為多缺口之大者以翁家埠念里亭兩汛
為最而急修新塘必須先保舊塘現在西中兩
防柴坦業已辦齊東防戴鎮二汛又辦石坦一
帶東防坦水辦全舊塘根脚可固藉免續坍惟
各處小缺口雖以柴壩堵塞而剛柔不洽接筍
處不能聯絡潮汐冲刷柴工不能持久尚可隨
時黏補條石坍卸在所時有今日見為十丈者
逾數月而已加寬數丈合百餘處缺口計之一
年内增出之工又復不少臣擬俟翁汛石工報
完後即接辦東防先將各處石塘小缺口補齊
再辦念里汛大缺口石工此外塩平兩汛土塘
間有坍損經前撫臣李　隨飭補修現尚無
險工遂於本月初二日旋省除寬籌經費督飭
各委員上緊辦理並隨時親往查看外合將履

勘塘工大概情形坿驛馳
奏伏乞
皇太后
皇上聖鑒訓示謹
奏同治九年二月十八日奏是月三十日軍機大
臣奉
旨知道了欽此

撫院馬　　片
奏再查續纂海塘新志内開道光十四年十二月
二十四日内閣奉
上諭烏爾恭額等奏塘工外銷銀款請照例核扣一
摺浙江海塘現在興辦大工設立總局所有在局
在工各員並官弁兵丁一切薪水盤費口糧及局
書紙張飯食需費浩繁俱應酌量支給着照所請
准於工員所領工料銀内每兩另扣平餘銀二分
造報户部此外循照向例通扣五分仍以料銀内
所扣一分二釐解歸工部充公其餘銀兩作前項

在局在工例外支銷之用此項外銷銀兩向不報
部此次仍照舊章着免其造册報銷該部知道等
因欽此欽遵在案伏查此次設立總局分局開
辦東中西三防柴垻鉅工所有在局在工各員
並官弁兵丁一切薪水盤費口糧及局書紙張
飯食所需公費核與道光十四年間更屬繁多
自應照案於工料銀內每兩扣平餘之銀二分
造報戶部此外另扣五分仍於銀料內劃出一
分二釐解交工部充公其餘銀兩概行留作例
外支銷之用此項銀兩向不報部應請援案准
免造册報銷以符成例據該局司道具詳前來
謹附片陳明伏乞
聖鑒謹
奏同治六年十一月二十四日奏十二月初四日
軍機大臣奉
旨覽欽此

臣馬　跪
奏為酌擬保護西中兩塘已竣柴垻外埽盤頭各
工善後歲修章程開列條款恭摺奏祈
聖鑒事竊查浙省海塘工程為江浙數郡農田保障
最關重大前因兵燹之後各前撫臣先後勘明
失修坍缺情形議築柴垻堵塞缺口併趕修外
埽盤頭各工經臣歷次親督勘辦已將搶築完
竣工段丈尺開單具奏奉
旨該部知道單片併發欽此其應如何設法保護之
處另行酌定詳辦在案茲據塘工總局司道酌
擬保護西中兩塘已竣柴垻外埽盤頭各工善
後歲修章程七條詳請具
奏前來臣復加查核逐一釐定開列清單繕摺具
奏伏乞
皇太后
皇上聖鑒訓示謹
奏
謹將酌擬保護西中兩塘已竣柴垻外埽盤頭
各工善後歲修章程七條敬繕清單恭呈
御覽

一西中兩塘已竣柴壩仿例保固以專責成也查海塘修築各工保固均有例限此次興築柴壩俱屬搶險工程例載並無保固若任其漫無限制難免失於疎虞況工段多至二千餘丈用款多至數十萬兩購辦料物支發銀錢雖由總局派員經理其勘估修築仍係各廳備承辦應請仿照埽工成例各按完工先後報經驗收之日起扣足二年責成各廳備出具保固印結如固限滿後遇有沖激矬陷方准該廳備稟請勘估另案辦理庶事有專責於塘務寔有裨益

一歲修經費宜籌撥專款也查海塘歲修銀兩初因鹽課引費不敷工用請撥地丁向無一定之數自道光五年

奏定每歲不得過十五萬六千兩西防額支十萬六千兩專修柴埽其餘五萬兩為東防歲修坦水之用嗣因西防汛地計長九千二百四十餘丈防護難周於道光三十年劃分三千五百六十丈添設中防同知一員管理其丈尺既未加多即歲修毋庸另議今西中兩防已竣柴盤頭一座柴壩埽工裹頭共三千五百餘丈又西防頭堡西映字號起至五堡得字號止尚有舊柴埽工二千丈為時既久不無潑損年來雖加高面土填補行路而塘根淤沙漸被山潮二水沖刷每當春夏之間雨多水漲時有漫溢之虞不得不加意防護以期周妥擬自同治七年始將此段工程歸入西中兩防歲修補築合新工共長五千五百七十四丈四尺以道光五年之案核計銀數每年應籌歲修銀六萬三千九百四十餘兩以備工用惟從前歲支銀兩經費兵燹後一概無存目下浙省惟釐金一項尚可劃撥應請按年撥銀六萬五千兩存儲藩庫備用俟地方元氣漸復再籌別款為久遠之資

一搶護險工應隨時勘估趕築也查浙江海潮勢如排山倒峽若值大汛又遇颶風潮即湧高數丈激漫上塘若淋雨過多徽嚴山水陡漲又復溲刷塘根年來南岸沙塗日寬一日佔海幾至十分之八南漲北坍勢所必然無論山水潮水近皆薄塘而過目擊情形寔較

從前倍多危險今西中兩防已竣柴坝埽坦等工除保固限内責成工員遇有應修之處隨時修理外其或限滿之後雖該管廳備督飭弁兵分段巡查如遇伏秋大汛難保無潮勢涵奔山流激駛猝遭蟄陷人力難施之工必須立即搶護以防冲決内灌應由廳備刻即稟請杭防道履勘確估一面請款趕築一面詳請具
奏俾得化險為夷始終鞏固

一已竣柴埽各工責成廳備加意防護也向來新工驗收後承辦工員即留丁匠住守及二年保固限滿例應杭防道每月巡查一次廳備按十日巡防一次然皆奉行故事不過諉交弁兵分段看管或有損動稟報往返需時往往噬臍莫及現在西中兩防埽工尚未完竣且在開辦石塘之際杭防道暨各廳備均應常川駐工隨時稽察不得以保固限滿專交弁兵相習懈玩貽悞要工該管廳備督飭弁兵於新工塘面照例間段堆積土牛如遇面土滲漏低窪隨時填補免致因小失大又每年每兵仍循例種柳一百枝以期盤根入土而固塘基其舊塘空地無柳之處亦飭一律補栽果能如數種活即由該廳備等酌量獎賞倘有違悞責革示儆以免曠廢

一歲修領銀不得扣減以歸實濟也查海塘修築給放錢糧向由藩庫發至杭防道庫由道庫發交廳備承辦胥吏既多經手弊竇從此而生現在設局辦公均由司道遴選委員採辦撙節核實領支胥吏既難舞弊丁幕亦不預謀嗣後每年歲修領款統由總局核給併無外銷公費除部飯照章核扣平餘外不得絲毫扣減其從前規費概行删除庶幾工歸實濟用不虛糜矣

一歲修柴木宜早籌備以應急需也查塘柴産自建德桐富諸山樵採每在農隙故春夏之交刀工甚少斫運無多往往不敷工用至椿木則衢嚴一帶及皖省徽州所出水淺不能趲運盛漲又難成排工需緊要斷非咄嗟所能猝辦若俟用時始行購採則冲刷益深必至緩不濟急且各項工程果能有缺即補有

殘即修亦可費半而功倍茲擬各工在保固限內責令工員自行辦理其在保固限外者應飭該管廳備查照應用各項物料預備十分之一二堆積兩塘適中處所遇有殘缺隨時補葺其所需料價先於歲修項下預支俟用時由該管廳備稟請杭防道履勘核實估計詳請復勘飭辦仍按銀數五百兩上下分別

奏咨辦理似此有備無患庶免臨時周章及山戶木客居奇之弊

一西防十二堡已竣柴盤頭應加拋塊石以期鞏固也查西防律歲字號新建盤頭一座於同治六年五月完工原辦係屬層柴層土多用長大樁木扦釘堅固未及加拋塊石嗣經復勘該處正當潮汐頂沖山水洄激之區晝夜淘刷現查盤頭之外水深溜急形勢實為危險轉瞬春汛屆期潮勢日盛一日必須加拋塊石以護塘腳庶幾可期穩固除飭提派委員多辦塊石運工備用外惟此項盤頭前已奏報完工此次續請加拋塊石所有動用銀兩應俟東防柴埧及西中兩防外埽各工一律完竣後分別造報

同治七年正月二十六日奏二月初九日軍機

大臣奉

旨依議該部知道單併發欽此又清單內仝日奉

旨覽欽此

臣楊　跪

奏為酌議三防柴石各工歲修銀兩繕單恭摺具

奏仰祈

聖鑒事竊照浙省杭州府屬西中東三防海塘各工前因年久失修塘外坦水柴埽盤頭裹頭大半坍沒塘內坍土等工逐漸矬陷以致石塘間段潰缺節經各撫臣

奏准興辦計自同治四年二月間興工以來所有先後辦竣柴埧埽工埽坦盤頭裹頭併海甯繞城石塘坦水石堵等工丈尺業經分起截數

奏報各在案經總局司道查明前項完竣各工均
當山潮會激之區其保固限内沖損照例責令
廳備賠修其固限已滿後必須歲時修葺免致
坍損所需歲修銀兩亦宜預為籌定以備應用
除西中兩塘境内先竣各工上届已議定歲修
銀六萬五千兩外其西中兩防續竣各工併東
塘搶築柴壩等工及繞城坦水石堵盤頭等工
應籌歲修前經查照海塘新志原額銀數分別
確定由總局司道核明開摺呈請具
奏前撫臣李　未及核辦移交前來臣覆核無
異合將酌議三防柴石各工歲修銀兩開列清
单敬呈
御覽謹恭摺具
奏伏乞
皇太后
皇上聖鑒訓示謹
奏
謹將西中東三塘先後辦竣柴石各工丈尺籌
定歲修銀數繕具清单恭呈
御覽

一西中兩塘續竣各工業經撫臣李　開单
奏報在案其已滿固限之工自應籌添歲修額款
以資辦理查續纂海塘新志内開海塘歲修
經費於道光五年
奏定不得過十五萬六千兩西塘額定銀十萬六
千兩專修柴埽其時尚未劃分中防而中防
工段即在其内其餘五萬兩為東塘坦水歲
修經費上届該兩塘辦竣柴盤頭一座柴壩
埽工埽坦裹頭等工三千五百七十四丈四
尺又西塘西映字號六丈起至西得字號二
十丈止舊柴埽工一千九百八十六丈歸併
該兩防歲修補築合共工五千五百六十丈
四尺自同治七年為始以道光五年之案核
計每年籌撥歲修銀六萬五千兩在案今該
兩塘續又辦竣柴盤頭一座柴工埽工埽坦
及西萬化場三號後竣埽工共四千一百七
十五丈五尺其歲修除已定先竣各工銀六
萬五千兩外尚應湊撥銀四萬兩始符定額
應自同治八年七月為始添銀四萬兩為該
兩塘續竣各工限外歲修之用至致兩等號

大龍頭及坝外埽坦亦應另籌歲修銀兩不在此十萬五千兩之内

一西塘致雨等號所建大龍頭一道共計工長一百五十二丈坝外加築埽坦一百三十六丈其工段新列虹堤永慶安瀾六字號已由杭防道詳請咨明在案查該處坐當迎潮大龍頭挺立中流原期挑溜開行栾對岸南沙日寬潮汐逼近埽工漲沙淘刷盡净埽前水深至三丈左右不等每遇大汛潮頭撞潑激起狂瀾而洄溜滙吸内外交冲較之他處柴坝盤頭裹頭各工尤屬異常吃重其工段常時塌陷勢難照例間年修葺必須跟接修築因此歲時修費加多若拘定前定歲修十萬五千兩之數此段工程亦在其内實難敷用必須另籌專款擬自同治八年起於前定十萬五千兩之外每年另籌歲修銀二萬兩專備大龍頭柴坝護埽之用俾得隨時搶修永保堅固庶足抵禦

一東塘辦竣柴坝盤頭等工截至七年十二月底止業經撫臣李　開單

奏報在案其已滿固限各工歲修應籌專款以資應用查新志内開東塘埽坦等工歲修每年原額銀五萬兩嗣又添撥鹽餉銀五萬兩共銀十萬兩專修埽坦各工復於節省項下撥銀二十萬兩發商按月一分生息每年應銀二萬四千兩為石塘歲修之用今該塘辦竣柴坝三千一百七十九丈七尺四寸除繞城柴坝三百三十一丈已建復石塘坦水另案籌撥歲修外其餘柴坝二千八百四十八丈七尺四寸柴盤頭一座按照該塘原額銀數核計每年應籌撥歲修銀三萬八千兩自同治八年為始至八年正月後續竣工程歲修俟截數奏報後再行另案籌撥並仍合此案銀數按照丈尺座數牽勻派用

一東塘海甯繞城石塘等工節省銀三萬一千兩前經

奏明發商生息每年約銀三千兩以備歲修坦水盤頭之用接准工部咨以此項節省銀兩每歲生息若干先行造册送部備查至按年歲修動用若干先行奏報各等因其節省銀兩

業由藩司衙門飭發紹屬各典承領按八釐輸息造具冊結詳咨惟此項銀兩發商生息每年不足三千兩坦水尚不敷用何論盤頭似不得不另行籌撥并任撫臣馬　所稱三萬一千兩生息以備歲修坦水盤頭之用係謂息銀為歲修項下之一款非謂坦水盤頭得息銀三千兩而已足也茲查新志東塘歲修坦水每年額銀五萬兩柴埽盤頭石塘每年額銀七萬四千兩今雖款項無着其數可約略議定擬以繞城坦水石塘盤頭歲修為一案以清眉目除節省生息之銀約三千兩外應再按年另籌撥銀六千四百兩以三千一百兩併同息銀三千兩為坦水石塘限外歲修之用自同治十年為始其餘三千三百兩為三座盤頭限外歲修之用則以同治八年為始此係查照新志數目酌定仍留將來續竣各工歲修地步

一海塘歲修從前原有定額銀款經兵燹後一概無存上屆西中兩塘籌備歲修銀兩係於釐金項下動支現在所定前項各歲修除發商生息一款外其餘銀兩仍援案由牙釐總局於釐金項下按年分別撥解藩庫存儲以備應用俟浙省元氣漸復再另籌別款為久遠之資至已籌歲修銀兩該管廳備務當核實辦理不得以歲有額款浮冒請修總須歲有盈餘以期撙節前項歲修銀兩每年動用若干仍按年核寔

奏報以重工需

同治九年二月三十日奏四月初三日軍機大臣奉

旨該部知道單併發欽此又清單內同日奉

旨覽欽此八月初三日准

工部咨開為浙江海塘工程酌議三防歲修銀兩應示限制仰祈

聖鑒事都水司案呈內閣抄出署浙江巡撫楊昌濬

奏浙江杭州府西東中三防海塘各工應籌歲修銀兩分別開單具奏一摺同治九年四月初三日軍機大臣奉

旨該部知道單併發欽此又具奏清單內同日奉

旨覽欽此欽遵抄出到部查單開西中兩塘辦竣柴

盤頭一座柴壩埽工埽坦裹頭等工三千五百七十四丈四尺又西塘西映字號得字號至舊柴埽工一千九百八十六丈歸併該兩防自同治七年為始每年籌撥歲修銀六萬五千兩續竣柴盤頭一座柴工埽工埽坦及西萬化場三號共四千一百七十五丈五尺自同治八年七月為始添銀四萬兩為歲修之需西塘致雨等號大龍頭一道工長一百五十二丈壩外加築埽坦一百三十六丈其工段新列虹堤永慶安瀾六號自同治八年起每年另籌歲脩銀二萬兩東塘辦竣柴壩二千八百四十八丈七尺四寸柴盤頭一座籌撥歲脩銀三萬八千兩自同治八年為始至八年正月後續竣各工另案籌撥東塘繞城坦水石塘盤頭歲脩為一案籌撥銀六千四百兩以三千一百兩併同息銀三千兩為坦水石塘歲脩之用自同治十年為始其餘三千三百兩為三座盤頭歲脩之用則以同治八年為始仍留將來續竣各工歲脩地步等語臣等查該省塘工尚未一律告竣所籌歲修銀兩已及十七萬二千四百兩之多若俟全塘蔵事尚須陸續添撥勢必為數更多當此制用艱難之際豈容漫無限制相應請

旨飭下浙江巡撫將海塘歲修經費通盤籌畫每塘應需若干全塘共用若干開具簡明清單送部核辦不得陸續增添另立名目以滋冒濫務須比較從前歷年辦理歲修之數有減無增方足以昭覈實而資撙節該工員設有防護不力隨時指名嚴參毋稍廻護臣等為慎重工需起見是否有當理合恭摺具

奏伏乞

聖鑒訓示遵行為此謹

奏請

旨同治九年五月二十日具奏即日奉

旨依議欽此

同治十年九月十七日准
工部咨爲咨行事都水司案呈准浙江巡撫楊
昌濬咨稱據督辦塘工總局司道詳稱准部咨
署浙江巡撫楊昌濬奏浙江杭州府西東中三
防海塘各工應籌歲修銀兩分別開單具奏一
摺查該省塘工尚未一律完竣所籌歲修銀兩
已及十七萬二千四百兩之多若俟全塘蕆事
尚須陸續添撥爲數勢必更多當此制用艱難
之際豈容漫無限制相應請
旨飭下浙江巡撫將海塘歲修經費通盤籌畫每塘
需用若干全塘共用若干開具簡明清單送部
核辦務須比較從前歷年辦理歲修之數有減
無增以昭核寔而資撙節查海塘歲修經費綜
計東西兩塘歲修先後額定銀二十三萬兩現
在請撥之西中兩塘先竣柴盤頭柴壩埽工埽
坦裏頭歲脩銀六萬五千兩續竣柴盤頭柴工
埽工埽坦歲脩銀四萬兩東塘先竣柴盤頭柴
壩歲脩銀三萬八千兩海甯繞城頭二坦水石
堵柴盤頭歲修銀九千四百兩均係考核志載
舊額銀數按照所竣工程丈尺均勻派定至另
籌西塘大龍頭等工歲脩銀二萬兩該工係屬
新添所需歲脩自應於原額之外另請籌撥至
東塘工程現尚次第建復其歲脩銀兩應於全
工告竣再行隨時核案詳請奏明添撥以符定
額列單咨部查照等情相應咨明等因前來查
浙江海塘工程前據該撫奏報已竣柴壩等工
籌撥歲脩摺內經本部令將海塘歲脩經費通
盤籌畫每塘需用若干全塘共需若干開具簡
明清單送部核辦不得陸續增添另立名目務
須比較從前歲脩之數有減無增行知該撫遵
照奏章辦理在案茲據咨稱現在請撥之西中
塘先竣各柴工歲修銀六萬五千兩續竣之柴
工埽工埽坦歲修銀四萬兩東塘先竣柴壩柴
盤頭歲修銀三萬八千兩海甯繞城頭二坦水
石堵柴盤頭歲修銀九千四百兩均係攷覈志
載舊額銀數按照所竣工程丈尺均勻派定未
敢漫無限制自應准如所咨辦理嗣後全塘告
竣務須按照額定歲修銀數均勻籌撥不得有
逾原額以符舊章而昭核寔又稱西塘大龍頭
工程係屬新添所需歲修應於原額之外另請

籌撥銀二萬兩等語查西中兩塘准銷冊內所開西塘大龍頭柴壩埽坦工程用銀六萬數千兩而請定歲脩每年乃至二萬兩之多殊屬冒濫且另立名目與本部奏案不符礙難率准相應行文浙江撫臣查明聲覆再行核辦可也

同治九年二月二十四日准

工部咨開都水司案呈准浙江巡撫李　　咨稱據塘工總局詳稱西中兩防搶築埽坦係新建名目向無保固例年前經仿照埽工保固兩年造具冊結圖說詳請題銷在案惟查埽工保固兩年其做法底寬三丈至二丈四五尺面寬二丈四五尺至二丈高二丈至一丈七八尺不等釘底腰面樁三皮今新建埽坦做法底寬二丈面寬一丈四五尺高一丈四五尺不等釘排樁一路其高寬丈尺柴木夫土與埽工大相懸殊且坦身低窄勢難與埽工並持前經仿照埽工保固似無區別設有沖損該管廳備有所藉口轉致貽悮自應另為議定新建埽坦請照埽工例限酌減一半定以一年限內沖損仍令廳備照例賠修咨部立案示覆等因前來查浙江省西中兩防新建埽坦工程前據浙江巡撫照埽工例限題銷業經核題在案今據咨稱埽坦做法高寬丈尺柴木夫土與埽工懸殊例限擬定一年若限內沖損仍令廳備照例賠修咨部立案等因查埽坦高寬丈尺較之埽工減少該撫所請一年為限本部核與柴塘各工一年保固之例相符應如所咨准其立案仍行該撫嚴飭廳備將修築前項各工務須認真修防不得稍事疎虞限內倘查有沖損情形該撫即行指名嚴叅賠修毋稍廻護可也

臣楊　跪

奏為西中兩塘歲額不敷工用請通融辦理並添撥東塘柴工歲修銀兩恭摺仰祈

聖鑒事竊照同治八年正月以前三防海塘先後辦竣柴坦各工限外歲修經費前經

奏定西中兩塘先竣柴坦等工歲修銀六萬五千兩以同治七年為始續竣柴埽等工歲修銀四萬兩以同治八年七月為始西塘大龍頭坦埽各工歲修銀二萬兩東塘柴坦盤頭各工歲修銀三萬八千兩海甯繞城盤頭歲修銀三千三百兩均以同治八年為始繞城坦水石堵歲修銀六千一百兩以同治十年為始按年分別撥存遇有損修由該管廳備核實勘估稟道擇要詳請動款飭修年終彙案開單請

奏造冊報銷歷經遵照辦理各在案茲查十年分歲修西中兩塘柴坦柴埽盤頭裹頭以及埽坦各工共估需工料銀十五萬三千數百兩較之定額已溢支銀四萬八千有奇委係上年山潮倍旺颶風時作海中陰沙日漸漲潤東潮北湧撲塘更力以致險工迭出自春徂秋修理幾無虛日查從前海塘歲修志載嘉慶二十三年以前每年本款用有餘存二十四年至道光四年本款之外長用銀一二萬兩至十餘萬兩不等具見海塘工程隨潮變遷險夷情形逐年無定在同治七八九年間工程甫竣滿限修補之處較少又有限內着令承辦工員賠修之工是以節年歲額均有餘存迨至上年悉久逾限潮勢又復洶湧異常杭防道何兆瀛日駐工次查看情形除稍可抵禦之工概列緩修外其餘險中尤險至要之工即不敢拘定歲額致滋貽悞是以詳請分別修整藉資鞏固所有用逾歲額銀四萬八千兩有奇亟應籌畫定款以便報銷查西中兩塘各柴工除大龍頭外七八九三年照章應撥歲修銀二十五萬五千兩除經節年

奏報動支銀十一萬七百餘兩計尚餘歲額銀十四萬四千有奇今藩司杭道會仝公議擬將十年分西中兩塘歲額不敷銀兩請於該兩塘節年歲修餘款內動支嗣後該兩塘如遇潮旺工急年分並請按計歷年歲額之有餘以補本年歲額之不足雖與定章稍有未符而以額內之

款留辦意外之工並非逐年議增漫無限制且
海汛潮勢變遷無定非此通融辦理亦未能為
善後持久之計至東塘境轄戴鎮念尖四汛地
段本屬綿長石塘缺口甚多前築柴垻三千餘
丈原係隨時補救其念汛石塘幾至無存所築
柴垻前臨海水後無依靠近來南岸漲沙日寬
海中兼有陰沙一道綿亘數十里以致潮汐分
道趋行南潮東潮均至念汛滙合互相冲激高
湧數大巨浪洪濤勢同摧山倒峡塘面塘身無
不吃重而該處石塘尚未估辦全恃一綫柴塘
抵禦實屬非常險要工在限内者原歸承辦之
員照章保固一經滿限遇有潑損立須動款購
料趕修庶免牽動全工前定歲修銀祗三萬八
千兩係因節省經費為後來續竣工程地步是
以酌定此數現在潮勢變遷情形迥異萬難數
用查志載該防從前石塘全整塘外柴埽坦水
盤頭等工每年額撥銀十萬兩原係以全防工
程計算移緩就急擇要分修自可敷用近時柴
石各工尚未建復如額所有柴垻工段均屬地
當險要既無移緩就急之工更少截長補短之
款且八九兩年續辦之柴垻二百三十八丈柴
盤頭兩座及十年分辦竣之埽坦二百三十四
丈五尺本年均屆限滿前定銀兩斷難敷用亟
應籌添以資要需兹經各司道等熟籌至再請
於本年起添撥該塘歲修銀四萬兩查有運司
衙門綱捐塘工銀兩發商生息一款曽經升任
撫臣李
奏明作為塘工歲修之用核計是款連閏牽計每
年得銀二萬三千有奇可以儘數撥用其餘銀
兩亦經該司道公同商酌議於釐金項下按年
撥湊足數以濟工用似此酌量添撥歲修經費
不致短絀該塘工程亦不致有貽悮遇有至要
應修之工照章由道督飭核實估辦仍不准率
意請修稍涉浮濫將來全工告成仍應統盤籌
定按照舊額辦理以符成案由塘工總局會同
藩司杭道核明呈請具
奏前來臣覆核無異合將西中兩塘歲額銀數不
敷修用通融辦理並添撥東塘柴工歲修銀兩
緣由謹繕摺具
奏伏乞

皇太后
皇上聖鑒訓示謹
奏同治十一年五月初一日奏是月十三日軍機
大臣奉
旨該部知道欽此八月初十日准
工部咨開都水司案呈内閣抄出浙江巡撫楊
奏西中兩塘歲額不敷修用請通融辦理
並添撥東塘柴工歲修銀兩一摺同治十一年
五月十三日軍機大臣奉
旨該部知道欽此欽遵抄出到部查浙江海塘歲修
經費上年甫經定額十年分所用即逾原數又
請自本年起添撥歲修銀四萬兩將來全塘告
成仍通盤籌定按照舊額以符成案應行浙江
巡撫將每年海塘應行歲修工程先期派委妥
員認真估定即有通融辦理之處總不得有逾
原額以期工歸實在款不虛糜可也

臣楊　　疏
奏為西塘大龍頭等工歲修銀兩實須另籌方敷
工用請
旨飭部照准恭摺仰祈
聖鑒事竊照案准部咨浙江西塘大龍頭柴垻埽坦
工程歲修銀兩既在原額之外每年另籌銀二
萬兩並稱額外新添不得不另立名目另請籌
撥自應由臣專摺奏明辦理等因當經轉行遵
照去後茲據塘工總局司道詳稱此項大龍頭
係在西中兩塘交界原建柴垻五十五丈前後
托垻西道東連中塘露字等號大口門柴垻增
長工五十七丈其段落即係新列虹堤永慶安
瀾六號西接西塘致雨二號柴垻四十丈埽坦
四十丈並續辦虹堤永慶安五號埽坦九十六
丈工長一百數十丈内外四層高寬潤厚倍於
他工地當迎潮挺立中流潮汐淩刷埽外水深
至三丈左右不等每屆大汛潮頭撞潑激起狂
瀾而洄溜滙吸内外交沖較之别處柴垻盤頭
尤屬異常吃重以致常時矬陷勢難照例間年
修葺必須隨時跟接趕築内修柴工外抛塊石

以資保衛而固全工因此歲時修費加多難援
尋常柴工比擬且此段工程係屬額外新添不
得不另立名目籌備專款以敷工用等情具詳
前來臣查大龍頭柴壩等工挺立中流為西中
兩塘關鍵最為險要前於九年二月間酌議三
防柴石各工歲修案內列單
奏明有案實因工段異常吃重歲修難以照常辦
理所議每年另籌銀二萬兩委係斟酌至再因
工制宜且自籌定以來歲修在在所需實為必
不可少之款並無冒濫合無仰懇
天恩勅部照准每年另籌銀二萬兩作為西塘大龍
頭歲修另立專款以全要工謹恭摺具陳伏乞
皇太后
皇上聖鑒訓示謹
奏同治十一年十二月初三日奏十二年正月初
四日軍機大臣奉
旨該部議奏欽此四月十一日准
工部咨開為遵
旨議奏事都水司案呈內閣抄出浙江巡撫楊
奏西塘大龍頭等工歲修銀兩一摺同治十二
年正月初四日軍機大臣奉
旨該部議奏欽此欽遵抄出到部查原奏內稱准部
咨浙江西塘大龍頭柴壩埽坦工程歲修銀兩
既在原額之外並另請籌撥自應由臣專摺奏
明辦理等因茲據塘工總局司道詳稱此項大
龍頭係在西中兩塘交界原建柴壩五十五丈
前後托壩二道東連中塘露字等號大口門柴
壩增長工五十七丈其段落即係新列虹堤永
慶安瀾六字號西接西塘致雨二號柴壩四十
丈埽坦四十丈並續辦虹堤永慶安五號埽坦
五十六丈工長一百數十丈內外四層高寬濶
厚倍於他工地當迎潮挺立中流潮汐洩刷埽
外水深至三丈左右不等每屆大汛潮頭撞潑
內外交沖較之別處柴壩盤頭尤屬異常吃重
以致常時蟄陷勢難照例間年修葺必須隨時
跟接趕築以資保衛而固全工等情臣查大龍
頭柴壩等工挺立中流為西中兩塘關鍵最為
險要所議每年另籌銀二萬兩委係斟酌至再
因工制宜實為必不可少之款並無浮濫等語
臣等伏查浙江西塘大龍頭柴壩埽坦工程前

據該撫咨籌歲修經　臣部以該工係屬新添所需歲修於原額之外另請籌撥且另立名目與
奏案不符礙難率准咨覆在案旋據該撫咨稱大龍頭挺立中流為西中兩塘關鍵工段異常吃重歲修經費難援尋常柴工比擬請以每年另籌銀二萬兩作為歲修之需復經　臣部以此項歲修既在原額之外礙難核准據該撫聲稱難援尋常柴工比擬並稱額外新添不得不另立名目且係另請籌撥行令該撫奏明辦理亦在案茲據奏稱實因工段異常吃重歲修難以照常辦理每年另籌銀二萬兩以為歲修委係斟酌至再因工制宜該撫所奏尚屬實在情形應請如所奏辦理仍令該撫督飭在工各員實力修防撙節動用以昭慎重而杜浮冒所有　臣等核議緣由理合恭摺具
奏伏乞
聖鑒訓示遵行為此謹奏請
旨同治十二年正月二十三日具奏本日奉
旨依議欽此

撫院楊　片

奏再查從前東防柴石各工每年額撥歲修經費銀十二萬四千兩載在海塘續志此次興辦大工因石塘缺口甚多搶築柴埧以資堵禦係為從前未有之工先經請撥前工歲修銀三萬八千兩並辦竣海甯繞城盤頭坦水石堵等工添撥歲修銀九千四百兩嗣於同治十一年間因續竣各項柴工歲額不敷修辦請再添撥銀四萬兩經　臣分晰具
奏奉
旨該部知道欽此又於十二年間
奏報辦竣戴鎮二汛塘坦等工用過銀數案內請提節省銀兩發商生息以為東防坦水限滿後歲修經費之用並經陳明此項坦水工長六千餘丈每年僅得息銀二千餘兩不敷尚鉅將來另請添撥總期不致有逾原額等情欽奉
硃批該部知道等因欽此欽遵各在案現在東防戴鎮二汛坦水已滿保固限期者計有五千餘丈其餘一千餘丈扣至本年秋間一律屆滿所需修費應行動項給發茲據塘工總局司道公同籌

計請從本年為始添撥歲額銀二萬兩循案於
釐捐項下按年提用仍當督飭撙節估辦核實
報銷倘用不足額即照歷來成案就數減提以
節經費設遇潮旺工多之年亦可藉以補苴且
該防歲修連前統計共已撥銀十萬九千餘兩
按照原額尚有未撥銀一萬四千餘兩應俟石
工全竣再行請撥總當通盤籌畫不致有逾原
額銀十二萬四千兩之數以符成例等情詳請
察核附
奏前來臣復查無異合將本年東塘戴鎮二汛坦
水限滿應需修費循案添撥歲額銀兩緣由附
片陳明伏乞
聖鑒訓示謹
奏光緒二年四月十五日具奏五月初八日軍機
大臣奉
旨該部知道欽此

同治十二年八月十七日准
工部咨開都水司案呈准浙江巡撫楊　咨
稱據塘工總局司道詳稱海塘建築埽坦旋有
因沙水變遷地勢吃重續有分別加築之工如
上年西塘境内西寒張列三號埽坦加築埽工
六十丈藏閏餘三號埽坦加築柴工六十丈其
固限若照搶修加築柴塘竹簍各工歷春伏秋
三大汛即准限滿似覺為期太少擬請將此項
加築工程改為保固一年合之原築埽坦保固
一年前後共有二年核與定章仍屬相符並請
嗣後如有原建埽坦應行加築之工即照此次
所擬辦理等情咨部查照立案等因前來查例
載海塘加築柴埽各工歷春伏秋三大汛方准
限滿於收工日起限等語今據該撫咨稱續辦
加築埽坦各工改為保固一年與例相符應如
所咨辦理相應咨覆浙江巡撫查照可也

同治十二年八月十七日准

工部咨開都水司案呈准浙江巡撫楊　咨稱據塘工總局司道詳稱建修西防魚鱗條塊石塘案内節省銀二萬四百餘兩發商生息以備前項盤頭裹頭限外歲修之用每年約得息銀一千九百五十餘兩查西中兩塘現經先後二次奏定歲修銀十萬五千兩似此項生息銀兩亦須彙入歲修額款請將前項生息歲修之工歸入西中兩塘歲修款内辦理詳請咨部查照等情咨明等因前來查前項生息銀兩既據該撫咨明歸入西中兩塘歲修之用應如所咨辦理相應行文該撫查照將三塘收存動用息銀數目按年造具四柱清册送部以備查核可也

第貳冊

海塘新案

奏疏附部文

臣馬　跪

奏為恭報浙省海塘搶築西中兩塘缺口柴壩及建復外埽盤頭已竣各工段落丈尺用過銀數開列清單恭摺奏祈

聖鑒事竊照海塘東中西三防各工前因年久失脩以致石塘節節坍缺塘外埽工盤頭裹頭冲沒殆盡塘內坍土土堰土戧俱陷無存經前護撫臣蔣　暨臣節次設法籌款先後

奏明設局委員分別辦理計自同治四年二月興工起至六年正月督臣吳　奉

旨查勘海塘止三塘共計先已辦竣柴壩二千九百五十七丈五尺又已成埽工埽坦坍土子塘行路共四千七百二十四丈五尺當於覆

奏摺內聲明在案自同治六年正月以後截至九月底止總計三塘築成柴壩一千四十三丈八尺四寸埽坦等工二千三百二十七丈二尺柴盤頭一座除東塘已築柴壩一千四百四十五丈七尺四寸鑲柴等工二千八百八十一丈五

尺併東塘工竣另案報銷外共計西塘已竣柴壩七百三十五丈五尺埽工埽坦七百七丈八尺裹頭八十二丈塘後鑲柴二百三十四丈四尺坿土子塘横壩面土行路一千七百八十七丈二尺新建律歲字號柴盤頭一座中塘已竣柴壩一千八百二十丈一尺塘後鑲柴二百四丈八尺埽坦一百九十九丈柴工三十丈坿土横塘九百二十五丈共計西中兩塘已竣柴壩二千五百五十五丈六尺埽工埽坦裹頭鑲柴柴工坿土子塘横壩横塘面土行路各工共長四千一百七十丈二尺新建柴盤頭一座所有工段尤險之處加築托壩拋護塊石以資捍衛此項完竣各工均經前杭防道蘇式敬段光清陳璚林聰彝及現任杭防道何兆瀛等先後親駐工次督率廳備委員如式搶辦完整於工竣日隨時驗收經臣歷次親往覆勘尚無草率偷減情事並飭將已竣各工如何設法保護酌定歲脩章程另行詳辦其餘東塘未竣柴壩及西中兩塘外埽各工現值冬令天晴水涸臣仍時詣工次督催在工員弁趕緊修築期以搶堵完竣茲據總局司道詳請具

奏前來除將用過銀兩造具圖冊另行具

題請銷外謹將搶築西中兩塘已竣柴壩各工段落丈尺用過銀數開列清單繕摺恭呈

御覽伏乞

皇太后

皇上聖鑒施行謹

奏

今將浙江省西中兩塘自西塘李家汛西玫字號起至中塘戴家汛谷字號止沖坍缺口搶築柴壩裹頭埽工盤頭横塘子塘加填坿土行路各工做過工段高寬丈尺用過例加工料銀兩繕具清單恭呈

御覽

一西塘境内李汛西玫字號起至翁家汛雨字等號止搶築埽工埽坦工長七百七丈八尺估築底寬二丈至三丈面寬一丈五尺至二丈二尺高一丈五尺至二丈二尺加築頂土高二尺寬一丈五尺至二丈二尺

一西萬字等號搶築柴壩七百三十五丈五尺

底寬五丈至八丈面寬三丈至五丈高一丈四尺至一丈七尺頂土高二尺寬三丈至五丈柴壩後加鑲托壩一道計長七十四丈面寬三丈底寬四丈高二丈上加頂土高二尺寬四丈壩外拋填塊石七十四丈面寬八尺五寸底寬二丈五尺高一丈六尺

一西身字等號建築裹頭八十二丈柴高二丈面寬一丈五尺腰寬二丈底寬三丈上加面土高二尺寬一丈五尺

一翁家汛西律歲字號柴盤頭一座後身長二十四丈外圍長二十八丈中面寬五丈東西兩雁翅各面寬三丈二尺中底寬六丈二尺兩雁翅各底寬四丈四尺築高二丈二尺頂土高二尺勻寬三丈八尺勻長二十六丈

一西育字等號塘後鑲柴工長二百三十四丈四尺築高八尺至一丈上寬二丈下寬一丈八尺上加頂土高二尺寬二丈堵築攔水橫壩兩道共長十七丈五尺上寬八尺下寬一丈一尺五寸高一丈二尺建築草塘一百五十二丈上寬二丈下寬二丈四尺高一丈六尺填築坦土工長二百十七丈七尺牽寬一丈五尺牽深一丈二尺又行路工長一千四百丈牽寬一丈二尺牽深二丈五尺一律加土挑填平整

以上西防境內搶築柴埽柴壩等工共用過工料例估加貼銀二十九萬九千六百一兩四錢七分

一中塘境內翁汛露字等號戴汛烈字等號石塘缺口搶築柴壩一千八百二十丈一尺底寬三丈至十二丈面寬二丈至八丈高八尺至二丈二尺上加頂土高二尺寬二丈至八丈西龍頭大缺口柴壩前後加築托壩二道共長一百十丈底寬六丈至六丈五尺面寬三丈五尺至六丈築高二丈四尺柴壩外拋填塊石工長三百丈面寬八尺至八尺五寸底寬二丈五尺高深一丈二尺至二丈二尺

一壹字等號建築埽坦一百九十九丈底寬二丈面寬一丈五尺築高一丈五尺又體率二號建築柴工長三十丈面寬一丈五尺腰寬二丈底寬三丈高二丈前工外口加拋塊石

上寬八尺下寬二丈四尺高一丈二尺
一丈乃等號塘後鑲柴工長二百四丈八尺上寬二丈下寬一丈八尺高八尺至一丈
一稱夜等號塘工後身建築横塘工長一百六十七丈面寬一丈二尺底寬三丈六尺高一丈又塲化等號加土填築坍土工長七百五十八丈牽寬一丈五尺牽深一丈二尺

以上中塘境内搶築柴壩柴埽等工共用過例估加貼銀六十二萬五千四百九十兩二分一厘

西中兩塘統共用過例估銀五十五萬五千八百十五兩三錢四分一厘加貼銀三十六萬九千二百七十六兩一錢五分

總共例估加貼銀九十二萬五千九十一兩四錢九分一厘以上銀兩悉照海塘志載例估加貼銀數核報合併聲明

同治六年十一月二十四日奏十二月初四日
軍機大臣奉
旨該部知道單片併發欽此又清單内奉
旨覽欽此

同治七年十月初一日准
工部咨開都水司案呈工科抄出升任閩浙總督浙江巡撫馬　題西中兩塘同治四年至六年缺口搶築柴壩埽坦盤頭等工用過銀兩造冊題銷一案同治七年三月初二日題五月初五日奉
旨該部察核具奏欽此于五月二十九日科抄到部臣等查該巡撫疏稱東西中三塘年久失修經
前護撫臣蔣　暨臣設法籌款先後勘明奏准設局委員分别辦理所有西中兩塘已竣各工段落字號高寬丈尺用過銀兩前經開單奏報在案茲據督辦塘工總局布政使楊　等將中西兩塘統共用過柴橋夫工等銀九十二萬五千九十一兩四錢九分一厘造具清冊圖結該撫覆核具奏等因臣等查海塘志所載工程物料均有一定章程例價加貼亦有一定數目該撫於奏報清單摺内聲明悉照海塘志載核報何以此次銷冊開列物料均與海塘志載不符其柴壩所列各項與海塘志内迥然不同物料價值大有浮多恐有冒濫混朦等弊臣部

難以率准除將原冊不符之處簽出發還外相
應請
旨飭下浙江撫臣遴派司道大員親赴工次按段丈
量將所用物料夫工價值按照海塘志所定核
計務將原冊浮多之數切實刪減另造實用細
冊具題送部核辦以重帑項而杜浮冒所有海
塘報銷工程由題改奏緣由是否有當伏乞
聖鑒訓示遵行謹
奏請
旨同治七年七月十七日具奏本日奉
旨依議欽此

同治八年九月十五日准
工部咨為題銷事浙省西中兩塘搶築缺口柴
壩埽坦盤頭等工用過銀兩與例相符應准開
銷事都水司案呈工科抄出浙江巡撫李
題西中兩塘同治四年至六年搶築缺口柴壩
埽坦盤頭等工用過銀兩造冊題覆一案同治
八年正月二十四日題四月初三日奉
旨該部察核具奏欽此嗣于五月二十九日據該撫
將冊籍揭送到部該臣等查得浙江巡撫李
疏稱西中兩塘同治四年至六年缺口搶築
柴壩埽坦盤頭等工用過柴樁夫工銀兩造冊
題銷一案經部議該撫銷冊開列奏報清單摺
內聲明悉照海塘志載核報何以銷冊開列物
料均有浮多將原冊不符處簽出發還行令遴
員赴工丈量切實刪減另冊送部核辦等因除
飭委事後到任臬司劉齊銜遵照辦理外行局
遵照去後茲據督辦塘工總局布政使楊昌濬
按察使劉齊銜署鹽運使馮禮藩督糧道英樸
杭嘉湖道何兆瀛前任杭嘉湖道陳璚補用道
林聰彝候補道康熊飛會同詳稱查海塘志載

脩築草塘柴工每丈層土層柴係靠塘做築用
柴六百觔至石塘沖潰缺口搶築柴壩兩面臨
水係于汪洋巨浸之中施工潮汛晝夜沖激若
用層土層柴搶築如湯沃雪柴土實有漂流沖
失之虞是以缺口柴壩每丈俱用柴料一千二
百觔兜攬簽樁搶做密釘底面腰樁各五十根
以資堅固此柴壩所用工料與海塘志內所載
柴塘做法不同之寔在情形也該塘原估從減
每丈只用柴六百觔樁木五十根嗣因同治四
年五月霉汛山水陡發漫過石塘各口門新沙
洗去水深至一二丈不等脩築更難必須多用
柴料樁木較之原估有增至一倍以及二三倍
者經升任撫臣馬　據實奏明在案至清单
內聲明照海塘志載核報係指工料價值加貼
銀數而言其搶築缺口柴壩工料做法海塘志
所不載係遵照咸豐七年築做西塘西鞠等字
號缺口柴壩等工奉部准銷成案造報已於銷
册內登明除於册內粘簽登覆外請照原册核
銷並抄録咸豐七年奉部准銷柴壩原册一併
送部詳請題覆並據按察使劉齊銜詳稱遵撤
赴西中兩塘按册查丈均屬相符物料工價委
無浮冒等情臣復核無異除將原册並抄録准
銷柴壩册送部查核外理合題覆等因前來查
浙江省西中兩塘同治四年至六年搶築缺口
柴壩等工先據前任浙江巡撫蔣　等奏明
設法籌款分别辦理嗣據前任浙江巡撫馬
將西中兩塘搶築缺口柴壩等工段落字號
高寛丈尺銀數開单奏報並將用過柴樁夫工
銀九十二萬五千九十一兩四錢九分一厘造
册題銷經臣部查核銷册開列物料均有浮多
將原册簽出發還行令遴員赴工查丈切寔刪
減另册送部核辦在案今據浙江巡撫李
飭委事後到任臬司劉齊銜親赴西中兩塘按
册查丈均屬相符物料工價委無浮冒並聲稱
石塘沖潰缺口搶築柴壩兩面臨水係于汪洋
巨浸之中施工是以每丈俱用柴料兜纜簽樁
以資堅固係遵照咸豐七年築做西塘西鞠字
等號缺口柴壩准銷成案造報請照原册核銷
臣部查該撫所覆尚係實在情形且核與准銷
成案相符應准開銷同治八年八月十六日題

是月十八日奉
旨依議欽此

臣馬　跪
奏為開辦海甯繞城石塘先其所急以資保衛繪
呈圖說恭摺奏
聞仰祈
聖鑒事竊照海塘工程關繫江浙兩省農田要務前
因賊擾歲久失修以致塘身節節潰決沿海田
廬盡成斥鹵自克復省城之後經前兼署撫臣
左　及前護撫臣蔣　先後
奏請勸修土備塘以資保護臣履任後復督飭道
廳員弁興築柴壩以補石塘之缺添修柴埽以
固石塘之根迄今將及兩年西塘缺口之工已
竣塘外接辦柴埽其餘缺口危險工程中塘報
竣者十之六東塘報竣者十之三惟土塘柴壩
祇能暫備捍禦究不如石塘之足垂永久亦經
臣節次
奏明在案查年來潮勢北趨南岸漲沙日寬一日
北岸塘工日險一日自四堡下至尖山一百數
十里處處吃重而海甯州之繞城石塘貼近城
垣數十步外即屬巨浸正當潮勢頂沖朝夕震
撼以致石塘間斷坍損坦水漂蕩殆盡內無土
塘護衛僅賴新築柴壩抵禦比之他處更為險
急臣久擬設法興辦石工柰經費過鉅籌備維
艱購料集夫一時俱難湊手且本年夏秋兩汛
潮汐尤大不能施工八月十九日臣親詣該處
率同杭嘉湖道陳璚暨在工廳備周歷勘明目
覩情形實難再緩決計將前項繞城石工先行
估辦當飭布政使楊　趕緊籌款即於九月
初二日在海甯州城內設立專辦石塘分局委
候補道唐樹森駐工會同杭防道督辦遴委妥
員分任經理并飭撙節估計去後茲據塘工總

局司道會同詳稱海甯州南門外原建魚鱗石塘自神字號起至大東門外洛字號止共五百四十丈現在勘明口門坍缺應全行建復者計九十五丈四尺散裂拗拜應拆脩到底者計九十五丈五尺面石潑損應添補加高者三百九十一層九分作拆脩石塘十八層算核成二十一丈七尺七寸又拆脩接口鑲縫工六丈再迤西毘連將軍殿之廉沛等字號坍裂缺口應建復者十三丈裂損拗拜應拆脩者三十一丈又接口鑲縫工四丈五尺統計應辦石工二百六十七丈一尺七寸又迤東毘連普陀庵之面洛等字號原有坦水兩層亦已無存未坍之塘經嚙漱其底樁多半欹斜空洞應請自廉字號起至殿字號止復建頭二兩層坦水每層計長六百八十丈八尺共工長一千三百六十一丈六尺又廉好字號向有石堵四十七丈二尺廉沛等字號向有柴盤頭三座專為攔挑大溜保護塘根均應同時建復經該司道悉心勘估原建繞城魚鱗石塘十六層今因地勢刷深應加築兩層共建十八層仍鑿嵌生鐵鋦錠加用米汁石灰俾資經久從前歷辦石工以採購塘石為最難茲查各處坍毀舊塘除碎小之石多已陷入沙底外其大塊石之未盡陷沒者可以抵用現在僱集夫船分頭打撈所有此次興脩魚鱗石工二百六十餘丈擬一律全用舊石以省經費如舊石實在不敷再行設法採辦至建復坦水需用條石塊石以及樁木柴料鐵麻灰油及一切需用之物均須採買統計石塘坦水盤頭石堵各工約計需銀二十四萬餘兩所估銀數核之定例未免懸殊實緣兵燹之後一切工料無不騰貴較之從前價值增之倍蓰欲求工歸實濟不能不按照時價確估購辦再查此次建脩繞城石塘與從前情形迥異購料做工與集夫其尤難者塘石之外以樁木塊石條石三項所用為最鉅樁木以徽州為上龍游諸山次之從前物產繁滋需用數十萬根招商承攬皆能如期運到自徽浙被擾山木多半焚斫新長者既不合用舊產者入山更深商人因盤運維艱承辦者甚少祇得委員前往督仝山戶選擇圍圓合式之木盡力採買而水陸解送節節躭延

所費益多至建復坦水須用塊石整底條石蓋面塊石購于富陽之長口饅頭山條石購于山陰之羊山烏石山向來採石宕戶約有數百家今則重價招募不過數十家耳且富陽至海甯水程幾及二百里山陰又隔百餘里洋面運石之船趁潮來往一月只能兩次各塲涵船既少百官閘梢船亦屬無幾即多給水脚裝運亦不能迅速此購料較難之實在情形也以前塘外尚有護沙十數里多係陸地挖槽各項匠役晝夜能得興作此時護沙久經刷盡潮水直逼塘根塘外水深六七尺至丈餘不等若於興辦處所先圈月壩遮護而潮激水深勢難抵禦欲退後數武其地又逼近城垣難移尺寸是外難障蔽內無餘基不得不仍循坍塘舊趾設法建脩須將塘底之碎石朽樁淘拔盡淨方能清底開槽磯釘折樁況臨水施工海潮一到即須停歇現屆冬令水涸大汛之日作工不過兩時小汛之日作工不過三四時一交春季潮汐日旺更難措手此做工又難之實在情形也至集夫一項以樁架最為緊要底樁牢固塘身方能持久

樁夫衆多辦理始得迅速從前開辦大工樁架數百副需夫數千名旬日之間一呼而集自遭賊擾樁夫流亡殆盡而非習是業者又不能應募自三防開辦柴工以來將近兩年多方招集僅有四十餘副若全行調赴海甯則三防之工均須停歇未免有顧彼失此之虞現在一面再設法招添一面於三防酌勻二十副分辦石塘但石塘坦水共用樁十餘萬根樁夫缺少簽釘更遲此集夫亦難之實在情形也現在唯有竭力籌辦趕脩物料廣集人夫定于十月初六日啟工興辦等情具詳前來臣覆加查核與親勘情形無異其層層為難之處亦屬毫無捏飾所估工價駁刪數次實已無可再減當即親詣海甯州率同在工各員恭祭
潮神即日興工除該司道等籌備專款以濟工用併飭杭嘉湖道陳璚候補道唐樹森暨在局各員督率廳備速購料物多集夫役盡力趕辦務須工堅料實一律鞏固臣仍不時往來工次稽查勸勉俾免草率偷減仍俟工竣之日將用款照例專案造冊報銷外合將先其所急興辦海

甯繞城石塘盤頭坦水石堵開工日期繕摺具
奏並繪圖說恭呈
御覽伏乞
皇太后
皇上聖鑒訓示謹
奏同治五年十月十一日奏是月二十一日軍機
大臣奉
旨另有旨欽此仝日奉
上諭馬　奏開辦海甯繞城石塘繪圖呈覽一摺
海塘為東南農田要務而海甯塘工貼近城垣尤
關緊要既據馬　督飭道員陳璚等親加履勘
自應趕緊興辦所有海甯魚鱗石工三百六十餘
丈即照該撫所請揀用舊石如有不敷設法採辦
其建復坦水需用石塊樁木等件務擇堅料以期
經久雖採辦維艱亦不可意存畏難致涉草率所
需經費銀二十四萬兩准其照數動用該撫即嚴
飭陳璚等認真興辦不得稍有偷減倘該道等不
能得力並着嚴行參辦如或工料不能堅固修成
後未能經久必將承修各員着落賠補並從重治
罪毋稍玩忽圖留中將此由五百里諭令知之欽
此

臣馬　跪
奏為建復拆修東防海甯繞城石塘坦水盤頭石
堵各工丈尺并用過銀數及工竣日期開列清
單恭摺
奏報仰祈
聖鑒事竊臣前將開辦海甯繞城石塘緣由繪圖恭
摺奏
聞同治五年十月二十一日奉
上諭馬　奏開辦海甯繞城石塘繪圖呈覽一摺
海塘為東南農田要務而海甯塘工貼近城垣尤

關緊要既據馬 督飭道員陳璹等親加履勘自應趕緊興辦所有海甯魚鱗石工二百六十餘丈即照該撫所請揀用舊石如有不敷設法採辦其建復坦水需用石塊樁木等件務擇堅料以期經久雖採辦維艱亦不可意存畏難致涉草率所需經費銀二十四萬兩准其照數動用該撫即嚴飭陳璹等認真興辦不得稍有偷減倘該道等不能得力並着嚴行參辦如或工料不能堅固修成後未能經久必將承修各員着落賠補並從重治罪毋稍玩忽圖留中將此由五百里諭令知之欽此欽遵當即分派委員各司其事實力興辦臣不時親往督催查驗期於工歸實在費不虛糜湖自五年十月開工後經駐工之候補道唐樹森前杭嘉湖道陳璹設法廣募夫役多集料物督率工次文武員弁兵役人等逐段興築無分寒暑不避風雨加緊趕辦現於本年三月初五日一律告竣計建修工共作成一百八丈四尺與原估相符拆修并接縫補高工共作成一百五十八丈七尺七寸又續添拆修工十七丈共工長一百七十五丈七尺七寸照原估多作十七丈頭二兩層坦水共作成九百九丈六尺又好字號石堵西八丈改作坦水兩層照原估增作工十六丈共作成九百二十五丈六尺其原估二坦性字等號之四百五十二丈緣海水太深且多碎石實難清底施工議改護塊石竹簍間釘護樁其康好爵等號石堵共作成三十九丈二尺因好字號西頭尚可釘樁改為坦水照原估減作八丈康沛自都宮殿等字號照原估建復柴盤頭三座又原估未及自沛字號至宮字號塘後土堰間段卸塌飭汛估辦加築工長二百九十七丈五尺均經一律修築完整至所用銀數原估係銀二十四萬餘兩現因二坦改用竹簍減省銀二萬四千餘兩實用銀十八萬四千餘兩照原估多作並原估未及之工所用銀數均在其內仍節省銀三萬一千餘兩應飭收支委員另造清冊呈送所有辦竣之工經前督辦道員唐樹森接辦道員林聰彝先後會同該管道員隨時驗收均係如式完固臣節次親詣覆驗尚無草率偷減等情事茲據總局司道詳請具

奏前來臣查石塘工程自于道光三十年之後未
經興辦加以兵燹之餘案卷全無此次建修石
工幾同創始一切籌辦維艱之情經臣疊次陳
明在案此案原估銀数本屬減中又減誠恐不
敷工用幸在事大小員弁無不凛遵
諭旨悉心講求力圖撙節舉凡督工收料發價等項
事事覈實一洗從前之陋不但工程牢固且有
省存餘款一年有餘始終勤奮俾要工得以告
竣似未便沒其微勞當此西防大工甫興正在
用人之際可否仰懇
天恩准臣擇其在工尤為出力者酌保数員以昭激
勸之處出自
聖主鴻慈其勞績稍次者由臣飭司量給外奬以示
公允除飭該管廳備督同弁兵將新建石塘各
工實力保護勿任損壞其節省銀三萬一千餘
兩擬發商生息以備歲修坦水盤頭之用併將
用過工料銀兩造具清冊
題銷外謹將興辦海甯繞城石塘工竣日期會仝
兼署閩浙總督臣英　繕單恭摺具
奏伏乞

皇太后
皇上聖鑒訓示謹
奏
謹將建復東防境內海甯繞城石塘石堵坦水
盤頭字號丈尺并續添工段尺寸数目敬繕清
單恭呈
御覽
計開
一建復繞城塘缺口石工計守字號東八丈滿
字號中七丈東二丈逐字號西四丈意字號
東一丈移字號西中十四丈好字號中六丈
爵字號中四丈自字號中七丈都字號西五
丈邑字號中九丈華字號西二丈東五丈夏
字號西二丈六尺二字號中三丈京字號中
四丈八尺背字號中十一丈又繞城迤西昆
連之廉字號東七丈靜字號中六丈
以上建脩繞城及繞城迤西缺口石工共
長一百八丈四尺
一拆脩繞城迤西散裂拗損石塘并坍損縫石
工計沛字號西中十六丈又因原塘樁折拆

脩續添東四丈性字號東三丈外接縫二丈靜字號中二丈外接縫五尺心字號西一丈外接縫一丈動字號東九丈外接縫一丈

以上拆脩繞城迤西石工共長三十一丈又續添四丈又接縫工四丈五尺共三十九丈五尺

一拆脩繞城塘散裂拗損石工計守字號中二丈外接縫五尺志字號西一丈中五丈外接縫一丈又因原塘樁折矬低拆脩續添西五丈中二丈東六丈滿字號西六丈中五丈逐字號西一丈五尺外接縫五尺意字號東一丈五尺外接縫五尺移字號東二丈外接縫五尺好字號中一丈外接縫五尺爵字號西二丈中二丈五尺外接縫西五尺中五尺自字號東九丈外接縫五尺都字號西二丈中七丈邑字號西三丈東六丈華字號西三丈中二丈夏字號中六丈二字號中六丈外接縫五尺京字號東五丈外接縫五尺背字號東七丈西二丈邙字號西八丈

以上拆脩繞城石工共長九十五丈五尺

石塘十八層核算共工長二十一丈七尺七寸

一自康字號起至殿字號止頭二兩層坦水共工一千三百六十一丈六尺又因好字號石堵西八丈尚可釘樁改為坦水計增工十六丈共工長一千三百七十七丈六尺内除二坦之性字號東十丈靜情逸心滿等字號各二十丈逐字號西十丈守志字號各二十丈都字號十六丈邑華夏東西二京背邙面洛渭據十三號各二十丈殿字號十六丈共四百五十二丈因水深不能清底施工改護竹簍塊石外實頭二兩層坦水共作工九百二十五丈六尺

一好爵字號石堵四十丈内好字號西八丈因能下樁改作坦水實作工三十二丈計減省八丈又康字號石堵七丈二尺共作工三十九丈二尺

一康沛字號内柴盤頭一座外圍長二十八丈後身長二十四丈面寬五丈築高三丈八尺

一自都字號内柴盤頭一座外圍長二十八丈

又續添十三丈又接縫工六丈共計一百
十四丈五尺
一繞城石塘潑損補高石工計都字號東二丈
四尺計七層二分邑字號西二丈計六層東
字號東七丈計三十五層西字號西四丈計
二十四層東十一丈計一百三十二層二字
號西九丈五尺計一百二十三層五分東一
丈五尺計三層京字號西十丈二尺計六十
一層二分
以上共補高三百九十一層九分作拆修
後身長二十四丈面寬五丈築高三丈二尺
一宮殿字號內柴盤頭一座外圍長二十八丈
後身長二十四丈面寬五丈築高三丈五尺
一加築土堰折實二百九十七丈五尺
以上土堰工程不在原估之列
同治七年四月十二日奏閏四月初六日軍機
大臣奉
旨着准其擇尤酌保數員毋許冒濫餘依議該部知
道單併發欽此又清單內奉
旨覽欽此

撫院馬　片
再查前估海甯繞城石塘原係擇要辦理力求
節省至修築之時見有應辦工段不能不隨時
酌增如清單內開列拆修石塘及坦水石堵土
埝各工有續添改護者有增減加築者均屬隨
時變通辦理惟核與原估多有未符應令據實
逐款造報以免混淆至此次工程欽遵同治六
年二月初六日
諭旨仿照道光年間前撫臣帥承瀛修築海鹽石塘
章程仍參用歷屆成法以期工堅料實經久不
壞第今昔情形不同實用與例銷懸殊若不陳
明于
君父之前必致報銷掣肘竊惟海塘石工停辦者已
二十餘年在昔例銷之外已有加貼名目今則
兵燹之餘人物凋殘購料僱夫其難尤甚苟非
增以價值安能速為蕆事查繞城石塘久成缺
口舊石無幾不得不赴各處坍圮舊塘打撈抵
用而各處舊石有沉沒于數十丈淤沙之外者
必俟小汛潮退始能尋跡打撈又復處處僱船
盤載方可抵岸從新運工鑿整所費實鉅較用

新石減無多省此打撈舊石不能節省之實情也從前開辦柴垻委員購辦樁木較之昔年招商承攬者已屬不易迨石塘開工附近諸山之木漸經採盡必須深入嶽巖內山採購水陸解運所費益多山木則愈採愈稀山戶更居奇索價此購辦樁木加價之實情也至于建復坦水本無舊石祇用所用條塊各石俱購運於數百里之外而魚鱗大塘本擬一律全用舊石至撈獲之後見其石多殘缺不符尺寸且原建祇十六層前經
奏加二層俱係臨水之工塘底尤宜平穩是以添採之石用鋪塘底多加鍋錠期臻鞏固惟兵燹後宕戶寥寥匠工亦少老宕產石無多不得不分投遠採盤越迂迴運脚更多此購採新石多費之實情也若夫打撈鏨鑿釘樁砌築全在夫工杭省收復之後民多流離在外招集之難不自今始近來田多開墾民急歸農而石塘需夫愈衆招募愈難欲其迅速竣工必須增給口食間時酌賞始可羈縻此夫價增貴之實情也似此逐項加添不獨按照例價難以報銷即照從前加貼核算仍屬不敷甚鉅惟有仰懇
天恩俯念實用在工並無浮濫准予另立新加貼名目以便報銷而昭核實謹會同兼署督臣英附片陳明伏乞
聖鑒訓示謹
奏同治七年四月十二日奏閏四月初六日軍機大臣奉
旨着照所請該部知道欽此八月十二日准
工部咨開都水司案呈內閣抄出浙江巡撫馬新貽等片奏海甯繞城石塘原係擇要辦理力求節省至脩築之時既有應辦工段不能不隨時變通辦理惟海塘石工停辦二十餘年在昔例銷之外已有加貼名目今則兵燹之餘人物凋殘購料僱夫其難尤甚苟非寬以價值安能迅速成功查繞城石塘舊石無多不得不赴各處坍塌舊塘尋跡打撈僱船盤載運工鏨鑿此打撈舊石不能節省之實情迨石塘開工附省諸山之木漸經採盡必須深入嶽巖內山購採水陸解運山戶更居奇索價此購採樁木加價之實情至建復坦水本無舊石祇用所需條塊

各石俱購運於數百里之外盤越迂迴運脚更多此購採新石多費之實情若夫打撈鑿釘椿砌築全在夫工杭省收復之後民多流離近來田多開懇民急歸農欲其迅速竣工必須增給口食間時酌賞此夫價增貴之實情似此逐項加添不獨按照例價難以報銷即照從前加貼核算仍屬不敷甚鉅惟有仰懇
天恩准予另立新加貼名目以便報銷而昭核實等因同治七年閏四月初六日軍機大臣奉
旨着照所請該部知道欽此臣等查浙江省脩辦土石塘工例價之外向有加貼銀兩如椿木條石照例價已加十分之五六夫匠照例價已加一倍歷經遵辦在案今據奏稱打撈舊石購辦椿木添採新石寬給夫價等項即照從前加貼核算不敷甚鉅該撫雖因兵燹後辦理較難起見但所奏另立新加貼名目不獨與成案不符且並未酌定數目易啟浮冒之弊更恐將來逐項加增漫無限制尤不足以昭核寔相應請
旨飭下浙江巡撫詳細查明酌加若干據寔開單覆
奏再由臣部查核辦理不得籠統率請致滋冒濫臣等為慎重錢糧起見是否有當理合恭摺具
奏伏乞
聖鑒訓示施行謹此具
奏請
旨同治柒年伍月初十日奏本日奉
旨依議欽此

同治九年十二月初十日准
工部咨為查明浙撫題銷海甯繞城石塘坦水盤頭竹簍等工應請
旨核減由題改奏事都水司案呈工科抄出浙江巡撫楊　題東塘境內拆脩海甯繞城石塘坦水盤頭竹簍等工用過銀兩造冊題銷一案於同治九年四月十九日題八月十二日奉
旨該部察核具奏欽此嗣于九月二十八日據該撫將冊籍揭送到部據該撫疏稱東防所轄海甯繞城石塘貼近州城因年久失脩間段坍損情

形難緩節經前撫臣馬　先後勘明奏准設
局興辦于同治五年十月興工至七年三月初
五日一律完竣所有作成石塘坦水竹簍盤頭
土埝各工段落丈尺銀兩開單奏明並將僱募
人夫採買料物打撈舊石種種棘手不能拘定
從前加貼銀數懇請另增加貼以資工用坿片
奏奉
諭旨着照所請該部知道欽此當經臣部議覆另立
新加貼名目並未酌定數目恐漫無限制請
旨飭令查明覆奏不得籠統率請致滋冒濫等因隨
經前撫臣李　覆奏採購木石打撈舊石抬
募人夫若不另增加貼斷難應手前請另增加
貼實為工程緊要迅速蕆事起見並非逐項加
增復經臣部議覆該撫奏請另增加貼係為工
程緊要自應准其酌增不得另立新加貼名目
致違定例仍查明每丈應增若干定明數目核
實開報此外各項塘工不得援以為例並令造
册題銷報部核辦奏奉
諭旨依議欽此遵行在案茲據督辦塘工總局署布
政使覺羅興奎署按察使何兆瀛鹽運使錫祉
署督糧道如山署杭嘉湖道林聰彝前任杭嘉
湖道陳璚候補道馮禮藩會詳該工自康字號
起至殿字號止計共作成建復石塘一百八丈
四尺拆脩並接縫石塘一百五十四丈補高石
塘照拆脩石塘折算計二十一丈七尺七寸坦
水共長九百二十五丈六尺二坦改砌竹簍四
百五十二丈石堵三十九丈二尺康沛自都宮
殿等號柴盤頭三座又原估未及自沛字號起
至殿字號止加填土埝二百九十七丈五尺共
用銀十八萬四千五百三十兩六錢四厘造册
題銷等語臣部查浙江海甯州繞城石塘工程
前據浙江巡撫馬　奏准辦理嗣以該工程
種種棘手不能拘定從前加貼銀數懇請另增
加貼以資工用奏明奉
旨允准及臣部覆准各在案本年四月該撫以繞城
石塘竹簍被水沖去改建二坦經臣部查明竹
簍在保固限内沖去應將所估銀二萬四千餘
兩照例賠補不准開銷亦在案今據該撫將繞
城石塘各工造册送部核銷臣等查册内所開
竹簍二坦工程核對字號丈尺銀數與前次所

奏沖去改建二坦之案均屬相符惟該撫疏内
未據聲明應請
飭下該撫將竹簍二坦兩項確切查明按照臣部前
奏着落賠補核實聲覆應將册内竹簍二坦銀
二萬四千八百四十六兩二錢七分八厘全數
删去俟該撫覆奏到日再行核辦至所銷石塘
等工銀兩除將竹簍二坦銀數劃除不計外共
銷銀十五萬九千六百八十四兩三錢二分六
厘内例價銀七萬六千九百二十二兩一錢九
分二厘加貼銀四萬六千五百三十二兩五錢
三分四厘新加貼銀三萬六千二百二十九兩
六錢查新加一項雖係該撫奏准及臣部核覆
之件但為數過多未免糜費臣等公同商酌擬
將新加銀三萬六千二百二十九兩六錢核減
一半准銷銀一萬八千一百十四兩八錢統共
准銷銀十四萬一千五百六十九兩五錢二分
六厘其核減銀兩應令在承辦之員名下追完
歸款報部查核所有臣等查明繞城石塘工程
改題為奏緣由理合恭摺具奏伏候
命下臣部行文該撫並户部欽遵辦理為此謹
奏請
旨同治九年閏十月十五日具奏即日奉
旨依議欽此

臣李　　跪
奏為拆修海甯繞城石塘各工仍照原奏應請酌
增加貼恭摺據實覆陳仰祈
聖鑒事竊照浙省海甯繞城石塘停修已歷二十餘
年久成缺口前撫臣馬　　奏奉
諭旨興修一律完竣並將採辦木石夫工等項種種
棘手若照從前加貼銀數不敷甚鉅懇請另增
加貼以資工用奏奉
諭旨着照所請該部知道欽此旋接部咨以所奏另
立新加貼名目並未酌定數目恐將來逐項加

增漫無限制請
飭查明覆奏不得籠統率請致滋冒濫等因當飭在
局司道確查去後茲據詳稱上年拆修塘工寔
我
皇上痌瘝在抱念切民依不惜數十萬經費以衛斯
民凡籍隸浙省及在浙商賈莫不感戴
皇仁同深欣頌惟今昔情形各殊溯查乾隆年間修
辦海塘石工其時人物豐稔例價尚嫌不敷致
有加貼今則兵燹之餘民物凋瘵凡添採新料
購辦樁木打撈舊石以及招募人夫無不掣肘
若不另增加貼斷難辦理應手前撫臣馬
奏請另增加貼實緣工程緊要迅速蕆事起見且
並未逐項加增亦未將通塘各工籠統普請漫
無區別查前項工程原估銀二十四萬兩本係
撙節估計其原估未及之工亦在其內仍節省
銀三萬一千餘兩發商生息以備歲修之用實
係格外節省未敢籠統開報稍有浮濫等情詳
請覆
奏前來臣復查無異所有拆修海甯繞城石塘工
用不敷仍請
俯准另增加貼緣由理合恭摺據實覆
陳伏乞
皇太后
皇上聖鑒敕部查照施行謹
奏同治八年五月二十八日奏六月二十九日軍
機大臣奉
旨該部議奏欽此八月初九日准
工部咨開都水司案呈內閣抄出浙江巡撫李
翰章奏拆修海甯繞城石塘各工仍照原奏請
酌增加貼據實覆陳一摺同治八年六月二十
九日軍機大臣奉
旨該部議奏欽此欽遵抄出到部臣等查原奏內稱
浙省海甯繞城石塘停修已有二十餘年久成
缺口前撫臣馬　奏奉
諭旨興脩一律完竣並將採辦木石等項種種棘手
懇請另增加貼以資工用奏奉
諭旨著照所請該部知道欽此旋接部咨以所奏另
立加貼名目並未酌定數目恐將來逐項加增
漫無限制請
飭查明覆奏等因當飭在局司道確查茲據詳稱溯

查乾隆年間修辦海塘石工例價尚嫌不敷致
有加貼今則兵燹之餘凡添採新料購辦樁木
打撈舊石以及招募人夫無不掣肘若不另增
加貼斷難辦理應手前撫臣奏請另增加貼寔
緣工程緊要迅速蕆事起見且未將通塘各工
籠統普請漫無區別查前項工程原估銀二十
四萬兩本係撙節估計其原估未及之工亦在
其內仍節省銀三萬一千餘兩實係格外減省
未敢籠統開報稍有浮冒臣覆查無異所有拆
修石塘工用不敷仍請
俯准另增加貼據實覆奏等因臣等復查浙省拆修
海甯石塘工程前撫臣馬　因工用不敷奏
請另立新加貼名目經臣部以另立新加貼名
目不獨與成案不符且並未酌定數目易啟浮
冒之弊更恐將來逐項加增漫無限制行令查
明覆奏在案今據該撫奏稱修辦海塘石工若
不另增加貼斷難辦理應手前項工程原估銀
二十四萬兩本係撙節估計未敢稍有冒濫等
語臣等公同商酌該撫所奏拆修石塘工程請
另增加貼係為工程緊要起見自應准其酌增

惟不得立新加貼名目致違定例仍請
飭下該撫確切查明每丈應增若干兩明定數目核
寔開報不得稍有含混以杜浮冒此外各項塘
工均不得援以為例並令照例造具細冊題銷
報部核辦所有臣等核議緣由理合恭摺具
奏是否有當伏乞
聖鑒訓示遵行為此謹奏請
旨同治八年七月初九日具奏即日奉
旨依議欽此

臣楊　跪
奏為查明建脩海甯繞城石塘用過銀數實無浮
冒委難追賠懇
恩敕部准銷恭摺奏祈
聖鑒事竊查建復拆脩海甯繞城石塘以及盤頭各
項工程比因浙省克復未久民物稀少十室九
空其採購木石打撈舊石招募夫役均皆棘手
不能拘定從前加貼銀數當經前撫臣馬
將實在情形縷悉細陳奏奉
恩旨着照所請等因並准工部行令新加貼名目並

未酌定數目恐將來漫無限制復將浙省兵燹
之餘民物凋瘵凡採料集夫無不掣肘情由奏
奉工部覆准酌加當即行取銷冊具
題送部核銷均各在案嗣准部議擬將新加銀三
萬六千二百二十九兩六錢核減一半其核減
銀兩應令承辦之員名下追完歸款等因臣查
該工新增加貼之款欽奉
諭旨允准並奉工部覆准之案其所加銀兩並非逐
項加增亦無過於例價且該工原估銀二十四
萬餘兩又將原估未及之工均在其內實係格
外撙節並無絲毫浮濫況前工早經完竣料價
夫工無不現銀開發委寔難以追賠由塘工總
局司道詳請
奏覆等情前來除咨戶工二部准予作正開銷並
將部查改建竹簍之案另行奏咨外合將脩建
海甯繞城石工用過新加銀兩寔無浮冒免予
追賠緣由恭摺具
奏伏乞
皇太后
皇上聖鑒敕部核覆准銷施行謹
奏同治十年五月二十六日奏七月初五日軍機
大臣奉
旨著照所請該部知道欽此

臣李　　　跪

奏為恭報搶築東塘缺口柴壩及鑲柴坦土各工
完竣日期恭摺仰祈
聖鑒事竊照浙省杭屬東西中三防各工前因年久
失修塘外柴埽坦水盤頭裹頭間段坍沒塘內
坍土土堰土戧逐漸殘陷以致石塘潰缺甚多
經歷任撫臣奏奉
諭旨興辦自同治四年二月啟工起截至六年九月
底止西中兩塘已竣柴壩二千五百五十五丈
六尺埽工埽坦裹頭鑲柴柴工坍土子塘橫壩

横塘面土行路各工共長四千一百七十丈二尺新建柴盤頭一座做過工段高寬丈尺用過例加工料以及夫工雜用銀兩業經升任撫臣馬
開列清單造具册結圖說分別奏報題銷并聲明東塘已築柴壩鑲柴等工俟該塘一律工竣另案報銷各在案今自同治六年九月以後起連前截至七年十二月底止東塘做竣柴壩三千一百七十餘丈塘後鑲柴六百九十餘丈附土土堰子塘横塘等工共三千三百五十餘丈柴盤頭一座其工段尤險之處並經加築托壩拋護塊石以資捍衛此次完竣各工計共七千數百丈較之西中兩塘工段尤多而該工內有念汛大缺口一處正當東南二潮會激之區逐日潮汐洩刷竟成一片巨浸施工尤為不易節經前杭防道陳璚林聰彝譚鍾麟及現任杭防道何兆瀛等先後駐工督率員弁如式搶辦完固於工竣日隨時驗收委無草率偷減情事節經升任撫臣馬　暨臣歷次親詣覆勘無異茲據塘工總局司道詳請具
奏前來臣查浙省東中西三防自同治四年二月興工起至上年十二月止做過柴壩五千七百餘丈埽工埽坦裹頭鑲柴柴工附土子塘横壩横塘面土行路各工七千五百餘丈為時已及四年在事大小員弁無不凜遵
諭旨悉心講求力圖撙節俾得工堅料實費不虛糜各該員櫛風沐雨寒暑無間均屬勤奮出力當此大工告成未便沒其微勞可否仰懇
天恩准臣擇尤酌保以示鼓勵之處出自
聖主鴻慈除將用過銀兩造具册結圖說另行具
題請銷外謹將東塘缺口搶築柴壩等工完竣緣由會同閩浙督臣英　恭摺具
奏伏乞
皇太后
皇上聖鑒訓示再西中兩防尚有未竣柴埽各工現仍督飭廳備上緊趕辦完竣以便壹併造報合併陳明謹
奏同治八年二月二十八日奏三月二十八日軍機大臣奉
旨准其擇尤酌保毋許冒濫欽此

臣李　　跪

奏為恭報搶築東塘缺口柴坝盤頭並續辦西中兩防柴埽盤頭等工高寬丈尺用過銀數開列清單恭摺奏祈

聖鑒事竊照浙省海塘東中西三防柴石盤頭各工前因賊擾失修間段坍卸經歷任撫臣奏奉

諭旨設局委員興辦計自同治四年二月興工截至六年九月底止西中兩防已竣柴坝二千五百五十五丈六尺埽工埽坦裹頭鑲柴柴工附土子塘橫坝橫塘面土行路各工共長四千一百七十丈二尺新建柴盤頭一座經升任撫臣馬

取具圖冊開列清單分別

奏報題銷並聲明東塘未竣柴坝及西中兩塘外埽各工仍督催搶堵嗣東塘自六年九月以後起截至七年十二月底止連前報辦竣柴坝三千一百七十餘丈塘後鑲柴六百九十餘丈坍土土堰子塘橫塘等工共三千三百五十餘丈柴盤頭一座亦經臣

奏明各在案茲西中兩塘未竣柴埽各工截至八年正月底止計西防境內續又辦竣埽工埽坦二千二百二十九丈五尺柴工二百九十丈柴盤頭一座中防境內續又辦竣埽坦一千八百五十二丈柴工十二丈統計西中兩塘續辦完竣埽工埽坦柴工共工長四千三百八十三丈五尺柴盤頭一座前定西中兩防善後歲修章程內聲明西防律歲字號盤頭之外水深溜急形勢危險必須加拋塊石亦已一律拋護完竣此項續竣各工均經前杭防道陳璚林聰彝及現任杭防道何兆瀛等先後駐於工次督率廳脩委員如式搶辦完整於工竣日隨時驗收並經前撫臣馬　暨臣鄭　次親往查勘委無草率偷減情弊茲據塘工總局司道詳請具

奏前來臣復核無異除將用過工料銀兩取具冊結圖說另行具

題請銷外合將搶築東塘缺口柴坝並續竣西中兩防柴埽盤頭各工段落丈尺用過銀數謹繕

清單恭摺具

奏伏乞

皇太后

皇上聖鑒謹

奏

謹將浙江省東塘自戴家汛孝字號起連海甯繞城塘至尖山汛躬字號止沖坍缺口搶築柴埧盤頭塘後鑲柴坿土土堰横塘子塘并西塘李家汛自西長字號起至翁家汛餘字號止續辦柴工埽工埽坦盤頭又中塘翁家汛師字號起至戴家汛因字號止續辦柴工埽坦各工做過工段高寛丈尺用過例加工料銀數敬繕清單恭呈

御覽

一東塘境內戴家汛孝字號起至尖山汛躬字號止搶築柴埧三千一百七十九丈七尺四寸底寛三丈至六丈二尺面寛二丈至三丈五尺高二丈至二丈四尺頂土高二尺寛二丈至三丈五尺加築前後托埧各一道計長四百丈面寛二丈至三丈底寛二丈至三丈高二丈一尺至二丈四尺上加頂土高二尺牽寛二丈五尺埧外抛填塊石面寛八尺五寸底寛二丈五尺高二丈一尺至二丈四尺

一用單字號建築柴盤頭一座後身長二十四丈外圍長二十八丈中面寛五丈東西兩雁翅各面寛三丈二尺中底寛六丈兩雁翅各底寛四丈四尺築高二丈二尺頂土高二尺匀寛三丈八尺匀長二十六丈

一甘字等號塘後鑲柴工六百九十五丈上寛二丈下寛一丈八尺高八尺至一丈上加頂土高二尺寛二丈又則字等號填築坿土二千九百三十五丈牽寛一丈五尺牽深一丈二尺又世字等號建築横塘一百二十六丈面寛一丈二尺底寛三丈六尺高一丈又池碣等號建築子塘一百九十八丈上寛一丈一尺下寛一丈四尺牽寛一丈二尺五寸築高一丈四尺又沙字等號建築土堰九十九丈上寛一丈下寛一丈四尺高一丈三尺

一西塘境內李家汛西長字號起至翁家汛餘字號止建築埽工埽坦二千二百二十九丈五尺底寛一丈九尺至三丈五尺面寛一丈八尺至三丈六尺高八尺至二丈二尺頂土高二尺寛一丈八尺至三丈六尺又地字等號搶築柴工二百九十丈面寛一丈五尺腰

寬二丈底寬三丈高二丈頂土高二尺寬一丈五尺

一元黃字號建築柴盤頭一座後身長二十六丈外圍長三十丈中面寬六丈東西兩雁翅各面寬三丈三尺中底寬七丈兩雁翅各底寬四丈六尺築高二丈二尺頂土高二尺匀寬四丈二尺匀長二十八丈又前建律歲字號柴盤頭一座外抛塊石面寬八尺五寸底寬二丈五尺高二丈二尺

一中塘翁家汎師字等號建築埽坦一千八百五十二丈底寬一丈八尺至三丈四尺面寬一丈一尺至二丈高一丈五尺至二丈頂土高二尺寬一丈一尺羊景二號搶築柴工十二丈面寬一丈五尺腰寬二丈底寬三丈高二丈頂土高二尺寬一丈五尺

以上東西中三塘共用過例加工料銀一百三十七萬五千三百九十七兩四分七厘理合登明

同治八年八月二十六日奏九月三十日軍機大臣奉

旨該部知道單併發欽此又于清單內奉

旨覽欽此

同治十一年十一月十一日准

工部咨為題銷浙江省搶築東塘缺口柴垻並西中兩防續辦柴埽等工用過銀數應准開銷事都水司案呈工科抄出浙江巡撫楊　題同治六七八等年搶築東塘缺口並西中兩防續辦柴埽等工用過銀兩造冊題銷一案同治十年正月二十六日題三月二十日奉

旨該部察核具奏欽此當經臣部行取段落字號丈尺詳細清單去後嗣于同治十一年四月初二日據該撫將段落字號丈尺清單咨送到部該

臣等查得浙江巡撫楊　疏稱東中西三防
境內搶築缺口柴壩並建復柴埽盤頭等工前
經截至同治六年九月底止所有西中兩防先
竣各工業已造冊題銷其六年以後東防搶築
柴壩並西中兩防續辦完竣柴埽等工高寬丈
尺銀數於上年八月間開單奏報在案茲據督
辦塘工總局布政使盧定勳按察使興奎鹽運
使錫祉督糧道如山杭嘉湖道何兆瀛候補道
唐樹森補用道林聰彝前任杭嘉湖道陳璚會
詳自同治六年九月以後東防境內興辦各工
截至七年十二月底止計連前報辦竣柴壩三
千一百七十餘丈塘後鑲柴六百九十餘丈附
土土堰子塘橫塘等工共三千三百五十餘丈
柴盤頭一座又西中兩防境內至八年正月底
止計西塘續竣埽工埽坦二千二百二十九丈
五尺柴工二百九十丈柴盤頭一座中塘續竣
埽坦一千八百五十二丈柴工十二丈西律歲
字號盤頭之外加拋塊石統共用過例加工料
銀一百三十七萬五千三百九十七兩四分七
厘均經專員核實經理尚無浮冒其支用銀兩
係在於海塘捐輸及提濟塘工經費等款項下
分別動支此項工程經該防道先後親駐工次
督率廳備委員搶辦隨時驗收前于奏報摺內
聲明其用款一切自應由司道等公同造報以
歸核實合將東塘搶築柴壩並西中兩塘續竣
柴埽等工用過例估加貼工料銀兩分具圖冊
詳送具題等情臣復核無異除冊圖送部外理
合具題等因前來查浙江省同治六七八等年
搶築東塘缺口柴壩以及西中兩防續竣各工
先據前任浙江巡撫李　奏浙省東中西三
防柴石盤頭各工前因賊擾失修間段坍卸經
歷任撫臣奏奉
諭旨設局委員興辦等因並將高寬丈尺銀數開單
奏報嗣據浙江巡撫李　將東防境內辦竣
柴壩共工長三千一百七十九丈七尺四寸塘
後鑲柴六百九十五丈坿土土埝子塘橫塘等
工三千三百五十八丈柴盤頭一座又西中兩
防境內柴工三百二十丈埽工埽坦共工長四千
八十一丈五尺柴盤頭一座並律歲字號盤頭
之外加拋塊石統計共用過例加工料銀一百

三十七萬五千三百九十七兩四分七厘造冊
題銷經臣部行令造具詳細清單咨送到部以
便核題茲據該撫將前項各工分晰開列詳細
清單咨部核銷臣部按冊查核內所開工段丈
尺字號銀數核與原奏清單均屬相符工料價
值亦與海塘志載及准銷成案均無浮冒應准
開銷其支用海塘捐輸提濟塘工經費等款銀
兩之處並行文戶部查照同治十一年六月二
十八日題七月初一日奉
旨依議欽此

海塘新案

奏疏坿部文

臣楊　跪

奏為東塘境內海甯繞城塘外改砌竹簍仍建條
石二坦并興竣日期恭摺仰祈
聖鑒事竊照東塘境內海甯繞城二坦四百五十二
丈前因水深難以施工援照舊案改砌竹簍於
七年三月初五日完竣經升任撫臣馬
奏明在案計自七年入秋以後霪雨不時潮汐盛
旺直逼繞城一帶致將前項竹簍於九月內先
後激散塊石蕩然無存查明該工已逾固限自
應修築但竹簍僅藉竹纜聯絡勢難經久一遇
潮浪潑卸不免塊石漂失頭坦亦牽動坍損於
保護塘根大有關繫似不如仍建條石二坦由
該管廳備稟經塘工局司道批准估辦去後隨
據前代理東防同知梁銘樹前署海防營守備
何國楨會同稟覆遵即親往複勘自子性字號
東十丈起至殿字號東十六丈止共工長四百
五十二丈原辦竹簍僅止拋填塊石並未安砌
條石目下竹簍坍卸塊石業經漂失此後添補
塊石均須隨時採辦並無存石可抵其水深處
所應用塊石填底亦須加添至清檣釘樁施工
尤為不易兼之木石人夫價值均有加增若照
例銀估辦委難敷用力求核實共估需工料銀
二萬四千餘兩經駐工前杭嘉湖道陳璚履勘
估銀尚無浮冒由局核明詳准飭辦于同治七
年九月初一日開工將性字號東十丈靜情逸
心滿字號各二十丈逐字號西十丈守志字號
各二十丈都字號東十六丈邑華夏東西二京
背邙面洛渭據等十三號各二十丈殿字號東

十六丈計二十四號共建復條石二坦工長四百五十二丈挨次釘樁安砌於八年三月十五日一律完竣經杭防道何兆瀛親詣驗收妥條如式堅固並無草率情弊並經撫臣李　覆驗無異惟所有工料銀數核之例估未免懸殊實因兵燹之餘民物凋瘵凡採購木石招募匠夫在在棘手而工程緊要欲期迅速蕆事不得不寬予價值此與前辦海甯繞城石塘情形相同並不敢稍有浮冒除將用過銀數另造册結圖説請銷外所有海甯繞城塘外前次改砌竹簍現仍建復條石二坦并完工日期由該總局司道核明具詳撫臣李　未及核辦移交前來臣覆核無異除飭取報銷册結圖説另行具題外理合繕摺具

奏伏乞

皇太后

皇上聖鑒施行謹

奏同治九年四月初三日奏本月十五日軍機大

臣奉

旨該部知道欽此八月初三日准

工部咨爲奏明請

旨事都水司案呈內閣抄出署浙江巡撫楊　奏東塘境內海甯繞城二坦改砌竹簍于七年三月完竣入秋以後潮汐盛旺直逼繞城一帶致將竹簍于九月內先後激散塊石蕩然無存該工已逾固限自應修築但竹簍勢難經久不如仍建條石二坦共需工料銀二萬四千餘兩于同治七年九月初一日開工將惟字號東十丈靜情逸心滿字號各二十丈逐字號西十丈守志字號各二十丈都字號東十六丈邑華夏東西二京背邙面洛渭據等十三字號各二十丈殿字號東十六丈計二十四號共建復條石二坦工長四百五十二丈於八年三月完竣惟所用工料銀數核與例估懸殊寔因兵燹之餘採購木石招募夫匠在在棘手不得不寬予價值用過銀數另册具題等因一摺同治九年四月十五日軍機大臣奉

旨該部知道欽此欽遵抄出到部臣等查例載浙江土備塘工保固三年條石塊石各塘保固一年附石土塘保固半年搶修加築柴塘竹簍各工

歷春伏秋三大汛方准限滿俱于收工之日起限如有限內坍塌著承修之員賠補等語此案海甯繞城塘外竹簍工程據稱七年三月完工於九月內先後激散塊石亦蕩然無存論固限則未歷三大汛論起限則甫及半年乃即稱該工已逾固限殊為朦混至漂失之後又不即時奏報據實參賠尤屬與例不合應將前項竹簍工程估銀二萬四千餘兩照例著落承辦之員賠補不准開銷其條石二坦工程係因竹簍漂失後改建之工當時亦並未奏明今忽稱于八年三月完工又聲稱採購木石招募夫匠在在棘手並不奏明請

旨遵行擅自寬予價值致所用工料銀數與例價懸殊寔屬不合臣部萬難率准應請

旨飭下浙江巡撫將前項竹簍工程勒令承辦之員賠補至條石二坦工程請

飭下該撫查明有無事後捏飾其工料價值仍令照例辦理不得違例增加以杜浮冒所有臣等查明塘工應令賠修各緣由理合恭摺具奏伏乞

聖鑒訓示遵行謹

奏請

旨同治九年五月二十日具奏即日奉

旨依議欽此

臣楊　　跪

奏為查明部駁海甯繞城二坦原砌竹簍寔係限外激散仍建條坦請免賠補恭摺奏祈

聖鑒事竊准部咨海甯繞城塘外竹簍工程七年三月完工九月內激散論固限未及三汛即稱蕩然無存與例不合應將前項竹簍銀兩著令賠補其條石二坦仍照例辦不得增加以杜浮冒等因當經轉行遵照去後茲據塘工總局司道詳稱查得此項繞城二坦改建竹簍工程係於同治七年三月初五日完工當經署杭防道譚

鍾麟暨駐工督辦補用道林聰彝會同驗明均係如式完整即經驗收結報並責令該管廳備按照向限保固半年在案自完工後歷經霉伏秋三大汛工程穩固頭坦塘身足資擁護詎意九月內潮汐旺盛直逼繞城一帶勢甚洶猛致將限外竹簍全行激散塊石隨潮漂沒情形頗覺險要當於落汛察看水勢已較前辦竹簍時稍淺亟應趕緊建復庶免牽及頭坦轉與塘身有礙因再建竹簍猶恐仍難經久是以督飭廳備即將該工仍照原估做法建築條石二坦並於底深處多填塊石以期結實經久詳經前撫臣李　　奏勘確實批准照辦所用工料銀數係照前辦繞城塘案內原估二坦銀數辦理雖與例價不符實因兵燹之餘物力維艱時勢不同所致均係實在情形委無事後揑飾浮冒等事請免賠補等情詳請具

奏前來臣復查無異除咨明工部查照外合將奉部查駁原砌海甯繞城竹簍實係限外激散請免賠補緣由謹繕摺具

奏伏乞

皇太后

皇上聖鑒敕部查照施行謹

奏同治十年五月二十六日奏七月初五日軍機大臣奉

旨着照所請該部知道欽此

同治十二年正月二十九日准

工部咨為題銷浙江省東塘海甯繞城二坦改砌竹簍坍卸仍建條石坦水工程用過銀兩應准開銷事都水司案呈工科抄出浙江巡撫楊

題同治七年建築海甯繞城條石坦水工程用過銀兩造冊題銷一案同治十一年六月十四日題九月二十八日奉

旨該部察核具奏欽此于十月初六日科抄到部該

臣等查得浙江巡撫楊　　疏稱海甯繞城二坦工長四百五十二丈前因水深難以施工改

砌竹簍嗣于限外被冲激散塊石隨潮漂沒仍一律建復條石坦水估需工料銀二萬四千餘兩於同治八年三月十五日一律完竣鄧經前撫臣李　臨工覆驗由局將做成字號丈尺用過銀數詳請奏報完竣並陳明所用工料銀數核之志載例估加貼未免懸殊實緣兵燹之餘民物凋瘵與前辦繞城石塘情形相同不敢稍有浮冒嗣准部咨以此項竹簍七年三月完工九月內激散論固限未及三汛即稱蕩然無存與例不合應將前項竹簍銀兩着令賠補其坦水仍照例辦不得增加以杜浮冒等因隨經該司道會查此項繞城二坦改建竹簍工程於同治七年三月初五日完工當經署杭嘉湖道譚鍾麟駐工督辦補用道林聰彝會同驗明均係如式完整結報並令該管廳備按照向限保固半年歷經霉伏秋三大汛工程穩固足資捍護詎意九月間潮汐盛旺直逼繞城一帶勢甚洶猛致將限外竹簍全行激散塊石隨潮漂沒情形險要于落汛察看水勢已較前辦竹簍時稍淺是以建復條石二坦並于底深處多填塊石以期平滿結寔所用工料銀數係照前辦繞城塘案內原估二坦銀數辦理雖與例價不符實因兵燹之餘物力維艱時勢不同所致均係實在情形委無事後揑飾浮冒情事奏請免予賠補等因嗣准工部咨欽奉

諭旨着照所請該部知道欽此欽遵各在案茲據督辦塘工總局布政使盧定勲等會詳前項建復條石坦水用過銀兩係于提濟塘工經費暨海塘捐輸各款項下動支由該司道等造具冊圖具題等情臣覆核無異除冊圖送部外理合具題等因前來查浙江省同治七年東塘海甯繞城二坦改砌竹簍坍卸仍建條石坦水工程先據浙江巡撫楊　奏明東塘海甯繞城二坦工長四百五十二丈前因水深難以施工擬案改砌竹簍于七年三月初五日完竣自入秋以後潮汐盛旺于九月內激散塊石蕩然無存查明該工已逾固限自應仍建條石二坦惟所用工料銀數核與例估未免懸殊等因當經臣部議覆此案竹簍未歷三汛蕩然無存與例不合應將前項竹簍銀兩着落賠補至條石坦水工

料銀兩仍照例辦不得增加復據該撫奏稱竹簍工按照向限保固半年歷經霉伏秋三汛詎意九月內潮汐盛旺直逼繞城一帶勢甚洶猛致將限外竹簍全行激散塊石隨潮漂沒情形險要仍照原估做法建復條石二坦其所需工料銀兩係照前辦繞城石塘案內原估二坦銀數辦理雖與例價不符寔因兵燹之餘物力維艱時勢不同所致均係實在情形並無事後捏飾情事詳請覆奏請免賠補奏奉
諭旨着照所請該部知道欽此欽遵各在案今據該撫將前項修建條石二坦共工長四百五十二丈計用例估加貼銀一萬九千五百九十五兩二錢七分四厘新加貼銀四千四百五十二兩六錢三分六厘統共例估加貼新加銀二萬四千四十七兩九錢一分造冊題銷臣部按冊查核內所開工料例估加貼與例相符其新增加貼亦與奏明奉
旨允准之案無浮應准開銷至竹簍一項照例應歷春伏秋三大汛今於秋汛內激散是尚在保固限內惟既據該撫奏准免其賠補應毋庸議于同治十一年十一月二十二日題是月二十四日奉
旨依議欽此

臣楊　跪

奏為請修東塘塔山石壩工程估需工料銀數恭摺奏
聞仰祈
聖鑒事竊照東塘境內有塔山石壩一道原建工長二百丈橫揷海中為全塘之鎖鑰乾隆年間百計成之惟年久失修潮汐沖激塊石散落應須及早修築以免疎虞臣於履勘三防塘工大概情形摺內曾經聲明在案茲經塘工總局司道飭據委員候補知府甘炳璽該會廳偕勘明該

工原建添地元黃宇宙日月盈昃辰宿列張寒
來暑往秋收等字二十號每號十丈共計垻身
二百丈緣年久失修護垻竹簍早經霉朽漂沒
以致垻身間段坍卸亟應分别修築以免倒塌
現查日字號起至收字號止兩面間共工長一
百九丈七尺又雁翅十丈均已坍卸應請添石
理砌內自張字號起至收字號止七十丈並請
加高塊石三尺並將地字號起至收字號止一
百九十丈一律加填面土二尺再于垻外加拋
塊石以護根脚而資鞏固按照時價撙節估計
共約需工料銀九千七百餘兩由該局核明開
摺詳請具
奏前來臣查此項石垻居于尖山塔山之間為尖
汛一帶石塘屏障因歲久失修被潮冲刷外護
竹簍早經漂沒以致塊石散落垻身日就低薄
核與親勘情形無異所估工價尚屬核實除飭
趕緊集料興辦工竣專案造冊報銷外謹將估
修塔山石垻工料銀數緣由恭摺具
奏伏乞
皇太后
皇上聖鑒訓示謹
奏同治九年八月二十八日奏九月二十九日軍
機大臣奉
旨該部知道欽此

臣楊　跪
奏為修砌東塘境內塔山石垻工竣日期恭摺仰
祈
聖鑒事竊照東塘境內尖塔二山之間原建石垻一
道工長二百丈橫揮海中為全塘鎖鑰因年久
失修潮汐冲激外護竹簍漂沒無存塊石散落
垻身低薄前經督飭委員候補知府甘炳暨該
管廳備勘明估計業經
奏明興修在案茲據塘工總局司道具詳籌撥經
費飭令該委員等購料集夫于本年四月十三

日祀土啟工督飭在工員弁寔力趕修于八月二十八日一律完竣計添石理砌日盈昃辰宿列張寒來暑往秋收等十三號兩面間共工長一百九丈七尺又雁翅十丈並於張寒來暑往秋收等七號添石加高工七十丈又地元黃宇宙日月盈昃辰宿列張寒來暑往秋收等十九號加填面土工一百九十丈壩外一律加拋塊石以護根脚共用石價土方夫工雜料等銀九千七百餘兩經前署杭防道林聰彜勘明該工如式完固尚無草率偷減詳請具

奏前來伏查此項石壩工程前據報竣臣于赴塘勘工之便逐加親驗委係工堅料寔並無偷減情事其工段丈尺以及估用銀數均與原奏相符亦無浮冒除飭將用過工料銀兩另行專案造冊

題銷外合將修砌東塘境內塔山石壩工竣緣由恭摺具

奏伏乞

皇太后

皇上聖鑒謹

奏同治九年十二月十九日奏十年正月三十日

軍機大臣奉

旨該部知道欽此

同治十二年正月二十九日准

工部咨為題銷浙江省東塘境內修砌塔山石壩工程用過銀兩與例相符應准開銷事都水司案呈工科抄出浙江巡撫楊　題同治九年修砌東塘境內塔山石壩工程用過銀兩造冊題銷一案同治十一年六月十四日題九月十四日奉

旨該部察核具奏欽此欽遵嗣于九月十七日科抄到部該臣等查得浙江巡撫楊　疏稱東塘境內尖塔二山之間原建石壩一道工長二百

丈橫揷海中為全塘鎖鑰嗣因年久失脩潮汐冲激外護竹簍漂沒無存塊石散落坦身低薄前經督飭委員候補知府甘炳暨該管廳脩勘估詳請奏明興修於同治九年四月十三日啟工至八月二十八日一律分別修竣計自日字號起至收字號止十三號內兩面間共添石理砌工一百九丈七尺又雁翅十丈並於張字號起至收字號止七號添石加高工七十丈又於地字號起至收字號止十九號加填面土工一百九十丈坦外一律加拋塊石以護根脚共用過例估加貼工料銀九千七百餘兩工竣均經前署杭防道林聰彝逐一驗收結覆經臣覆勘均係工堅料實並無偷減情事當經奏奉

諭旨該部知道欽此並准部咨欽遵查照等因均各在案茲據該司道等會查前項工用銀兩係于提濟塘工經費以及海塘捐輸各款項下動支督飭委員核實經理仍由該司道等公同造具冊圖具題等情臣復核無異除冊圖送部外理合具題等因前來查浙江省同治九年修砌東塘境內塔山石坦工程先據浙江巡撫楊

奏明東塘境內塔山石坦一道原建工長二百丈因年久失修護坦竹簍早經霉朽漂沒以致坦身間段坍卸亟應分別修築以免倒塌等因在案今據浙江巡撫楊　將前項修砌石坦自日字號起至收字號止兩面間共添石理砌工一百九丈七尺又雁翅十丈並于張字號起至收字號止添石加高工七十丈又于地字號起至收字號止加填面土工一百九十丈坦外一律加拋塊石以護根脚統計共用過例估加貼銀九千七百二十八兩三錢二分九厘造冊題銷臣部按冊查核內所開工料價值與例相符應准開銷同治十一年十一月初二日題本月初四日奉

旨依議欽此

臣馬　　號

奏為海甯繞城石塘將次竣工現擬接辦西防大
工謹將勘估大概情形酌議章程恭摺具
奏仰祈
聖鑒事竊維海塘工程為江浙兩省農田保障關係
最重前因軍興之後年久失修以致塘身坍缺
甚多鹹水內灌下游郡縣胥受其害自克復省
城以來前撫臣左　　護撫臣蔣　　先後勸
辦土塘暫資抵禦臣到任後仍循原議趕築柴
垻堵塞缺口為土塘屏蔽數年之間仰賴
聖主洪福雨順風調波恬浪靜柴土各工均穩固
俾數耙田疇咸安耕鑿第土塘柴垻僅堪暫救
目前不能垂之久遠是以上年冬間經臣
奏明先將最為緊要之海甯繞城石塘尅期開辦
迄今已及一載在工各員無不勤慎從事臣每
於大汛之後親臨查勘督催面加獎勵即夫役
人等亦皆不遺餘力工程固屬堅寔為時亦尚
迅速現已將次告竣應俟勘明另行
奏報伏查本年正月間督臣吳　會勘海塘摺內
欽奉

上諭所築柴垻各工不過暫時堵禦潮汐將來仍需
興建石塘等因欽此欽遵在案茲查得西塘之
十堡十二堡等處地當扼要日受潮汐撞激兼
之山水頂冲本年五月間陰雨連旬山潮兩水
冲刷尤甚險工迭出經駐工之前署杭防道林
聰彝降調杭防道陳璚督率廳備竭力搶護幸
保無虞目下海甯繞城石塘既將告成自應接
續興辦西防石工以資經久當將應修石塘工
段字號丈尺并應否建復盤頭飭據該廳備勘
明西塘西萬及賴木草被化七號條塊石塘口
門坍卸共長一百十五丈八尺散裂共長四丈
二尺緣該工現築柴垻緊貼原塘舊趾埽底水
深礙難施工今請由垻後建復並拆接兩龍頭
共增長二十一丈計實應建復坍卸者共一百
三十六丈八尺拆脩散裂者四丈二尺又西食
駒二號條塊石塘應就舊趾建復口門坍卸者
二十丈二尺拆脩散裂者六丈八尺又西竹在
鳳三號條塊石塘應就舊基建復口門坍卸者
四十丈拆脩散裂者三丈四尺又西黎育二號
魚鱗石塘應就舊基建復口門坍卸者十三丈

拆脩散裂者三丈又西人官鳥火師翔潛淡鹹薑十號魚鱗石塘口門坍卸共長一百七十九丈六尺散裂共長三丈八尺緣該處原塘缺口形勢已成灣竄海水又深且與現築柴壩相去甚遠礙難循舊今請由壩後建復並拆接兩龍頭共增長十五丈六尺計寔應建復坍卸者共一百九十五丈二尺拆脩散裂者三丈八尺又西菜柰李珍四號魚鱗石塘應就舊基建復口門坍卸者五十五丈三尺拆脩散裂者五丈又西麗生金霜四號魚鱗石塘應就舊基建復口門坍卸者四十四丈三尺拆修散裂者一丈五尺又西律歲成餘閏藏冬收秋往暑來寒十三號魚鱗石塘口門坍卸共長二百二十五丈四尺散裂共長一丈七尺該處形勢與西人官各號相同今請由壩後繞道建復計減少工八丈三尺現定新基築過東龍頭八丈二尺連口門坍卸者實應建復二百二十五丈三尺拆修散裂者一丈七尺又黃宇二號條塊石塘二十丈現經矬陷拗裂應請拆修又宙日二號條塊石塘應就舊基建復口門坍卸者十三丈七尺拆修散裂者十一丈五尺又成歲律呂調陽雲騰致雨十號魚鱗石塘內口門坍卸共長五十六丈五尺其餘均有散裂今請由成字號東三丈起順其地勢繞後斜建與中塘露字號接頭以資聯絡計連口門坍卸者應建復共五十六丈五尺拆修散裂者共一百二十六丈五尺統計前項應建復條塊石塘共二百一十丈七尺應建復魚鱗石塘共五百八十九丈六尺應拆修條塊石塘共四十五丈九尺應拆修魚鱗石塘共一百四十一丈五尺合計建復拆修條塊魚鱗各石塘共九百八十七丈七尺又查西在鳳字號塘後附土單薄且與南岍長山衖對衝甚為緊要今請于該處添建柴盤頭壹座又查西黎育字號亦係山水沖擊今請于該處添建柴盤頭壹座又查西制始人官等號為山潮兩水會激之區沖刷尤甚從前鳥官字號原建盤頭壹座現已坍卸今請移至制始人官字號改建大裹頭六十丈似此逐段挑溜方臻周妥再建復魚鱗石塘應用樁石夫工鍋錠灰蔴等項每丈約估銀四百八十兩建復條塊石塘每丈約

估銀二百四十一兩八錢有零拆修魚鱗石塘其舊石照例准抵五成今並打撈舊石約抵一成共除該抵六成外每丈約估銀三百一十七兩五錢有奇拆修條塊石塘除舊石亦抵六成外每丈約估銀一百七十一兩四錢有奇計建復拆修條塊魚鱗各石塘總共約估銀三十八萬六千七百八十餘兩其建復在鳳字號盤頭一座黎育字號盤頭一座每座約估銀一萬七百五十餘兩改建制始人官字號大裹頭六十丈約估銀三萬五百三十餘兩計移建盤頭裹頭總共約估銀五萬二千三十餘兩統計建拆條塊魚鱗各石塘並移建盤頭裹頭共約計銀四十三萬八千八百一十餘兩丈武員弁薪水局項等費不在其內所估銀數核之例價酌加二成有奇實因兵燹之後百物昂貴不得不按照時價確估以期工堅料實其盤頭銀數較之上年海甯繞城塘所估之價不相上下惟裹頭銀數較多寔緣該處向被山水潮汐澳刷塘外水深一丈六七尺及二丈有餘其搭底椿柴需用尤鉅且塘底全係活沙來去無定必須多抛塊石以固根脚即所釘椿木亦須格外加長地形迥別以致估數稍增等情由該總局司道逐段履勘悉屬相符其所請添建柴盤頭裹頭相度形勢亦屬萬不可省之工惟建復條塊石塘二百一十丈七尺擬一律改為魚鱗塘以資永久核計工料照原估約加銀五萬餘兩統共約需銀四十八萬九千餘兩但所估銀數核之例價稍有未符而物料增昂地形各異尚無浮濫至此次開辦西防大工需石甚鉅除舊石抵用外尚須添購新石十餘萬丈浙省刻已委員分投採辦誠恐不敷所用自應查照志載循案移咨江蘇辦運協濟以速工用等情具詳前來臣復親詣覆勘情形無異惟所估工料價值核與例定稍有加增寔因物力維艱時勢不同所致並無絲毫浮冒至開辦大工以採購塘石為最急之務除飭該司道等督率在事各員趕緊採辦新石打撈舊石及一切應用物料俟各物漸次齊集擇吉開工另行

奏報外相應請

旨飭下江蘇撫臣委員在於洞庭等山按照尺寸採

辦條石五萬丈迅速運浙以濟工用其石價水脚運費等項壹併由蘇籌辦自行報銷合將勘估西防石塘大概情形酌擬章程繪圖貼說謹會仝閩浙督臣英　兼署督臣英　恭摺具

奏伏乞

皇太后

皇上聖鑒訓示謹

奏

謹將開辦西防石工應辦事宜酌擬章程六條繕具清單恭呈

御覽

計開

一擬移建塘址以順地勢也查舊例修築海塘不得挪移寸步原恐有礙民間田廬惟今昔形勢不同必須變通辦理現在西塘興築各工再三履勘其小缺口之處海水尚淺仍可先築外埽以禦浸漏即于舊基建復其大缺口之處因數年來潮水沖刷舊塘基址坍沒無存並有水深至二三丈者從前搶築柴垻已難循舊現在修復石塘更難措手勢不得不變通酌辦惟有請將現築柴垻作為外埽即由垻後興築石工繞接東西兩頭舊塘以資鞏固是柴垻仍非無用而新塘亦易施工現在塘內荒田尚多非昔時烟戶稠密有礙廬舍可比也

一建復條塊石塘擬一律改為魚鱗塘以資久遠也查條塊石工每丈只用梅花樁四十根馬牙樁四十根條石三十餘丈塊石十餘方較之魚鱗石工估價雖省而坍卸亦易究非持久之道現辦各工除散裂拆修之條塊石塘照舊辦理外所有此次西防建復條塊石塘二百一十丈七尺擬請一律改為魚鱗石塘以資遠久

一舊塘形勢變遷擬一律改為十八層以期鞏固也查西防原建石塘十六七層不等塘身既矮地勢復低每遇夏秋大汛幾至漫塘而過今就舊基建復者統應加高一二層增為十八層以資抵禦其由柴垻後建復各工亦請一律辦理以免漫溢之患

一移建盤頭以挑急溜也查西塘自七堡至十

四堡原建盤頭七座裹頭三處除七堡西蓋
此身三號之大裹頭十二堡西律歲之盤頭
業經建復外餘俱坍沒無存目今南沙日漲
潮勢北趨加以山水搜刷西防各工處處吃
重非多建裹頭盤頭斷難殺其洶湧漩溜之
勢惟今昔地勢不同緩急迥異查西在鳳字
號西黎育字號皆當山水衝激日夜搜刷塘
根實為最險工段請移建盤頭兩座又西制
始人官字號為山潮兩水會激之區沖刷尤
甚應請將鳥官號之盤頭移至該處改建大
裹頭六十丈如此擇要脩築與七堡十二堡
之裹頭盤頭一氣聯接逐段挑溜南沙冀漸
次沖塌矣

一新脩石塘擬請外築埽工內填附土以資保
護也查石塘均以埽工為外護附土為內靠
庶塘身穩固可期持久除舊工陸續建復埽
工外此次新工告成應請循舊分案一律辦
理埽工附土以固塘身

一西防應需石料循案咨請蘇省協濟以免缺
誤也查乾隆四十五年及四十八年又道光
十四年浙省辦理塘工需用條石均由江蘇
辦運協濟所用銀兩即由江蘇自行報銷此
次開辦西防石塘大工除舊石抵用外尚須
新石十餘萬丈最為急需刻已委員于紹屬
烏門羊山等處採辦之石萬難敷用應請查
照成案由江蘇撫臣委員于洞庭等山按照
志載尺寸六面做光每條寬一尺二寸厚一
尺長四五尺如式採辦五萬丈運浙濟用工
價運費一併由蘇籌辦自行報銷仍由本省
派員會同蘇省委員秉公量收加蓋印記運
工應用如有尺寸不符及毛糙之石應行駁
回承辦不得抑交驗收之員亦不得任意刁
難如違均准稟究

同治六年十二月初三日奏本月十四日軍機
大臣奉
旨另有旨欽此同日奉
上諭馬　奏接辦西防石塘大工單開章程並繪
圖呈覽一摺海甯繞城石塘將次完竣現辦西防
石塘大工通共約需銀四十八萬九千兩據稱所
估工料價值核與例定稍有加增實因物力艱難

時勢不同所致自係寔在情形惟所估銀數既經
加增焉　當督飭屬員認真購辦務期工堅料
實為一勞永逸之計所有勘估各工及章程六條
均着照焉　所擬辦理該撫即實心經畫迅速
開辦以重要工此項工程須添購新石十餘萬丈
浙省採辦萬難敷用着郭　遴委妥員在于洞
庭等山按照志載尺寸六面見光每條寬一尺二
寸厚一尺長四五尺如式採辦五萬丈運浙濟用
毋稍遲誤其石價水腳運費等項均由江蘇籌款
自行報銷將此各諭令知之欽此

臣馬　跪
奏為興辦西防石塘開工日期恭摺奏
聞仰祈
聖鑒事竊臣前以建築海甯繞城石塘將次告竣擬
當接辦西防石工隨將酌議章程勘估情形開
單於上年十二月間會同調任四川督臣吳
棠署閩浙督臣英　奏奉
上諭馬　奏接辦西防石塘大工單開章程並繪
圖呈覽一摺海甯之石塘將次工竣現接辦西防
石塘大工通共約需銀四十八萬九千兩撙節所
估工料價值核與例定稍有加增實因物力艱難
時勢不同所致自係實在情形惟所估銀數既經
加增焉　當督飭屬員認真購辦務期工堅料
實為一勞永逸之計所有勘估各工及章程六條
均着照焉　所擬辦理該撫即實心經理迅速
開辦以重要工此項工程須添購新石十餘萬丈
浙省採辦斷難敷用着郭　遴委妥員在于洞
庭等山按照志載尺寸六面見光每條寬一尺二
寸厚一尺長四五尺如式採辦五萬丈運浙濟用
毋稍遲誤其石價水腳運費等項均由江蘇籌款
自行報銷將此各諭令知之欽此欽遵在案臣當
即督同司道遴委妥員分赴紹屬之烏門羊山
等處招集宕戶開採石料並往徽州衢嚴等處
購運樁木搶柴一面催集抬班夫役人等打撈
舊石另設分局派定職司將應用物料逐一購
辦去後茲據塘工總局司道轉據各委員稟報
石料樁木灰油等項均已陸續運到工次堪以
興辦謹擇于正月十八日開工查前議鳳在黎
青字號水深潮猛之處各建柴盤頭一座現已
首先搶辦以資挑溜而利興工一面分撥樁架

于十堡十四堡等處開槽清底挼辦石塘共一
切做法均照建築海甯繞城石塘之式逐層鑿
嵌生熟鐵銲鋦加用米汁石灰桐油蔴絨等料
以防滲脫而期鞏固等情具詳前來臣維此次
興辦大工事關重大必得專委大員督辦以昭
慎重查有降補同知前任杭嘉湖道陳璚在工
三年辦事認真能耐勞苦于工程情形甚為熟
悉現經臣飭委該員常駐西塘會同現任杭防
道何兆瀛督率在工各員寔力趕辦不准草率
遲延臣仍不時親往督催稽查勤惰量予勸懲
俾要工速成而事歸核寔除再咨催江蘇撫臣
將協辦石料趕緊運浙濟用外謹將興辦西防
石塘開工日期恭摺陳明伏乞
皇太后
皇上聖鑒謹
奏同治七年正月二十六日奏二月初九日軍機
大臣奉
旨知道了欽此

臣楊　　跪
奏為建復修整西防魚鱗條塊石塘盤頭裏頭各
工丈尺用過銀數并工竣日期恭摺奏
聞仰祈
聖鑒事竊查開辦西防石工當經升任撫臣馬
將酌議章程勘估情形開單會奏欽奉
上諭現辦西防石塘大工通共約需銀四十八萬九
千兩據稱所估工料價值核與定例稍有加增實
因物力艱難時勢不同所致自係實在情形惟所
估銀數既經加增焉　當督飭屬員認真購辦
務期工堅料實以為一勞永逸之計所有勘估各
工及章程六條均着照所擬辦理該撫即宜實心
經畫迅速開辦以重要工等因欽此欽遵在案茲
據塘工總局司道會詳前項工程自開辦以來
經杭嘉湖道何兆瀛前杭嘉湖道陳璚督率工
員廣募夫役多集料物力求撙節分段趕辦自
同治七年正月十八日興工起至八年七月二
十三日一律完竣計西萬字號起至雨字號止
原估改建并建復魚鱗石塘八百丈三尺今辦
成八百二十七丈八尺較原估續添建復魚鱗

工二十七丈五尺又原估拆脩魚鱗石塘一百四十一丈五尺今辦成一百五十五丈較原估續添拆脩魚鱗工十三丈五尺又原估拆脩條塊石塘四十五丈九尺今辦成三十七丈四尺較原估減省條塊工八丈五尺又原估西在鳳黎育四號盤頭兩座今如式辦成原估西始制人官四號裹頭五十丈今移於西文制始人四號築成裹頭六十丈較原估續添裹頭十丈統查原估銀四十八萬九千餘兩今又續添裹頭並建復拆脩魚鱗石塘估銀二萬三千五百八十餘兩合計原估續估共銀五十一萬二千五百八十餘兩除酌減拆脩條塊石塘八丈五尺省銀一千四百餘兩實共估銀五十一萬一千一百三十餘兩其建復魚鱗石塘原擬全用新石今搭用打撈舊石實共用銀四十九萬六百餘兩計共節省銀二萬四百餘兩此項節省銀兩應請發商生息以脩盤頭兩座裹頭六十丈限外歲脩之用以上續添減省更移各工均經駐工督辦之員於開辦時詳細察看或因海水復深難以措手或因湖勢變遷隨時酌量辦理致與前估丈尺銀數稍有未符所有辦竣各工均經如式完固並無草率偷減前經撫臣李

親臨勘驗并委杭州府知府陳魯逐細驗收分別結報在案茲據承辦各員開明脩建丈尺用過工料銀數由總局司道呈請核

奏前來伏查此次建復脩整西防石塘各工坍近省垣為赴塘必由之路臣兩次查工順道履勘逐加復驗委係工堅料寔如式完固並無草率偷減情弊其工段丈尺并估銀數目與原奏稍有未符者係臨辦時察看形勢因地制宜分別酌辦所用工料銀兩核與例價稍有加增寔因兵燹後物力艱難時勢不同所致亦無浮冒情事所有承辦各員為時已及兩年櫛風沐雨寒暑無間均屬始終勤奮異常出力可否仰懇

天恩准臣擇尤酌保以示鼓勵之處出自

鴻慈除將用過例加工料銀兩細數另行造冊

題銷外謹將西防建復石塘等工丈尺用過銀數

并工竣日期恭摺具

奏伏乞

皇太后

皇上聖鑒訓示謹
奏同治九年四月初三日奏是月十五日軍機大
臣奉
旨着准其擇尤酌保毋許冒濫欽此
再浙省海塘三防建立石塘前有柴埽石坦後有坿土土戧各項工程與石塘相為表裏而中西兩防柴埽之後石塘之前又有溝槽等工逼栽楊柳以期盤根鞏固查西防間段建復條塊魚鱗石塘自七堡萬字號至十四堡雨字等號共成新工一千二十丈二尺均已一律完竣除
將驗收完竣日期另行
奏報外惟石塘前後空濶低窪之處春夏雨水難免不浸漬其中自應仿照向章做法塘後幫厚坿土塘前填滿溝槽俾石塘與柴埽聯為一氣唇齒相依蓋臻周妥當飭石工局員黎錦翰督同在工員弁於各段各號分別丈量面底寬深撙節勘估核計應用土方并工價約共錢一萬五千四百餘串經督辦西防石塘前杭防道陳璚開摺移局詳明飭辦一律完固所用經費核實專案報銷由塘工總局司道核明請
奏前來臣查前項填槽坿土實為保護塘根起見業經勘明一律工竣所用錢文自應准其造銷除飭令核實造冊另行
題銷外謹坿片陳明伏乞
聖鑒謹
奏同治九年四月初三日奏是月十五日軍機大
臣奉
旨該部知道欽此八月初三日准
工部咨為奏明請
旨遵行事都水司案呈內閣抄出署浙江巡撫楊
奏建脩西防條塊魚鱗石塘盤頭等工一摺
同治九年四月十五日軍機大臣奉
旨着准其擇尤酌保毋許冒濫欽此欽遵抄出到部查原奏內稱前項工程自同治七年正月開工起至八年七月一律完竣計改築建復石塘辦成八百二十七丈八尺原估拆脩魚鱗石塘今辦成一百五十五丈又原估拆脩條塊石塘今辦成三十七丈四尺又原估拆脩西在鳳黎育四號盤頭兩座今如式成原估西制始人宮四號裹頭五十丈今移于西丈制始人四號築成

裹頭六十丈較原估續添裹頭十丈統查原估
銀四十八萬九千餘兩今又續添裹頭並建復
拆脩魚鱗石塘估銀二萬三千五百八十餘兩
除酌減拆脩條塊石塘八丈五尺省銀一千四
百餘兩實共估銀五十一萬一千一百三十餘
兩其建脩魚鱗石塘原擬全行用以新石今搭
用打撈舊石實共用銀四十九萬六百餘兩計
共節省銀二萬四百餘兩此項減省銀兩應請
發商生息以脩盤頭兩座裹頭六十丈限外歲
脩之用以上各工與前估丈尺銀數稍有未符
所有用過銀兩核與例價稍增承辦各員可否
擇尤酌保等語臣等查歷辦石塘工程案內凡
拆脩石工均選用舊石以節糜費此案西防魚
鱗條塊石塘工程除改建及建復石塘八百二
十七丈八尺外計拆脩條塊魚鱗石塘等工長
一百九十二丈自應照案揀選舊石抵用乃該
撫原奏內並未詳細聲明殊屬含混至打撈舊
石值銀二萬四百餘兩亦應按原估銀四十八
萬九千餘兩內照數扣除今該撫作為節省銀
兩尤屬不合又查西防石塘大工原估銀至四
十八萬九千兩之多則裹頭及拆脩魚鱗石塘
等工自應一併在內何以又有續添各工另生
枝節且當時並未將續估各工奏明保無事後
捏飾增添等弊至所用工料銀兩與例稍增一
節臣等查該撫于海塘工程每以與例稍增為
詞殊不知例價之設所以杜工員浮冒之弊不
容輕議增加此項工料價值該撫既經奏准稍
增即應將所用各項例價若干應稍增者若干
分晰擬定奏明俟
旨遵行豈得概以稍增為詞漫無定數為該工員任
意開銷地步殊非核寔之道應一併請
旨飭下該撫將西防工程按照臣部指駁各條核寔
覆奏俟覆奏到日再由臣部酌核辦理所有臣
等查明具奏緣由是否有當伏候
命下臣部行文浙江巡撫欽遵辦理為此謹奏請
旨

再據署浙江巡撫楊　片奏西防建復條塊
魚鱗石塘前後空潤低窪之處填槽坿土工程
一律工竣所用錢文核寔造銷等因同治九年
四月十五日軍機大臣奉

旨該部知道欽此臣等查前項工程雖係仿照向章
做法惟此案石塘原估銀四十八萬九千餘兩
該撫增估銀二萬三千五百八十餘兩業經臣
部擬駁今又據該撫片奏魚鱗石塘前後空潤
低窪之處填槽坿土又增用土方工價錢一萬
五千四百餘串之多此項工程該撫既未先期
奏明難保無事後加增等弊若不從嚴指駁恐
各項塘工紛紛效尤勢必任意加增漫無底止
應請
飭下浙江巡撫將坿土工程所用工料錢文全數扣
除不得任意開銷以昭核實理合坿片陳明謹
此具
奏同治九年五月二十八日奏本日奉
旨依議欽此

臣楊　跪
奏為部查辦理西防魚鱗條塊石塘裹頭盤頭暨
填槽坿土各工用過銀數並無事後捏飾任意
加增情弊恭摺覆陳仰祈
聖鑒事竊准部咨西塘拆脩魚鱗條塊石塘等工自
應揀選舊石抵用原奏並未詳細聲明至打撈
舊石所值銀兩亦應按原估銀內照數扣除續
添裹頭各工當時並未奏明工料稍增若干豈
得漫無定數應一併請
旨飭令核實覆奏並將填槽坿土所用工料錢文扣
除等因於同治九年五月二十八日具奏奉
旨依議欽此欽遵咨行到浙即經轉飭遵照去後茲
據塘工總局司道詳稱遵查西防拆脩魚鱗條
塊石塘一百九十二丈四尺原係照案揀選舊
石抵用六成其改建建復魚鱗石塘八百二十
七丈八尺原估本係全用新石嗣于興辦時見
沿塘尚有可用舊石隨即飭夫打撈揀取搭用
以資節省綜核該工原估續估銀數除實用暨
減辦拆脩條塊工外統計各項撙節並搭用舊
石共節省銀二萬四百餘兩應請全數提出發

商生息以備所辦盤頭兩座裏頭六十丈限外
歲修之用至續添改建建復魚鱗石塘二十七
丈五尺續添拆修魚鱗石塘十三丈五尺續添
裏頭十丈皆係臨時察看情形因地制宜酌量
辦理並無事後揑飾所用工料較之例價稍增
前次興辦時曾經前撫臣馬　奏奉
諭旨允准在案查前項所用工料銀兩照例扣除石
塘加築坍土一項另案造報外寔計用例估加
貼並稍增銀四十九萬餘兩核與前次興工原
奏案內聲明稍增二成有奇本屬相符其請增
之數寔因兵燹後民物凋殘百價昂貴夫則僱
自他方料則採諸遠地水陸兼運紆折赴工隨
在維艱虛曠時日若不寬以價值斷難辦理應
手種種蹐蹶情形曾經前撫臣馬　詳晰具
奏在案至局員支發各項工價經督辦前杭防道
陳璚親駐工次認真稽察又經總局司道再三
核寔委無絲毫浮冒所有新建石塘前後空潤
低窪之處若非塘後帮厚坍土塘前填滿溝槽
一經雨水勢必浸漬其中故前後填槽坍土皆
係必不可少之工曾於議辦石塘章程第五條
內陳明新工告成循舊分案辦理並經附案奏
奉
諭旨允准亦在案該防石塘完竣自應將前工照章
分案興辦俾石塘與柴埽聯為一氣唇齒相依
藉以保護塘根寔無事後加增之弊應請俯念
關繫全工難于開銷等情請具
奏覆前來臣查海塘工程為江浙兩省農田保障
關繫甚重承辦各員倘有浮冒情弊自應嚴行
查辦而物料昂貴工係險要又不得不隨時隨
事酌量變通以期周妥所有此案工程係前撫
臣馬　勘估興辦工竣之後復經升任撫臣
李　親臨查驗其打撈舊石續添工程酌增
例價填槽坍土當時皆幾經審度而後定議臣
接撫篆後兩次履勘逐加覆驗委係工堅料寔
如式完固茲復確切查核並無事後揑冒任意
開銷情弊合無仰懇
天恩俯准勅部查照核銷並免扣除填槽坍土工料
錢文以便造銷恭摺覆陳伏乞
皇太后
皇上聖鑒訓示施行謹

奏同治十年八月初七日奏九月十三日軍機大
臣奉
旨着照所請該部知道欽此

同治十一年十一月十四日准
工部咨為題銷浙江省建復拆脩西防魚鱗條
塊石塘盤頭裹頭加塡溝槽坿土各工用過銀
兩與例相符應准開銷事都水司案呈工科抄
出浙江巡撫楊　題同治七年至八年建復
拆脩西防魚鱗條塊石塘盤頭裹頭加塡溝槽
坿土各工用過銀兩造冊題銷一案同治十一
年四月二十七日題七月二十五日奉
旨該部察核具奏欽此于七月二十七日科抄到部
該臣等查得浙江巡撫楊　疏稱杭州府屬

西防李翁二汛境內七堡至十四堡等處地當
首沖塘身日受潮汐沖激山水搜刷年久失脩
間段坍卸應行分別建脩經前撫臣馬　奏
准興辦于同治七年正月十八日興工至八年
七月二十三日一律完竣自西萬字號起至雨
字號止辦成改建建復十八層魚鱗石塘八百
二十七丈八尺拆脩魚鱗石塘一百五十五丈
拆脩條塊石塘三十七丈四尺柴盤頭二座裹
頭六十丈並于新塘前後一律加塡溝槽坿土
均經升任撫臣李　親臨勘驗並檄飭杭州
府知府陳魯赴工逐細驗收由府將做過工段
丈尺詳請奏報並陳明所用工料銀兩核與例
價稍增實因兵燹後物力艱難時勢不同所致
嗣准部咨拆修魚鱗條塊石塘自應揀選舊石
抵用原奏並未詳細聲明打撈舊石銀兩亦應
按照原估銀內扣除續添裹頭各工當時並未
奏明工料稍增若干豈得漫無定數請
旨飭令核寔覆奏並將塡槽坿土所用工料錢文扣
除等因臣即經行局查明拆修魚鱗條塊石塘
原係照案揀選舊石抵用六成其改建建復魚

鮮石塘原估本係全用新石臨辦時亦揀取舊石搭用至續添改建建復拆脩魚鱗各石塘及裏頭十丈皆係臨時察看情形因地制宜勘酌辦理除石塘加築填槽坦土一案另行造報外實用銀四十九萬餘兩核與原奏稍增二成有奇本屬相符所有新辦填槽坦土皆係必不可少之工經臣奏覆懇請並免扣除以便造銷嗣准部咨奉

旨著照所請該部知道欽此欽遵到浙即經行局查照在案茲據督辦塘工總局布政使盧定勳按察使蒯賀蓀等會詳前項各工所用銀兩均係在于提濟塘工經費暨海塘捐輸各款項下動支由該司道等公同造報所有驗收保固各結分造清冊詳送具題等因臣覆核無異除冊圖送部外理合具題等情前來查浙江省同治七年至八年建復拆脩西防魚鱗條塊各石塘並盤頭裏頭及填槽坦土各工先據原任浙江巡撫馬　奏明興辦西防石塘自西萬字號起至雨字號止辦成建復魚鱗石塘八百二十七丈八尺拆脩魚鱗石塘一百五十五丈拆脩條塊石塘三十七丈四尺柴盤頭兩座裏頭六十丈並于新塘前後一律加填溝槽坦土等工復據浙江巡撫李　奏報工竣聲明工料銀兩核與例價稍增實因兵燹後物力艱難時勢不同所致嗣經臣部查明拆脩石塘自應揀選舊石該撫原奏内並未聲明又未奏明工料稍增若干奏請

飭下該撫核實覆奏嗣據該撫查明覆奏奉

旨着照所請該部知道欽此轉行遵照均各在案今據該撫將前項建復魚鱗石塘自西萬字號起至雨字號止共工長八百二十七丈八尺拆脩魚鱗石塘一百五十五丈拆脩條塊石塘三十七丈四尺柴盤頭兩座裏頭六十丈除選用舊石扣除不計外共用例估加貼銀三十九萬二千五百二十七兩七錢二分三釐二毫五絲八忽八微一纖稍增銀九萬八千一百三十一兩九錢三分八毫一絲四忽六微九纖又填槽坦土共用銀一萬二百八十七兩五錢一分三釐八毫四絲五忽一微四纖三項共用銀五十萬九百四十七兩一錢六分七釐九毫一絲八忽

六徵四纖造册題銷由部按册查核內所開工
料價值例估加貼銀兩與例相符其酌增例價
塡槽坿土各節均經該撫奏明奉
旨允准應准開銷同治十一年九月十八日題本月
二十日奉
旨依議欽此

臣楊　　跪

奏為浙省東西二防境內坍缺拗裂石塘處所續
又搶築柴壩鑲柴盤頭埽工埽坦等工丈尺年
終彙截數目恭摺
奏報仰祈
聖鑒事竊照浙省杭州府屬東西中三防海塘各工
自同治四年二月興工計東防境內截至七年
十二月底止共辦殘柴壩三千一百七十九丈
七尺四寸鑲柴坿土土堰子塘橫塘等工四千
五十三丈柴盤頭一座西中兩防境內截至八
年正月底止先後辦殘柴壩二千五百五十五
丈六尺埽工埽坦裹頭鑲柴柴工坿土子塘橫
壩行路各工共長八千五百五十三丈七尺柴
盤頭二座做成工段高寬丈尺用過例加工料
以及夫土襍用等項銀兩業經各前撫臣分別
開單先後
奏報各在案今自八年正月起截至十二月止東
塘續殘柴壩一百四丈五尺鑲柴五十丈盤頭
兩座西塘又殘埽工萬化塲等三號三十二丈
埽坦九十六丈其工段尤險之處並經加築花
壩拋護塊石以資保衛此次東塘續殘各工在
同治三四年擇要搶辦之時舊石塘僅止拗拜
者尚可從緩興築現計閱時將及五載潮大浪
急漸至潰裂傾卸本應建復石塘因正辦西中
兩塘石工未能同時併舉祇得搶築柴壩暫資
抵禦潮汐其舊有盤頭兩座及西防埽工埽坦
亦皆善後應辦之工其已滿固限之柴壩固須
加意保衛即新築柴工仍恐土性鬆浮必須壩
外厚培柴土以期鞏固所有東西兩防續完各
工均經杭嘉湖道何兆瀛親駐工次督率員弁

如式搶築完固均於工竣後隨時驗收尚無草
率偷減情事並經前撫臣李　歷次臨工履
勘無異除飭將做成高寬丈尺用過例加工料
銀兩分别開單造具冊結圖說另行
題奏報銷外據塘工總局司道核明詳請具
奏前來前撫臣李　未及核辦移交到臣臣覆
核無異謹將東西二防境内坍缺拗裂石塘處
所續又搶築柴垻鑲柴盤頭埽工埽坦等工完
竣丈尺年終彙截數目緣由恭摺具
奏伏乞
皇太后
皇上聖鑒施行謹
奏同治九年二月初四日奏三月初七日軍機大
臣奉
旨該部知道欽此六月初五日准
工部咨為浙省海塘大工興辦多年尚無告竣
日期請
旨飭查以重大工事都水司案呈同治九年三月十
一日内閣抄出署浙江巡撫布政使楊　奏
浙江東西兩防境内坍缺石塘處所續又搶築
柴垻鑲柴盤頭埽坦等工丈尺年終彙截數目
一摺同治九年三月初七日軍機大臣奉
旨該部知道欽此欽遵抄出到部據原奏内稱杭州
府屬東西中三防海塘各工計東防辦竣柴垻
鑲柴坿土土埝子塘横塘等工又柴盤頭一座
西中兩防境内先後辦竣柴垻埽工埽坦裹頭
鑲柴柴工坿土子塘横垻行路各工柴盤頭兩
座做成工段高寬丈尺用過例加工料以及夫
土雜用等項銀兩業經各前撫臣分别開單先
後題奏各在案今自八年正月起截至十二月
止東塘續竣柴垻一百四丈五尺鑲柴五十丈
盤頭兩座西塘又竣埽工萬化場等三號三十
二丈埽坦九十六丈其工段尤險之處並經加
築托垻拋護塊石以資保衛此次東塘續竣各
工在同治三四年擇要勘辦之時尚可從緩修
築現計閱時將及五載潮大浪急漸至潰裂傾
卸本應建復石塘因正辦西中兩防石工未能
同時併舉祇得搶築柴垻暫資抵禦潮汐其舊
有盤頭二座及西防埽工埽坦亦皆善後應辦
之工其已滿固限之柴垻固當加意保衛即新

築壩工仍恐土性鬆浮必須壩外厚培柴土以
期鞏固等語臣等伏查各省脩辦大工該督撫
將段落銀數預先估定奏明辦理原所以杜事
後增添浮冒等弊浙江海塘工程於同治三年
臣部會同戶部議覆御史洪昌燕條奏海塘大
局摺內准令開捐辦理嗣據該撫先後將西中
兩塘缺口搶築柴壩埽坦盤頭等工並西防石
塘海甯繞城石塘中防石塘東塘戴鎮二汛坦
水盤頭又搶築東塘缺口柴壩續辦西中二防
柴埽盤頭等工各案陸續奏報總共用銀已三
百餘萬兩今該署撫臣楊　　又奏東西兩防
續竣搶築柴壩鑲柴埽坦等工並稱此項東塘
續竣各工在擇要勘辦時尚可從緩刻已將及
五年潮大浪急漸至潰裂等語查西中兩防柴
壩已據報銷東防柴壩亦據奏報清單均已完
竣此項續竣各工既係柴壩告竣後續出之工
並非缺口自應歸入歲脩案內撙節估辦何得
牽混大工致多糜費且該塘應脩者固自應認
真督辦無許草率緩辦者更宜防守嚴密無致
踈虞此係向來一定辦法即或潮大浪急亦宜
設法搶護何至聽其潰裂殊不可解再查該署
撫履勘塘工案內奏稱已滿限者固多坍卸未
滿限者亦多損壞等語臣等查已滿限者即應
歸入歲脩未滿限者如有傷損即宜分別參賠
何以籠統奏請殊屬含混又據奏稱石塘缺口
以東中兩防為多缺口之大者以翁家埠念里
亭兩汛為最各處小缺口條石坍卸今日見為
十丈者逾數月已加寬數丈合百餘處缺口計
之一年內增出之工又復不少擬俟翁汛石工
報竣後即當接辦東防先將各處小缺口補齊
再辦念里亭大缺口等語查該塘缺口既已堵
築柴壩何以又有翁家汛念里亭大缺口尚須
修築現在擇要興修之石工及尖塔二山戴鎮
二汛各等工是否必不可已之工有無裨益該
撫是否確有把握均宜澈底查明以免弊混該
撫身任封疆海塘是其專責乃用銀至數百萬
為期逾五六年尚不能全塘一律完竣仍復陸
續增添有加無已永無告成之期殊屬不成事
體相應請
旨飭下浙江巡撫確切查明據寔覆奏將全塘工程

先行繪圖貼說分别已修未修詳細開載奏咨
報部以憑核辦仍責成該撫嚴督承辦之員妥
速辦理勒限將全塘工程早為一律告竣不得
任意增添名目致滋冒濫其已竣各工責成該
撫切寔驗明務要一律完固如有潦艸偷減等
弊即由該撫據寔參奏不得含混題銷以重帑
項臣等為慎重海塘大工起見是否有當理合
恭摺具
奏伏乞
聖鑒訓示施行謹
奏請
旨同治九年四月初一日具奏是日奉
旨依議欽此

臣楊　跪
奏為恭報續又搶築東塘坍缺拗裂石塘柴壩及
塘後鑲柴建築盤頭並西防續辦埽工埽坦各
工高寬丈尺用過銀數開列清單恭摺仰祈
聖鑒事竊照浙省海塘東中西三防各工自同治四
年二月興工截至八年正月止先後辦竣柴土
石各工字號段落高寬丈尺用過例加工料銀
兩經各前撫臣取具圖冊分案開單分别
奏報題銷各在案其同治八年正月以後起截至
十二月止續辦東防柴壩一百四丈五尺塘後
鑲柴五十丈柴盤頭兩座西塘埽工三十二丈
埽坦九十六丈並工段尤險之處加築托壩拋
護塊石當於年終截數
奏明在案茲據塘工總局司道具詳前項續辦各
工均由駐工杭防道親歷督率搶辦如式完整
隨時驗收並無草率偷減情事所有做成高寬
段落丈尺用過工料銀數核明開單詳請具
奏前來臣覆核無異除將用過工料銀兩取具冊
結圖說另行具
題請銷外謹繕清單恭摺具

奏伏乞
皇太后
皇上聖鑒謹
奏
謹將浙江省東防鎮念尖三汛典字等號冲坍缺口搶築柴壩塘後鑲柴建築柴盤頭併西防李翁二汛萬字等號建築埽工新列虹隄永慶安五號埽坦及加築托壩拋護塊石做過工段高寬丈尺用過例加工料銀兩敬繕清单恭呈
御覽
一東防境內鎮汛典字號起至尖汛某字號止搶築柴壩一百四丈五尺底寬五丈至六丈五尺面寬三丈至四丈高一丈八尺至二丈二尺頂土高二尺寬三丈至四丈加築托壩一道計長五十二丈五尺面寬二丈五尺底寬三丈八尺高二丈四尺又馳岱二號十七丈加拋塊石面寬八尺四寸底寬二丈四尺高一丈六尺
一東防境內尖汛敵寵增三號塘後鑲柴五十丈上寬二丈下寬一丈八尺高一丈四尺除面土高二尺實鑲柴高一丈二尺
一東防境內念汛魏横字號建築柴盤頭一座外圍長二十八丈後身長二十四丈中面寬五丈東西兩雁翅各面寬三丈二尺中寬六丈二尺東西兩雁翅各底寬四丈四尺築高三丈二尺面勻寬三丈八尺除頂土高二尺實築高三丈底面共勻寬四丈四尺勻長二十六丈又外圍加拋塊石面寬九尺底寬二丈七尺五寸高三丈
一東防境內念汛合濟字號建築柴盤頭一座外圍長二十八丈後身長二十四丈中面寬五丈東西兩雁翅各面寬三丈二尺中寬六丈二尺東西兩雁翅各底寬四丈四尺築高二丈四尺面勻寬三丈八尺除頂土高二尺實築高二丈二尺底面共勻寬四丈四尺勻長計二十六丈又外圍加拋塊石面寬九尺底寬二丈七尺五寸高二丈二尺
一西防境內李汛西萬化場三號建築埽工三十二丈面寬二丈底寬三丈高二丈四尺除頂土高二尺實築柴高二丈二尺又埽外拋

護塊石面寬八尺底寬二丈四尺高一丈六
尺五寸
一西防境内翁汛新列虹陧永慶安五號柴壩
之外添建埽坦九十六丈面寬一丈五尺底
寬二丈築高一丈六尺又坦外抛護塊石面
寬五尺六寸底寬一丈八尺高一丈二尺
以上東西二防各工共用過例估加貼工
料銀七萬四千八百七十八兩有奇理合
陳明
同治十年六月二十八日奏八月十五日軍機
大臣奉
旨該部知道單併發欽此又清單内仝日奉
旨覽欽此十一月十三日准
工部咨為奏明請
旨事都水司案呈内閣抄出浙江巡撫楊　奏恭
報續又搶築東塘坍缺石塘柴壩及塘後鑲柴
建築盤頭並西防續辦埽工埽坦各工高寬丈
尺用過銀數開單具奏一摺同治十年八月十
五日軍機大臣奉
旨該部知道單併發欽此又清單内仝日奉
旨覽欽此欽遵抄出到部據原奏内稱浙省海塘自
同治八年正月以後起截至十二月止續辦東
塘柴壩一百四丈五尺塘後鑲柴五十丈柴盤
頭二座西塘埽工三十二丈埽坦九十六丈並
工段尤險之處加築托壩抛填塊石當於年終
截數奏明在案兹據塘工總局司道具詳前項
續辦各工搶築如式完整隨時驗收所有做成
高寬段落丈尺用過工料銀數繕清單恭摺
具奏等因臣等查浙省續辦搶築東西兩防坍
缺石塘柴埽盤頭等工於同治九年三月間該
撫奏報工竣摺内經臣部查明此項工程係柴
壩告竣後續出之工並非缺口自應歸入歲脩
案内撙節估辦奏明行知該撫確切查明據寔
覆奏在案迄今一年有餘並未據該撫聲覆又
不遵照奏案認真釐剔僅憑局員具詳率行開
單奏報將臣部奏准飭查之案置若罔聞殊屬
含混臣部礙難照辦應請
旨嚴飭該撫迅即遵照臣部前奏確實查明將此項
續出之工認真釐剔不得牽混缺口大工以省
糜費再臣部前因浙省脩辦海塘大工用銀已

数百萬為期逾五六年全塘尚不能一律完工
且該省辦理此案工程並未將應修段落預先
估定奏明辦理僅憑工員具詳陸續開報恐啟
事後增添浮冒等弊是以奏令將全塘工程繪
圖貼說分别已修未修詳細開載先行具奏並
咨報臣部乃該撫並不覆奏亦不繪圖據實報
部但憑該工員具詳陸續奏報並不通籌全塘
大局亦不報明未辦者尚有若干臣部無可稽
查即該工員等浮冒增添臣部亦無從稽察殊
非核實之道應請
飭下該撫查照臣部前奏迅將全塘已脩未脩各工
段於文到日限兩個月詳細繪圖核實覆奏倘
再遲延即由臣部據實奏參以為玩泄者戒所
有臣等具奏緣由是否有當伏侯
訓示遵行為此謹
奏請
旨同治十年九月十八日具奏即日奉
旨依議欽此

臣楊　　跪
奏為海塘關繫重大不敢苟簡原坍段落過多未
能尅期告竣據實覆陳仰祈
聖鑒事竊前准工部咨議覆臣奏報八年分東塘續
辦柴垻各工丈尺一摺内開此項續竣各工既
係柴垻後竣後續出之工並非缺口自應歸入
歲脩估辦何得牽混大工又查該塘缺口既已
堵築柴垻何以又有翁家汛念里亭大缺口尚
須修築現在擇要興脩之工及尖塔二山戴鎮
二汛各等工是否必不可已有無把握均宜澈
查以免弊混該撫身任封疆海塘是其專責乃
用銀至數百萬為期逾五六年尚不能全塘一
律完工仍復陸續增添有加無已永無告竣之
期殊屬不成事體請
旨飭臣確切查明據實覆奏將全塘工程先行繪圖
貼說分别已未脩詳細開載報部核辦仍當嚴
督承辦之員妥速辦理勒限將全塘工程一律
告竣不得任意增加名目致滋冒濫等因奉
旨依議欽此欽遵抄摺行文到臣敬聆之下惶悚莫
名伏查浙省被兵首尾僅止五年三塘縱因失

脩何遂敗殘至此臣前在藩司任内雖亦會辦
局務而本任事繁祇任籌款之責新舊工程未
能深悉底藴自蒙
恩擢任巡撫將及兩年每與僚屬周諮博訪得知梗
概蓋舊工坍敗如此之大者其故有三焉三防
石塘全恃柴埽石坦保護塘根原定歲脩之款
本無不足相沿既久積弊叢生款項不能如數
到工歲脩不免偷減及至軍興以後歲脩之款
大半移作軍需海塘無暇兼顧數年間無寸土
尺木之培無怪外埽坦水蕩然無存而石塘孤
露日受潮激根底淘空樁木朽爛石工之節連
坍卸此其一也道光十年以後潮勢北趨南沙
日漲險工疊出雖禁南岸圍堆卒亦無濟迨至
浙省被兵海塘逐漸坍塌水勢愈趨而北從前
塘基變成海壂近來南岸沙性益堅沙面益濶
海潮山溜皆靠塘根而過塘之易於冲坍此其
二也雍正乾隆之際物阜民康工料人夫皆稱
足用所做工程價廉堅寔現存石塘有矻立如
故者蓋其樁木長大入土甚深石塊平正接縫
扣筍故得歷久不壞至道光年間疊被水災官
民交困工料費重而又限於例價迫以時日傳
聞當時每出險工例價之外無可籌畫恆調實
缺州縣認辦工段以資其力若輩不過敷衍目
前豈顧日後之患現于缺口中起出舊樁有長
不滿三尺者所謂條塊石塘僅止外用條石中
以散碎塊石實之既省工料又速時日孰知今
日之散裂倒坍特甚者即在于此此其三也至
于新工之不能尅期告竣其難亦有三焉兵燹
以後正賦尚未復額而用款倍之雖有釐金一
項亦非不竭之源塘工經費在浙為最要之需
而京協各餉尤在緊要不能不舍此就彼通盤
籌撥查前督臣吳　等會奏原定每年提銀八
十萬兩為建復全塘工程之用約以十年為率
邇來每歲所撥新舊柴石工料統計不過得半
之數雖有海塘捐例所收無多此經費之難也
開辦石塘固以條石為要樁木並之從前興辦
大工蘇省合力通作協濟石料今則數千丈鉅
工所需木石較之從前何止十倍而浙省一力
承之初辦時尚有舊石湊用近則無可打撈全
須採辦新料山石雖隨處皆有非斸取而碎即

堅不受鑿能用以砌塘者殊不多覯椿木產於衢嚴一帶自遭兵燹近地樹木斫伐殆盡現在採辦須入深山人工盤費因而加增轉運亦艱時日此物料之難也工匠人夫今非昔比脩造工價無不貴至數倍海塘用人既多非厚其值皆裹足不前誠以土曠人稀農民力田者多應募者少石匠固不可多得而椿架夫一項又非是人所能溯查乾隆年間辦理石塘椿架多至四五百副現查工次所用椿架統共不足八十副無可再招臨水之工先築子塘然後開槽日有兩潮必須停作潮退戽水事倍功半石匠安砌下底亦須乘潮未至乃可施工每日所做不過兩時之久此做工之難也臣身任封圻何一非臣專責目覩海塘要工極思尅期蕆事惟是工程如此之大而籌辦如此之難欲速不能計無所出寔非有意延宕在部臣遇事詰難或係為節費考功起見而臣受

恩深重具有天良何敢任意增添致涉冒濫區區愚忱諒邀

洞鑒所有部查各節亦經飭據總局司道會詳如原

奏內稱此項續坍各工既係柴壩告坍續出之工並非缺口自應歸入歲脩估辦何得牽混大工一節查三防堵禦原坍缺口之柴壩雖已陸續辦竣而散裂拗拜之石塘尚未一律興辦此項東塘續竣柴壩一百四丈五尺鑲柴五十丈即係同治六年前督臣吴　等會勘案內典馳等字十三號散裂拗拜石塘段落當時尚可從緩比越數年潮汐沖刷漸成缺口因未能與西中兩防石工同時併舉仍照原案辦法先行搶築柴壩其潰裂而尚未傾卸者不得不趕于塘後鑲柴以資抵禦既係續辦之工未便歸於歲脩自應另案造報並無牽混且以前緩辦之工又經數年情形變遷每逢伏秋大汛潮高浪急人力有所難施設風雨交加險工猝出更有非意料所及尚非草率從事聽其潰裂至已堵柴壩均由承脩之員照例出具保固其坍卸在限外者自應歸入歲脩辦理其煙陷在限內者均著令承脩之員賠脩完固辦有定章並無含混之處又如原奏所稱該塘缺口既已堵禦柴壩何以又有翁汛念汛大缺口尚須脩築現在擇

要興脩之石工及尖塔二山戴鎮二汛各等工是否必不可已有無把握等語查石塘缺口以東中兩防為多缺口之大者以翁家汛念里亭為最此項缺口係指未脩之石塘而言非築柴壩而石塘即無缺口也至尖塔兩山為潮來門户戴鎮二汛各工皆係八年間奏案所稱次第辦理必不可已之工其餘已築柴壩未建石塘之處及塘外埽坦盤頭並坿土各工仍當隨時擇要次第勘估建脩等情臣覆加確核均屬寔情與歷次親勘情形無異又部文所稱用銀至數百萬為期逾五六年尚不能全塘一律完竣仍復陸續增添有加無已永無告竣之期殊屬不成事體等語臣查前督臣吳　會勘摺內陳明三防石塘缺口四千四百九十六丈外拜搊裂二千二百十九丈海甯繞城石塘開辦在先不在其內約計各工非用七八百萬金暨十年人力不能告厥成功此指全塘未辦之工一律建復而言計自同治七年正月起至十年三月底止西中兩防共脩建石塘一千六百六十丈有奇柴盤頭兩座裹頭六十丈共用銀七十八萬二千餘兩均經先後奏咨有案為時雖逾三年而石塘用款不過七十餘萬經費物料均難廣集此其明證以現在度支而論本非興辦大工之時但石塘缺口若不補脩完整每逢大汛難免續坍石塘既坍又不能不接脩柴壩是石工之辦固難中止石工未完以前柴埽各工亦不能不間有增添現查升任撫臣李　任內奏准開辦戴鎮兩汛之石坦及臣奏辦戴鎮兩汛之小缺口約計明年均可完竣此外中防翁汛東塘念汛尖汛原坍續坍石塘缺口未辦者約有三千餘丈而搊拜之石塘尚不在內屆時或請

欽派大臣來浙督辦抑仍接續興辦之處容再察看情形奏請

諭旨遵行臣現惟督飭在事大小各員將已竣之工隨時認真保護毋任損壞現辦之工妥速趕做勒限完竣仍不准草率偷減以期鞏固除將全塘工程繪圖貼說咨送工部查核外合將查明海塘工程艱難告竣緣由據實覆

奏伏乞

皇太后
皇上聖鑒訓示謹
奏同治十年十一月十六日奏十二月十四日軍
機大臣奉
旨工部知道欽此

同治十一年八月初十日准
工部咨爲奏明請
旨事都水司案呈竊臣部前以浙江省海塘工程興
辦多年尚未一律告竣奏請
飭下該撫將全塘工程分别已脩未脩確切查明繪
圖具奏茲據該撫將原奏並圖咨送到部臣等
查同治六年二月初六日奉
上諭吳　馬　奏遵勘浙省海塘要工籌撥款項
分别工程辦理一摺浙江海塘工程浩大值兆經
費支絀之時若一時悉行開辦必致有名無實自
應循照舊章分别最要次要次第辦理吳　等以
堵禦缺口之柴壩爲最要保護殘損石塘爲次要
擬每年撥定銀八十萬兩佐以海塘捐輸次第興
脩此亦就目前情形而論惟所築柴壩翅鑲外埽
建復坦水各工不過暫時堵禦潮汐將來仍須復
建石塘焉　當通盤籌畫使現辦各工堅實穩
固石塘興建後即可以保護塘身則此次辦理各
工錢糧不致虛糜而於將來有益若祇爲目前一
時之計則日後興建石塘仍須多費帑項未免漫
無規畫焉　既知以十年爲期諒能籌畫及此
海甯塘工現在祇辦有二成焉　飭令酌加鋑
鋦自當益臻堅固聞道光年間帥承瀛在浙江巡
撫任内脩理海鹽石塘最爲精密歷久不壞即着
飭令在工各員仿照辦理倘此次海甯塘工辦理
不能經久必將承辦各員賠脩治罪決不寬貸海
塘用款雖繁歷屆辦理銀數皆有案可稽現即工
料較昂何至七八百萬該督撫等不可任聽屬員
張大之詞稍存畏難之心是爲至要欽此臣等恭
讀
諭旨該撫所請七八百萬之數尚未奉

旨允准將來全塘告竣合計銀數必較原奏之數有減無增方為正辦歷查該撫奏報西中兩塘柴壩各工銀九十餘萬兩又東塘柴壩並西中兩塘埽坦等工銀一百三十七萬餘兩又東塘西塘柴壩鑲柴等工三次奏報清單共銀十四萬餘兩又東塘戴鎮二汛頭二坦條石柴盤頭銀三十五萬餘兩又中塘翁汛魚鱗石塘銀二十九萬餘兩又坿土等銀一萬三千餘兩又東中兩塘戴鎮二汛魚鱗石塘頭二坦水埽坦等銀五十五萬餘兩又西塘魚鱗條塊石塘銀四十九萬餘兩又坿土錢一萬五千四百餘串又東塘塔山石壩滚石理砌並加面土等工用銀九千七百餘兩又東塘海甯繞城石塘等工銀十八萬四千餘兩共計用銀已四百餘萬兩而未辦各工據稱戴鎮兩汛之石坦及兩汛之小缺口約計明年均可完工此外中防翁汛東防念汛尖汛原坍續坍石塘缺口未辦者約有三千餘丈而拗拜之石塘尚不在內等語所需錢粮均未核定將來塘工告竣合計銀數較原奏之數有無增減碍難懸揣該省海塘工段甚長不能不分案辦理即不能不分案報銷但所分共有幾案每案需銀若干自應先為估定則總數可稽不致漫無限制倘不先事核明即行開辦任令隨辦隨銷勢必難於稽核且恐與從前奏案不符殊非核實辦公之道臣等以為與其駁查於事後何如估定於事前相應請

旨飭下浙江巡撫將海塘未辦工程三千餘丈及拗拜各工確切估計需銀若干專摺奏明其戴鎮兩汛之石坦及兩汛之小缺口等工亦即核定銀數先行奏明統由臣部查照該撫原奏核明辦理臣等為慎重帑項起見是否有當伏乞

聖鑒訓示遵行為此謹

奏請

旨同治十一年五月十五日具奏本日奉

旨依議欽此

同治十二年四月十一日准
工部咨為題銷浙江省續竣東防柴壩鑲柴盤頭暨西塘埽工埽坦各工用過銀兩與例相符應准開銷事都水司案呈工科抄出浙江巡撫楊　題同治八年續辦東防柴壩鑲柴盤頭暨西塘埽工埽坦各工用過銀兩造冊題銷一案同治十一年七月二十八日題十月二十三日奉
旨該部察核具奏欽此於十月二十六日科抄到部
該臣等查得浙江巡撫楊　疏稱東西中三防海塘工程自同治四年二月興辦起至八年正月止先後辦竣柴土各工均經分案題銷在案所有八年正月以後起至十二月止續辦東塘柴壩一百四丈五尺塘後鑲柴五十丈柴盤頭二座西塘埽工三十二丈埽坦九十六丈並於工段尤險之處加填塊石建築托壩以資擁護工竣均經杭嘉湖道何兆瀛隨時驗收結覆並前撫臣李　臨工履勘均無草率偷減情事當于年終截數奏報完竣陳明此次東塘續竣各工在同治三四年擇要勘辦之時尚可從緩興築現計閱時將及五年潮大浪急漸至潰裂傾卸本應建復石塘因正辦西中兩防石工未能同時並舉祗得搶築柴壩暫資抵禦嗣准部咨以此項續辦各工既係柴壩告竣後續出之工並非缺口自應歸于歲脩估辦何得牽混大工請
旨飭下確切查明據實覆奏等因旋據塘工總局司道會查三防塘禦原坍缺口之柴壩雖已陸續辦竣而散裂拗拜之石塘尚未一律興辦此項東塘續竣柴壩一百四丈五尺鑲柴五十丈即係同治六年前督臣吳　撫臣馬　會勘塘工案內散裂拗拜石塘段落當時尚可從緩迨越數年潮汐冲刷漸成缺口因未能與西中兩防石工同時並舉先行搶築柴壩其潰裂而尚未傾卸者不得不趕于塘後鑲柴以資抵禦既係續辦之工未便歸入歲脩自應另案造報並無牽混經臣於海塘關繫重大不敢苟簡案內奏覆奉
旨工部知道欽此並准部咨遵照在案茲據該司道等會查此項續竣東西兩防各柴工所做字號

段落高寬丈尺用過例估加貼工料銀兩先經開列清單詳請奏報所有用過工料銀七萬四千八百七十八兩二錢三分六厘五毫七絲五忽均係在于提濟塘工經費暨海塘捐輸各款項下動支督飭各該管廳備核實經理應由該司道等公同造具冊圖詳請具題等情臣覆核無異除將冊圖送部外理合具題等因前來查浙江省自同治八年正月起截至十二月止續辦東塘柴埧鑲柴盤頭暨西防埽工埽坦各工先據浙江巡撫楊　　奏明東塘續竣柴埧各工在勘辦之時尚可從緩興築現計閱時將及五年潮大浪急漸至傾卸本當建復石塘因正辦西中兩防石工未能同時並舉祇得搶築柴埧暫資抵禦當經臣部議令此項續竣柴埧各工並非缺口自應歸於歲脩案內撙節估辦嗣據該撫陳奏海塘關繫重大不敢苟簡摺內聲明三防堵禦原坍缺口之柴埧雖已陸續辦竣而散裂拗拜之石塘尚未一律興辦此項東塘續竣柴埧各工係前督臣吳　　等會勘散裂拗拜石塘段落當時尚可從緩比越数年潮汐冲刷漸成缺口因未能與西中兩防石工同時並舉先行搶築柴埧既係續辦之工未便歸入歲脩自應另案造報奏奉

諭旨工部知道欽此臣部欽遵行知在案今據該撫將前項搶築柴埧一百四丈五尺鑲柴五十丈盤頭二座西塘又竣埽工三十二丈埽坦九十六丈共用過例估加貼銀七萬四千八百七十八兩二錢三分六厘五毫七絲五忽造冊題銷臣部按冊查核內所開工段字號丈尺銀兩核與原奏清單均屬相符其工料價值與例亦屬無浮應准開銷等因同治十一年十二月十七日題本月十八日奉

旨依議欽此

臣楊　　跪

奏為查明海塘所需修費不致有逾原估並仍請
分案估報以昭核寔恭摺覆
奏仰祈
聖鑒事竊准部咨歷查該撫奏報已辦三防各工銀數共計用銀已四百餘萬兩而未辦各工尚不在內將來塘工告竣合計銀數較原奏估需銀七八百萬兩有無增減礙難懸揣該省海塘工段甚長不能不分案辦理即不能不分案報銷但所分共有幾案每案需銀若干自應先為估定則總數可稽不致漫無限制請
旨飭臣將海塘未辦工程三千餘丈及拗拜各工確切估計需銀若干專摺奏明其戴鎮二汛之石坦暨兩汛之小缺口等工亦即核定銀數先行
奏明辦理等因奉
旨依議欽此欽遵到臣當即行局遵照查明詳辦去後茲據塘工總局各司道等查得海塘坍損之工同治六年前督臣吳　等會勘估需修費七八百萬之數雖屬約畧綜計然核較工段情形不甚逕庭惟自會勘以來又經六七年之久凡未修之工日受兩潮沖激坍土土埝因而隨卸損壞情形較彼時加增除經節次估辦東中西三塘各案柴石土等工共動用銀四百三十八萬有奇此外中防翁汛東防念尖二汛原坍續坍未辦石塘三千餘丈暨拗拜未修石塘以及隨塘柴埽坦水塘後坍土土埝并尖山以東鹽平二汛潑損工段尚須隨時酌量情形分案先估後辦斷不敢漫無限制隨辦隨銷致與從前奏案不符現查尚未估辦各工將來一律修復全整期以事事核寔務求節省核計約需銀數較之原奏之數總可有盈無絀至戴鎮兩汛坦水等工及該兩汛小缺口石塘等工均於興辦時分案估定詳請
奏明在案應俟工竣後截算寔用數目另行造冊
報銷等情呈請具
奏前來臣查浙省海塘自軍興失修之後外埽坦水蕩然無存石塘孤立因而坍卸同治六年前督臣吳　等查勘興修估需銀七八百萬兩雖係約畧估計要皆酌中定議旋經各前撫臣暨臣次第擇要興工均係逐案確切勘估

奏明開辦工竣核寔報銷並無浮冒經部覆准在案茲准部行令將未辦工程先行估定奏報雖為慎重經費期有把握起見惟海塘各工最為險要朝潮夕汐時有變遷而需費既鉅年限久遠工程之緩急料價之增減丈尺之多寡實不能先事預計今若先行分案估報仍係約畧之數未能準確將來察看情形或有不得不更改之處必須逐案奏請轉致多煩案牘況分估與並估總期撙節無浮事無二致所有海塘未辦各工應請仍照前各案隨時核實估辦以免掣肘惟辦理工程揀員任事自昔為難況海塘工大費鉅採木運石監工催督用人甚多雖隨處留意認真稽察仍恐耳目難周且於工程務求堅寔而於各項用款無不力求撙節分別駁減以致失意之員不免造言誹謗近來仕途流品不一所欲不遂即生怨讟然承辦工員首在操守廉潔能耐勞苦尤須熟諳事體修築得法以故數年以來結寔可靠堪當任使者不過十數人未敢輕易生手此外亦不得不舍短用長以濟乃事且惟不避嫌怨持以公正督率辦理遇有不職之員輕則記過撤委重則奏參以期共襄厥成不為人言所惑現查東中兩防戴鎮二汛石塘小缺口將次完竣仍應接續興辦以免失時且現恭奉

恩旨校閱浙江營伍必須出省兩三月之久現時核辦秋審事畢已在夏初能否出巡届時再行察看秋冬之間又有文武闈鄉試應辦事宜均關緊要且才短智淺恐難兼顧可否仰懇

天恩簡派熟悉工務大員來浙督辦塘工之處伏候

聖裁除將勘估中東兩防翁尖兩汛應修石塘小缺口丈尺銀數另行具

奏外謹將海塘所需修費不致有逾原估及仍請逐案估報緣由恭摺覆

奏伏乞

皇上聖鑒訓示謹

奏同治十二年三月二十二日奏四月二十七日

奉

硃批覽奏已悉着該撫督飭承辦工員核實經理勿避怨嫌所請另派大員督辦之處着毋庸議欽此

同治十二年八月初三日准
工部咨為奏
聞事都水司案呈內閣抄出浙江巡撫楊　奏查
明海塘所需脩費不致有逾原估並仍請分案
估報一摺同治十二年四月二十七日奉
硃批覽奏已悉着該撫督飭承辦工員核實經理勿
避怨嫌所請另派大員督辦之處着毋庸議欽此
欽遵抄出到部查該撫奏稱查得海塘坍損之
工同治六年前督臣吳　等會勘估需脩費七
八百萬之數雖屬約畧綜計然核較工段情形
不甚逕庭除節次估辦東中西三防各案柴石
土等工共用銀四百三十八萬有奇此外中防
翁汛東防念汛二汛原坍續坍未辦石塘三千
餘丈及抝拜未脩石塘併隨塘柴埽坦水塘後
坿土土埝並尖山以東潑損工段隨時酌量情
形分案先估後辦斷不敢漫無限制致與從前
奏案不符現查尚未估辦各工將來一律脩復
事事核寔務求節省核計約需銀數較之原奏
之數總可有盈無絀惟海塘工程最為險要朝
潮夕汛時有變遷工程之緩急料價之增減丈
尺之多寡不能先事預計今若先行分案估報
仍係約畧之數未為准確將來察看情形或有
不得不更改之處必須逐案奏請轉致多煩案
牘况分估與並估總期撙節無浮事無二致所
有海塘未辦各工應請仍照各前案隨時核寔
估辦以免掣肘等語臣查浙江脩辦海塘工程
同治六年該督等具奏塘工情形欽奉
諭旨海塘用欵雖繁歷屆辦理銀數皆有案可稽現
即工料較昂何至七八百萬等因欽此臣部前以
該撫奏報各工共計用銀已四百餘萬兩而未
辦各工所需錢糧均未核定恐隨辦隨銷浮於
原估之數與從前奏案不符奏請
飭下該撫將未辦各工確切估計以憑稽核茲據該
撫奏稱除節次估辦柴石土等工動用銀四百
三十八萬有奇此外未辦未脩以及潑損工段
隨時酌量情形分案先估後辦不敢漫無限制
與從前奏案不符並稱較之原奏之數總可有
盈無絀是該撫於未辦各工雖未先行估定而
約計銀數已有成算其所奏海塘工程最為險
要時有變遷不能先事預計亦係寔在情形所

請將海塘未辦各工仍照各前案隨時核實估
辦之處應如所奏辦理所需脩費既據該撫查
明不致有逾原估應請
旨飭下該撫於全塘告竣之時將通工所用款項合
計總數專摺奏報以示限制而昭核實臣等為
慎重帑項起見是否有當伏乞
皇上聖鑒謹
奏同治十二年五月十七日具奏即日奉
旨知道了欽此

第叁册

海塘新案

奏疏附部文

臣李　跪

奏為接辦中防石塘並將估需工料銀數恭摺具

奏仰祈

聖鑒事竊臣前經親詣三防勘驗塘工查得西防石塘將次告竣應即預籌接辦中防石工以資聯絡鞏固惟該防缺口較多自應擇要辦理以期覈實當經飭委司道會勘確估詳辦去後茲據塘工總局具詳經署臬司如山杭防道何兆瀛候補道馮禮藩前杭防道陳璚會同親赴中塘督率廳備各員勘得自翁家埠汛露字號起至潛字號止共坍卸魚鱗石塘六百十四丈又散裂魚鱗石塘六丈該處原係大缺口情形較為吃重且形勢灣竄數年來潮汐晝夜沖刷原塘基趾久已坍沒無存即柴壩亦非久遠之圖亟應首先舉辦石塘以資保衛茲應仿照西防石塘之西人官等號變通辦理擬繞柴壩後斜接龍頭約畧增長三十五丈其散裂六丈一律建復統應建復已坍散裂並增長魚鱗石塘六百

五十五丈每丈照西防石工成案估銀四百八
十兩共需工料銀三十一萬四千四百兩其文
武員弁薪水局用均不在內所估銀兩較之例
價不無稍增緣兵燹之後未遽復元物力昂貴
興辦繞城石塘時無殊不得不援照西防石工
確估以期工堅料實至前工增長丈尺均係約
畧聲叙將來有無加減仍須開辦時察看情形
酌量核定其餘坍卸石塘尚可從緩者另行察
辦以紓庫項至所坍舊石能否打撈及撈獲若
干約可抵用幾成亦須隨時核扣方能作準將
來石工藏事仍專歸一案造銷等情呈請具
奏前來臣復核無異除飭趕緊興辦將所撈舊石
核實揀選抵用專案報銷外謹將援辦中防石
塘估需工料銀數緣由恭摺陳明伏乞
皇太后
皇上聖鑒施行謹
奏同治八年十月初四日奏十一月初六日軍機
大臣奉
旨該部知道欽此

臣楊　跪
奏為建復中防翁家埠汛魚鱗石塘丈尺用過銀
數并完竣日期開列清单恭摺
奏報仰祈
聖鑒事竊查援辦中防石塘經升任撫臣李　當
將勘估工料銀數情形專摺
奏明并委前杭防道陳璚駐工督辦在案茲查前
項工程經總局司道遴委幹員分投購料監工
設立分局於同治八年九月二十六日祀土開
工經督辦陳璚會同杭道何兆瀛督率在工員
弁募夫集料力求撙節挨號趕辦至十年三月
二十三日一律完竣計建復翁家埠汛露結為
霜金生麗玉出崑岡劍號巨闕珠稱夜光果珍
李柰菜重芥薑鹹淡鱗潛翼三十二字號十八
層魚鱗石塘六百四十丈惟此案工程原以該
處形勢灣窩擬繞柴垻斜接龍頭原估連增長
共計請辦工六百五十五丈每丈估需工料銀
四百八十兩共應估銀三十一萬四千四百兩
嗣於臨辦時相度地勢討論工作以槽底畧為
向外俾塘身順直稍減增長之工以節經費經

臣親詣工次察勘指授機宜量予變通計減辦原估增長工十五丈實辦成工六百四十丈核計打撈各號舊石約抵一成實共用木石雜料夫工等項銀二十九萬一千五百餘兩除較原估少辦工十五丈應減省銀七千二百兩外計節省銀一萬五千六百餘兩辦竣之工均係駐工督辦之員親率員弁夫匠認真趲辦悉係工堅料實如式完固並無草率茍簡報經臣親臨勘驗并委杭州府知府陳魯赴工逐號驗收結覆亦在案今據督辦工員開明辦竣字號丈尺用過工料銀數由總局司道詳請核

奏前來伏查此次接辦建復中防石塘工程臣節次臨工履勘逐加復驗委係料寔工堅如式完固並無草率偷減情弊足資捍禦其工段丈尺并估計銀數與原奏稍有未符者係臨時察看形勢因地制宜分別減辦所用工料銀兩較之前辦西防建復石塘用數不相上下實無絲毫浮冒所有承辦各員為時將及兩年夙興夜寐寒暑無間尤能事事核寔工堅費節均屬始終勤奮著有微勞可否仰懇

天恩准臣擇尤酌保以示鼓勵之處出自

聖主鴻慈除將用過例價工料銀兩細數另行造冊

題銷外合將建復中防翁汛魚鱗石塘丈尺用過銀數并工竣日期謹繕清單恭摺具陳伏乞

皇太后

皇上聖鑒訓示謹

奏

摺開

一建復露結為三號魚鱗石塘六十丈于九年三月二十三日完工

一建復霜金生麗四號魚鱗石塘八十丈于九年四月二十五日完工

一建復玉出崑岡劍號六號魚鱗石塘一百二十丈于九年七月二十日完工

一建復巨闕珠三號魚鱗石塘六十丈于九年八月二十七日完工

一建復稱字號魚鱗石塘二十丈于九年九月二十二日完工

一建復夜光果珍李柰六號魚鱗石塘一百二十丈于九年十一月二十六日完工

一建復萊重芥薑鹹淡六號魚鱗石塘一百二十丈于九年十二月二十六日完工

一建復鱗潛二號魚鱗石塘四十丈于十年二月二十七日完工

一建復翼字號魚鱗石塘二十丈于十年三月二十三日完工

以上三十二號共建復魚鱗石塘六百四十丈

同治十年九月二十一日奏十月十八日軍機大臣奉

旨該部知道單併發在工各員著准其擇尤酌保毋許冒濫欽此又清單內同日奉

旨覽欽此

再浙省三防海塘建立石塘前有柴埽石坦後有附土土戧各項工程與石塘相為表裏其西中兩防柴埽之後石塘之前又有溝槽等工遍栽楊柳以期盤根鞏固歷辦如斯查中防翁汛露字等號建復魚鱗石塘六百四十丈均已一律完竣除將驗收完竣日期另行

奏報外惟石塘前後空闊低窪之處春夏雨水勢必浸積其中應仍仿照向來做法塘前填滿溝槽並於石塘附土後加築托壩俾石塘與柴埽聯為一氣唇齒相依蓋臻周妥當由駐工督辦前杭防道陳璚率同在工員弁於中防翁汛露字等三十二號新塘前後分別大量面底寬深撙節核估共需土方工價銀一萬三十餘兩即經挨號填築于同治十年六月二十日一律完工由在工分局委員報經總局司道核明請

奏前來臣查前項填槽附土實為保護塘根必不可少之工係照成案辦法所做之工業經勘明一律堅固所需土方工價亦係核實無浮自應准其造銷除將用過銀數另行造冊

題銷外謹附片陳明伏乞

聖鑒謹

奏同治十年九月二十一日奏十月十八日軍機

大臣奉

旨該部知道欽此

同治十二年四月十一日准
工部咨為題銷浙江省建復中防翁汛露字等
號魚鱗石塘並填築槽溝托坦各工用過銀兩
應准開銷事都水司案呈工科抄出浙江巡撫
楊　題同治八年至十年建復中防翁汛露
字等號魚鱗石塘並填槽托坦各工用過銀兩
造冊題銷一案同治十一年七月初六日題九
月二十六日奉
旨該部察核具奏欽此嗣于十一月初十日據該撫
將冊籍揭送到部該臣等查得浙江巡撫楊
疏稱浙省杭州府屬中防境內翁汛自露字
號起至翼字號止三十二號共建復十八層魚
鱗石塘六百四十丈並于塘前填滿溝槽附土
後加築托坦工竣均經親臨履勘悉係料實工
堅如式完固並無草率偷減情弊當將做成工
段字號丈尺用過銀數并完工日期分案奏報
並陳明所用工料銀兩較之前次西防建復石
塘用數不相上下實無絲毫浮冒所有填槽托
坦等工亦係仿照向來做法俾與石塘表裏相
護益臻鞏固均經奏

旨該部知道欽此欽遵在案茲據署辦塘工總局布
政使盧定勳按察使蒯賀蓀等會詳此案建復
石塘所用工料銀二十九萬一千五百六十三
兩六錢八分五厘二毫七絲填槽托坦工料銀
一萬三十一兩八錢五分九厘五毫六微均係
在於提濟塘工經費暨海塘捐輸各款項下動
支由該司道等公同造冊詳送具題等情臣覆
核無異除冊圖送部外理合具題等因前來查
浙江省同治八年九月起至十年二月止建復
中防翁汛露字等號魚鱗石塘並填築溝槽托
坦各工先據前任浙江巡撫李　奏明勘驗
西塘石塘將次告竣應籌接辦中防石塘惟該
防缺口情形較為吃重其形勢灣窩數年來潮
汐晝夜沖刷原塘坍沒無存柴坦亦非久遠之
圖亟應首先舉辦石塘以資保衛並奏明照西
防石工成案估銀等因嗣據浙江巡撫楊
將所做工段字號丈尺銀數開單奏報在案今
據該撫將前項中防翁汛露字號起至翼字號
止三十二號共建復十八層魚鱗石塘六百四
十丈並於塘前填槽附土後加築托坦各工共

用過例估加貼並稍增銀三十萬一千五百九
十五兩五錢四分四厘七毫七絲六微造冊題
銷臣部按冊查核内所開工料例估加貼與例
相符其稍增銀数經該撫奏明較例價不無稍
增按照西防石工確估應准開銷等因同治十
一年十二月十七日題是月十八日奉
旨依議欽此

臣楊　　跪
奏為東塘境内散裂拗拜石塘被冲增刷續又辦
竣搶築柴壩各工丈尺年終截數開單奏祈
聖鑒事竊照浙省西中東三防石塘自同治四年二
月興工起至八年十二月止前後辦竣各工節
經分别開單造冊
題奏各在案復自九年正月起截至閏十月底止
東塘境内散裂拗拜年遠石塘除前經估辦戴
鎮二汛石塘小缺口不計外是年陸續增卸念
尖二汛石塘間共工長二百三十六丈九尺又

續辦竣柴壩一百三十三丈五尺鑲柴一百六
十丈五尺外埽四十丈附土土堰眉土九百七
十丈三尺伏查該防散裂拗拜石塘即同治六
年間調任督臣吳　前任撫臣馬　會勘摺
内所稱次第興辦之工實因年久失修塘外坦
埽全無護沙早經刷盡又兼根脚空虚底樁
朽下既不能負重上又日受潮冲前所謂散裂
外拜稍輕者轉為今日更形吃重之處不時間
段坍卸實非人力所能保護總計東塘境内增
卸石塘二百餘丈其已坍卸者當即搶築柴壩
散裂加甚者亦應趕鑲柴工俾潮水不致内灌
至附土外埽等工亦係防有冲缺之虞定不可
少之工均經該管道親駐工次督率廳備委員
分投搶辦截至閏十月底止如式完固統共用
過例加工料銀三萬八千二百餘兩均於工竣
隨時驗收並無草率偷減情事至該防境内所
有增卸石塘處所雖經搶築柴壩鑲柴只因工
力不及暫資抵禦若為長久之計自應跟接建
修石塘以期一勞永逸將來接建石塘所有柴
壩各工或作外埽或為内戧均可酌量作用尚

非糜費其附土土堰等工亦係擇要應辦之工
經臣歷次親臨勘明所搶各工均係暫救目前
以免決裂由塘工總局司道核明呈請
奏報等因前來臣復核無異除將做成工段高寬
丈尺用過例加工料銀數另行造冊
題銷外合將同治九年搶築東塘散裂拗拜石塘
被沖坍卸續辦柴垻等工丈尺年終截數緣由
先行開單具陳伏乞
皇太后
皇上聖鑒訓示謹
奏
謹將同治九年正月起截至閏十月底止東塘
境內續辦接築改建柴垻鑲柴外埽附土土堰
眉土各工字號丈尺恭繕清單敬呈
御覽
計開
一東塘戴家汛似字號西十丈起至下字號西
四丈止續辦塘後鑲柴共工長五十八丈於
九年七月初六二十等日先後完工
又戴汛深字號東四丈起至婦字號西九丈二
尺止續辦附土共工長二百丈七尺於九年
七月二十日完工
又戴汛映字號東十五丈起至婦字號西九丈
二尺止續辦土堰共工長一百八十一丈七
尺於九年七月二十日完工
一鎮汛訓字號東十丈入字號二十丈奉字號
西六丈仁字號東四丈慈字號二十丈共續
辦塘後鑲柴工長六十丈於九年四月二十
四日完工
又鎮汛婦字號東十丈八尺起至磨字號二十
丈止續辦附土共工長一百九十五丈八尺
於九年四月二十四日完工
又鎮汛婦字號東十丈八尺起至磨字號二十
丈止續辦眉土共工長二百十一丈八尺於
九年四月二十四日完工
又鎮汛婦字號東十丈八尺起至磨字號二十
丈止續辦土堰共工長一百八十丈三尺於
九年四月二十四日完工
一念里亭汛羣字號中東一丈五尺次東五尺
稾字號西一丈五尺鍾字號次東四丈五尺

又中東二丈又中二丈五尺府字號西四丈羅字號東九丈路字號西中一丈五尺又東十丈俠字號西五丈戶字號次東一丈封字號西中五尺兵字號東三丈又次東三丈高字號西十九丈冠字號次東一丈五尺驅字號東二丈轂字號西七丈纓字號中一丈駕字號次西四丈又西中三丈又次東四丈肥字號次東五丈又中六丈策字號次東二丈又次東三丈刻字號東中四丈又次東四丈又東二丈銘字號西二丈曲字號東四丈阜字號西四丈五尺最字號次東二丈五尺州字號次東三丈五尺止共續辦改建接築柴壩工長一百三十三丈五尺於九年三月十五日起至十月十七等日先後完工

又念汎沙字號東六丈五尺漠字號二十丈馳字號西十六丈共續辦鑲柴工長四十二丈五尺於九年六月二十八日完工

又念汎霸精二號續辦外埽工長四十丈於九年閏十月二十六日完工

以上共續辦柴壩工一百三十三丈五尺鑲柴工一百六十丈五尺外埽工四十丈附土土堰眉土共工長九百七十丈三尺統共用過工料銀三萬八千二百餘兩

同治十年八月初七日奏九月十三日軍機大臣奉

旨該部知道單併發欽此又清單內同日奉

旨覽欽此

臣楊　　跪

奏為恭報同治九年分東塘境內續辦柴壩鑲柴附土土埝眉土外埽各工做成高寬丈尺用過銀數開列清單恭摺仰祈

聖鑒事竊照浙省杭州府屬西中東三防海塘工程自同治四年二月興工起至八年十二月止先後辦竣各工字號段落高寬丈尺用過例加工料銀兩節經前撫臣取具圖冊分案開單分別

奏報題銷各在案其自同治九年正月起截至閏十月底止東塘境內散裂拗拜年遠石塘被沖

增卸續又搶辦柴壩一百三十三丈五尺塘後
鑲柴一百六十丈五尺外埽四十丈附土土堰
眉土九百七十丈三尺當于年終截數
奏明在案茲據塘工總局司道具詳前項續辦各
工均由駐工該管道親歷督率搶辦如式完固
隨時驗收並無草率偷減情事所有做成高寬
段落丈尺用過工料銀數核明開單詳請具
奏前來臣復核無異除將用過工料銀兩取具冊
結圖說另行具
題請銷外謹繕清單恭摺具
奏伏乞
皇太后
皇上聖鑒謹
奏
謹將東防境內續辦戴鎮念三汛同治九年正
月起截至閏十月底止塘後鑲柴加築附土眉
土土埝柴壩外埽等工字號段落做成高寬丈
尺用過工料銀數敬繕清單恭呈
御覽
一東防戴家汛似字號西十丈止字號西八丈
思字號次東九丈詠字號次東三丈五尺貴
字號次西五丈尊字號東十三丈和字號東
五丈五尺下字號西四丈共計工長五十八
丈一律塘後鑲柴每丈上寬二丈下寬一丈
六尺牽寬一丈八尺高一丈四尺除頂土高
二尺實鑲柴高一丈二尺
又戴汛深字號東四丈履字號西七丈松字號
東九丈之字號二十丈映字號東十五丈榮
字號東十二丈攝字號二十丈職字號西十
丈從字號西六丈又東五丈政字號西十三
丈棠字號東三丈而字號西十八丈詠字號
次西六丈卑字號西八丈睦字號東十丈五
尺夫字號二十丈唱字號東五丈婦字號西
九丈二尺共計工長二百丈七尺一律加築
附土每丈底面牽寬一丈六尺牽深一丈二
尺
又戴汛映字號東十五丈攝字號二十丈從字
號東十六丈政字號二十丈棠字號東三丈
而字號西十八丈樂字號東十三丈殊字號
西三丈尊字號東十丈和字號東六丈下字

號西四丈睦字號東十丈五尺夫字號二十丈唱字號東十四丈婦字號西九丈二尺共計工長一百八十一丈七尺一律填築土埝每丈底寬八尺面寬五尺牽寬六尺五寸牽深六尺

一鎮海汛訓字號東十丈入字號二十丈奉字號西六丈仁字號東四丈慈字號二十丈共計工長六十丈一律塘後鑲柴每丈上寬二丈下寬一丈八尺牽寬一丈九尺高一丈四尺除頂土高二尺實鑲柴高一丈二尺

又鎮汛婦字號東十丈八尺隨字號西六丈又東四丈外字號西十丈傅字號東十八丈訓字號西十丈比字號東十二丈兒字號二十丈孔字號二十丈懷字號西九丈投字號二十丈分字號西十九丈切字號東十七丈磨字號二十丈共計工長一百九十五丈八尺一律加築附土每丈底面牽寬一丈八尺牽深一丈

又鎮汛婦字號東十丈八尺隨字號西六丈東四丈外字號西十丈傅字號二十丈訓字號二十丈比字號東十二丈兒字號二十丈孔字號二十丈懷字號西九丈投字號二十丈分字號二十丈切字號二十丈磨字號二十丈共計工長二百十一丈八尺一律加築眉土每丈底面牽寬四丈高一尺五寸

又鎮汛婦字號東十丈八尺訓字號東西中九丈入字號二十丈奉字號東六丈比字號東十二丈兒字號二十丈孔字號二十丈懷字號西二丈五尺投字號二十丈分字號二十丈切字號二十丈磨字號二十丈共計工長一百八十丈三尺一律填築土埝每丈底寬七尺面寬四尺牽寬五尺五寸牽深五尺

一念里亭汛葦字號中東二丈稾字號西一丈五尺鍾字號中東九丈府字號西四丈羅字號東九丈路字號西中東十一丈五尺俠字號西五丈戶字號次東一丈封字號西中五尺共計坍成缺口搶築柴壩工長四十三丈五尺每丈面寬二丈五尺底寬三丈五尺牽寬三丈築高二丈除頂土高二尺實築柴高一丈八尺

又念汛兵字號東六丈高字號西十九丈冠字
號次東一丈五尺驅字號東二丈轂字號西
七丈纓字號中一丈駕字號中十一丈肥字
號東中十一丈策字號次東五丈刻字號中
東十丈銘字號西二丈曲字號東四丈阜字
號西四丈五尺最字號次東二丈五尺卅字
號次東三丈五尺共計坍成缺口搶築柴壩
工長九十丈每丈面寬二丈五尺底寬三丈
牽寬二丈七尺五寸築高二丈除頂土高二
尺實築柴高一丈八尺
又念汛沙字號東六丈五尺漠字號二十丈馳
字號西十六丈共計工長四十二丈五尺一
律塘後鑲柴每丈上寬二丈下寬一丈八尺
牽寬一丈九尺高一丈二尺除頂土高二尺
實鑲柴高一丈
又念汛霸字號二十丈精字號二十丈共計工
長四十丈一律搶築外埽每丈上寬二丈下
寬三丈牽寬二丈五尺築高二丈四尺除頂
土高二尺實鑲柴高二丈二尺
以上共用過例估加貼工料銀三萬八千

二百七十一兩九分四厘
同治十一年三月十六日奏四月二十四日軍
機大臣奉
旨該部知道單併發欽此又清單内同日奉
旨覽欽此

同治十二年八月初三日准
工部咨開爲題銷浙江省續辦東塘搶築柴壩
外埽鑲柴附土土埝各工用過銀兩與例相符
應准開銷事都水司案呈工科抄出浙江巡撫
楊　題同治九年續辦東塘搶築柴壩外埽
鑲柴附土土埝各工用過銀兩造册題銷一案
同治十二年二月初六日題四月十八日奉
旨該部察核具奏欽此於四月二十一日科抄到部
該臣等查得浙江巡撫楊　疏稱東中西三
防海塘工程自同治四年二月興辦起至八年

十二月止先後辦竣柴土各工字號段落高寬丈尺用過例加工料銀兩均經分案造冊題銷所有九年正月起至閏十月底止續辦搶築柴壩一百三十三丈五尺塘後鑲柴一百六十丈五尺外埽四十丈附土土埝眉土九百七十丈三尺暫資抵禦工竣均經杭嘉湖道何兆瀛隨時驗收當於年終截數完竣並將各工所做字號段落高寬丈尺用過例估加貼工料銀兩均經開單先後奏報各在案茲據該司道等會查此項續竣東塘柴壩外埽鑲柴附土土埝眉土各工所有用過工料銀三萬八千二百七十一兩九分四厘均係在于提濟塘工經費以及海塘捐輸等各款項內動支督飭該管廳備等經理應由該司道等造具冊圖詳請具題等情臣復核無異除冊圖送部外理合具題等因前來查浙江省同治九年正月起截至閏十月底止續辦東塘搶築柴壩外埽鑲柴附土土埝眉土各工先據浙江巡撫楊　奏明東塘境內石塘其已坍卸者當即搶築柴壩散裂加甚者亦應趕辦鑲柴俾潮水不致內灌至附土外埽等各工亦係防有沖缺之虞均經該管道親駐工次督率廳備委員分投搶辦如式完固等因並將做過工段字號丈尺銀數開單奏報在案今據該撫將前項搶築柴壩一百三十三丈五尺塘後鑲柴一百六十丈五尺外埽四十丈附土土埝眉土九百七十丈三尺統共用過例加銀三萬八千二百七十一兩九分四厘造冊題銷臣部按冊查核內所開工料土方例價加貼與例相符應准開銷其動支塘工銀款並行文戶部查照同治十二年六月初十日題本月十二日奉

旨依議欽此

臣楊　　跪
奏為同治十年分東塘念汛二汛散裂拗拜石塘被沖增卸續又搶築柴垻埽坦各工丈尺年終截數開單奏祈
聖鑒事竊浙省西中東三防海塘工程年久失脩節節坍卸自同治四年二月興工起至九年年終止先後辦竣柴垻柴埽盤頭裹頭附土各工節經分别開單造冊
題奏各在案茲自十年正月起至十一月止東塘念汛二汛續又搶築柴垻六十八丈五尺建築埽坦二百三十四丈五尺並將埽外一律加拋塊石以資擁護伏查此項續辦柴垻工段即係同治六年調任督臣吳　前任撫臣馬　會勘摺內所稱年遠舊石老塘散裂拗拜之工比時情形稍輕陳明次第興辦閱今數載護沙刷盡外埽久無底樁黴朽日受兩潮沖擊以致吃重之處續又坍卸本應建復石塘以期一勞永逸惟當此戴鎮二汛石塘坦水同時興辦工力不及是以趕先搶築柴垻暫資抵禦俾潮水不致內灌將來建復石塘或作外埽或為內戧臨時仍可酌量抵用尚非虛糜經費所有建築埽坦之工緣念汛九里橋一帶間存石塘久無外埽勢成孤立每遇大潮沖激多有損卸惟于塘外趕築埽坦埽外一律加拋塊石庶期石塘藉以擁護不致再有沖損是目前保得一段舊塘即將來省得一段新工之費因時制宜實係至要應辦者核計統共用過例加工料并七分公費總計銀二萬七千七百餘兩均經該杭防道親駐工次督率該營廳脩實力搶辦如式完固工竣隨時驗收均係料實工堅並無草率偷減情事經臣歷次臨工履勘無異由塘工總局司道核明截數呈請
奏報前來臣覆加查核委係工關緊要用款核實除將做成工段高寬丈尺用過例加工料銀數另行造冊
題銷外合將同治十年分東塘念汛二汛散裂拗拜石塘被沖增卸續又搶辦柴垻埽坦各工丈尺年終截數緣由先行開單具陳伏乞
皇太后
皇上聖鑒訓示謹

奏

謹將同治十年正月起截至十一月止東塘境

内續辦接築改建柴垻埽坦各工字號丈尺並

完工日期恭繕清單敬呈

御覽

計開

一東塘念里亭汛阜字號次西一丈五尺杜字

號東十丈羅字號七丈稾字號中一丈五尺

路字號西中三丈五尺續辦添建改築柴垻

共工長二十三丈五尺于十年三月二十九

四月二十六月十八日等先後完工

又念汛俠字號東十七丈起至駕字號西二丈

止計十三號續辦埽坦共工長二百三十四

丈五尺于十年七月二十日完工

一尖山汛邈字號次西三丈岫字號西中十五

丈謹字號東九丈敕字號西三丈俶字號東

六丈載字號西九丈續辦添築改建柴垻共

工長四十五丈于十年十一月二十九日完

工

以上共續辦柴垻工六十八丈五尺埽坦

工二百三十四丈五尺並埽外一律加拋

塊石統共用過例加工料銀二萬乙千乙

百餘兩

同治十一年正月二十八日奏三月初六日軍

機大臣奉

旨該部知道單併發欽此又清單内同日奉

旨覽欽此

臣楊　跪

奏為恭報同治十年分東塘境内念尖二汛續辦

柴垻埽坦並埽外拋護塊石各工做成高寬丈

尺用過銀數開列清單恭摺仰祈

聖鑒事竊照浙省杭州府屬東中西三防海塘工程

自同治四年二月興工起至九年年終止先後

辦竣柴土各工字號段落高寬丈尺用過例加

工料銀兩節經分案開單造冊

題奏各在案其自同治十年正月起至十一月止

東塘念尖二汛續又搶築柴垻六十八丈五尺

建築埽坦二百三十四丈五尺並于埽外一律
抛護塊石當于年終截數
奏明在案茲據塘工總局司道具詳前項續辦各
工均由駐工該管道親歷督飭搶辦如式完固
隨時驗收並無偷減情事所有做成段落丈尺
高寬用過工料銀數核明開單詳請具
題前來臣復核無異除將用過工料銀兩取具冊
結圖說另疏具
奏請銷外謹繕清單恭摺具陳伏乞
皇太后
皇上聖鑒謹
奏
謹將東防念尖二汛境內同治十年正月起至
十一月止搶築柴壩添建埽坦並抛埽外塊石
等工字號丈尺做成高寬用過銀數敬繕清單
恭呈
御覽
計開
一東防念里亭汛阜字號次西一丈五尺杜字
號東十丈羅字號中七丈槀字號次西一丈
五尺路字號西中三丈五尺共計坍成缺口
搶築添建改築柴壩工長二十三丈五尺每
丈面寬二丈五尺底寬三丈牽寬二丈七尺
五寸築高二丈除頂土高二尺實築柴高一
丈八尺
一尖山汛邇字號次西三丈岫字號西中十五
丈謹字號東九丈敕字號西三丈假字號東
六丈載字號西九丈共計坍成缺口搶築添
建改建柴壩工長四十五丈每丈面寬二丈
五尺底寬三丈牽寬二丈七尺五寸築高二
丈除頂土高二尺寔築柴高一丈八尺
一念里亭汛俠字號東十七丈槐字號二十丈
卿字號二十丈戶字號二十丈封字號二十
丈八字號二十丈縣字號二十丈家字號二
十丈給字號西十五丈五尺祿字號二十丈
富字號二十丈車字號二十丈駕字號西二
丈石塘之外建築埽坦共計工長二百三十
四丈五尺每丈底寬一丈八尺面寬一丈二
尺牽寬一丈五尺築高一丈四尺並于外口
臨水加抛塊石每丈底寬一丈二尺面寬五

尺牽寬八尺五寸高九尺

以上統共用過例加工料銀二萬七千七百九十三兩七錢六分五厘五毫二絲五忽

同治十一年十一月初四日奏十二月初九日

軍機大臣奉

旨工部知道單併發欽此又清單内同日奉

旨覽欽此

同治十三年正月十七日准

工部咨開浙江省東防境内念尖二汛續又搶築柴埧並建築坦水拋護塊石各工用過銀兩與例相符應准開銷事都水司案呈工科抄出浙江巡撫楊　　題同治十年東防境内念尖二汛續又搶築柴埧並建築坦水拋護塊石各工用過銀兩造冊題銷一案同治十二年七月初二日題九月十三日奉

旨該部察核具奏欽此于九月十四日科抄到部該

臣等查得浙江巡撫楊　　疏稱浙省杭州府屬東中西三防海塘工程自同治四年二月興工起至九年年終止先後辦竣柴土各工均經分案造冊題銷在案所有十年正月起至十一月止東防念尖二汛續又搶築柴埧建築埽坦並埽外加拋塊石以資擁護此項工段係同治六年調任督臣吴　　等會勘摺内所稱年遠石塘散裂捌辦陳明次第興辦閱今數載護沙刷盡外埽底樁霉朽日受兩潮冲激以致吃重緣念汛九里橋一帶間存石塘久無外埽勢成孤立每遇大潮冲激多有損卸惟於塘外趕築埽坦埽外拋填塊石庶期石塘藉以擁護不致再有冲損實係因時制宜工竣均經杭嘉湖道何兆瀛隨時驗收結覆並臣歴次親臨勘明將各工所做字號段落高寬丈尺用過例估加貼工料銀兩開單奏報在案兹據塘工總局布政使盧定勲等會同詳稱此項續竣東防念尖二汛柴埧六十八丈五尺埽坦工二百三十四丈五尺並埽外加拋塊石各工用過工料銀二萬七千七百九十三兩七錢六分五厘五毫二絲五忽均係在于提濟塘工經費暨海塘捐輸各款

項下動支督飭該管廳備核實經理應由該司
道等公同造具冊圖詳請具題等情臣覆核無
異除冊圖送部外理合具題等因前來查浙江
省同治十年東防境內念尖二汛續又搶築柴
垻並建築埽坦拋護塊石各工先據浙江巡撫
楊
奏明並將各工字號丈尺銀數開單奏
報在案今據該撫將東防念尖二汛續又搶築
柴垻六十八丈五尺建築埽坦二百三十四丈
五尺並埽外加拋塊石共用過例加工料銀二
萬七千七百九十三兩七錢六分五厘五毫二
絲五忽造冊題銷臣部按冊查核內所開各工
字號丈尺銀數核與奏報清單相符其工料價
值與例亦屬無浮應准開銷等因同治十二年
十一月二十六日題是月二十八日奉
旨依議欽此

臣李　跪
奏為開辦東防戴鎮二汛頭二坦水盤頭各工估
需工料銀數恭摺奏
聞仰祈
聖鑒事竊照東防石塘前因年久失脩塘外柴埽坦
水盤頭逐漸坍沒以致石塘孤立間段坍卸其
缺口處所前撫臣飭令搶築柴垻鑲柴盤頭各
工以資抵禦業已完竣先後
奏明在案茲查西防石工尚未全竣如東防石塘
同時並舉不特經費難籌且人工物料一時萬
難購集前經臣親臨東防察看石塘坍卸段落
甚多所有舊塘多露塘脚坦水殘缺不全再遇
潮汐復有坍卸則塘身更形孤立今日保一丈
之舊塘將來即少脩一丈之新工權衡輕重東
防工程應以速辦石坦為要上年臣於巡閱塘
工情形摺內亦經聲明在案當飭總局查明現
存石塘工段應築若干勘明確估開摺詳辦并
委候補知府慶泰駐工董率去後茲據塘工總
局司道轉據該廳備暨各委員會同赴工逐一
勘覆除去尖汛坦水另辦并繞城已竣各工及

各口已築柴壩不計外所有現存舊石之塘均皆顯露即原建埽工現亦無存應請一律改建頭二坦水計自戴汛積字號起至鎮汛與字號止應辦頭坦工長二千三百六十一丈一尺內併辦二坦工長二千七百六十四丈六尺兩共工長六千一百二十五丈七尺內有舊存條石三十六丈塊石三百四十八方樁木一千七百八十丈五尺均已霉朽間有低矬不堪抵用前工內有僅辦頭坦者情形吃重准如所估釘用排樁兩路以資關鍵其頭二坦並辦者應照例仍釘排樁一路共估需工料銀三十萬六千三百九十九兩零又勘得戴鎮念三汛原建忠則如松同氣甲帳聚羣十號大小柴盤頭五座均已坍盡一概無存亦請一體建復以挑水勢共估需工料銀四萬三千六百四兩統共銀三十五萬三兩零所估工料係援照上屆繞城坦水成案科算核與定例稍增然體察情形今非昔比此時物料人工較前昂貴與前辦繞城工程無異且坦水露底深者亦須多用塊石在在增費尚無浮冒由總局司道核明開摺具詳請

奏前來臣覆加確核與親勘情形無異此係舊塘新坦應請專案報銷以清眉目合將興辦東防戴鎮二汛頭二坦水盤頭各工緣由繕摺具

奏伏乞

皇太后

皇上聖鑒訓示謹

奏同治八年八月初十日奏九月初十日軍機大

臣奉

旨該部知道欽此

同治八年十二月初八日准

工部咨開都水司案呈內閣抄出浙江巡撫李

奏開辦東塘戴鎮二汛坦水盤頭各工估需工料銀數一摺同治八年九月初十日軍機

大臣奉

旨該部知道欽此欽遵抄出到部臣等查原奏內稱東防石塘年久失脩坍卸段落甚多塘腳坦水殘缺不全再遇潮汐則塘身更形孤立應以速辦石坦為要上年臣于巡閱塘工情形摺內聲明在案茲據塘工總局司道暨各委員赴工逐

一勘覆應請一律改建頭二坦水計自戴汛積字號起至鎮汛典字號止應辦頭二坦工釘用排樁兩路以資關鍵共估需工料銀三十萬六千三百九十九兩零又戴鎮念三汛原建忠則如松同氣甲帳聚羣十號大小柴盤頭五座均已坍盡亦請一體建復共估需工料銀四萬三千六百四兩零所估銀兩係援照上屆繞城坦水成案科算與例稍增臣復加確核與親勘情形無異此係舊塘新坦應請專案報銷以清眉目等因臣等查浙省上年折脩海甯石塘工程前援浙江撫臣覆奏脩辦海甯石工若不另增加貼斷難辦理應手經臣部以該撫所奏係為工程緊要准其酌增此外各項塘工均不得援以為例奏明在案茲據奏稱戴鎮汛內改建頭二坦水盤頭各工聲明援照上屆繞城坦水成案科算查前案尚未題銷並經臣部奏明此外各項塘工不得援以為例該撫何以復行援案請增且該撫並未聲明所增數目奏明請

旨遵行僅聲稱與例稍增恐該工員等藉以冒銷殊非慎重錢粮之道相應請

旨飭下浙江撫臣嚴督工員核實辦理毋得含混加增稍涉浮冒以資撙節所有臣等查明具奏緣由是否有當伏乞

聖鑒訓示遵行謹

奏請

旨同治八年十月十三日具奏即日奉

旨依議欽此

臣楊　　跪

奏為查明估辦東防戴鎮二汛頭二坦工實無浮冒委難核減仍請援案辦理恭摺仰祈

聖鑒事竊准部咨上屆繞城坦水稍增例價一案奏明此外各項塘工不得援以為例何以此次戴鎮二汛改建頭二坦水盤頭各工復行援案請增且未陳明所增數目僅稱與例稍增恐該工員藉以冒銷殊非慎重錢粮之道請

旨飭臣嚴督工員核寔辦理毋得含混加增稍涉浮冒等因即經轉行遵照去後今據塘工總局司

道詳稱查此案請辦東防戴鎮二汛坦水盤頭各工原因該處石塘孤立舊築坦水埽工歲久失脩早經坍沒外無衛護潮汐沖激僅憑一綫石塘難資抵禦是以擇要估辦以固舊塘至於估需工料銀兩當此經費艱難之際何敢稍任浮冒實緣今昔情形不同故不得不援案請增溯查乾隆年間脩辦海塘石工其時人物豐稔例價尚嫌不敷致有加貼今則兵燹之後民物凋殘與此距工所有木石各料均皆採自深山紆廻盤越脚價增至數倍至匠作夫工亦係僱請他方惟有加給工食方可募集若不援案請增辦理萬難應手是工程之緊要購料之艱難僱夫之棘手無不與前辦繞城坦水同一情形原估銀數本係核寔無浮奉飭前因復經會同督飭援辦坦工委員及該防廳脩細將工程物料夫匠等項逐一科算又復通盤核計原估銀兩在在核寔無可再減且現距估辦之時已逾兩載海中潮汐變遷南沙日漸寬濶海潮盡趨北岸坦基搜刷益深已估未經興辦者原估平底之工現多露底其原估露底一二尺者又或加深至三四尺不等即原估塊石一項已虞不敷況原估頭二兩坦並辦者頭坦祇釘單排樁木嗣於臨辦相度形勢間有險要之處又須加釘排樁拋添塊石俾舊塘新坦兩受其益由臣親臨察看指受機宜仿照通志辦法於未成頭坦一律加釘以期鞏固是原估銀數不惟難於核減抑且深慮不敷若使拘執例價勉節經費勢必有妨工務該司道等一再稽核均係實在情形委難刪減等情詳請具

奏前來臣復加確查寔無浮冒情事除咨明工部查照外合將奉部駁查東塘坦工委難核減仍請援案辦理緣由據寔覆

奏伏乞

皇太后

皇上聖鑒敕部查照施行謹

奏同治十年十二月十八日奏十一年正月二十日軍機大臣奉

旨着照所請該部知道欽此

臣楊　跪

奏爲東防戴鎮二汛舊存石塘建復頭二坦水盤頭各工丈尺並完竣日期恭摺具

奏仰祈

聖鑒事竊照浙省杭州府屬東防境内戴鎮二汛積字等號舊存石塘應建頭二坦水盤頭等工經陞任撫臣李　　臨工勘明擇要興辦飭局委員估計銀数

奏明在案經該總局司道委員分投購料監工設立分局于同治八年九月初一日祀土興工並委候補知府慶泰暨接辦工員候補知府陳乃瀚先後駐工會同該管廳備督率在事員弁募夫集料挨號趕辦至十一年七月二十五日一律完竣計自東塘戴汛積字號東頭坦六丈五尺起至鎮汛典字號西頭二坦各十丈止原估應辦頭坦工長三千三百六十一丈一尺二坦工長二千七百六十四丈六尺大小柴盤頭五座先經慶泰辦竣頭二坦工長三千一百三十六丈典亦盤頭一座嗣經陳乃瀚辦竣頭二坦工長二千九百三十五丈忠則如松盤頭各一座候補知縣石家麟辦竣頭二坦工長一百四十五丈均經一律完竣惟該工興辦已歷三年之久其中潮勢變遷情形頗異有較原估應增之工如建築忠則盤頭照原估丈尺外實添築外圍二丈八尺面寬四尺如松盤頭添築後身工長六丈五尺外圍冲鋒一律加寬又併辦二坦之澄取字等號頭坦間段工長五百六十四丈四尺原估只釘单排樁今應一律添釘雙排方資抵禦有照原估應移應增之工如典亦盤頭原估建于聚羣字號今酌量情形應移建于西首之典亦字號其迤東迎潮極重並酌量加幫雁翅添築後身冲鋒方禦冲激有照原估應改之工如同氣甲帳四號原估盤頭二座近日情形較輕改辦頭二坦水亦能保護塘根除原估坦水外計添辦頭二坦工各長五十三丈九尺有照原估應減之工如松盤頭丈尺既增後身即占地位則字號原估坦工並有重複丈尺共計應減辦頭坦工十一丈五尺二坦工六丈以上原估續添各工抵計共實辦成頭坦工長三千四百三十丈五尺二坦工長二千八百一十

二丈五尺柒盤頭三座統查原估工料銀三十五萬三兩零今有續添頭坦並加釘排樁添築盤頭後身沖鋒雁翅等工續共估銀一萬七千四十三兩零合計原估續估共銀三十六萬七千四十餘兩除減辦坦水盤頭等工應於原估數內扣除銀二萬一千七百六十餘兩外寔共估銀三十四萬五千二百八十兩零此項工程均經監辦工員於興辦時察看情形酌量更改似不能拘定前估丈尺銀數稍事遷就致誤要工臣於
奏覆部查前項坦工估數委難核減案內陳明亦在案所有辦減頭坦工三千四百三丈五尺二坦工二千八百一十二丈五尺柒盤頭三座內除慶泰經辦之坦工潑損一千六百餘丈遵照
奏案飭令賠脩據報工竣應俟驗收結覆另案辦理外其餘辦竣各工由總局司道查明具詳請
奏前來臣查此項建復改建頭二坦工程各悉依舊跡打釘安砌以及盤頭各工均皆如式完固並委臬司蒯賀蓀赴工驗收其所築工段丈尺間有寬窄不等及估用銀數與原奏未符之處委係臨辦時察看形勢因地制宜分別酌辦所估工料銀兩核與例價稍增臣已奏蒙
聖恩允准在案所有該工字號丈尺併實用銀數除俟總局核詳另行繕單
題奏請銷外謹將建復改建東塘戴鎮二汛頭二坦水盤頭各工丈尺並完竣日期恭摺具
奏伏乞
皇太后
皇上聖鑒敕部查照施行謹
奏同治十一年十二月初三日奏十二年正月初四日軍機大臣奉
旨該部知道欽此

日楊　　跪

奏爲辦竣東防戴鎮二汎頭二坦水盤頭各工字
號丈尺用過銀數繕清單恭摺
奏報仰祈
聖鑒事竊照浙江省杭州府屬東防境内戴鎮二汎
積字等號舊存石塘應建頭二坦水盤頭各工
前經陞任撫臣李　　親勘擇要估計銀數
奏明飭局委員興辦在案經該總局司道委員分
投購料監工設立分局自同治八年九月初一
日興工起至十一年七月二十五日一律完竣
統共辦成頭坦工長三千四百三丈五尺二坦
工長二千八百十二丈五尺柴盤頭三座内經
委員候補知府慶泰辦竣頭二坦水工長三千
一百三十六丈柴盤頭一座候補知府陳乃瀚
辦竣頭二坦工長二千九百三十五丈柴盤頭
二座候補知縣石家麟辦竣頭二坦工長一百
四十五丈工竣後當委臬司蒯賀蓀赴工驗收
均係工堅料實如式完固並無草率偷減情事
經臣將完竣日期並寔共估計工料銀三十四
萬五千二百八十兩零
奏報在案茲據塘工總局司道會查得該分局前
後收支委員造送冊報用過工料經費核共銀
三十三萬五千二百餘兩逐一勾稽均屬核寔
無浮其坦水丈尺間有寬窄不等實係限於地
勢因時酌宜工料亦有所省照估寔計節省銀
一萬餘兩開單詳請具
奏前來臣復核無異除飭將辦竣工段字號丈尺
用過銀數照例開具冊結另請
題銷外合將辦竣東防戴鎮二汎坦水盤頭各工
用過例估加貼新增工料銀兩緣由開單具
奏伏乞
皇太后
皇上聖鑒敕部查照施行謹
奏

謹將東防戴鎮二汎舊存石塘建築頭二坦水
盤頭拋護塊石各工字號丈尺做成高寬用過
例估加貼新增工料銀數敬繕清單恭呈
御覽
計開
一東塘戴鎮積字號東六丈五尺福緣善慶尺

壁寶寸陰是競資父事均曰嚴與敬孝等字二十號各二十丈力字號東七丈忠字號西十七丈則字號東九丈五尺命字號西十丈流字號東十一丈不字號中十丈息字號次東五尺澄字號次東五丈五尺取字號東四丈映字號二十丈思字號中十丈辭安定篤初慎等字六號各二十丈終字號東十丈宜字號二十丈令字號西十八丈榮字號東十三丈業基藉甚竟學優登等字八號各二十丈從字號次西四丈詠字號東十丈樂殊二號各二十丈貴字號西十丈尊字號西十四丈卑字號西六丈又鎮汛訓入二號各二十丈奉字號西三丈五尺同字號二十丈氣字號西四丈仁字號東四丈四尺慈隱二號各二十丈楹字號西五丈五尺筵字號二十丈設字號西東八丈席鼓二號各二十丈瑟字號西四丈吹字號東十丈笙字號二十丈共計工長一千一百五十五丈四尺一律建築條石頭坦每丈照例築寬一丈二尺上除蓋面條石不計外下用塊石墊底填深自三尺起至六尺五寸止前工或因僅辦頭坦或因潮勢吃重折釘排樁二路

一東塘戴汛臨字號東十五丈五尺深履薄夙興溫凊似蘭斯馨等字十一號各二十丈如字號西十三丈五尺松字號東九丈五尺之盛二號各二十丈川字號西十七丈息字號東一丈五尺淵字號二十丈澄字號西九丈五尺容止若三號各二十丈思字號東西十丈言誠美三號各二十丈令字號東二丈榮字號西七丈所仕攝職四號各二十丈從字號西六丈東六丈政字號西十七丈存字號東九丈以字號西十六丈棠字號東十一丈而字號二十丈益字號西十三丈詠字號次東八丈貴字號東十丈禮字號二十丈別字號西三丈九尺東七丈六尺尊字號東六丈卑字號中十一丈五尺上字號中十四丈和字號東十六丈下睦夫三號各二十丈唱字號西四丈東五丈婦字號西九丈二尺又鎮汛婦字號東十丈八尺隨外受傅四號各二十丈奉字號東十六丈五尺毋儀諸姑伯叔

猶子比兒孔懷兄弟等字十四號各二十丈氣字號東十六丈連枝交友投分切磨箴規等字十號各二十丈仁字號西十五丈六尺隱惻造次弗節義盤鬱樓觀飛寫畫綵仙靈丙舍傍啓甲帳等字二十三號各二十丈楹字號東十四丈五尺肆筵二號各二十丈階字號西中九丈納字號東十八丈陛弁轉三號各二十丈疑字號西十二丈東三丈星右通三號各二十丈廣字號西八丈內字號東六丈左達承三號各二十丈明字號西七丈既字號東三丈集字號二十丈典字號西十丈共計工長二千二百四十八丈一尺一律建築條石頭坦每丈照例築寬一丈二尺上除蓋面條石不計外下用塊石墊底填深自三尺起至六尺五寸止抒釘排樁一路

一東塘戴汛臨字號東十五丈五尺深履薄夙興溫凊似蘭斯馨等字十一號各二十丈如字號西十三丈五尺松字號東九丈五尺之盛二號各二十丈川字號西十七丈息字號東二丈淵字號二十丈澄字號西十五丈取字號東四丈映容止若思言辭安定篤初誠美慎等字十四號各二十丈終字號東十丈宜令榮業所登仕攝職等字九號各二十丈從字號西十丈東六丈政字號西十七丈存字號東九丈以字號西十六丈棠字號東十一丈而字號二十丈益字號西十三丈詠字號東十八丈樂殊貴禮等字四號各二十丈別字號西三丈九尺東七丈六尺尊字號二十丈卑字號西十七丈五尺上字號中十四丈和字號東十六丈下睦夫三號各二十丈唱字號西四丈東五丈婦字號西九尺二尺又鎮汛婦字號東十丈八尺隨外受傅訓入奉母儀諸姑伯叔猶子比兒孔懷兄弟同氣連枝交友投分切磨箴規仁慈隱惻造次弗節義盤鬱樓觀飛圖寫畫綵仙靈丙舍傍啓甲帳楹肆筵等字六十二號各二十丈設字號西東八丈席鼓二號各二十丈瑟字號西四丈吹字號東十丈笙陛二號各二十丈階字號西中九丈納字號東十八丈陛弁轉三號各二十丈疑字號西十二丈東三丈星右

通三號各二十丈廣字號西八丈内字號東六丈左達承三號各二十丈明字號西七丈既字號東三丈集字號二十丈典字號西十丈共計工長二千八百十二丈五尺一律建築條石二坦每丈照例築寬一丈二尺上除蓋面條石不計外下用塊石墊底填深自三尺起至六尺五寸止扦釘排樁兩路

一東防戴汎忠字號東三丈則字號西十丈五尺建築柴盤頭一座外圍工長二十丈八尺後身長十三丈五尺中面寬五丈二尺底寬六丈東西兩雁翅各面寬三丈二尺各底寬四丈四尺除頂土高二尺寔築柴高三丈二尺

一東防戴汎如字號東六丈五尺松字號西十丈五尺建築柴盤頭一座外圍工長二十二丈五尺後身長十七丈中面寬五丈底寬六丈東西兩雁翅各面寬三丈二尺各底寬四丈四尺除頂土高二尺寔築柴高三丈二尺

一東防鎮汎典字號東九丈亦字號西十五丈建築柴盤頭一座外圍工長三十丈後身長二十四丈中面寬六丈底寬七丈東西兩雁翅各面寬三丈四尺各底寬四丈六尺除頂土高二尺實築柴高三丈五尺並迤東加築雁翅四丈面寬一丈八尺底寬二丈二尺高三丈五尺

前項盤頭三座均因埽外水深酌量加拋塊石面寬自八尺起至九尺止底寬自二丈五尺起至二丈七尺五寸止高自三丈起至三丈三尺止

以上統共用過例估加貼新增工料銀三十三萬五千二百餘兩係動支提濟塘工經費暨海塘捐輸等款理合陳明

同治十二年四月二十二日奏五月二十日奉

硃批工部知道單併發欽此又清單内同日奉

硃批覽欽此

同治十三年十一月初十日准
工部咨為題銷浙江省東防戴鎮二汛建築頭
二坦水盤頭等工用過銀兩應准開銷事都水
司案呈工科抄出浙江巡撫楊　題東防戴
鎮二汛同治八年建築頭二坦水盤頭等工用
過銀兩造冊題銷一案同治十三年三月初六
日題五月二十八日奉
旨該部察核具奏欽此于六月初二日科抄到部該
臣等查得浙江巡撫楊　疏稱浙省杭州府
屬東防戴鎮二汛境内石塘前因年久失脩坍
卸段落甚多塘外柴埽坦水盤頭逐漸坍没所
存舊塘多露塘脚亟應一律建築坦水盤頭方
足以衛石塘而挑水勢所估工料係援照上屆
繞城坦水成案科算核與定例稍增然體察情
形今非昔比物料人工較前昂貴與前辦繞城
工程無異且坦水露底深者亦須多用塊石比
項工段係前陞撫臣李　遴員赴工興辦奏
奉
諭旨該部知道欽此嗣准工部咨以上屆繞城坦水
稍增例價一案奏明此外各項塘工不得援以
為例何以此次戴鎮二汛改建頭二坦水盤頭
各工復行援案請增奏明行令核寔辦理毋得
含混加增等因當經飭令委員廳備細將工程
物料夫匠等項逐一科算又復通盤核計原估
銀兩在在核寔無可再減並以原估頭二兩坦
並辦之頭坦祇釘單樁經臣親臨勘明仿照通
志辦法飭於未成頭坦一律加釘雙樁以期鞏
固是原估銀數尚慮不敷實難刪減等情奏覆
欽奉
諭旨著照所請該部知道欽此接准部咨欽遵行令
查照各在案計東塘戴汛積字號東頭坦六丈
五尺起至鎮汛典字號西頭二坦各十丈止間
共建築頭坦工長三千四百三丈五尺二坦工
長二千八百十二丈五尺柴盤頭三座自同治
八年九月初一日興工至十一年七月二十五
日一律完竣當經飭委按察使蒯賀蓀等逐細
驗收茲據塘工總局布政使盧定勲等會同詳
稱此項辦竣各工除舊存條石三十六丈塊石
三百三十八方不計錢粮外所用例估加貼增
貼工料銀三十三萬五千二百二十二兩一錢

三分七厘六毫九絲五忽均係在于提濟塘工經費暨海塘捐輸各款項下動支督飭該管廳備核寔經理應由該司道等公同造具冊圖詳請具題臣覆核無異除將冊圖送部外理合具題等因前來查浙江省東防戴鎮二汛同治八年至十一年建築頭二坦水盤頭等工先據暨任浙江撫臣李　奏明東塘境内戴鎮二汛石塘援照上屆繞城坦水成案料算核與定例稍增當經臣部奏明行令核寔辦理毋得含混加增等因復經浙江巡撫楊　以原估銀兩無可再減並以原估頭二坦水工祗釘單樁經臣親臨勘明加釘雙樁是原估銀數尚慮不敷實難删減等情奏覆奉
旨着照所請該部知道欽此欽遵在案茲據該撫將東防戴鎮積字號東頭坦六丈五尺起至鎮汛典字號西頭二坦各十丈止間共建復頭坦工長三千四百三丈五尺二坦工長二千八百十二丈五尺柴盤頭三座共用例估加貼增貼工料銀三十三萬五千二百二十二兩一錢三分七厘六毫九絲五忽造冊題銷臣部按冊查核内所開工料例估加貼增貼經該撫查明覆奏奉
旨允准應准開銷其動支塘工經費暨海塘捐輸各款銀兩并行文户部查照至西中兩防同治六七兩年歲修柴垻裹頭等工先據該撫造冊題估迄今數載尚未題銷並同治八年至十二年歲修各工亦未具題殊屬延玩應令該撫迅將各該年分歲修工程挨次分案具題以憑核辦等因同治十三年九月十九日題本月二十一日奉
旨依議欽此為此合咨前去欽遵施行

撫院楊　片奏
再升任撫臣李　任内于同治八年八月間
奏請於東中两防尚存舊石塘外趕脩頭二坦水
以資保護計共工長六千一百餘丈估需銀三
十萬有零飭委候補知府慶泰駐工董率欽奉
諭旨該部知道欽此欽遵在案臣接任後照案督飭
趕辦旋因督工委員候補知府慶泰不能得力
由局詳請撤退該員旋即丁憂因與支發委員
另案參革通判張玉澍賬目轇轕恐有浮冒情
事未准回籍當飭總局司道督同該員等澈底
清查分别結算去後乃慶泰任意延宕屢催罔
應已屬藐玩兹復查得該員經辦坦水工段計
三千餘丈現已潑損一千六百餘丈雖因上年
潮旺所致然該工甫經两年即潑損如是之多
其辦工不能堅寔已可概見前項工程丈尺過
多全工未竣保固尚未起限原無賠脩之例惟
既有支發賬目轇轕即難保無偷減情弊若不
稍示懲儆何以慎重要工相應請
旨將丁憂候補知府暫行革職勒令將潑損坦水工
段一律賠脩完固一面將經手賬目分别結算
清楚核實造銷後再行
奏請開復飭令回籍守制倘敢抗違及查有侵冒
重情另行從嚴参辦不稍姑容謹會同兼署閩
浙總督臣文　附片具
奏伏乞
聖鑒訓示謹
奏同治十一年二月十二日奏是月二十四日軍
機大臣奉
旨慶泰着暫行革職勒令賠修餘俱依議該部知道
欽此

臣楊　跪
奏為工員賠脩工程業已完竣並所稟椿木細小
各節查無其事請
旨開復原官恭摺仰祈
聖鑒事竊前因候補知府慶泰承辦東中两防坦水
工程三千餘丈内潑損一千六百餘丈並與支
發委員已革通判張玉澍帳目轇轕經臣奏參
奉
旨慶泰着暫行革職勒令賠脩等因欽此轉行遵辦
嗣據塘工總局詳報該革員業將各工賠脩先

後詳請委員驗收正在核辦之間忽據慶泰稟稱前次損壞之工因辦椿委員張兆芝所辦椿木瘦小不能抵禦潮勢條石無依致被沖損並聞張兆芝採辦木料浮銷價錢十餘萬串運工椿木雖係該革員經收一時疎忽自行檢舉稟請質訊等情旦以該革員係奏委督辦坦工之員如果當時辦椿委員運木到工如不合式何以早不稟揭濫行收受迨至工竣潑損責令賠偹之後始以椿木瘦小為詞委係妄稱掩擧意存諉過可知惟張兆芝採辦椿木是否合式價值有無浮冒亦應澈底清查以昭核寔卽經批飭藩司臬司撤調浦江縣知縣張兆芝來省傳同該革員慶泰當面對質取具親供以憑叅辦去後今據該司等會同詳稱移准塘工總局查覆慶泰經辦坦工已一律賠偹完整至椿木一項委員採辦定有圍圓長短尺碼並有刻刷斐聯印票發給工次分局每汛委員運木到工由工員點驗量收於聯票内填明尺碼截付採辦委員收執於造冊報銷時送局核對相符方准核銷此次張兆芝所辦坦工椿木圍圓局中以工次收票較對該員冊報尺碼價值均與定章相符一面督同杭州府確詢據慶泰面稱前因經辦坦工潑損至一千六百餘丈奉飭賠偹遂思潑損工段或由于椿木不能抵禦當時傳說不一卽以辦椿委員張兆芝浮冒公欵具稟今已查明前稟寔係誤信傳言潑損之工現已賠修完整懇請轉詳銷案並據張兆芝以購運椿木悉遵塘工局定章並無朦混浮冒等情由該司等會傳質訊無異惟慶泰係督辦之員責在收木用木當時木料採運甚多任其揀擇如果張兆芝運木到工果不合式自應隨到隨駁豈能强其驗收更不能强其釘用乃驗收既有該革員收票尺碼為憑釘用又係該革員自行督匠工作今因坦工潑損遂欲諉過他人咎將誰執至所稟張兆芝浮冒一節查東塘坦工共用木二十六萬三千餘枝合計價脚洋十九萬二千餘元以十九萬餘元之脚價而謂有十餘萬串之浮冒揆之情理殊屬不實等情詳覆前來當經撤委鹽運使靈杰馳赴工次將慶泰賠偹坦水工段逐一驗收實係如式完整並無草率

偷減情弊具結申覆在案臣查暫革候補知府
慶泰承辦坦水被潮潑損工程業已一律賠修
如式完固委驗屬實前與張玉澍賬目轇轕並
已核算清楚其所稟張兆芝椿木細小價值浮
冒各節既經該司等查無其事應無庸議惟該
革員妄聽人言率行具稟究有不合除飭司記
過外姑念在工兩年有餘辛勞頗歷且前項坦
工亦已賠修完固尚知愧奮合無仰懇
天恩俯准將暫革候補知府慶泰開復原官以昭激
勸至張兆芝採辦椿木既係合式價值並無浮
冒亦毋庸議謹將工員賠修工程業已完竣擬
請開復緣由會同閩浙總督臣李　　恭摺具
奏伏乞
皇太后
皇上聖鑒訓示謹
奏同治十二年三月十九日奏四月初一日奉
硃批着照所請該部知道欽此

同治十三年正月二十六日准
吏部咨開爲核議具題事考功司案呈吏科抄
出今部具題議得內閣抄出浙江巡撫楊
奏稱竊前因候補知府慶泰承辦東中兩防坦水
工程三千餘丈內潑損一千六百餘丈並與支
發委員已革通判張玉澍賬目轇轕經臣奏參
暫行革職勒令賠修等因轉行遵辦嗣據塘工
總局詳報該革員業將各工賠修完竣詳請驗
收核辦等情臣查暫革候補知府慶泰承辦坦
水被潮潑損工程業已一律賠修如式完固委
驗屬實前與張玉澍賬目轇轕並已核算清楚
應毋庸議惟該革員在工兩年頗歷辛勞前項
坦水已賠修完整尚知愧奮合無仰懇
天恩俯准將暫革候補知府慶泰開復原官以昭激
勸謹奏同治十二年四月初一日奉
硃批着照所請該部知道欽此欽遵到部查此案前
浙江候補知府慶泰因承辦東中兩防坦水工
程尚未全竣即被潑損奏參暫行革職勒令賠
修在案今據浙江巡撫楊　　奏稱該員在工
兩年頗歷辛勞前項坦工已賠修完整尚知愧

奮請開復原官欽奉
硃批着照所請等因欽此應請將前浙江候補知府
慶泰暫行革職之案准其開復仍令該撫出具
考語給咨該員赴部引
見恭候
命下同治十二年十二月十一日題本月十三日奉
旨依議欽此相應知照可也

海塘新案
奏疏附部文

臣楊　　跪

奏為同治十一年分東防念汛境內前坍石塘龍頭被沖增卸續辦柴垻並西防翁汛境內原築埽坦山潮沖刷分別加築柴埽各工丈尺年終截數奏報仰祈
聖鑒事竊照浙省杭州府屬東西中三防海塘工程年久失脩間段坍卸自同治四年二月啟工起至十年十一月止先後搶辦完竣柴垻鑲柴盤頭裹頭柴埽坿土等工節經分別開單造冊
題奏各在案茲自十一年正月起至十一月止東防念汛境內續又搶築柴垻十一丈五尺西防翁汛境內加築埽工六十丈柴工六十丈以資擁護查此項東防念汛續又搶辦漆州亭三號柴垻工段即係同治六年調任督臣吳　前任撫臣馬　會勘摺內所稱原坍石塘龍頭散裂拗拜之工比時情形稍輕陳明次第興辦閱今數載護沙刷盡外埽久無底樁黴朽日受兩潮沖激以致吃重之處續又坍卸本應接建石塘以期一勞永逸惟當此戴鎮二汛石塘坦水同時舉辦工力不及是以趕先搶築柴垻用資抵禦俾潮水不致內浸將來建復石塘或作外埽或為內戧臨時仍可斟酌抵用尚非虛糜經費至西防原築埽坦加築柴工埽工緣西寒張列三號地勢本屬灣曲山潮搜刷沖漫時虞查量埽外水深至二三丈不等臧閭餘三號工段與大龍頭衿肘毘連且當山潮頂沖尤關緊要僅藉埽坦不足以護塘身必須分別加築埽工柴工庶期石塘得以保護實係因地制宜為至

要應辦之工核計統共用過例加工料銀一萬一千四百餘兩均經該管杭道親駐工次督仝該管廳備實力搶辦如式完固工竣隨時驗收均係工堅料寔並無草率偷減情事經臣歷次親臨履勘無異由總局司道核明截數呈請

奏報前來臣復加確查委係工關險要用款核實除將做成高寬丈尺用過例加工料銀數另行分別開單造冊

題奏外合將同治十一年分東防念汛搶築前坍石塘龍頭被冲增卸柴壩並西防原築埽坦情形吃險分別加築埽工柴工各丈尺年終彙截數目先行具

奏伏乞

皇上聖鑒訓示謹

奏同治十二年二月初十日奏三月初四日奉

硃批工部知道欽此

臣楊　　跪

奏為同治十一年分續辦東防念汛柴壩並加築西防翁汛柴工埽工字號高寬丈尺用過銀數彙繕清單恭摺具

奏仰祈

聖鑒事竊照浙省杭州府屬東中西三防海塘工程年久失修間段坍卸自同治四年興工起至十年止先後搶辦完竣各工字號丈尺用過工料銀數節經分別造冊

題奏各在案其自十一年正月起至十一月止東防念汛境內續又搶築柴壩十一丈五尺西防翁汛境內加築埽工六十丈柴工六十丈前於年終截數

奏報完竣亦在案玆據塘工總局司道會督局員將前項續辦各工字號丈尺並用過工料銀數詳請具

報前來臣復核無異除飭另取圖結造冊

題銷外合將同治十一年分續辦東西兩防柴壩柴埽各工字號高寬丈尺並用過銀數彙繕清單恭摺具

奏伏乞
皇上聖鑒勅部核覆施行謹
奏
計開
一東防念汛漆字號中東一丈州字號中四丈五尺亭字號西中六丈共搶築柴垻十一丈五尺每丈底寬四丈五尺面寬三丈五尺牽寬四丈築高二丈二尺除頂土高二尺實築柴高二丈
一西防翁汛西寒張列三號每號改築埽工二十丈共六十丈每丈面寬二丈底寬三丈牽寬二丈五尺築高二丈四尺除頂土高二尺實築柴高二丈二尺
一西防翁汛藏閏餘三號每號搶築柴工二十丈共六十丈每丈面寬一丈五尺腰寬二丈底寬三丈牽寬二丈一尺二寸五分除頂土實築柴高二丈
以上統共用過例估加貼工料銀一萬一千四百二十七兩有零
同治十二年十一月初九日奏十二月十一日
硃批該部知道單併發欽此又於清單內同日奉
硃批覽欽此
奉
光緒元年正月十九日准
工部咨為題銷浙江省東防念汛境內搶築柴垻並西防翁汛加築柴埽各工用過銀兩與例相符應准開銷事都水司案呈工科抄出浙江巡撫楊　題同治十一年東防念汛搶築柴垻並西防翁汛加築柴埽各工用過銀兩造册題銷一案同治十三年五月初九日題八月初四日奉
旨該部察核具奏欽此於八月初八日科抄到部該
臣等查得浙江巡撫楊　疏稱浙省杭州府

廣東中西三防海塘工程自同治四年二月啟工起至十年年終止先後辦竣各工字號丈尺用過工料銀兩鄭經分案造冊題銷各在案嗣自同治十一年正月起至十一月止東防念汛境內續又搶築柴垻十一丈五尺西防翁汛境內加築埽工六十丈柴工六十丈當於年終截數奏明此項東防念汛續又搶辦柴垻工段即係同治六年間調任督臣吳　前任撫臣馬會勘摺內所稱原坍石塘龍頭散裂拗拜之工比時情形稍可陳明次第興辦迄今數載護沙刷盡外埽久無底樁黴朽日受兩潮沖激以致吃重之處續又坍卸本應接建石塘以期一勞永逸惟當此戴鎮二汛石塘坦水同時興辦工力不及是以趕先搶築柴垻用資抵禦俾潮水不致內浸將來建復石塘或作外埽或為內戧臨期仍可斟酌抵用尚非虛糜經費至西防原築埽坦加築埽柴各工緣西寒張列三號地勢本屬灣曲山潮搜刷沖漫時虞查量埽外水深至二三丈不等藏閏餘三號與大龍頭衿肘毘連且當山潮頂沖尤關緊要僅藉埽坦不足以保護塘身必須分別加築埽工柴工庶期石塘得以擁護委係因地制宜為應辦至要之工核計統共用過例加工料銀一萬一千四百餘兩均經杭嘉湖道何兆瀛親駐工次督率該管廳備實力搶辦如式完固工竣隨時驗收今據塘工總局布政使盧定勳等公同造具冊圖詳請具題等情臣覆核無異除將冊圖送部外理合具題等因前來查浙江省同治十一年東防念汛搶築柴垻西防翁汛加築柴埽各工等先據浙江撫臣楊　奏明東西兩防念翁二汛

境內原坍石塘龍頭散裂拗拜之工護沙刷盡外埽久無底樁黴朽日受兩潮沖激以致吃重之處續又坍卸本應接建石塘以期一勞永逸惟當此戴鎮二汛石塘坦水同時興辦工力不及是以趕先搶築柴垻用資抵禦等因並將各工字號丈尺銀數開單奏報在案今據該撫將前項搶築柴垻十一丈五尺埽工六十丈柴工六十丈共用例加工料銀一萬一千四百二十七兩三錢一分四厘六毫二絲五忽造冊題銷臣部按冊查核內所開各工字號丈尺銀數核

與奏報清單相符其工料價值與例亦屬無浮
應准開銷等因同治十三年十一月二十日題
是月二十二日奉
旨依議欽此為此合咨前去欽遵施行

臣楊　　跪

奏為接續興辦東中兩防戴鎮二汛石塘小缺口
並添建坦水埽坦等工估計工料銀數恭摺具
奏仰祈
聖鑒事竊查東中兩防鄰年所坍石塘小缺口甚多
擬俟翁汛石工報竣後先行補齊以免續坍經
臣於履勘三防海塘工程大概情形摺內陳明
在案現在補築之中防翁汛大口門將次石工
完竣應即接辦兩防小缺口以資聯絡當經飭
委司道會勘確估詳辦去後茲據塘工總局具
詳前署杭防道林聰彝前任杭防道陳璚會同
親赴該工督率廳備各員勘明東防鎮汛次字
號起至聚字號止石塘缺二十二處計建復工
一百八十一丈四尺拆脩工五十四丈六尺東
防戴汛孝字號起至唱字號止石塘缺二十九
處計建復工一百七十丈三尺拆脩工六十六
丈九尺中防戴汛烈字號起至谷字號止石塘
缺四十二處計建復工五百一丈六尺拆脩工
四十七丈二尺共計東中兩防戴鎮汛內建復
改建魚鱗石塘八百五十三丈三尺拆脩魚鱗
石塘一百六十八丈七尺又東塘戴鎮二汛上
年興辦坦水係將各缺口剔除此次建復石塘
之外應隨塘添建頭二兩層坦水工共七百八
丈五尺二寸又中塘戴汛建復石塘之外應隨
塘添建埽坦工六百二十丈五尺均應同時並
舉以衛塘身查前項石塘原建時內有搶脩緩
脩魚鱗大石等名目自係因時制宜今察看情
形刻下潮勢北趨臨水施工塘身吃重惟魚鱗
塘做法堅固可以抵禦應請將建復拆脩前項
石塘一律改作十八層魚鱗工以期經久所需

工料仿照前辦海甯繞城石工成案估計惟繞城石工均有舊石酌抵今建復之工缺口餘石無存應一律全用新石拆脩之工牽抵舊石五成比繞城塘舊石減少必須多購新石增添工料以敷工用核計建復魚鱗石塘每丈約估銀四百九十九兩七錢零拆脩魚鱗石塘每丈約估銀三百五十五兩五錢零添建條石頭坦每丈約估銀四十五兩四錢零二坦每丈約估銀五十六兩八錢零添建埽坦每丈約估銀五十九兩八錢零總共約估銀五十五萬九千九百餘兩核計坦水工價與前辦積字號相仿其石塘工價較之建脩西中兩塘魚鱗石工銀數稍增實緣比次建復之工全用新石而拆脩之工又因前坍舊石曾經西防拆脩石塘撈取抵用今再打撈實屬無多約僅五成可抵且前項缺口均係臨水施工非前辦西中兩防石塘繞從柴壩後身建築者比況自興辦大工以來樁木日採日稀宕石日運日遠水腳料價不能不逐漸加增良由時事不同地形迥異尚無浮冒核明開摺呈請具

奏前來臣查戴鎮二汛石塘一帶年久失脩間段坍卸塘外護埽坦水早經沖沒無存大小口門雖已築成柴壩暫時抵禦亟應建復石工以期經久除東防念汛尖汛及中防翁汛已築柴壩各口門及尚可從緩之拗拜各工另行辦理外現議建脩戴鎮二汛之小缺口共九十三處工長一千二十二丈坦水埽坦一千三百二十餘丈均應一律興辦臣于查工之便覆加勘情形無異所估工價亦無浮冒竊思海塘石工開辦已越四年工程尚未及半極欲多集夫役廣購物料迅速趕辦以冀及早告成無如協撥餉需過多限於經費地方凋瘵已甚物力艱難心餘力絀無計可施惟有相度形勢擇要興辦庶幾日就月將事蕆有日以期仰副

聖主釐保民生之至意此次開辦工程仍應派委大員督辦以專責成除飭委前署杭防道候補道林聰彝常川駐工督率各員趕緊設局集事照估興辦工竣專案造冊報銷外合將接續興辦東中兩防戴鎮二汛石塘小缺口並添建坦水埽坦等工估計銀數緣由恭摺具

奏並繕具字號丈尺清單敬呈

御覽伏乞

皇太后

皇上聖鑒訓示謹

奏

謹將東中兩防戴鎮二汛建復拆脩魚鱗石塘及添建坦水埽坦各工字號丈尺繕具清單恭

呈

御覽

計開

一東防境内戴家汛孝字號中十丈起至唱字號中東十一丈止間段共石塘工長二百三十七丈二尺内建復工一百七十丈三尺拆脩工六十六丈九尺

一鎮海汛次字號東三丈起至聚字號西三丈七尺止間段共石塘工長二百三十六丈内建復工一百八十一丈四尺拆脩工五十四丈六尺

一戴家汛忠字號東三丈起至唱字號中十一丈止間段建復石塘之外添建隨塘頭二兩層坦水工共長四百二十五丈内頭坦工二百二丈二坦工二百二十三丈

一鎮海汛對字號起至聚字號西三丈七尺六寸止間段建復石塘之外添建隨塘頭二兩層坦水工共長二百八十三丈五尺二寸内頭坦工一百四十一丈七尺六寸二坦工一百四十一丈七尺六寸

一中防境内戴家汛烈字號東三丈起至谷字號西中九丈六尺止間段共石塘工長五百四十八丈八尺内建復工五百一丈六尺拆脩工四十七丈二尺

一戴家汛烈字號東五丈起至谷字號西六丈止間段建復石塘之外隨塘添建埽坦工長六百二十丈五尺

同治九年十二月初四日奏本月十六日軍機

大臣奉

旨該部知道欽此單併發又同日清單内奉

旨覽欽此

同治十年四月十二日准

工部咨為奏明請

旨遵行事都水司案呈内閣抄出浙江巡撫楊

奏接續興辦東中兩防戴鎮二汛石塘小缺口並添建坦水埽坦等工估計工料銀數一摺於同治九年十二月十六日軍機大臣奉

旨該部知道單併發欽此又清單内同日奉

旨覽欽此欽遵抄出到部查原奏内稱據塘工總局具詳勘明東防鎮汛次字號起至聚字號止石塘缺口二十二處計建復工一百八十丈四尺拆修工五十四丈六尺戴汛孝字號起至唱字號止石塘缺口二十九處計建復工一百七十丈三尺拆修工六十六丈九尺中防戴汛烈字號起至谷字號止石塘缺口四十二處計建復工五百一丈六尺拆修工四十七丈二尺共計戴鎮兩汛建復改建魚鱗石塘八百五十三丈三尺拆修魚鱗石塘一百六十八丈七尺又東防戴鎮兩汛上年興辦坦水係將各缺口剔除此次建復石塘之外應隨塘添建頭二兩層坦水各工共七百八丈五尺二寸又中防戴汛建復石塘之外應隨塘添建埽坦六百二十丈五尺均應同時建築以護塘身查前項建復拆修石塘一律改作十八層魚鱗工以期經久所需工料仍照前辦海甯繞城石工成案估計核計建復魚鱗石塘每丈約估銀四百九十九兩七錢零拆修魚鱗石塘每丈約估銀三百五十五兩五錢零添建條石頭坦每丈約估銀四十五兩四錢零二坦每丈約估銀五十六兩八錢零總共約估銀五十五萬九千九百餘兩核計坦水工價與前辦積字等號相仿其石塘工價較之建修西中兩防魚鱗石塘銀數稍有加增緣此次建修之工全用新石而拆築之工又因前拼舊石曾經西防撈取抵用今再打撈實屬無多僅五成可抵且前項缺口均係臨水施工非前辦西中兩防石塘繞從柴壩後身建築者比況自興辦大工以來樁木日採日稀宕石日運日遠水價料價不能不逐漸加增呈請具奏且於查工之便覆加履勘情形無異所估工價亦無浮冒開具字號丈尺清單具奏並稱海塘石工開辦已越四年工程尚未及半等語臣等查

上年浙省海甯繞城石塘工程前據該撫奏准
另增加貼經臣部核復准其酌增並聲明此外
塘工不得援以為例此次該撫奏報東中兩防
戴鎮二汛石塘小缺口等工聲稱所需工料仍
照前辦海甯繞城石工成案估計於臣部奏明
不得援以為例之語置若罔聞任聽屬員朦混
援引殊屬不合其坦水工價據稱與前辦積字
等號相仿查上年該撫奏報戴鎮二汛積字等
號工程聲稱係援照上屆繞城坦水成案科算
與例稍增經部臣奏駁在案該撫尚未核實覆
奏輒行援引亦屬含混臣部均難率准至所稱
石塘開辦已越四年工程尚未及半等語查上
年臣部因該省海塘工程用銀至數百萬兩為
期逾五六年尚未一律告竣奏令該撫查明將
已修未修工段據寔繪圖覆奏咨部備查迄今
半載有餘尚未據寔覆奏殊屬延玩之至相應
請
旨飭下浙江撫臣嚴飭在工各員將所報東中兩防
戴鎮二汛石塘小缺口等工核寔刪減專摺覆
奏並請
飭下該撫查照臣部前奏迅將已修未修各工段確
切查明繪圖具奏並將臣部歷次奏駁各案迅
速查明核寔聲覆不得任意延遲所有臣等查
明具奏緣由是否有當伏候
訓示臣部行文浙江巡撫欽遵辦理為此謹
奏請
旨同治十年正月二十七日具奏是日奉
旨依議欽此

臣楊　　跪
奏為核明部駁東中兩防戴鎮二汛石塘小缺口
等工銀數實無浮冒恭摺覆陳仰祈
聖鑒事竊照案准部咨此次奏報東中兩防戴鎮二
汛石塘小缺口等工聲稱所需工料仍照前辦
海甯繞城塘石工成案估計於奏明不得援以
為例之語置若罔聞任聽屬員朦混援引殊屬
不合其坦水工價稱與前辦積字等號相仿查
上年奏報戴鎮二汛積字號工程援照繞城坦
水成案科算與例稍增經部奏駁尚未核實覆

諭旨
奏輙行援引亦屬含混均難率准經部奏奉
旨飭令嚴督工員核實刪減專摺覆奏等因當經
轉行遵照玆據塘工總局司道詳稱會查此案
請辦石塘坦水等工係於原坍舊基接建脩復
緣因對岸南沙日寛漲潤以致塘外護沙早已
刷盡海潮全趋北岸外口水深數尺至丈餘不
等塘底碎石斷樁逐段遺存先須挖淘淨盡然
後始能開槽釘樁臨水做工潮來即須停止若
冬令潮平尚可多事工作然大汛之日力作仍
不過兩時小汛之日加不及半春夏秋三季潮
汐旺大更難措手是工費一項較之陸地施工
增至倍蓰安砌石塘與繞城塘一樣做法聯絡
扣嵌亦多加用錠鋦至坦水原基洩刷年久露
底太深墊底塊石尤須多用方得平滿結寔埽
坦水深之處有當險要者埽外亦須拋填塊石
庶足擁護是物料又較尋常之工加多况前辦
繞城石塘尚有舊石可以打撈搭用而此次全
用採買新石拆脩之工舊石祇堪抵用五成採
辦各料自兵燹後本已凋零連年興辦鉅工愈
採愈稀日運日遠且土曠民稀招募夫匠尤屬
匪易種種棘手情形歷經隨案聲明至是案估
需工料當此制用艱難之際無不力求撙節何
敢稍涉朦混實緣時事不同地形迥異慎重要
工不得不援案估辦原估銀數本係核寔無浮
玆復會同督飭總理工程委員候補知府李審
言調署東防同知吳世榮署中防同知唐勛署
海防營守備蔡興邦細將現做工程採辦料價
催募夫匠等項逐一科算又復通盤核計原估
銀數均屬在在核實無可刪減等情詳請具
奏前來臣再四稽核確係實在情形原估銀數委
無浮冒情弊萬難刪減除仍督飭撙節辦理工
竣核寔請銷並咨工部查照外合將奉部駁查
東中兩防戴鎮二汛石塘小缺口等工銀數實
無浮冒緣由恭摺覆
奏伏乞
皇太后
皇上聖鑒敕部查照施行再此案工程原派候補道
林聰彝駐工督辦因病改委候補道吳艾生嗣
吳艾生委署臬篆復委候補道戴槃駐工督辦
合併陳明謹

奏同治十一年二月初五日奏三月初九日軍機
大臣奉
旨着照所請該部知道欽此

臣楊　　跪

奏為東防鎮汛石塘小缺口及隨塘坦水一律竣
工並戴汛工程分數減省續估變通辦理恭摺
具
奏仰祈
聖鑒事竊照東防鎮汛原估建脩石塘工二百三十
六丈東中兩防戴汛工七百八十六丈東防鎮
戴兩汛隨塘頭二坦水共七百八丈五尺二寸
中防戴汛埽坦工六百二十丈五尺曾經
奏准興辦在案自同治九年十一月二十九日在
海甯州城設立分局興工先從鎮汛辦起所有
各字號興竣日期迭據詳報有案茲據塘工總
局司道轉准駐工督辦道員戴槃移據辦工委
員候補知府李審言署東防同知候補知府陳
乃瀚署中防同知唐勛署海防營守備蔡興邦
會申稱鎮汛原估自次字號起至聚字號止建
復工一百八十一丈四尺拆脩工五十四丈六
尺隨塘頭二坦水二百八十三丈五尺二寸內
除興字號因另案改建盤頭間隔現只興辦石
塘中一丈七尺頭二坦水各一丈其東九丈三
尺及相連之亦聚兩號大塘工二十三丈七尺
並隨塘頭二坦水共十七丈五尺二寸因與念
汛接界該汛石塘早經坍卸無從接扣龍頭又
係盤頭後身只好截歸念汛將來估辦時接續
興辦應臻聯絡此項緩辦塘坦工料銀兩應俟
全案工程完竣按照丈尺核扣外所有鎮汛原
估建脩工二百三十丈茲已一律安砌完竣其隨
塘頭二坦水二百六十六丈一併工竣各龍頭
續坍加長各工不在其內至東中兩防戴汛工
程現在約成十分之四一面趱催趕辦凡屬臨

水勉強可以施工之處無不遵照估案臨水興辦惟查中防戴汛原估建脩之知過必改罔短靡恃己長信使羊景行維賢克念作勝德字等計二十二號共工長三百一十九丈二尺該處地勢低窪積水更深自春徂冬塘不見底累乘潮後水平作壩開槽而沙性汕漲底未清而潮復至舊樁末由拔起新樁即無從打釘若必拘定臨水工程終歲迄無措辦之日虛糜經費尤復不少且查該段正老鹽倉一帶即志載沙性汕漲寔有不能釘樁之處乾隆年間曾有石工竣後即以柴塘為外埽之

諭想見當初已在柴塘後興工近因潮勢北趨益劇該段低窪受沖臨水實難強辦擬請援照成案繞從柴壩後建築不但做工順手牽量基址形勢又復直截洵屬有利無弊似可變通辦理至臨水工程估價有差自應查照西中塘繞築前案分別建復拆脩按丈核扣計應減除銀六千六百餘兩其石工竣後即可以柴壩為外埽應省辦埽坦三百一十九丈除各龍頭增長丈尺仍應留建埽坦四十六丈七尺實可省辦埽坦工二百七十二丈五尺照估價應扣除銀一萬六千二百餘兩兩項共應減省銀二萬二千九百餘兩又查有未曾估辦之談彼二號及靡恃己三號內石塘工長七十二丈五尺先只矬陷游走近又受兩年潮溜沖刷抝拜更甚又間在估辦新工之中其塘腳距原基三四尺不等若拘定原估丈尺新工龍頭既不接縫舊工亦難保不續坍亟應續估拆脩俾新舊聯為一氣該工除舊石可抵八成外應查照西中塘前案拆脩估價遞減石價二成每丈約估工料銀二百五十九兩零計需銀一萬八千八百餘兩又應加築隨塘埽工七十二丈五尺每丈約估工料銀六十八兩三錢零計需銀四千九百餘兩續估兩項工程共約需銀二萬三千七百餘兩以前項扣除銀二萬二千九百餘兩抵辦所短無幾即於原估工程內撙節勻補毋庸另籌經費所有此次繞建減省並續估各工經駐工督辦委員候補道戴槃確實勘估移局查照並據辦工委員李審言等分次開摺稟由塘工總局司道核明會詳請

奏前來臣查鎮汛緩辦之工暨增長龍頭均係隨時相度形勢分別辦理其餘原估脩建段落刻已一律如式完固並無草率惟戴汛原估脩建知字等二十二號石塘三百餘丈本係臨水之工現因潮汐日益北趨水勢過深原坍缺口又值頂冲以致開槽清底無從措手臣歷次親詣履勘與督辦工員再三審度迫於地勢不能不援照成案改從柴壩後身繞建石塘以期堅實將來即以柴壩作爲外埽又可節省埽坦經費洵屬兩合其宜至該工毘連未曾估辦之設彼二號及靡恃已三號石塘七十二丈五尺先止矬陷游走近則掬拜更甚必須趕緊拆築並隨塘添建埽工以資聯絡估需經費即以節省銀兩抵用毋須另籌均屬核實似此一轉移間則辦理得以迅速工程可期穩固除飭在工各員赶日認真趕辦外合將鎮汛石塘小缺口並隨塘坦水一律完工及戴汛工程分數並減省續估變通辦理緣由恭摺具

奏伏乞

皇太后

皇上聖鑒訓示再此案工程原係擇要估辦所有全汛坍土肩土土埝處處均須培補以臻完固應俟全工告竣援案另行估脩造報合併聲明謹

奏同治十一年六月初一日奏本月二十九日軍機大臣奉

旨該部知道欽此

臣楊　　跪

奏爲東中兩防建脩戴鎮二汛石塘小缺口及坦水埽坦等工一律告竣日期恭摺具

奏仰祈

聖鑒事竊照浙省東中兩防戴鎮二汛應行建脩石塘小缺口並添建隨塘坦水埽坦等工字號丈尺估需銀數前經

奏准興辦嗣將辦成鎮汛石塘坦水丈尺先行

奏報完工並戴汛工程分數及減省續估變通辦理緣由陳明在案茲據塘工總局司道詳稱東

防戴汛原估建復石塘一百七十丈三尺拆脩石塘六十六丈九尺業于十一年九月初十日一律照估分別建修完工其原估隨塘頭二坦水四百二十五丈内除忠則如松四字號頭二坦水各二十四丈先經積字等號坦工案内建有盤頭二座並息字號頭二坦水各五尺亦同時建築毋庸重辦外其餘應辦頭二坦水三百七十六丈一併隨塘工竣又中防戴汛原估建復石塘五百一丈六尺拆脩石塘四十七丈二尺續估拆脩石塘七十二丈五尺均於十二年三月三十日一律如式分別建修完竣其原估隨塘埽坦除省辦工丈外原應築埽坦三百四十八丈惟内有罔字號十一丈因與續估之談字號埽工毘連若照原估建築埽坦未能聯絡當經酌度情形改築埽工十一丈以期貫串而資鞏固寔計應辦埽坦三百三十七丈並續估埽工七十二丈五尺及續改埽工十一丈亦均一併隨塘完竣據總理工程委員候補知府李審言署東防同知吳世滎署中防同知唐勛署海防營守備蔡興邦會同申請驗工督辦之候補道吳艾生戴槃核由總局詳經臣先後分委運司靈杰臬司蒯賀蓀赴工驗收均係工堅料實一律完固並無草率偷減情弊結報在案經臣歷次親臨履勘確寔惟各該段有地勢低窪蓄水過深無從清檣釘樁經該道戴槃做工時相度情形不能不因地制宜變通辦理之處故所築坦水間有寬窄不等而於原估石料牽計亦有減省至東防鎮汛照原估裁減建復石塘三十三丈頭二坦水十七丈五尺二寸暨戴汛應開除頭二坦水四十九丈各按原估共應核扣工料銀一萬九千八百九十六兩零其中防罔字號原估埽坦十一丈現改埽工所增工料無幾業于通工内撙節匀補不再另估經費以歸核實現在通工告竣所用工料銀兩約照原估尚有節省一俟採辦支應各員冊報到齊另由總局核明開具辦成工段字號丈尺高寬清單並用過工料銀兩細數另行詳辦等情呈請具

奏前來臣覆核無異所有該工字號丈尺並寔用銀數除俟總局核詳另行繕單

題奏請銷外所有此案工程自九年冬間開辦起
至現在完工止時逾二年工係臨水且地段甚
長在事大小各員均係實心實力認真經理不
無微勞足錄可否仰懇
天恩准且擇尤酌保以示鼓勵之處出自
鴻慈謹將建脩東中兩防戴鎮二汛石塘小缺口並
坦水埽坦各工一律全竣日期恭摺具
奏伏乞
皇上聖鑒再前次陳明該工全汛附土土埝眉土處
處俱須培補業經督飭估辦在案應俟一律全
竣驗收後另行
奏報合併陳明謹
奏同治十二年六月初三日奏本月十五日奉
硃批着准其擇尤酌保毋許冒濫欽此

且楊　號
奏為恭報浙省辦竣東中兩防戴鎮二汛石塘小
缺口等工字號丈尺用過例估加貼新加工料
銀兩開列清單恭摺仰祈
聖鑒事竊浙省杭州府屬東中兩防境內戴鎮二汛
應辦石塘小缺口暨隨塘坦水埽坦埽工前曾
奏明設局興辦並委補用道吳艾生等先後駐工
督飭廳備委員監工購料自同治九年十一月
二十九日興工起至十二年三月三十日一律
完竣辦成建復石塘八百二十丈三尺拆修石
塘二百四十一丈二尺隨塘頭二坦水六百四
十二丈埽坦三百三十七丈埽工八十三丈五
尺均經委驗
奏報在案查該工原估工料銀五十五萬九千九
百三十五兩零除經前次陳明照原估減辦石
塘坦水並戴汛應除坦水各工銀一萬九千八
百九十六兩有奇外實計估需銀五十四萬三
十九兩所有建復石塘原估全用新石拆修石
塘舊石抵用五成添用新石五成嗣於開槽清
底及塘外水涸之時見有沉埋舊石尚可打撈

均經隨時督飭夫匠不憚辛勞起撈搭用以節經費牽計建復石塘舊石抵用二成左右拆修石塘舊石抵用五成有餘茲據塘工總局司道具詳核計建修前工並挑填坍土分別加築土埝溝槽各工統計用過工料經費銀四十八萬九千一百餘兩逐一勾稽均係確實無浮其填築新工附土土埝溝槽工程原奏銀數均未估列在內此次辦理該工格外撙節所有新工坍土土埝填槽土夫用款即於正工內勻撥不另估報外核照估案實尚節省銀五萬八百餘兩此項銀兩應請酌提三萬兩發商生息查海塘續志內載東塘柴石各工額撥歲修銀十二萬四千兩自興辦大工以來該防業經先後請定柴埧等工歲修銀七萬八千兩繞城盤頭歲修銀三千三百兩繞城坦水石堵歲修銀六千一百兩共已請撥歲修銀八萬七千四百兩在案現在東防戴鎮二汛坦水業已一律全竣限滿之後歲需修費即應預為籌畫備用此次請撥發商銀三萬兩即以息銀備該工歲修之用惟該防兩汛坦水共計工長六千八百五十餘丈此項息銀按月八厘計算每年僅得銀二千八百八十兩不敷尚鉅將來尚須另請添撥總期不致有逾原額等情詳請具

奏前來臣查前項工程原估銀兩本係照章核定估計因上年秋冬潮小水涸塗寬臣于查工時見沉沒沙中舊石不少當飭工員設法打撈隨處搭用減辦新石是以節省銀五萬兩有奇至各項工程亦均委驗親勘並無偷減除將用過銀兩飭造冊結圖說另行具

題請銷外謹繕清單恭摺具

奏伏乞

皇太后

皇上聖鑒謹

奏

謹將浙省海塘中東兩防戴鎮二汛建復拆脩魚鱗石塘及隨塘条石頭二坦水埽坦埽工並填築坍土土埝溝槽等工字號寬深丈尺支用例估加貼新加工料銀兩數目敬繕清單恭呈

御覽

計開

一中防戴汛烈字號東三丈男效二號各二十丈才字號西五丈知過必三號各二十丈改字號西八丈莫字號東二丈忘字號西十二丈罔字號東十一丈五尺短字號東十五丈靡字號西六丈五尺恃字號西十四丈己字號東七丈長字號二十丈信字號西十五丈欲字號中東十四丈難字號西二丈五尺量字號西中十五丈絲字號中東十五丈染字號西三丈五尺詩讚二號各二十丈羔字號西一丈羊字號中東十丈六尺景行維三號各二十丈賢字號西三丈克字號東十丈念作勝名四號各二十丈端字號中東十四丈正字號東九丈谷字號西五丈共計工長五百一丈六尺一律建複十八層魚鱗石塘每丈照例底寬一丈二尺面寬四尺五寸築高一丈八尺計用厚一尺寬一尺二寸折正条石一百十八丈三尺三寸釘底樁木一百五十根並填築坦土內自知字號起至勝字號止間共三百丈六尺係于柴壩後身興築塘前一律填滿溝槽以資聯絡擁護

一中防戴汛短字號西五丈信字號東五丈使字號西六丈器字號西十四丈染字號東四丈羔字號次西二丈六尺德字號西二丈六尺表字號西一丈正字號中二丈四尺谷字號中四丈六尺共計工長四十七丈二尺一律拆脩十八層魚鱗石塘每丈照例底寬一丈二尺面寬四尺五寸築高一丈八尺計用厚一尺寬一尺二寸折正条石一百十八丈三尺三寸釘底樁木一百五十根並填築坦土內短信使德四號工長十八丈六尺係于柴壩後身興築塘前填滿溝槽以資聯絡擁護

一中防戴汛談字號二十丈彼字號二十丈靡字號中東十三丈五尺恃字號東六丈己字號西十三丈共計工長七十二丈五尺一律拆脩十八層魚鱗石塘每丈照例底寬一丈二尺面寬四尺五寸築高一丈八尺共用厚一尺寬一尺二寸折正条石一百十八丈三尺三寸釘底樁木一百五十根並加填坦土以資倚護

一中防戴汛烈字號東七丈男效二號各二十丈才字號西七丈良字號東四丈五尺知字號西五丈改字號西十三丈莫字號東七丈五尺忘字號西十四丈罔字號中三丈五尺使字號西十五丈五尺欲字號東十八丈難字號西六丈量字號西十九丈絲字號東十九丈染字號西七丈東三丈詩讃二號各二十丈羔字號西五丈六尺羊字號東十丈五尺賢字號西八丈九尺克字號東十丈五尺勝字號東四丈德字號西五丈五尺名端二號四十丈表字號西三丈正字號東十二丈谷字號西八丈共計工長三百三十七丈一律建築埽坦每丈工寬一丈六尺底寬二丈除頂土外築高一丈六尺每單長一丈用柴六百觔土五分排樁一路二十根

一中防戴汛罔字號東十一丈談字號二十丈彼字號二十丈靡字號東十三丈五尺恃字號東六丈己字號西十三丈共計工長八十三丈五尺一律建築埽工每丈上寬一丈六尺下寬二丈四尺築高二丈除頂土高二尺實築柴高一丈八尺每單長一丈用柴六百觔土五分底面腰樁共二十根

一東防戴汛則字號西二丈七尺命字號東九丈臨字號西一丈五尺如字號東一丈六尺松字號西十丈川字號東三丈流字號西八丈不字號西東各三丈五尺息字號西中十八丈澄字號東四丈取字號西中十六丈終字號西八丈仕字號中一丈從字號中三丈五尺政字號東一丈存字號西一丈中二丈以字號東三丈甘字號二十丈棠字號西八丈益字號東七丈詠字號西一丈五尺別字號中八丈卑字號東二丈五尺上字號西五丈中六丈和字號西四丈唱字號中八丈又鎮汛次字號東一丈弗字號西七丈樓字號中三丈五尺圖字號西六丈舍字號東一丈二尺甲字號西六丈對字號中十二丈設字號西八丈瑟字號東十八丈吹字號西一丈階字號東十一丈五尺納字號西三丈五尺疑字號東六丈五尺廣字號東十二丈五尺內字號西十四丈東一丈左字號西一丈五

尺明字號東十四丈既字號西十八丈五尺典字號中一丈七尺共計工長三百十八丈七尺一律建復十八層魚鱗石塘每丈照例底寬一丈二尺面寬四尺五寸築高一丈八尺共用厚一尺寬一尺二寸折正条石一百十八丈三尺三寸釘底樁木一百五十根並填築坿土加築土埝俾資倚護

一東防戴汛孝字號中十丈則字號西三丈中二丈命字號中一丈八尺臨字號西一丈六尺似字號西九丈如字號東四丈五尺松字號中一丈流字號中四丈東一丈五尺不字號次西二丈次東一丈五尺息字號東二丈竟字號中四丈存字號西八丈中一丈詠字號西三丈上字號東四丈唱字號東三丈又鎮汛次字號東二丈樓字號西一丈東三丈六尺圖字號西四丈舍字號中二丈五尺東三丈五尺甲字號東七丈對字號西三丈東四丈設字號東五丈五尺吹字號西五丈疑字號東三丈通字號東五丈五尺左字號西五丈共計工長一百二十一丈五尺一律拆脩十八層魚鱗石塘每丈照例底寬一丈二尺面寬四尺五寸築高一丈八尺共用厚一尺寬一尺二寸折正条石一百十八丈三尺三寸釘底樁木一百五十根並填築坿土加築土埝俾資倚護

一東防戴汛命字號東十丈臨字號西四丈五尺川字號東三丈流字號西九丈不字號西東十丈息字號西十八丈澄字號東五丈取字號西十六丈終字號西十丈從字號中四丈政字號東三丈存字號西十一丈以字號東四丈甘字號二十丈棠字號西九丈益字號東七丈詠字號西二丈別字號西中八丈五尺卑字號東二丈五尺上字號西五丈東一丈和字號西四丈唱字號中十一丈又鎮汛對字號二十丈設字號中十二丈瑟字號東十六丈吹字號西十丈階字號東十一丈納字號西二丈疑字號東五丈廣字號東十二丈內字號西十四丈明字號東十三丈既字號西十七丈典字號中一丈共計工長三百一十丈五尺一律建築条石頭坦每丈照

例牽寬一丈二尺上用厚七寸寬一尺二寸
新条石一層蓋面不計外下用新塊石墊底
填深五尺三寸杆釘排樁一路二十根
一東防戴汛命字號東十丈臨字號西四丈五
尺川字號東三丈流不二號各二十丈息字
號西十八丈澄字號東五丈取字號西十六
丈終字號西十丈從字號中四丈政字號東
三丈存字號西十一丈以字號東四丈甘字
號二十丈棠字號西九丈益字號東七丈詠
字號西二丈別字號西中八丈五尺卑字號
東二丈五尺工字號西五丈東一丈和字號
西四丈唱字號中十一丈又鎮汛對字號二
十丈設字號中十二丈瑟字號東十六丈吹
字號西十丈階字號東十一丈納字號西二
丈疑字號東五丈廣字號東十二丈內字號
西十四丈明字號東十三丈既字號西十七
丈典字號中一丈共計工長三百三十一丈
五尺一律建築条石二坦每丈照例牽寬一
丈二尺上用厚七寸寬一尺二寸新条石一
層蓋面不計外下用新塊石墊底填深五尺
五寸杆釘排樁二路四十根
統共支用例估加貼新貼工料銀四十八
萬九千一百餘兩
同治十二年八月二十七日奏九月三十日奉
硃批該部知道單片併發欽此又清單內同日奉
硃批覽欽此

光緒元年七月初八日准
工部咨為題銷浙江省東中兩防脩建戴鎮二
汛石塘坦埽等工用過銀兩與例相符應准開
銷事都水司案呈工科抄出浙江巡撫楊
題同治九年至十二年東中兩防修建戴鎮二
汛石塘坦埽等工用過銀兩造冊題銷一案於
同治十三年九月初四日題十一月二十一日
奉
旨該部察核具奏欽此於光緒元年正月十四日據
該撫將冊籍揭送到部該臣等查得浙江巡撫

楊

疏稱浙省杭州府屬東中西防戴鎮二汛一帶石塘年久失脩間段坍卸塘外護埽坦水旱經冲没無存應行分别建脩前經督飭廳脩勘明援案估計約需銀數聲明因此次舊石無多且係臨水施工近來水脚料價又復逐漸加增是較上次建脩西中兩防石塘銀數稍多前經奏明興辦旋准部咨以前項各工分别援案另增加貼均難率准奏明行令核寔删減等因又將寔在難以删減緣由奏覆欽奉

諭旨著照所請該部知道欽此欽遵行令查照删兩汛建復石塘八百二十丈三尺拆脩石塘二百四十一丈二尺隨塘頭二坦水六百四十二丈埽坦三百三十七丈埽工八十三丈五尺並分别填築坍土土埝溝槽計自同治九年十一月二十九日興工至十二年三月三十日一律完竣並陳明續於開槽清底時見有沉埋舊石設法打撈搭用查照原估計有節省銀兩另行造册具題各在案兹據督辦塘工總局布政使盧定勳等會詳此案建脩石塘續經設法打撈舊石搭用計與上次西中兩防石塘支銷例估加貼增貼銀數不相上下其坦埽柴土各工亦與歷次支銷各案相仿綜共用過例估加貼增貼工料銀四十八萬九千一百九十八兩九錢均係在于提濟塘工經費暨海塘捐輸各款項下動支督飭工員核實經理應由該司道等公同造具册圖詳請具題臣復核無異除册圖送部外理合具題等因前來查浙江省同治九年十一月起至十二年三月止修建東中西防戴鎮二汛石塘坦埽等工先據浙江巡撫楊　奏明並將各工字號丈尺銀數開單奏報在案今據該撫將東中西防建脩戴鎮二汛石塘八百二十丈三尺拆修石塘二百四十一丈二尺建築頭二坦水六百四十二丈埽坦三百三十七丈埽工八十三丈五尺除選用舊石外實共用過例估加貼並增貼工料銀四十八萬九千一百九十八兩九錢造册題銷臣部按册查核内所開各工字號丈尺銀數核與奏報清單内相符其工料例估加貼增貼價值亦與奏明准銷成案無浮應准開銷等因光緒元年五月初四日題本月初六日奉

旨依議欽此為此合咨前去欽遵施行

撫院楊　片

奏再東中西防戴鎮二汛石塘坦水埽坦埽工業經一律分别建脩完整所有該處一帶舊塘後身原存附土土埝眉土等工歷年已久雨淋潑卸俱形單薄以致石塘節節顯露每遇大汛風潮潑湧低窪之處輒慮漫溢察看情形實為緊要必須分别加高培厚以資抵禦而護塘身庶期有備無患益臻鞏固曾于上年

奏報鎮汛石塘完工案内陳明請俟全竣後援案另估脩辦在案嗣據經總局司道飭署海防營守備蔡興邦分段勘估計應加填東防鎮汛自隨字號起至典字號止土埝工六百八十二丈附土工七百三十六丈六尺眉土工七百三十六丈六尺戴汛自忠字號起至婦字號止土埝工九百十丈二尺附土工七百五十九丈六尺眉土工七百五十九丈六尺中防戴汛自女字號起至積字號止附土工五百四十七丈後身幫寬工一百四十二丈五尺各就地形填加高寬不等統共估需土方夫工銀三千六十餘兩逐一勾稽均係核實無浮當飭該備取用黄土夯硪結實如式趕填茲於本年六月初五日一律完竣經臣飭委海甯州知州靳芝亭署西防同知余庭訓赴工逐細騐收均係如式加填一律完整並無草率偷減情事今由塘工總局司道請

奏前來臣覆核無異除將該工字號丈尺用過銀兩細數飭令另行造冊取結詳請

題銷外合將加填東中西防戴鎮二汛舊塘附土眉土土埝等工完竣緣由附片具陳伏乞

聖鑒勅部查照施行謹

奏同治十二年八月二十七日奏九月三十日奉
硃批覽欽此
光緒元年六月十二日准
工部咨開都水司案呈工科抄出浙江巡撫楊
題同治十二年東中西防戴鎮二汛填築
舊存石塘後身土埝附土眉土等工用過銀兩
造冊題銷一案同治十三年九月初四日題十
一月十三日奉
旨該部察核具奏欽此於光緒元年正月十四日該
撫將冊籍揭送到部該臣等查得浙江巡撫楊
疏稱浙江省杭州府屬東中西防戴鎮汛
一帶舊塘後身原有附土眉土土埝各工歷年
已久雨淋潑卸俱形單薄以致石塘節節顯露
每遇大汛風潮潑湧低窪之處輒慮漫溢察看
情形實為緊要必須分別加高培厚以資抵禦
而護塘身前經督飭分段勘估填築計東防鎮
汛自隨字號起至典字號止加填土埝工六百
八十二丈坿土工七百三十六丈六尺眉土工
七百三十六丈六尺戴汛自忠字號起至婦字
號止加填土埝工九百十丈二尺坿土工七百
五十九丈六尺眉土工七百五十九丈六尺中
防戴汛自女字號起至積字號止加填坿土工
五百四十七丈慕字號起至聲字號止後身幫
寬工一百四十二丈五尺各就地形填加高寬
不等於同治十二年六月初五日一律完竣當
經飭委海寧州知州靳芝亭等先後赴工逐細
驗收前經奏報并陳明另行造冊題銷欽奉
硃批覽欽此嗣准部咨欽遵行令查照各在案茲據
督辦塘工總局布政使盧定勳等會同詳請此
項加填各土所用例估加貼工料銀三千六十
七兩五錢五分一厘均係在于提濟塘工經費
暨海塘捐輸各款項內動支督飭該管廳備核

寔經理由該司道等公同造册呈請具題臣復核無異除將册結送部外理合具題等因前來查浙江省同治十二年東中兩防戴鎮汛塡築舊存石塘後身坍土眉土土埝等工先據浙江巡撫楊　　奏明並將各工字號丈尺銀數彙摺奏報在案今據該撫將前項戴鎮二汛塡築土埝一千五百九十二丈二尺坍土二千四十三丈二尺眉土一千四百九十六丈二尺後身幫寬一百四十二丈五尺共用過工料例估加貼銀三千六十七兩五錢五分一厘造册題銷

臣部按册查核內所開工料價值與例相符應准開銷等因光緒元年四月十八日題是月二十日奉

旨依議欽此為此合咨前去欽遵施行

第肆冊

海塘新案

奏疏附部文

臣楊　跪

奏為接續興辦中東兩防翁尖二汛石塘小缺口
並塘外添建埽坦改築坦水等工估計工料銀
數恭摺仰祈

聖鑒事竊查中東兩防鄭年所坍石塘大小缺口甚
多祇因經費支絀物料艱難不得不酌量緩急
次第建脩前於接辦戴鎮二汛石塘坦水摺内
聲明翁念尖三汛已築柴垻各口門另行辦理
在案現在鎮汛業已完竣戴汛亦不日告成臣
屢次赴塘察看情形除念汛石塘缺口地段甚
長將來宜於柴垻後面興建尚可從緩外其翁
尖二汛石塘小缺口均係臨水要工亟應接續
興辦以資聯絡當經飭委司道會勘確估詳辦
兹據塘工總局司道會詳稱親赴工次督率委
員候補知府黎錦翰暨廳備各員勘明中防翁
家汛龍字號起至豈字號止挨號逐段丈量原
築石塘均高十七層共坍缺口十六處計應建
復石塘三百十三丈八尺拆脩石塘七十七丈

三尺查該處地當山水海潮交滙每屆大汛浪花拋潑高過塘身照舊脩建難免水漫應請一律築高十八層魚鱗石塘以資抵禦其建復之工均係缺口舊石無存應全用新石每丈估需工料銀四百九十九兩七錢零計建復石塘三百十三丈八尺共估需工料銀十五萬六千八百三十餘兩其拆脩之工多係散裂坍卸舊石牽抵五成應添新石五成每丈估需工料銀三百五十五兩五錢零計拆脩石塘七十七丈三尺共估需工料銀二萬七千四百八十餘兩石塘之外從前築有柴工保衛塘身兵燹之後亦逐漸坍没無存曾將完整舊塘之外搶築埽坦以護根脚其坍卸缺口之所因石塘無存是以列入緩辦今既石塘分別興脩應請將埽坦一律隨塘添築庶期聯絡擁護逐號丈量計應添築埽坦三百三十八丈五尺每丈估需工料銀五十九兩八錢零共估需銀二萬二百四十餘兩又湯字號地形鼓凸東迎潮汐西當山溜最為吃重之處若僅築埽坦勢難抵禦惟查該號西九丈前經築有埽坦應請加高作為埽工其迤東十一丈原坍缺口新估石塘之外亦請添築埽工並於埽外加拋塊石以資衛護共估需工料銀二千七百六十餘兩綜計中防翁汛建復拆脩石塘暨添築埽坦埽工加拋塊石各工統計共估需工料銀二十萬七千三百三十兩零所估工料銀數核與前次估辦戴鎮二汛塘坦之案相符緣該處地勢低窪沙土虚浮臨水釘樁施工不易所以做法情形均與戴汛相同應請援照估計至尖山汛自石字號起至躬字號止按號勘丈共石塘缺口十五處計應建復者二百六十七丈五尺應拆脩者六十一丈五尺原建均係魚鱗石塘今應仍請照舊興脩以期鞏固查尖汛地勢較高與各汛情形稍有不同所有石塘坍卸之舊石賴塔山壩挑溜尚有存留此次估請建復淘挖撈用節省較多查拆脩石塘除本工原有舊石可抵外亦須添辦新石以濟工需詳細料計該汛建復石塘估用舊石四成採辦新石六成每丈估需工料銀三百九十八兩四錢零拆脩石塘估用舊石七成採辦新石三成每丈估需工料銀二百九十七兩

五錢零兩共建復拆脩十八層魚鱗石塘三百二十九丈估需工料銀十二萬四千八百九十二兩零又該汛原建条坦塊坦盤頭等工前因久未脩理均經潮汐沖激柴樁木石蕩焉無存今石塘既經興脩則塘外坦水尤宜一律建復保護塘根查海塘志載尖汛原建坦水舊案係条坦與塊坦間段分別建築又於頂沖險要之處陸續添建盤頭五座皆係因時制宜保護要工起見今察看形勢與昔年稍有區別因此估計做法量為變通未敢稍有拘泥總期工歸實濟款不虛靡查石字號東五丈九尺二寸並昆連念汛石字號中一丈八寸計工長八丈以前係念汛碣石二號盤頭後身刷因盤頭坍卸未曾建復今該處缺口估請興辦應請隨塘改建塊石頭二坦水各八丈以護根腳此外估請建復字號丈尺自鉅字號二十丈起至嘉字號二十丈止計条石頭二坦水各一千一百八十丈又自索字號二十丈起至煕字號西十二丈止計条石頭二坦水各九十二丈兩共条石坦水各計工長一千二百七十二丈從前原係条石

坦水茲因石塘興工条石稀少若照舊建復条坦不免有懸工待料之虞應請一律改建塊石坦水二層又自猷字號二十丈起至謂字號二十丈止並自煕字號東八丈起至逍字號西十三丈七尺八寸止共計間段工長六百四十一丈七尺八寸查此項工程本係塊坦舊基築寬二丈四尺無頭二坦之分今該處正值潮勢頂沖塘外水深三四尺不等如照舊建復坦面寬濶潮汛沖激易於損壞此次建復應請分為頭二兩坦中用樁木關排內高外低如坦坡以順潮勢核計頭二兩坦各工長六百四十一丈七尺八寸其做法高寬需用工料與鉅字等號情形相同併計共請建復改復頭坦一千九百二十一丈七尺八寸每丈估需工料銀三十二兩九錢零共估銀六萬三千二百九十八兩零共二坦一千九百二十一丈七尺八寸每丈估需工料銀四十四兩一錢零共估銀八萬四千九百十八兩零又自逍字號東六丈二尺二寸起至杞字號西十六丈止計工長三百四十二丈二尺二寸原建係層塊石單坦並條字號石盤

頭一座查該盤頭後身九丈五尺內有一半尚屬堅固今請修理折算應扣除工四丈八尺不計外實應建復塊石單坦三百三十七丈四尺二寸現請仍照舊址建復每丈築寬一丈六尺估需工料銀四十四兩一錢零共估銀一萬四千九百五兩零統計改建建復塊石頭二坦水工長各一千九百二十一丈七尺八寸又塊石單坦工長三百三十七丈四尺二寸共單長四千一百八十丈九尺八寸內計建復隨塘坦水單長六百五十八丈舊塘新坦單長三千五百二十二丈九尺八寸總計東防尖汛建復折修石塘並建復改建坦水各工共估需工料銀二十八萬八千十五兩零均係核實確估並無浮冒至該汛前建於農稷黍庶幾離索條字等號柴石盤頭五座當時係因工段吃險間段添建以分其勢惟海中陰沙消長無定每月潮汛趨向靡常查工程之平險視乎潮汛之趨向潮汛之趨向又視陰沙之消長目下該汛險工既無定所自應各就坦水夯工加釘樁木關欄自固藩籬俾資抵禦所有前建盤頭五座現在均請緩辦俟將來全汛告竣如必須藉資分挑潮勢再請建復以重經費但尖汛石塘坦水同時興工所有改建建復塊石坦水共計長四千一百八十丈九尺八寸工段綿長需時較久應請分作四限奏報完工以半年為一限每限報竣一千餘丈此係查照志載成案辦法以期迅速以上兩汛工程由委員黎錦翰及該兩防廳倫先後會開清摺到局由總局司道核明呈請具
奏前來臣親往復勘所估均係確實至翁汛石塘估價較尖汛稍多者實因該汛建復之工舊石無存全用新石拆修之工舊石又較尖汛少抵兩成且翁汛地當山潮並激之處形勢低窪塘外水深清槽釘樁一切均比尖汛更為棘手情形既有不同則估價自難一律逐細勾稽在在核實並無浮冒除飭該司道委員分往設局購料集夫擇吉興辦工竣專案造冊報銷外合將接續興辦中東兩防翁尖二汛石塘小缺口並塘外添建埽坦改建坦水等工估計銀數緣由
恭摺具
奏伏乞

皇上聖鑒訓示再中防翁汛尚有潑損低陷掏裂石塘一百二十四丈四尺並東防尖汛面石潑損底石尚整石塘六十五丈五尺祗須加高理砌不另作正估報即於前估工內勻撥工料辦理以省經費合併陳明謹

奏同治十二年三月二十二日奏四月二十七日

奉

硃批該部知道欽此

撫院楊　片

奏再杭州府屬中防翁汛境內應行建復石塘三百十三丈八尺拆脩石塘七十七丈三尺添築隨塘埽坦三百三十八丈五尺埽工二十丈前經飭委廳備勘明估需銀二十萬七千三百三十兩有零尖汛境內應行擇要建復石塘二百六十七丈五尺拆脩石塘六十一丈五尺以及塘外坦水等工飭委勘明估需銀二十八萬八千十五兩有零曾經彙案

奏明開辦在案當將翁汛各工飭委候補道戴槃候補知府黎錦翰設局辦理於同治十二年三月初七日祀土興工截至十二月二十四日止共計間段辦竣文字等號建復魚鱗石塘一百三十三丈八尺白字等號拆脩魚鱗石塘六十八丈五尺又尖汛各工飭委候補知府陳璚東防同知吳世榮設局辦理於同治十二年六月十二日祀土興工截至十二月十六日止共計間段辦竣石字等號建復魚鱗石塘一百七十丈五尺畝字等號拆脩魚鱗石塘三十二丈五尺並自謙字號起至增字號止脩竣頭二坦水計單長一千丈經杭防道何兆瀛往來督率臣亦不時赴工履勘分別緩急次第脩築其中原估極字等號頭二坦水各五百十三丈七尺八寸又原估道字等號單坦三百三十七丈四尺二寸現在各該字號塘外漲沙日長堪資擁護且距尖塔兩山不遠塘身穩固酌擬從緩辦理俾資節省至東防尖汛原估改建建復塊石坦水共計單長四千一百八十丈九尺八寸工段綿長需時較久前經

奏明分為四限完工以半年為一限每限報竣一

千餘丈係照舊志成案辦法茲查石塘坦水同時並舉事頗繁重乃為時未及一年翁尖兩汛脩竣石工四百餘丈單長坦工一千丈辦理尚為妥速目前酌定緩辦之坦工計單長一千三百餘丈外核計所未辦者不及二千丈毋庸再行分限應即飭令當于本年夏秋間趕辦完固所有緩辦各工按照原估銀數扣除應減銀五萬四千五百三十兩零今據該兩汛駐工督辦委員開摺送局由總局司道詳請先行
奏報前來伏查上年臣覆奏三防塘工所費不致有逾原估仍請分案辦理摺內欽奉
硃批覽奏已悉着該撫督飭承辦工員核寔經理勿避怨嫌所請另派大員督辦之處着毋庸議欽此臣跪聆之下感悚莫名當即宣示在事大小各員凜遵
聖訓寔心寔力妥速趕辦工程務求堅固用副期於撙省該各員均能激發天良踴躍從公又值天旱水涸施工稍易是以開工未及一年兩汛做成石塘四百餘丈坦水一千丈為以前未有之事其中節省浮費已屬不少至減辦坦工一千三百餘丈節省銀五萬四千餘兩亦是因地制宜慎重經費兼之海水退足打撈舊石亦多又有新築乃字等號石塘工長一百四丈因塘下水深繞入柴埽後釘樁安砌較臨水之工不無減省將來全工告成自應核寔造銷不敢以估報在先絲毫浮濫以上辦成之工均經臣隨時親臨督飭指授機宜逐一勘驗並無草率偷減之弊臣現在出省查閱浙東各屬營伍周歷八郡約須兩月之久所有海塘現辦工程諄囑總局司道督率工員照常認真辦理以期速成乃事除俟該二汛通工告竣委員查勘結覆再將辦成字號丈尺實用銀數分別繕單
奏報外合將建脩中防翁尖汛內石塘坦水初限完竣各工並酌擬緩辦坦工丈尺緣由附片陳明伏乞
聖鑒謹
奏同治十三年三月初十日奏四月二十二日奉
硃批工部知道欽此

臣楊　　跪

奏為中東兩防翁尖二汛建脩石塘小缺口並塘外添築埽坦改建坦水各工一律完竣恭摺具

奏仰祈

聖鑒事竊照浙省中東兩防翁尖二汛應辦石塘小缺口並塘外添築埽坦改建坦水等工丈尺估用銀兩嘗經

奏准設局興辦嗣將初限完竣各工并酌擬緩辦坦工暨繞築石塘各緣由分晰附片陳明均在案茲據塘工總局司道詳稱中防翁汛各工自同治十二年三月初七日興工至十三年十二月十二日一律辦竣計龍字號起至養字號止間段建復魚鱗石塘共三百十三丈八尺師字號起至養字號止間段拆脩魚鱗石塘共七十七丈三尺內文字乃三號建復石塘四十四丈五尺暨賴及萬方蓋五號建脩石塘五十九丈五尺繞入柴埽後釘樁安砌其餘均依原估臨水興辦又龍字號起至養字號止間段築成埽坦二百六十八丈按照原估計減辦文字乃及萬五號埽坦七十丈五尺因文字等號石塘續議繞築是以減辦埽坦仍于文乃及方四號塘外脩築柴埽三十八丈以資鞏固用工料銀即以減辦埽坦經費抵支毋庸另請開銷又原估湯字號埽工二十丈並埽外加拋塊石亦已如式辦成核查原估統需工料銀二十萬七千三百餘兩今實用例估加貼增貼工料銀二十萬一千九百餘兩計節省銀五千三百餘兩其東防尖汛各工自同治十二年六月十二日興工至十三年九月十九日一律辦竣計石字號起至躬字號止間段建復魚鱗石塘共二百六十七丈五尺岫字號起至勅字號止間段拆脩魚鱗石塘共六十一丈五尺又原估改建塊石坦水計工長四千一百八十丈九尺八寸內除減辦極字等號改建塊石頭二坦水各五百十三丈七尺八寸適字等號建復單坦三百三十七丈四尺二寸外實計石字號起至增字號止辦成塊石頭二坦水單長共二千八百十六丈核查原估統需工料銀二十八萬八千十五兩零內除前項減辦坦水應除原估銀五萬四千五百三十兩零尚應銀二十三萬三千四百餘

兩今寔用例估加貼增貼工料銀二十萬三千七百餘兩計節省銀二萬九千六百餘兩共計翁尖兩汛與辦石塘坦埽等工三千八百六十餘丈需用工料銀四十萬五千餘兩經駐工督辦候補道戴槃督同工程委員候補知府黎錦翰陳璚署東防同知吳世榮及在工員弁認真趕辦竭力打撈舊石以節經費候補道惲祖貽親於江干設局查驗所辦木料揀選運濟杭防道何兆瀛候補道吳艾生會同駐工往來催督以期工堅費省臣歷次親詣履勘所做之工均能如式堅固工竣後飭委運使靈杰候補道唐樹森赴工驗收結覆委無草率偷減情弊今由總局司道詳請具

奏前來除飭取辦成工段字號丈尺高寬並寔用銀數另行繕單

題奏請銷外伏查此案建脩塘坦工長費鉅頭緒紛繁自同治十二年春間開辦至上年十二月工竣為時未兩年而要工一律告成在事大小各員均能竭盡心力認真經理所用銀兩核照原估尚多減省不無微勞足錄可否仰懇

天恩俯准擇尤酌保以示鼓勵之處出自

鴻慈謹將建脩中東兩防翁尖二汛石塘小缺口並於塘外添築埽坦及改建坦水各工全行完竣緣由恭摺具

奏伏乞

皇太后

皇上聖鑒再前次陳明該二汛內尚有潑損拗裂低陷石塘併于正工中匀撥工料加高理砌在案刻亦一律脩辦完竣合併陳明謹

奏光緒元年三月十二日奏四月十一日軍機大臣奉

旨着准其擇尤酌保毋許冒濫欽此

臣楊　跪

奏為辦成中東兩防翁尖二汛石塘坦埽各工字號高寬丈尺用過銀數開列清單恭摺仰祈

聖鑒事竊照浙江省中東兩防翁尖二汛應辦石塘小缺口並塘外添建坦埽暨改建坦水柴埽各工前經臣將開辦興竣日期及減辦緣由先後

奏報各在案茲據塘工總局司道詳稱計辦成中防翁汛龍字號起至養字號止間段建復魚鱗石塘三百十三丈八尺師字號起至養字號止間段拆脩魚鱗石塘七十七丈三尺龍字號起至養字號止間段築成埽坦二百六十八丈又文乃及方四號脩築柴埽三十八丈又湯字號埽工二十丈並於埽外加拋塊石又東防尖汛石字號起至躬字號止間段建復魚鱗石塘二百六十七丈五尺岫字號起至勅字號止間段拆脩魚鱗石塘六十一丈五尺石字號起至增字號止改建塊石頭二坦水共單長二千八百十六丈統計用過工料銀四十萬五千七百餘兩核明開摺呈請循案具

奏等情前來臣查前項工程原估銀兩本係照章核實估計因上年適值天旱水涸施工較易並經臣隨時親臨指飭認真趕辦竭力打撈舊石隨處抵用各委員皆能實心實力踴躍從事是以工段雖多蒇事甚速俾得節省銀三萬兩有奇做成各工亦均委驗親勘結覆並無草率偷減除飭造實用銀數細冊取結繪圖另行具

題請銷外合將辦成中東兩防翁尖二汛石塘坦埽各工字號高寬丈尺用過銀數繕具清單恭

摺敬

奏伏乞

皇太后

皇上聖鑒謹

奏

謹將浙省辦成中東兩防翁尖二汛石塘坦埽各工字號高寬丈尺動用銀數繕列清單恭呈

御覽

計開

一中防翁汛龍字號東十丈師字號西二丈火字號二十丈第字號中九丈始字號東十九丈文字號中東十一丈五尺字字號二十丈

乃字號西中十三丈虞字號東二丈陶字號二十丈唐字號西十七丈湯字號東中十一丈愛字號東十丈育字號西東十四丈五尺黎字號二十丈賓字號中十三丈二尺鳴字號西八丈六尺鳳字號東六丈在字號西十六丈五尺賴字號東一丈及字號二十丈萬字號西七丈五尺大字號東七丈五字號西十八丈五尺恭字號西八丈鞠字號東二丈養字號西六丈五尺共計工長三百十三丈八尺一律建復十八層魚鱗石塘每丈照例築成底寬一丈二尺面寬四尺五寸高一丈八尺計用厚一尺寬一尺二寸全新條石一百十八丈三尺三寸三分三厘釘馬牙梅花新樁共一百五十根

一中防翁汛師字號東三丈三尺愛字號中一丈五尺白字號東六丈駒字號西中十三丈萬字號東六丈五尺方字號西四丈東十六丈蓋字號西四丈五尺大字號中四丈恭字號中西一丈五尺鞠字號次東三丈五尺養字號中三丈五尺東十丈共計工長七十七丈三尺一律拆脩十八層魚鱗石塘每丈照例築成底寬一丈二尺面寬四尺五寸高一丈八尺計用厚一尺寬一尺二尺條石一百十八丈三尺三寸三分三厘内除搭用舊石五成釘馬牙梅花新樁共一百五十根

一中防翁汛龍字號東十五丈師字號東五丈火字號二十丈第字號西十七丈始字號東十九丈文字號中三丈虞字號東五丈陶字號二十丈唐字號西十五丈愛字號東十丈育字號西十丈黎字號二十丈賓字號中十五丈鳴字號西九丈鳳字號東五丈在字號西十八丈賴字號東三丈大字號東八丈五字號二十丈恭字號次西九丈鞠字號東三丈養字號西十九丈共計工長二百六十八丈一律建築埽坦每丈上寬一丈六尺底寬一丈八尺除頂土外實築柴高一丈六尺釘樁一路計二十根又每單長一丈用稭柴六百觔土五分

一中防翁汛乃字號東七丈原係埽坦令改築埽工每丈面寬二丈底寬三丈除頂土外實

築柴高二丈二尺釘底面腰樁共二十六根
又每單長一丈用檜柴六百觔土五分
一中防翁汛爻字號東中四丈乃字號次東二
丈及字號西十五丈方字號西十丈共計工
長三十一丈原係柴壩今改築柴工每丈面
寬一丈五尺腰寬二丈底寬三丈除頂土外
實築柴高二丈釘底面腰樁共十五根又每
單長一丈用檜柴六百觔土五分
一中防翁汛湯字號西九丈原係埽坦今加築
埽工又東十一丈添建埽工共計工長二十
丈每丈除頂土并坍在埽坦抵用外牽計實
加築柴高一丈四尺上寬一丈六尺下寬二
丈釘底腰面新樁二十六根又每單長一丈
用檜柴六百觔土五分並加抛塊石底面牽
寬一丈四尺高一丈四尺
以上中防翁汛共用過工料銀二十萬一
千九百餘兩
一東防尖汛石字號東八丈鉅字號二十丈野
字號西東十六丈五尺庭字號西二丈五尺
曠字號中東十六丈遠字號西五丈邈字號
中東十七丈巖字號二十丈岫字號西中十
四丈五尺治字號西中十四丈於字號中東
十一丈五尺農字號西二丈五尺茲字號中
八丈五尺稼字號中八丈俶字號東五丈載
字號西四丈五尺南字號中東十二丈畝字
號西六丈新字號中九丈勸字號中東十一
丈賞字號西中十五丈盖字號西十丈其字
號中東十五丈謹字號東五丈省字號東八
丈躬字號西三丈共計工長二百六十七丈
五尺一律建復十八層魚鱗石塘每丈照例
築成底寬一丈二尺面寬四尺五寸高一丈
八尺共用條石一百十八丈三尺三寸三分
三厘内約搭用舊石六成有餘釘馬牙梅花
新樁共一百五十根
一東防尖汛岫字號東一丈五尺稼字號次東
二丈載字號東中十四丈五尺畝字號東四
丈我字號中二丈五尺黍字號中東十一丈
藝字號中東十二丈新字號次東一丈陟字
號東五丈畝字號西三丈五尺謹字號次東
二丈五尺勅字號西二丈共計工長六十一

丈五尺一律拆脩十八層魚鱗石塘每丈照例築成底寬一丈二尺面寬四尺五寸高一丈八尺共用條石一百十八丈三尺三寸三分三厘内約搭用舊石九成有餘釘馬牙梅花新樁共一百五十根

一東防尖汛石字號東五丈九尺二寸並毘連念汛石字號中二丈八寸又尖汛鉅字號二十丈野字號二十丈庭字號二十丈曠字號二十丈遠字號二十丈綿字號二十丈邈字號二十丈巖字號二十丈岫字號二十丈治字號二十丈本字號二十丈於字號二十丈農字號二十丈務字號二十丈茲字號二十丈稼字號二十丈穡字號二十丈俶字號二十丈載字號二十丈南字號二十丈畝字號二十丈我字號二十丈藝字號二十丈黍字號二十丈稷字號二十丈稅字號二十丈孰字號二十丈貢字號二十丈新字號二十丈勸字號二十丈賞字號二十丈陟字號二十丈孟字號二十丈其字號二十丈敦字號二十丈素字號二十丈史字號二十丈魚字號二十丈秉字號二十丈直字號二十丈庶字號二十丈幾字號二十丈中字號二十丈庸字號二十丈勞字號二十丈謙字號二十丈謹字號二十丈勅字號二十丈聆字號二十丈音字號二十丈察字號二十丈理字號二十丈鑒字號二十丈貌字號二十丈辨字號二十丈色字號二十丈貽字號二十丈厥字號二十丈嘉字號二十丈猷字號二十丈勉字號二十丈其字號二十丈祗字號二十丈植字號二十丈省字號二十丈躬字號二十丈譏字號二十丈誡字號二十丈寵字號二十丈增字號二十丈共計工長一千四百八丈一律改建塊石頭二坦水兩共二千八百十六丈每丈照例頭坦築寬一丈二尺二坦築寬一丈二尺共寬二丈四尺通工牽計築深五尺共用全新塊石十二方又頭坦釘樁一路二十根二坦釘樁二路四十根共計六十根

以上東防尖汛共用過工料銀二十萬三千七百餘兩

統計翁尖兩汛各工實共動用工料銀四十萬
五千七百餘兩
光緒元年五月二十六日奏七月初四日軍機
大臣奉
旨該部知道單併發欽此

光緒二年二月三十日准
工部咨為題銷浙江省建脩中東兩防翁尖二
汛石塘坦埽等工用過銀兩應准開銷事都水
司案呈工科抄出浙江巡撫楊　題同治十
二三年建脩中東兩防翁尖二汛石塘坦埽等
工用過銀兩造冊題銷一案光緒元年九月初
五日題十一月十七日奉
旨該部察核具奏欽此於十一月十九日科抄到部
該臣等查得浙江巡撫楊　疏稱浙江省中
東兩防翁尖二汛應脩石塘小缺口並塘外添
建埽坦改建坦水等工先經奏明分限興辦嗣
將尖汛工程暨翁汛石塘通工一律告竣分別
委員驗收先後分晰奏報飭取工段字號高寬
丈尺繕單具奏並陳明飭造實用銀數冊圖另
行題銷各在案茲據督辦塘工總局布政使盧
定勳等會詳伏查中防翁汛各工自同治十二
年三月初七日興工至十三年十二月十二日
止計龍字等號建復石塘三百十三丈八尺師
字等號拆脩石塘七十七丈三尺又龍字等號
埽坦二百六十八丈文乃及方四號脩築柴埽
三十八丈又湯字號埽工二十丈並于埽外加
拋塊石共用過工料銀二十萬一千九百二十
二兩零其東防尖汛各工自同治十二年六月
十二日興工至十三年九月十九日止計石字
等號建復石塘二百六十七丈五尺岫字等號
拆脩石塘六十一丈五尺又石字等號改建塊
石頭二坦水單長共二千八百十六丈共用過
工料銀二十萬三千七百九十五兩零統計翁
尖二汛各工共用過工料銀四十萬五千七百
十八兩零均係在於提濟塘工經費暨海塘捐

輸各款項下動支核與歷次奏准報銷各項銀數相符應仍由該司道等公同造報合將造具圖冊詳送具題等情臣覆核無異除冊圖送部外理合具題等因前來查浙省自同治十二年起至十三年止建脩中東西防翁尖二汛石塘坦埽各工先據浙江撫臣楊　奏明中東西防石塘小缺口甚多因經費支絀物力維艱不得不酌量緩急次第興辦現在翁尖二汛石塘缺口均係臨水要工亟應接續辦理以資聯絡等因並將工段字號丈尺銀數開單奏報在案今據該撫將翁汛建復石塘三百十三丈八尺拆脩石塘七十七丈三尺又築埽坦二百六十八丈脩築柴埽三十八丈埽工二十丈並埽外加抛塊石共用過工料銀二十萬一千九百二十二兩四錢三分三厘七毫三絲八忽四微又東防尖汛建復石塘二百六十七丈五尺拆脩石塘六十一丈五尺改建塊石頭二坦水共計單長二千八百十六丈共用過工料銀二十萬三千七百九十五兩九錢一分六厘一毫九絲二忽四微統計翁尖二汛共用過工料銀四十萬五千七百十八兩三錢四分九厘九毫三絲造冊題銷臣部按冊查核內所開工段字號丈尺銀數核與奏報清單相符應准開銷等因于光緒元年十二月十六日題本月十八日奉
旨依議欽此為此合咨前去欽遵施行

撫院楊　片

奏再浙省杭州府屬西防李汛境內西育字號東十一丈西愛字號西九丈共限外埽坦二十丈緊貼西黎育字號盤頭當山潮滙激最為緊要之處是年春汛陰雨連綿山潮並旺該工疊被沖刷柴土漂沒殘陷情形甚為危險若仍脩復埽坦誠恐大汛蹕臨難以抵禦經總局司道飭據該管廳脩勘明估請加築埽工二十丈所用款項在於塘工經費項內動支給辦經杭防道何兆瀛駐工督率於同治十三年二月二十三

日開工至三月十七日完竣共用過例估加貼
工料銀一千七百餘兩報請驗收委係工堅料
實如式完固並無草率偷減情事由總局司道
呈請具
奏前來臣覆核無異除飭將做成該工高寬丈尺
用過工料銀兩造具册結詳請
題銷外合將十三年分續辦加築西防李汛西育
愛二號埽工丈尺銀數緣由附片具
奏伏乞
聖鑒勅部查照施行謹
奏光緒元年三月十二日奏四月十一日軍機大
臣奉
旨該部知道欽此

光緒二年四月二十三日准
工部咨爲題銷浙江省續辦加築西防李汛埽
工用過銀兩與例相符應准開銷事都水司案
呈工科抄出浙江巡撫楊　題同治十三年
續辦加築西防李汛埽工用過銀兩造册題銷
一案光緒元年九月初五日題十一月十五日
奉
旨該部察核具奏欽此于十一月十九日科抄到部
該臣等查得浙江巡撫楊　疏稱同治十三
年分續辦加築西防李汛西育愛二號埽工完
竣驗收一摺光緒元年四月十一日軍機大臣
奉
旨該部知道欽此欽遵查照等因當經轉飭照例詳
辦去後兹據督辦塘工總局布政使盧定勲等
會詳稱覆查同治十三年分續辦加築西防李
汛埽工二十丈用過工料銀一千七百五十六
兩四錢二分五厘在于提濟塘工經費項內動
支核與歷奉准銷銀數相符應仍由該局司道
公同造册詳送具題等情臣覆核無異除册圖
送部外理合具題等因前來查浙江省同治十

三年續辦加築西防李汛埽工先據浙江巡撫
楊　奏明西防李汛境內西育字號東十一
丈西愛字號西九丈緊貼西黎育字號盤頭山
潮滙激最要之處是年春汛陰雨連綿山潮並
旺該工迭被沖刷柴土漂沒坍陷情形甚為危
險若修復埽坦誠恐大汛踵臨難以抵禦估請
加築埽工等因並將字號丈尺銀數奏報在案
今據該撫將前項加築西防李汛西育等字號
埽工二十丈共用過工料銀一千七百五十六
兩四錢二分五厘造冊題銷臣部按冊查核內
所開工料價值與例相符應准開銷等因光緒
二年三月初五日題是月初七日奉
旨依議欽此為此合咨前去欽遵施行

臣楊　跪
奏為勘明海鹽縣境坍損石塘等工先行擇要估
修恭摺奏祈
聖鑒事竊照嘉興府屬海鹽縣境濱臨大海自前明
建有石塘數千丈並築土塘等工以資保障該
處海面較寬風潮沖激時有坍損康熙雍正乾
隆年間均經
奏請動項修築道光初年前撫臣帥承瀛奏請興
修垂章等號魚鱗塘工籌有歲修專款由地方
官紳經理兵燹之後原款無着以致年久未修
同治六年前撫臣馬　會同調任督臣吳
具奏勘明海塘各工籌款次第辦理緣由摺內
陳明鹽平兩汛計潑損石塘長一百八十七丈
三尺土塘五百五十三丈五尺柴工一千十八丈
隨時酌量修復以保全塘等因在案伏查鹽汛
舊建大石塘以及魚鱗石塘高寬約在二丈以
外較之現辦杭州府屬之東中西三防石塘高
寬丈尺不啻倍蓰所需修費亦復懸殊即如應
用塘石每塊須長五尺寬厚一尺五六寸在於
紹興府屬山陰縣之羊山地方採購其中水陸

舟車鄧鄧盤運方達工次運費既多辦理又甚
艱難所有前次
奏明潑損各工一時寔難全行脩復惟近來每遇
大汛屢有續損工段且坐朝等號逼近海塩縣
城塘高城低情形甚為危險若不先行擇要興
辦不但日久需款更鉅且慮風潮鼓盪之際居
民刻難安枕現在專款既已無著自應併由局
辦以照核寔且於查閱海甯工程之便督同杭
嘉湖道何兆瀛親詣履勘隨飭委候補知府黎
錦翰蕭書會同該管府縣暨海防營守備赴工
詳細勘估興辦旋據勘明該處舊建五縱五橫
魚鱗大石塘內有伍字號西一丈民字號中三
丈商字號中五丈五尺坐字號東二丈西十一
丈五尺朝字號東二丈伐字號西四丈均已坍
卸至底又逼近南城之洛水寨地方緊接鱗塘
之尾為大塘之首內遐字號西八丈通字號東
西十八丈五尺壹字號東四丈中西七丈體字
號中九丈五尺亦均坍卸至底兩工皆恃內護
一線土塘前臨大洋後靠白洋河實係情形險
要必不可緩之工亟應一律拆底建脩查得該

處各號石塘各因地勢層數不一從前原用粗
石安砌道光初年該前縣汪仲洋承脩垂章等
號各工始於出海縱石鑿鑿合縫嵌鑲錠鍋外
口抿以油灰內裏縱橫條石灌用灰漿至今稱
為完固此次拆脩之高低層數循舊安砌其做
法應仿道光年間垂章等號成式辦理以經久
遠經該委員等督匠核實確估總共應脩魚鱗
大石塘二十九丈大石塘四十七丈內自十八
層至十四層不等除舊石牽抵四成有奇外每
丈牽估銀七百十八兩零統計估需工料銀五
萬四千五百餘兩實因丈尺既寬應用物料人
工在在增多兼之兵燹後元氣未復一切工料
無不昂貴核計所估銀數實無浮冒等情飭據
總局司道復加確核應請照估動用塘工經費
趕速興辦以重要工並檄委候補知府蕭書會
同嘉興府知府許光瑶督率縣脩於上年八月
開設局開辦惟該工石料長大寬厚尺寸倍於
尋常自羊山採辦到工水陸搬運鄧鄧艱阻比
之三防石塘購運情形倍難措手必須新石運
辦全脩始能赴期完工惟有督飭委員趕緊集

料興脩不任稍有耽延至前項石塘本有塘外
叟坦今亦坍沒無存以及塘後坿土等項並此
外未辦石土各工擬請隨後察看情形次第估
辦再該塘工有朝商發瑞四號及體字號魚鱗
大石等工共計工長十七丈面石潑損並請於
前工內勻撥工料辦理不另作正開銷以省經
費等情由塘工總局司道詳請具
奏前來臣覆核無異除俟全工告竣核實請銷外
合將勘明海鹽縣境坍損石塘等工先行擇要
估脩緣由恭摺具
奏伏乞
皇上聖鑒訓示謹
奏同治十三年二月初四日奏三月初七日奉
硃批該部知道欽此

臣楊　　跪
奏為恭報原估脩復海鹽縣境坍損石塘完竣日
期并字號丈尺用過銀兩恭摺具
奏仰祈
聖鑒事竊照浙省嘉興府屬海鹽縣境瀕臨大海舊
建石塘等工年久未脩間段坍卸曾經委員勘
估擇要先行拆脩魚鱗塘二十九丈又大石塘
四十七丈仿照道光年間脩築成式辦理當將
應脩字號丈尺估需銀數並于前工內勻撥工
料理砌之朝字等五號大石塘潑損面石十七
丈不另作正開銷以省經費緣由
奏明興辦在案旋據駐工委員試用知府蕭書督
率縣倫委員募夫集料妥速趕辦自同治十二
年九月初四日興工至十三年十二月二十九
日一律報竣計辦成原估恆字號西一丈民字
號中三丈商字號中五丈五尺坐字號東二丈
西十一丈五尺朝字號東二丈伏字號西四丈
共拆脩魚鱗大石塘二十九丈又原估遐字號
西八丈邇字號東西十八丈五尺壹字號東四
丈中西七丈體字號中九丈五尺共拆脩大石

塘四十七丈其朝字等五號潑損石塘十七丈
亦已理砌完竣共用工料銀五萬四千五百餘
兩卽經飭委嘉興府知府許瑤光逐一驗收結
覆委係如式完固並無苟減情事茲由塘工總
局司道核明呈請具
奏前來臣覆查無異除飭造具報銷冊結圖說另
行詳請
題銷外合將原估拆修海鹽縣境內坍損石塘完
竣日期并字號丈尺銀數緣由恭摺具
奏伏乞
皇太后
皇上聖鑒勅部查照施行再該塘尚有
奏准續辦魚鱗大石塘八十三丈塊石坦一百
五十九丈內有戎字號魚鱗塘二丈五尺又戎
位民商坐朝伏等七號護塘坦共三十一丈
五尺或毘連前工或為前工外護情形險要刻
難緩待業據提前趕辦於十三年九月二十六
十一月十五等日以次照估辦竣亦經委據許
瑤光詣收結覆所用銀兩應俟續估各工一律
告竣再飭彙造銷冊專案詳辦以清界限合併
陳明謹
奏光緒元年四月十九日奏五月初九日軍機大
臣奉
旨該部知道欽此

光緒二年九月初一日准
工部咨為題銷浙江省嘉興府屬修復海鹽縣
境坍損石塘工程用過銀兩與例相符應准開
銷事都水司案呈工科抄出浙江巡撫楊
題同治十二三年修復海鹽縣境坍損石塘工
程用過銀兩造冊題銷一案光緒元年十一月
初九日題二年三月二十六日奉
旨該部察核具奏欽此於四月初七日科抄到部該
臣等查得浙江巡撫楊　疏稱浙省嘉興府
屬海鹽縣境濱臨大海舊建石塘各工年久未

脩間陂坍卸曾經委員勘估奏報先行擇要拆
脩位字等號魚鱗塘二十九丈遐字等號大石
塘四十七丈并陳明該處各號石塘各因地勢
層數不一從前原用粗石安砌道光初年前該
縣汪仲洋承脩垂章等號各工始於出海縱石
鑿鑿合縫嵌鑲錠鋦外口抿以油灰內裏縱橫
條石灌用灰漿至今稱為完固此次拆脩之工
高寬層數循舊安砌其做法仿照道光年間辦
理以期久遠欽奉
硃批該部知道欽此并准工部咨行欽遵查照當經轉
飭駐工委員妥速脩辦計自同治十二年九月
初四日興工至十三年十二月二十九日止將
各工一律趕辦完竣飭委嘉興府知府許瑤光
逐一驗收結覆各在案茲據督辦塘工總局布
政使盧定勳等會詳此次拆脩位遐等號石塘
係仿道光初年垂章等號成式辦理核共用過
工料銀五萬四千五百五十六两七錢八分九
厘係動支塘工經費陸續給發工員支用合將
造具冊圖呈送察核具題等情臣復核無異除
冊圖送部外理合具題等因前來查浙省同治
十二三年嘉興府屬脩復海鹽縣境坍損石塘
工程先據浙江巡撫楊　奏稱海鹽縣境內
海面較寬風浪沖激時有坍損康熙雍正乾隆
年中均經奏請動款脩築道光初年前撫臣帥
承瀛疏請興脩塘工籌有歲脩專款由地方官
紳經理兵燹之後原款無着以致失脩同治六
年前撫臣馬　等會奏勘明海塘各工籌款
隨時酌量脩復以保全塘等因並將各工字號
丈尺銀數奏報在案今據該撫將前項拆脩魚
鱗石塘二十九丈大石塘四十七丈共計支用
工料銀五萬四千五百五十六两七錢八分九
厘造冊題銷臣部按冊查核內所開各工字號
丈尺銀數核與奏明相符應准開銷等因光緒
二年七月初二日題是月初四日奉
旨依議欽此為此合咨前去欽遵施行

臣楊　跪
奏爲接續建脩東防念汛東西兩頭石塘埽坦各
工丈尺約估工料銀兩恭摺
奏報仰祈
聖鑒事竊照浙省海塘應脩各工鄭經
奏明以次估辦在案現在翁尖二汛石塘將次告
竣應行接辦念汛工程伏查該汛各段坍卸缺
口共有二千五百餘丈之多舊存石塘亦皆殘
損應脩工鉅費繁萬難一氣呵成前經飭委候
補道惲祖貽督飭署東防同知吳世榮詳細勘
估以便接續辦理時臣赴塘查勘工程督同杭
嘉湖道何兆瀛補用道吳艾生會商籌度酌定
先就東西兩頭缺口臨水建復石塘以前築柴
壩作爲後靠該處塘外舊有埽工今亦坍沒無
存擬照俠字號等成式改築埽坦較爲鄭省并
將舊存石塘分別脩理一律建築隨塘埽坦以
資聯絡擁護經該道等詳細勘丈計自西頭聚
字號起至肥字號止間段建復石塘五百二丈
四寸前工應建隨塘埽坦内除俠字等號先已
築有埽坦外實須添建四百九十三丈四寸并
建舊塘埽坦六十八丈七尺又東頭泰字號起
至碣字號止間段建復石塘一百四十六丈五
尺拆脩舊石塘三十二丈前工應建隨塘埽坦
一百七十八丈五尺并建舊塘埽坦一百七十
三丈五尺另有前辦戴鎮兩汛石塘案内
奏明截歸念汛石塘併辦之鎮汛典字等號建復
石塘三十三丈此次丈量增長一尺六寸又截
歸頭二坦水一項現擬改築埽坦八丈七尺六
寸緣係毘連念汛之工是以歸併估辦統計建
復十八層魚鱗石塘六百八十一丈七尺拆脩
十八層魚鱗石塘三十二丈建築埽坦九百二
十二丈五尺前項坍卸缺口雖間有舊石顯露
將來能否撈獲若干殊難預定惟值此經費難
籌自應力求撙節所有缺口建復石塘擬用新
石八成祇用舊石二成核實確估每丈計需銀
四百四十九兩零拆脩石塘大約計祇用舊石
五成每丈需銀三百五十五兩零建築埽坦每
丈估銀五十九兩零總共估銀三十七萬三千
四十餘兩應請在於塘工經費項内動支給辦
此外尚有該汛東西兩頭舊塘散裂矬陷者共

計四百四十三丈二尺擬於正工內匀撥工料
加高理砌不另估報以省經費以上之工均就
目前情形分別估計將來開辦後或有隨時相
機酌量增減之處統俟工竣照例分別開單造
冊核實報銷據候補道惲祖貽督同該管廳備
勘估明確繕摺送局由總局司道等核明呈請
具
奏前來臣查念汛一帶石塘年久失脩間段坍缺
至二千五百餘丈之多現在翁尖二汛石塘等
工將次告竣應行接續興辦至該汛塘外埽工
早經沖沒無存大小口門雖已築成柴壩暫資
抵禦亟須建復石工庶與鎮尖二汛上下銜接
一氣以期經久除刻議建復東西兩頭魚鱗石
塘六百八十一丈七尺拆脩魚鱗石塘三十二
丈建復埽坦九百二十二丈五尺外尚餘中段
口門一千八百餘丈將來宜於柴壩後面興建
惟工大費鉅必得預集物料方能以次接辦得
復全塘舊制現擬開辦之工經臣親臨履勘情
形無異所估工料亦均確實並無浮冒除飭該
道等趕緊設局採料集夫擇吉興辦工竣專案
造冊報銷外合將接續建脩東防念汛東西兩
頭石塘埽坦等工丈尺約估工料銀數緣由恭
摺具
奏伏乞
皇上聖鑒訓示謹
奏同治十三年八月二十五日奏　月　日奉
硃批工部知道欽此

臣楊　跪

奏為東塘念汛東頭建脩石塘一律完工並西頭
現已辦竣建復石塘丈尺恭摺
奏報仰祈
聖鑒事竊照浙省杭州府屬東防念汛東西兩頭應
辦石塘並截歸併辦毘連鎮汛之石塘共計建
復工六百八十一丈七尺拆脩工三十二丈又
建復埽坦九百二十二丈五尺前經飭委勘明
估需銀三十七萬三千四百餘兩專案
奏明興辦在案當經飭委候補道戴槃督率候補

知府李審言署東防同知吳世榮靳芝亭等設
局分起辦理於同治十三年九月十九日祀土
興工以次建脩截至光緒元年六月二十六日
止將原估東頭泰字號起至碣字號止間段建
復魚鱗石塘一百四十六丈五尺拆脩魚鱗石
塘三十二丈一律趕辦完竣此外尚有
奏明勻撥工料辦理不另開銷之東頭散裂蛀陷
石塘一百餘丈亦皆加高理砌完竣其西頭工
段較長現已將聚字號起至封字號止及昆連
鎮汛典字等號共計建復魚鱗石塘二百十八
丈先行辦竣據駐工總辦委員分開清摺由總
局司道詳請先行
奏報前來臣伏查此次東防念汛東西兩頭工程
同時並舉購料集夫倍形繁劇臣不時臨工指
示督催趲辦在工各員無不踴躍從事計自開
工至今歷時僅半年有餘已將東頭石塘工程
一律告成並辦竣西頭石塘工程二百餘丈辦
理均尚妥速除飭將西頭未完石塘暨埽坦等
工接續趕辦仍循案俟全工報竣再行飭委驗
收分別開單
奏報外合將東塘念汛東頭建脩石塘一律完竣
並西頭現已辦竣建復石塘丈尺緣由恭摺具
奏伏乞
皇太后
皇上聖鑒謹
奏光緒元年七月初五日奏八月初四日軍機大
臣奉
旨知道了欽此

臣楊　跪
奏為建修東防念汛東西兩頭石塘埽坦等工一
律完竣驗收恭摺具
奏仰祈
聖鑒事竊照浙省杭州府屬東防念汛東西兩頭石
塘埽坦並裁歸併辦之昆連鎮汛工程前曾將
應辦丈尺估用銀兩
奏明與辦并陳明以上各工均就當日情形分別
估計開辦後或有相機酌量增減之處統俟工
竣照例分晰開單核實造冊報銷嗣經將同治

十三年九月十九日興工起至光緒元年六月
二十六日止已竣工段丈尺先行
奏報請俟全工告成再行飭委驗收分列開報各
在案茲查北案原估念汛東西兩頭聚泰等字
號並毘連鎮汛典字等號共建複魚鱗石塘六
百八十一丈七尺拆修魚鱗石塘三十二丈又
原估建築埽坦共九百二十二丈五尺內有西
頭駕肥字號埽坦二十九丈東頭泰字號埽坦
二十丈均與大口門柴埽毘連承辦工員于臨
辦時察看情形擬請改建埽工又石字號埽坦
六丈五尺毘連尖汛坦水併請一律改建坦水
所擬係為聯絡擁護益臻鞏固起見當飭照辦
計寔建築埽坦八百六十七丈埽工四十九丈
塊石頭二坦水各六丈五尺同前項原估石塘
工程飭令總辦工員候補知府李審言前後署
理東防同知吳世榮靳芝亭等妥速趕辦刻於
光緒二年二月二十九日一律完竣其前次陳
明在於正工內勻撥工料加高理砌不另開銷
之舊石塘工四百四十餘丈亦皆完竣呈由督
辦工員會同詳請委驗即經飭委署鹽運使記
名道張景渠赴工驗收結覆均係工堅料實並
無草率偷減情事由塘工總局核明詳請具
奏前來臣查念汛東西兩頭石塘埽坦等工同時
並舉籌料集夫倍形繁劇候補道戴槃常川駐
工督率興建候補道惲祖貽親詣江干查驗木
料選運濟用以期工堅費省署杭嘉湖道陳魯
補用道吳艾生正任杭嘉湖道何兆瀛前在本
任內往來工次會督稽查催趕並將一切應辦
事宜隨時妥籌稟請辦理經臣歷次臨查並指
授機宜在事各員均能寔力寔心妥速辦理迄
今未及兩年距工一律告竣所用工料銀兩悉
照原估核寔動支毫無浮冒除飭將實用銀數
俟支應各員冊報齊全通盤核算當即開具做
成工段字號丈尺高寬用過工料銀兩細數另
行繕單具
奏請銷外合將建修東防念汛東西兩頭石塘埽
坦等工一律完竣驗收緣由先行恭摺具
奏伏乞
皇太后
皇上聖鑒再杭屬西中東三防石塘前經次第辦竣

所餘東防念汛中段大口門石塘柴壩等工續
曾
奏明估辦因需石甚鉅現飭分投購採俟積有成
目方可興工其中有策最刻州四號應築柴壩
二十三丈五尺情形險要先宜提前趕築業于
光緒元年七月二十六二年正月二十八等日
告竣亦經臣飭委署鹽運使張景渠驗收結覆
所用銀兩應俟前項續估大口門石塘等工一
律完竣再行彙冊專案造銷以清界限仍以工
成之日起分別扣限保固以昭核實合併陳明
謹
奏光緒二年四月十五日奏五月初八日軍機大
臣奉
旨該部知道欽此

臣楊　跪
奏為辦竣東防念汛東西兩頭石塘埽坦各工字
號高寬丈尺用過銀數循案開列清單恭摺具
奏仰祈
聖鑒事竊照浙省杭州府屬東防念汛東西兩頭並
截歸併辦之昆連鎮汛應辦石塘埽坦各工前
經臣將興辦竣工日期及改建埽工坦水緣由
先後
奏報各在案茲據塘工總局司道詳稱計辦成東
防念汛西頭聚字等號並昆連鎮汛典字等號
建復魚鱗石塘五百三十五丈二尺聚字等號
建築埽坦五百四十一丈五尺篤肥二號建築
埽工二十九丈又念汛東頭泰字等號建復魚
鱗石塘一百四十六丈五尺岱字等號拆修魚
鱗石塘三十二丈岱字等號建築埽坦三百二
十五丈五尺泰字號建築埽工二十丈石字號
建築塊石頭二坦水各六丈五尺統計支用工
料銀三十七萬三千四十餘兩核明具摺呈請
循案具
奏前來臣查念汛東西兩頭石塘等工同時並舉

集料鳩工倍形繁劇且當日查勘坍缺各口其
中雖有舊石顯露能否打撈若干難以預定祇
因經費艱難撙節約估建復工祇用舊石二成
拆修工祇用舊石五成分晰
奏明在案經臣隨時親臨指飭在事員弁竭力打
撈舊石認真辦理歷時未及兩年得以妥速告
蕆所祇舊石悉合原擬之數其共用工料銀兩
按照原估數目亦無浮濫做成各工亦均委驗
親勘結覆並無草率偷減除飭造具實用銀數
細冊取結繪圖另行具
題請銷外合將辦竣東防念汛東西兩頭石塘埽
坦等工字號高寬丈尺用過銀數敬繕清單恭
摺具
奏伏乞
皇太后
皇上聖鑒所有此案在事出力大小各員弁不無微
勞見錄擬俟現議開辦之頭汛大口門初限六
百餘丈工竣後再行請
旨彙案酌保以昭核實合併陳明謹
奏

謹將浙省辦成東防念汛東西兩頭石塘埽坦
等工字號高寬丈尺用過例加工料銀兩敬具
清單恭呈
御覽
計開
一東防念汛西頭聚字號東中十六丈二尺四
寸羣字號二十丈英字號西中十一丈五尺
杜字號東八丈稾字號西中十七丈六尺鍾
字號東中十五丈隸字號西中十八丈漆字
號東中十二丈五尺書字號二十丈經字號
二十丈府字號西中十八丈羅字號東中十
五丈將字號二十丈相字號二十丈路字號
二十丈俠字號西三丈五尺戶字號東三丈
五尺封字號西四丈五尺給字號東五丈千
字號二十丈兵字號西八丈東六丈五尺高
字號西中十八丈二尺冠字號東三丈五尺
陪字號二十丈輦字號二十丈驅字號二十
丈轂字號二十丈振字號二十丈纓字號二
十丈世字號二十丈駕字號東中十七丈五
尺肥字號二十丈以上共計五百二丈四寸

又截歸併辭之毘連鎮汛興字號東九丈四尺亦字號二十丈聚字號西三丈七尺六寸共計三十三丈一尺六寸統共工長五百三十五丈二尺一律建復十八層魚鱗石塘每丈照例築成底寬一丈二尺面寬四尺五寸高一丈八尺共應用厚一尺寬一尺二寸折正條石一百十八丈三尺三寸三分三厘内除搭用舊石二成釘馬牙梅花新樁木一百五十根

一東防念汛西頭聚字號東中十六丈二尺四寸羣字號二十丈英字號二十丈杜字號二十丈稾字號二十丈鍾字號二十丈隸字號二十丈漆字號二十丈書字號二十丈經字號二十丈府字號二十丈羅字號二十丈將字號二十丈相字號二十丈路字號二十丈俠字號西三丈給字號東四丈五尺千字號二十丈兵字號二十丈高字號二十丈冠字號二十丈陪字號二十丈輦字號二十丈驅字號二十丈轂字號二十丈振字號二十丈纓字號二十丈世字號二十丈駕字號西中九丈以上共五百三十二丈七尺四寸又截歸併辭之毘連鎮汛亦字號東五丈聚字號西三丈七尺六寸統共工長五百四十一丈五尺一律建築埽坦每丈上寬一丈六尺底寬一丈八尺除頂土外實築柴高一丈六尺釘樁一路計二十根又每單長一丈用柴六百觔土五分

一東防念汛西頭駕字號東九丈肥字號二十丈共計工長二十九丈一律建築埽工每丈底面牽寬三丈六尺六寸除頂土外築高二丈底面腰共釘新樁二十六根又每單長一丈用柴六百觔土五分並加抛塊石底面牽寬一丈五尺五寸高一丈五尺

一東防念汛東頭泰字號二十丈岱字號西中十八丈亭字號東中十三丈五尺雁字號二十丈門字號西十一丈紫字號東八丈塞字號二十丈雞字號西中十二丈五尺池字號東中十六丈碣字號西七丈五尺共計工長一百四十六丈五尺一律建復十八層魚鱗石塘每丈照例築成底寬一丈二尺面寬四

尺五寸高一丈八尺共應用厚一尺寬一尺二寸折正條石一百十八丈三尺三寸三分三厘內除抵用舊石二成釘馬牙梅花新樁木一百五十根

一東防念汛東頭岱字號東二丈亭字號次西三丈五尺紫字號西中十二丈田字號東中十四丈五尺共計工長三十二丈一律拆脩十八層魚鱗石塘每丈照例築成底寬一丈二尺面寬四尺五寸高一丈八尺共應用厚一尺寬一尺二寸折正條石一百十八丈三尺三寸三分三厘內除抵用舊石五成釘馬牙梅花新樁木一百五十根

一東防念汛東頭岱字號二十丈禪字號二十丈柱字號二十丈雲字號二十丈亭字號二十丈雁字號二十丈雞字號二十丈紫字號二十丈塞字號二十丈門字號二十丈田字號二十丈赤字號二十丈城字號二十丈昆字號二十丈池字號二十丈碣字號二十丈石字號西五丈五尺共計工長三百二十五丈五尺一律建築埽坦每丈上寬一丈六尺底寬一丈八尺除頂土外築高一丈六尺釘樁一路計二十根又每單長一丈用柴六百觔土五分

一東防念汛東頭泰字號二十丈一律建築埽工每丈底面牽寬三丈二尺除頂土外築高二丈釘底腰面新樁共二十六根又每單長一丈用柴六百觔土五分並拋加塊石底面牽寬一丈五尺五寸高一丈五尺

一東防念汛東頭石字號西中六丈五尺一律改建塊石頭二坦水每丈共築寬二丈四尺深五尺計用新塊石十二方釘排樁三路共六十根

以上統共支用例估加貼新加工料銀三十七萬三千四十餘兩

光緒二年六月初四日具奏是月二十四日軍機大臣奉

旨該部知道單併發欽此

光緒三年七月初六日准
工部咨為題銷浙江省建脩東防念汛東西兩
頭魚鱗石塘埽坦等工用過銀兩應准開銷事
都水司案呈工科抄出浙江巡撫楊　具題
同治十三年至光緒二年東防建脩念汛東西
兩頭魚鱗石塘埽坦等工用過銀兩造冊題銷
一案光緒二年十二月初八日題三年三月初
四日奉
旨該部察核具奏欽此於三年三月十一日科抄到
部該臣等查得浙江巡撫楊　疏稱浙省杭
州府屬東防念汛東西兩頭並截歸併辦之昆
連鎮汛應脩石塘埽坦等工先曾奏明委員設
局興辦嗣將通工一律完竣並改建埽工坦水
等工委員驗收先後分晰奏報並將做成工段
字號高寬丈尺支用銀數繕單具奏在案今據
督辦塘工總局布政使衛榮光署按察使唐樹
森鹽運使靈杰督糧道如山署杭嘉湖道陳魯
補用道吳艾生惲祖貽會詳稱此案辦成東防
念汛西頭聚字等號並昆連鎮汛興字等號建
復魚鱗石塘五百三十五丈二尺聚字等號建
築埽坦五百四十一丈五尺篤肥二號建築埽
工二十九丈又念汛東頭泰字等號建復魚鱗
石塘一百四十六丈五尺岱字等號拆脩魚鱗
石塘三十二丈岱字等號建築埽坦三百二十
五丈五尺泰字號建築埽工二十丈右字號建
築塊石頭二坦水各六丈五尺自同治十三年
九月十九日興工起至光緒二年二月二十九
日止一律辦竣統共動支工料銀三十七
萬三千四十八兩五錢九分九厘均係在于提
濟塘工經費並海塘捐輸各款項內支給核與
歷次奏准報銷各項成案相符詳送具題等情
臣復核無異除冊圖送部外理合具題等因前
來查浙江省同治十三年起至光緒二年止建
脩東防念汛東西兩頭魚鱗石塘埽坦等工先
據浙江巡撫楊　奏明並將工段字號丈尺
銀數開單奏報在案茲據該撫將東防念汛西
頭建復魚鱗石塘五百三十五丈二尺又建築
埽坦五百四十一丈五尺又建築埽工二十九
丈又念汛東頭建復魚鱗石塘一百四十六丈
五尺又拆脩魚鱗石塘三十二丈又建築埽坦

三百二十五丈五尺又建築埽工二十丈並又築塊石頭二坦水各六丈五尺統共用過工料銀三十七萬三千四十八兩五錢九分九厘造冊題銷臣部按冊查核內所開各工字號丈尺銀數核與奏報清單相符其工料價值亦與准銷成案均屬無異應准開銷等因光緒三年五月十三日題本月十五日奉

旨依議欽此為此合咨前去欽遵施行

海塘新案

奏疏附部文

臣楊　跪

奏為建脩東防念汛大口門石塘等工丈尺先行約估工料銀數恭摺具

奏仰祈

聖鑒事竊照浙省海塘應脩各工節經

奏明次第估辦嗣於上年接辦念汛工程因該汛各段坍缺口門共有二千五百餘丈工鉅費繁萬難一氣呵成當經

奏明先將該汛東西兩頭臨水石塘七百餘丈勘估建脩并將此外所剩中間大口門一千八百餘丈將來宜于柴壩後面興築必得預集物料次第接辦緣由分晰陳明各在案現在東西兩頭工程約計今年冬間均可告竣應將該汛中間大口門石塘一千八百餘丈先行勘估以便籌備接辦經臣飭據塘工總局司道督飭工員候補知府李審言署東防同知靳芝亭署海防營守備蔡興邦等詳細勘丈計自輕字號起至宗字號止共長一千八百六十丈內有策字號起至馳字號止間段存有殘缺石塘五十五丈五尺約可抵用舊石五成應作拆脩工估辦以節經費其餘缺口一千八百四丈五尺委係片石無存必須全用新石建復以上建復拆脩各工均在柴壩後面興築并擬于策字號起至州字號止塘外一律添築柴壩俾與前辦各工均得接縫聯絡核實估計建復石塘每丈約估銀四百八十兩拆脩石塘每丈約估銀三百四十二兩零添築柴壩六十二丈五尺牽計每丈約估銀九十五兩八錢零統共約估銀八十九萬

一千一百餘兩應請于塘工經費項內動支給辦前項均就現今情形分別估計將來興辦或有隨時相宜酌量增減之處統俟工竣照例分别開單造冊核實報銷茲據該委員等開具工段丈尺估用銀兩由總局司道核明呈請具
奏前來臣查西中東三防臨水石塘次第建復祇餘念汛大口門一處工段較長外面舊石塘累經坍卸殆盡即間有存者亦復欹零破碎不成片段自應於柴壩後面興築並將坍剩零碎舊塘壹併移置於後以期塘身順直基址鞏固即以外面柴壩作為埽工無慮多費所估工料係援照西中兩防成案核計均尚確實無浮惟現係先行估報祇就石料一項計需二十餘萬丈之多為數甚鉅兼之近今舊宕枯竭必須多方設法開採即舊石亦無可打撈一時萬難集事且惟有激勵該委員等殫竭心力分投購辦倘能源源採運積有成數即行剋期興辦酌議分為三限嚴催報竣以竟全工合將建脩東塘念汛大口門石塘各工丈尺先行約估工料銀數緣由恭摺具
奏伏乞
皇太后
皇上聖鑒訓示謹
奏光緒元年七月初五日奏八月初四日軍機大臣奉
旨知道了欽此

撫院楊　片

奏再浙省東防念汛中段大口門應辦石塘一千八百餘丈以及柴壩等工先於上年督飭勘估實需銀兩籌議興辦緣此案工段較長所需石料為數甚鉅現在舊石無可打撈必得多方設法分投採購俟積有成數方可興工并酌擬分為三限辦理以竟全工當經臣分晰
奏報嗣以所估策最刻州四號柴壩工程情形險要先行提前辦竣復經臣於
奏報該汛東西兩頭工竣摺內先行陳明各在案

所有此案石塘分為三限興辦計初限應辦工
六百餘丈前經委員分投採辦木石各料陸續
運工刻已積有成數自應乘時開辦並飭督催
源源購採各料接續運工濟用俾速蕆事除委
員前往工次設局興辦一面催攢料物運工以
資接濟一俟建築完竣即行委驗
奏報外合將東防念汛大口門初限應辦石塘現
在開辦情形謹附片奏
聞伏乞
聖鑒訓示謹
奏光緒二年七月二十八日奏九月十六日軍機
大臣奉
旨知道了欽此

臣梅　　跪
奏為東防念汛大口門初限建復石塘等工完竣
日期恭摺具
奏仰祈
聖鑒事竊照浙省東防念汛中段大口門應行建復
石塘一千八百餘丈經前撫臣楊　　先行約
估工料數目酌分三限辦理並將開辦情形先
後分晰
奏報各在案茲據塘工總局司道呈報所有念汛
大口門初限建復石塘六百二十丈均於本年
四月十四日一律辦理完竣經臣飭委布政使
衛榮光赴工勘驗均係結實堅固並無草率偷
減等情結報前來臣復核無異除飭將該工實
用工料銀數另行開單詳請
奏報核銷外合將念汛大口門初限建復石塘工
段日期恭摺附驛具陳伏乞
皇太后
皇上聖鑒飭部查照施行謹
奏光緒三年八月二十二日奏九月初四日軍機
大臣奉

旨該部知道欽此

臣梅　　　　跪

奏為辦成東防念汛大口門初限建復石塘等工
字號高寬丈尺用過銀數循案開單恭摺奏祈
聖鑒事竊照浙省杭州府屬東防念汛大口門應行
建脩石塘一千八百餘丈經前撫臣楊　將
約估工料銀數酌分三限及初限開辦情形先
後奏明在案臣於本年四月蒞任該工適已告
成循案派委大員赴工勘驗結覆將工竣日期
奏報各在案茲據塘工總局司道詳稱辦成東防
念汛大口門初限輕字等號建復魚鱗石塘六
百六丈五尺策刻二號拆脩魚鱗石塘十三丈
五尺策字等號添築塘外柴坦二十三丈五尺
統共用過工料銀二十九萬七千九百八十餘
兩核明開單呈請循案具
奏前來臣查東塘念汛大口門工段坐當東南兩
潮滙激之區應建石塘工關緊要飭委候補道
惲祖貽駐工督率並經杭嘉湖道何兆瀛候補
道吳艾生往來工次會同查催在事各員均能
不辭勞瘁竭力趱辦自光緒二年六月二十四
日興工起至三年四月十四日一律完竣為時
未及十月要工得以告蕆至所用工料銀兩按
照原估數目亦無浮溢做成各工亦均委驗親
勘結覆並無草率偷減伏查前撫臣楊　於
上年六月間具
奏辦成東防念汛東西兩頭石塘埽坦等工摺內
聲明在事人員之出力者擬俟該汛大口門初
限完竣再行請
旨彙案酌保今初限工程業經告竣所有承辦大小
各員併計已歷數年之久實心實力妥速辦理
不無微勞足錄可否仰懇

天恩准予擇尤酌保以示鼓勵出自
鴻慈除飭造實用銀數細冊繪圖取結另行具
題請銷外合將辦成東防念汛大口門初限建脩
石塘等工字號高寬丈尺用過銀數繕具清單
恭摺具
奏伏乞
皇太后
皇上聖鑒訓示謹
奏

謹將浙省辦竣東防念汛中段大口門初限建脩石塘柴壩等工字號高寬丈尺用過銀數繕列清單恭呈
御覽

計開

一東防念汛中段大口門輕字號二十丈策字號西東十六丈功字號二十丈茂字號二十丈實字號二十丈勒字號二十丈碑字號二十丈刻字號西東十丈五尺銘字號二十丈磻字號二十丈溪字號二十丈伊字號二十丈尹字號二十丈佐字號二十丈時字號二十丈阿字號二十丈衡字號二十丈奄字號二十丈宅字號二十丈曲字號二十丈阜字號二十丈微字號二十丈旦字號二十丈孰字號二十丈營字號二十丈桓字號二十丈公字號二十丈匡字號二十丈合字號二十丈濟字號二十丈扶字號二十丈共計工長六百六丈五尺一律建復十八層魚鱗石塘每丈照例築成底寬一丈二尺面寬四尺五寸高一丈八尺共用厚一尺寬一尺二寸折正條石一百十八丈三尺三寸三分三釐釘馬牙樁八十根梅花樁七十根

一東防念汛中段大口門策字號中四丈刻字號次西九丈五尺共計工長十三丈五尺一律拆脩十八層魚鱗石塘每丈照例築成底寬一丈二尺面寬四尺五寸高一丈八尺共用厚一尺寬一尺二寸折正條石一百十八丈三尺三寸三分三厘內照估搭用舊石五成釘馬牙樁八十根梅花樁七十根

一東防念汛中段大口門策字號中七丈刻字號西中八丈最字號中五丈五尺州字號次

西三丈共工長二十三丈五尺一律築成柴
垻底面牽寬四丈高二丈二尺除頂土外實
築柴高二丈內有舊築鑲柴坍存柴木揀選
抵用計每丈用新舊樁木一百五十根每單
長一丈用新舊搶柴一千二百根
以上統共用過例估加貼新加等項工料
銀二十九萬七千九百八十餘兩
光緒三年十一月二十四日奏十二月二十八
日軍機大臣奉
旨該部知道單併發此次承辦工程各員著准其擇
尤酌保毋許冒濫欽此又於清單內同日奉
旨覽欽此

光緒四年七月二十九日准
工部咨爲題銷浙江省東塘念汛大口門初限
建脩石塘柴垻等工用過銀兩應准開銷事都
水司案呈工科抄出浙江巡撫梅　題光緒
二年至三年東塘念汛大口門初限建脩石塘
柴垻等工用過銀兩造册題銷一案光緒四年
二月十三日題四月十六日奉
旨該部察核具奏欽此於四月十九日科抄到部該
臣等查得浙江巡撫梅　疏稱浙省杭州府
屬東塘念汛大口門應行建脩石塘一千八百
六十丈柴垻六十二丈五尺經前撫臣楊
先行約估銀數奏准分爲三限辦理嗣將策字
等號柴垻二十三丈五尺提前辦竣委員驗收
暨初限石塘開辦情形分別具奏嗣將建脩初
限石塘六百二十丈一律辦理完竣經臣飭委
驗收并將辦成工段字號高寬丈尺用過銀數
繕單分晰奏報在案茲據督辦塘工總局布政
使衛榮光按察使升泰鹽運使靈杰督糧道胡
毓筠杭嘉湖道何兆瀛補用道吳艾生陳士安
惲祖貽會詳稱此案辦成東防念汛大口門初

限輕字等號建復魚鱗石塘六百六丈五尺策字刻字拆脩魚鱗石塘十三丈五尺自光緒二年六月二十四日興工起至三年四月十四日止一律如式趕辦完竣并提前辦竣策字等號建築柴垻二十三丈五尺統共用過工料銀二十九萬七千九百八十八兩九錢三分三厘均係在於提濟塘工經費等款項內動支核與歷次奏准報銷各項成案均屬相符詳送察核具題等情臣覆核無異除冊圖送部外理合具題等因前來查浙江省光緒二年至三年東防念汛大口門初限建脩石塘柴垻等工先據前撫臣楊　奏明並將約估工料銀數以及開辦情形并工段字號高寬丈尺銀數繕單分晰先後奏報在案今據浙江巡撫梅　將東防念汛大口門初限輕字等號建復魚鱗石塘六百六丈五尺策刻二號拆脩魚鱗石塘十三丈五尺又策字等號建築柴垻二十三丈五尺統計用過工料銀二十九萬七千九百八十八兩九錢三分三厘造冊題銷臣部按冊查核內所開各工字號丈尺銀數核與奏報清單相符其工料價值與准銷成案亦屬無浮應准開銷等因光緒四年六月初二日題本月初四日奉

旨依議欽此為此合咨前去欽遵施行

臣楊　跪

奏為續估脩建東防廿汛石塘坦水盤頭等工丈尺銀數恭摺仰祈

聖鑒事竊查前于同治十二年開估辦中東兩防翁廿二汛塘工案內查勘得東防廿汛石塘坍缺甚多塘外舊建坦水盤頭均已蕩然無存擬請建復石塘二百六十七丈零拆脩石塘六十一丈零又建築塊石坦水單長四千一百八十丈零其各號盤頭均請緩辦俟將來全汛工竣如必須藉資分挑潮勢再行建復當經臣分晰陳

明旋於臨辦時察看情形原估極字等號頭二坦水各五百十三丈零又原估道字等號單坦三百三十七丈零塘外漸有漲沙堪資擁護應請扣除緩辦復經
奏明一面將其餘應辦各工照估辦竣分別造報在案本年交春以後潮勢較旺接據該防廳倫先後稟報共汛寵增二號四十丈皋字號中東十二丈章字號西八丈共舊石塘六十丈被潮潑損拗裂情形危險亟須拆修又前擬緩辦之極字等號頭二坦水現在該處塘外陰沙日消與前情形不同應請擇要改築單坦二百六十丈并建復秦擬雁門字號盤頭二座俾分潮勢而護全工經臣鄧次臨塘督看實係刻不可緩之工飭令趕緊籌辦彙案估報茲據署東防同知靳芝亭等詳細勘估拆修石塘六十丈約用舊石七成核計每丈估銀二百九十七兩零建築單坦二百六十丈每丈估銀四十四兩零建復柴盤頭二座每座估銀九千七百六十餘兩以上均係援照成案估計總共需銀四萬八千八百餘兩此外尚有皋字號西一丈五尺章字號中二丈五尺共舊石塘四丈應宜理砌加高擬於拆修工內勻撥工料辦理不另估報前項各工係就現在情形分別估計臨時或當應行相機酌量增減之處以及盤頭後身前建坦埽各料尚可抵用若干統俟工竣核實報銷等情會開清摺由塘工總局司道核明詳請具
奏前來臣復加查核所需工料銀數均皆援案確估並無浮冒除飭該司道于塘工經費項內陸續動給責令署東防同知靳芝亭妥速辦理工竣專案造冊報銷外合將續估修建東防塘坦盤頭等工丈尺銀數緣由恭摺具
奏伏乞
皇太后
皇上聖鑒訓示謹
奏光緒元年十二月十八日奏二年正月二十六日軍機大臣奉
旨工部知道欽此

臣梅　跪

奏為續估脩建東防尖汛石塘坦水盤頭並添築
戴念二汛坦埽等工完竣日期恭摺
奏報仰祈
聖鑒事竊照浙省杭州府屬東防尖汛續行脩建石
塘坦水盤頭等工估需工料銀四萬八千八百
餘兩經前撫臣楊　奏明責令署東防同知
靳芝亭妥速興辦并於摺内陳明前項各工係
就當時情形分别估計臨時或有應宜相機酌
量增減之處統俟工竣核實報銷在案嗣復察
看情形因地制宜將原估念汛雁門字號柴盤
頭一座移于碣石字號建築庶柴石兩坦交接
之處藉以關攔又戴汛積字號西坦水十三丈
五尺前因該處塘外水勢較深未經估辦現在
潮勢北趨亟應接築條石頭坦十三丈五尺估
需工料銀七百餘兩並因上年秋汛潮汐盛旺
致將念汛車字號二十丈駕字號西二丈舊建
埽坦被冲坍卸情形危險亟須改築埽工二十
二丈并將毘連之駕字號西中限内埽坦九丈
一併加築埽工共估需工料銀二千九百餘兩
從據署東防同知靳芝亭等申報原估尖汛寵
字號二十丈增字號二十丈界字號中東十二
丈辜字號西八丈共拆脩石塘六十丈黍稷字
號建築柴盤頭一座極字號起至雖字號止共
建築塊石單坦二百六十丈並念汛碣石字號
移建柴盤頭一座又續估戴汛積字號西接築
條石頭坦十三丈五尺念汛車駕二號改築埽
工二十二丈駕字號西中加築埽工九丈自光
緒元年四月初一日興工以次修築截至光緒
三年五月初八日止一律如式趕辦完竣其前
次陳明於正工項内勻撥工料理砌加高不另
估報之舊石塘四丈刻亦一併辦竣即經臣飭
委鹽運使宗室靈杰赴工驗收結復均係如式
堅固並無草率偷減情事所用工料銀兩核與
原估續估銀數均無浮溢今由督辦塘工總局
司道核明詳請具
奏前來臣復查無異除飭取辦成工段字號丈尺
用過工料銀兩細數另行開列清單
奏報請銷外合將續估脩建東防尖汛石塘坦水
盤頭並添築戴念二汛坦埽等工完竣驗收緣

由恭摺具
奏伏乞
皇太后
皇上聖鑒訓示謹
奏光緒三年八月二十八日奏九月二十六日軍
機大臣奉
旨知道了欽此

臣梅　　跪
奏為東防辦成尖汛續估修建石塘坦水盤頭並
添築戴念二汛坦埽等工字號高寬丈尺用過
銀數循案開單恭摺仰祈
聖鑒事竊照浙省杭州府屬東防尖汛續估脩建石
塘坦水盤頭並添築戴念二汛坦埽等工一律
報竣後經臣飭委鹽運使宗室靈杰赴工驗收
結復曾將完竣日期
奏報在案茲據塘工總局司道詳稱據承辦工員
開報東塘尖汛寵字等號拆修魚鱗石塘六十
丈泰稷字號建築柴盤頭一座極字等號建築
塊石單坦二百六十丈念汛碣石字號移建柴
盤頭一座共計原估工料銀四萬八千八百餘
兩又戴汛積字號接築條石頭坦十三丈五尺
續估工料銀七百餘兩又念汛車駕二號改築
加築埽工三十一丈續估工料銀二千九百餘
兩以上原估續估各工統計銀五萬二千五百
餘兩內除前次陳明盤頭後身原建坦埽各料
揀選搭用扣抵銀六百餘兩外今實共用過工
料銀五萬一千八百三十餘兩核明開單呈請
具
奏前來臣覆核無異除飭造實用銀兩細冊繪圖
取結另行具
題請銷外合將辦成東防尖汛續估脩建石塘坦
水盤頭並添築戴念二汛坦埽各工字號丈尺
高寬并用過銀數繕列清單恭摺具
奏伏乞
皇太后
皇上聖鑒謹
奏

謹將辦成浙省東防尖汛續估脩建石塘坦水盤頭並添估戴汛條石頭坦念汛埽工字號高寬丈尺用過銀數分晰繕具清单恭呈

御覽

計開

一東防尖汛寵字號二十丈增字號二十丈皋字號中東十二丈幸字號西八丈共計工長六十丈一律拆修十八層魚鱗石塘每丈照例築成底寬一丈二尺面寬四尺五寸高一丈八尺計用條石一百十八丈三尺三寸三分三釐內搭用舊石七成釘馬牙梅花樁一百五十根

一東防尖汛泰稷字號建築柴盤頭一座外圍長二十八丈後身長二十四丈中面寬五丈底寬六丈二尺東西兩雁翅各面寬三丈二尺底寬四丈四尺除頂土二尺實築柴高三丈三尺每单長一丈用稭柴六百觔壓埽土五分共釘底面腰樁五百六十根外圍加拋塊石該工有後身原築坦工塊石揀選抵用扣銷

一東防尖汛極字號二十丈殆字號二十丈近字號二十丈林字號二十丈皋字號二十丈幸字號二十丈即字號二十丈兩字號二十丈疏字號二十丈見字號二十丈機字號二十丈組字號二十丈誰字號二十丈共計工長二百六十丈一律建築塊石单坦每丈築寬一丈二尺牽深五尺六寸用塊石六方七分二厘釘排樁兩路共四十根

一東防念汛原估雁門字號移建硐石字號柴盤頭一座外圍長二十八丈後身長二十四丈中面寬五丈底寬六丈二尺東西兩雁翅各面寬三丈二尺底寬四丈四尺除頂土二尺實築柴高三丈三尺每单長一丈用稭柴六百斤壓埽土五分共釘底面腰樁五百六十根外圍加拋塊石該工有後身原築坦埽柴土塊石揀選抵用扣銷

一東防戴汛積字號西十三丈五尺建築條石頭坦每丈築寬一丈二尺牽深五尺四寸蓋面條石下用塊石墊底深四尺七寸釘排樁兩路共四十根

一東防念汛車字號二十丈駕字號西二丈共
計工長二十二丈已坍埽坦今改築埽工除
原存柴土各料抵用外牽計每丈加築柴高
二丈面寬二丈底寬二丈九尺五寸釘底腰
面樁二十六根每單長一丈用柴六百斤壓
埽土五分

一東防念汛駕字號西中九丈原存完整埽坦
今加築埽工除原存柴土各料抵用外牽計
每丈加築柴高二丈面寬一丈三尺底寬二
丈釘底腰面樁二十六根每單長一丈用柴
六百斤壓埽土五分

以上統共用過例估加貼增貼工料銀五
萬一千八百三十餘兩

光緒三年十一月二十四日奏十二月二十八
日軍機大臣奉
旨該部知道單併發欽此又清單內同日奉
旨覽欽此

光緒四年十月二十日准
工部咨開為題銷浙江省建脩東防尖汛石塘
坦水盤頭並添築戴念二汛坦埽等工用過銀
兩應准開銷事都水司案呈工科抄出浙江巡
撫梅　　題光緒元年至三年建脩東防尖汛
石塘坦水盤頭並添築戴念二汛坦埽等工用
過銀兩造冊題銷一案光緒四年三月二十七
日題五月二十日奉
旨該部察核具奏欽此於五月二十六日科抄到部
該臣等查得浙江巡撫梅　　疏稱浙江省杭州
府屬東防尖汛續請脩建石塘坦水盤頭等工
先由塘工局督飭勘估詳經前撫臣楊　　奏
明興辦嗣經承辦工員次第脩建並移建盤頭
暨續估添築戴念二汛坦埽等工一律報竣經
臣飭委驗收辦成工段字號高寬丈尺繕單具
奏各在案茲據督辦塘工總局布政使衛榮光
按察使升泰鹽運使靈杰督糧道胡毓筠杭嘉
湖道何兆瀛補用道吳艾生陳士安惲祖貽會
詳稱北案辦成東防尖汛龍字等號拆脩魚鱗
石塘六十丈黍稷字號建築柴盤頭一座極字

等號建築塊石單坦二百六十丈念汛碣石字號移建柴盤頭一座又戴汛積字號接築條石頭坦十三丈五尺念汛車駕二號改築加築埽工三十一丈自光緒元年四月初一日興工起至三年五月初八日止一律趕辦完竣統共實用過工料銀五萬一千八百三十九兩三分二厘均係照估核實辦理此項銀兩在於提濟塘工經費等款內陸續動支核與歷次奏准報銷各項成案亦均相符應仍由該司道等公同造報合將續辦東防尖汛石塘坦水盤頭並戴念二汛坦埽等工用過工料銀兩詳送察核具題等情臣覆核無異除冊圖送部外理合具題等因前來查浙江省光緒元年至三年開辦續估脩建東防尖汛石塘坦水盤頭並添築戴念二汛坦埽等工先據前撫臣楊　奏明並將工料銀數暨工段字號高寬丈尺繕單具奏各在案今據浙江巡撫梅　將東防尖汛寵字等號拆脩魚鱗石塘六十丈黍稷等號建築柴盤頭一座極字等號建築塊石單坦二百六十丈念汛碣石字號移建柴盤頭一座又戴汛積字號接築條石頭坦十三丈五尺念汛車駕二號改築加築埽工三十一丈統共用過工料銀五萬一千八百三十九兩三分二厘造冊題銷臣部按冊查核內所開各工字號丈尺銀數核與奏報清單相符其工料價值與准銷成案亦屬無浮應准開銷等因光緒四年八月十一日題

本月十三日奉

旨依議欽此為此合咨前去欽遵施行

臣楊　跪

奏為接續建脩海鹽縣境石塘竪坦緊要各工估計丈尺銀數奏祈

聖鑒事竊照浙省嘉興府屬海鹽縣境濱臨大海舊建石塘等工從前隨損隨脩歲以為常迨經兵燹款項無着以致年久失脩兼之近年以來每遇大汛又復屢有續損工段情形甚為危險祇緣該處舊塘高寬約在二丈以外較之現辦杭州府屬東西中三防石塘高寬丈尺不啻倍蓰應用長大條石採運兩難所需脩費亦復多寡

懸殊一時難以全行修復前經臣分晰
奏明請先行估修位字等號魚鱗大石塘二十九
丈遐字等號大石塘四十七丈又匀撥工料理
砌石塘十七丈并陳明塘外坦塘後坿土等
項以及此外未辦石土各工隨復察看情形次
第籌辦于同治十三年四月十七日欽奉
硃批工部知道欽此欽遵在案節經飭令委員趕緊
購料與修現在工將過半自應將其餘各工擇
要接續籌辦除察看其中次要之工仍請從緩
辦理外計有裳字號西三丈一尺推字號東七
丈中四丈位字號中西五丈五尺讓字號東五
丈國字號中十三丈四尺民字號東二丈五尺
西七丈五尺瑞字號中二丈西六丈五尺坐字
號東五丈五尺拱字號西六丈平字號東二丈
五尺戎字號東二丈五尺羌字號東中四丈以
上舊建魚鱗大石塘七十七丈並毘連前工之
羌字號西舊建大石塘四丈遐字號東大石塘
二丈均經坍卸亟須拆修又先令估辦石塘之
外必得建復坦一百五十九丈俾得聯絡擁
護經臣於查閱海塘工程之便督同杭嘉湖道
何兆瀛親詣勘明實係緊要必不可緩之工飭
據委員試用知府蕭書查照前案核實估計拆
修魚鱗大石塘七十七丈大石塘六丈內自十
八層起至十四層不等除舊石牽抵五成有奇
外每丈牽估工料銀六百九十餘兩共估需工
料銀五萬七千四百餘兩建復塊石坦一百
五十九丈除打撈舊石約抵五成外每丈估需
工料銀四十六兩零共估需工料銀七千四百
餘兩統計估需工料銀六萬四千八百餘兩此
外尚有理砌周平壹體四號石塘十五丈仍當
於正工內匀撥工料辦理不另作正開銷以節
經費至所估工段做法均就現在情形而論將
來或有隨時相機酌量增減之處應俟工竣彙
報惟前工需用長大石料甚多實非一時所能
猝辦惟有陸續採運次第興辦等情飭據總局
司道復加查核委係實在情形應需工料銀兩
均尚核實無浮現雖
奏辦東防念汛石工需費不貲而前項工程為數
既祇六萬餘兩且係次第興辦應請照估在於
塘工經費項下從容籌撥以便先行購料接續

興辦以全要工等情由塘工總局司道核明詳
請具
奏前來臣復查無異除俟全工告竣核實請銷外
合將接續建脩海鹽縣境石塘叟坦緊要各工
估計丈尺銀數緣由恭摺具
奏伏乞
皇上聖鑒訓示謹
奏同治十三年十一月初五日奏十二月初十日
軍機大臣奉
旨工部知道欽此

臣梅　跪

奏為第二次續辦海鹽縣境石塘叟坦等工一律
完竣日期恭摺仰祈
聖鑒事竊查同治十三年冬第二次續估脩建浙省
嘉興府屬海鹽縣境裳字等號大石塘八十三
丈叟坦一百五十九丈共估需工料銀六萬四
千八百餘兩經前撫臣楊
奏准興辦內除戎字號魚鱗石塘二丈五尺戎位
民商坐朝伏等七號叟坦共三十一丈五尺情
形險要刻難緩待先行提前辦竣外其餘應辦
之工當委候補知府陳璚親駐工次督率員弁
於光緒二年五月十二日祀土興工將裳字號
西三丈一尺推字號東七丈中四丈位字號中
西五丈五尺讓字號東五丈國字號中十三丈
四尺民字號東二丈五尺西七丈五尺瑞字號
中二丈西六丈五尺坐字號東五丈五尺拱字
號西六丈平字號東二丈五尺羌字號東中四
丈共拆脩魚鱗大石塘七十四丈五尺又毘連
前工之羌字號西四丈遐字號東二丈共拆脩
大石塘六丈又建復裳字等號塊石叟坦共一
百二十七丈五尺并續添瑞壹體三號叟坦十
二丈以及隨塘坿土截至光緒三年六月二十
八日一律趕辦完竣其原報理砌不請開銷之
周平壹體四號石塘十五丈內除周字號西三
丈平字號西一丈壹字號中一丈五尺體字號
東二丈共七丈五尺續經大汛風潮沖坍至底
難以理砌歸於第三次續估塘坦案內動項拆
脩外其壹字號西石塘七丈五尺又續加瑞字
號石塘龍頭工五尺業已勻撥工料銀兩修辦
完竣所有前項石塘叟坦支用銀兩核與原估

續估之數均無浮溢等情由塘工總局司道核
明呈請具
奏前來經臣飭委嘉興府知府許瑶光赴工勘驗
結覆均係料實工堅如式完固並無苟簡草率
情弊伏查此案開辦之初陳明所估工段做法
或有增減之處工竣彙報所有歸入下次拆脩
之周平壹體四號石塘七丈五尺及續添瑞壹
體三號變坦十二丈委因本年五月下旬颶風
潮旺致被沖損與估報時情形不同是以分別
酌辦前項添辦坦水照案估用工料銀五百六
十兩有零並無浮冒應與提前辦竣之戎字等
號塘坦用款一併彙入此案造銷以昭核實至
海鹽石塘工程自同治十二年九月初案啟工
起至此次工竣止為時將及四年在事各員均
屬勤奮出力不無微勞足録應請由臣查明存
記遇有三防塘工保案擇尤彙奨以昭激勸除
飭將前項辦竣各工用過銀兩取造冊結圖說
另行詳請
題銷外合將第二次續辦海鹽縣境石塘變坦各
工一律完竣驗收緣由恭摺具陳伏乞
皇太后
皇上聖鑒敕部查照施行謹
奏光緒三年九月二十二日奏十月初五日軍機
大臣奉
旨該部知道欽此

臣楊　跪
奏為續估脩建海鹽縣境石塘坦水等工丈尺約
需工料銀數恭摺奏祈
聖鑒事竊照浙省嘉興府屬海鹽縣境濱臨大海舊
建石塘等工從前隨損隨脩歲以為常自經兵
燹歎項無着年久失脩兼之近年以來疊遇大
汛續加坍損前經兩次擇要先行估辦石塘變
坦等工
奏明興辦並陳明此外未辦石土各工擬請隨後
察看情形次第籌脩各在案嗣因前年伏秋大

汛暨上年霉汛風潮大作波浪沖激情形萬分
危險節據該縣詳報請脩前來當查杭州府屬
西中東三防海塘僅餘東塘念汛中段亦經估
定集料分限興辦不久大工可以告竣其海鹽
未辦工程自應勘估確實接續次第籌辦飭據
現辦該縣塘工委員候補知府陳璚逐一履勘
該縣境內先後沖損石塘或潑卸散裂或坍沒
無存輕重不等共計工長二千餘丈並護塘坦
水及土塘坿土等工在在均關緊要惟是一時
全行建復需費不貲勢難籌此鉅款仍應擇要
趕脩次第籌辦以竟全工計目前必得搶辦者
戎字號中西魚鱗大石塘四丈五尺商字號東
二丈尚有前案擬請匀撥工料理砌尚未興辦
之周字號西三丈平字號西一丈壹字號大石
塘中一丈五尺體字號東二丈現已坍卸至底
均應估辦拆脩此外露字等號舊建斗砌中條
石塘一百九十五丈八尺已經坍沒無存必須
建復又水字等號中條石塘四十六丈間有舊
石存留尚可拆脩其戎雨等號護塘坦水壁生
字等號土塘坿土等工亦宜擇要分別搶辦俾

資擁護核實估請拆脩魚鱗大石塘十丈五尺
大石塘三丈五尺內除舊石牽抵五成有奇外
每丈牽估銀七百十七兩零建復中條石塘一
百九十五丈八尺全用新石每丈牽估銀一百
三十四兩零拆脩中條石塘四十六丈內除舊
石牽抵五成外每丈牽估銀九十六兩零脩復
塊石雙坦十七丈五尺內除舊石約抵五成外
每丈估銀四十六兩零建復塊石單坦二百八
丈六尺舊石盡已沖失全用新石每丈估銀三
十七兩零又土塘坿土等項零星各工估計銀
二千九十餘兩以上各項統共估需銀五萬一
千四百餘兩尚有發字號魚鱗大石塘三丈五
尺雨露出崗四號中條石塘十九丈一尺即於
前項建脩工內匀撥工料理砌不另估報以節
經費至所估工程做法係就目下情形而論將
來或有隨時相宜酌量增減之處仍俟工竣彙
報此次估脩魚鱗大石塘全係十六十七層之
工與上次估脩各工層數不同是以牽估銀數
亦異將來分別層數造冊報銷仍屬一律相符

各工係就目前刻不可緩者先行撙節估辦似
尚妥協應請照辦理宜於塘工經費項内籌給
至其餘應脩之工緣現在經費支絀購料又極
不易實難同時並舉而海洋風汛靡常塘工情
形變遷莫定亦未能預行一併估計容俟續籌
有款臨時再當確勘估辦等情詳請具
奏前來臣覆查無異除飭趕緊興辦工竣詳候驗
收分晰開單
奏報外合將續估脩建海鹽縣境石塘坦水等工
丈尺約需工料銀兩緣由恭摺具
奏伏乞
皇太后
皇上聖鑒訓示謹
奏光緒三年二月二十八日奏三月二十二日軍
機大臣奉
旨工部知道欽此

奏爲親詣查看海塘接續脩築酌擬稍爲變通辦　臣梅　跪
理情形恭摺具
奏仰祈
聖鑒事竊浙省仁和海甯所屬海塘工程緊要前撫
臣奏估銀數八百餘萬兩十餘年來脩築撙節
動用計銀六百餘萬兩尚有未辦之二限三限
魚鱗石塘一千二百四十丈已在前數之内必
須接續辦理以竟全功查該段東防所屬距尖
山漸近海面更濶地形更低潮勢極猛向遇颶
風大汛疊出險工每在該處臣於五月十四日
六月初八日七月十七日三次赴工詳細查看
二限難於初限三限更難於二限做法工料必
須堅益求堅始足抵禦稍涉大意必有冲決之
虞海塘志載雍正十三年颶風壞塘工數千丈
惟老鹽倉五百丈完好如故係康熙五十四年
原任浙江巡撫朱軾所築其法用長五尺厚二
尺濶一尺大條石縱横側立交接處上下鑿成
笋槽凡二十層高三十丈近今工料昂貴異常
欲寬厚二尺濶一尺長五尺大條石縱不惜重

價亦不可多得現在海鹽縣脩築購求大石時日甚長而該處估價每丈七百九十兩較之仁和海甯石塘每丈四百八十兩須加三百一十兩之多刻下經費支絀之時臣未敢輕議伏查江南松江海塘係乾隆年間原任兩江總督尹繼善所築加用鐵簫鐵筍至今鞏固其奏疏內稱海水吞吐為力甚大一石移動全身動搖惟於兩石層累之處各鑿一孔用鐵筍穿合則上下連結於橫石排結之處各於頭尾鑿孔用鐵簫關住則左右貫串較之用鐵錠搭釘浮面易脫者相去懸殊等語誠為篤論臣再四思維並於司道等悉心參酌所有未脩石塘一千二百四十丈內二限六百二十丈即須接續脩築擬仍照前建復魚鱗石塘以資鞏固惟該處地勢愈低吃潮更重若仍照從前十八層之數必有漫塘之患關繫匪淺議者或謂升高樁木以免加費然根腳不穩更恐難於經久臣復與督辦工員侯補道惲祖貽相度形勢再四斟酌非量加層數萬不足以資抵禦茲擬於原定十八層外加高二層計二十層共得高二十尺每石寬一尺二寸厚一尺長自五尺至三四尺不一一切辦法均依舊式惟將塘身丁順鋪砌之縫石外層仿照松江石塘添用鐵簫鐵筍聯為一氣其鐵簫鐵筍尺寸一律用長四寸逕一寸圓圍三寸一分有奇重約一觔以外皆取平正勻圓熟鐵再石質鑿孔太多恐致傷損省中舊有機器局脩造鎗礮等件應酌委員弁及熟習機器匠目參用鋼鑽車孔使石質毫不受傷又條石須加工鑿鑿六面見方表裡平正方可合用近時諳熟石匠頗為希少即其工價亦甚昂貴約計每丈四百八十兩之外須加石鐵工料銀五十四兩二限工程六百二十丈原估銀二十九萬七千六百兩共須增銀三萬三千四百兩即可敷用臣亦知際此經費艱難用款宜求節省無如地形如此工關緊要不敢率意于目前致貽後來之大患除督飭在工各員實心經理不准稍有偷減以期實濟一面選購工料定期開辦外所有海塘工程酌擬稍為變通辦理緣由專摺奏

聞伏乞

皇太后
皇上聖鑒勅部查照施行謹
奏

光緒三年十一月十二日奉
撫憲梅　為咨行事光緒三年十月二十九日
准
工部咨開都水司案呈内閣抄出浙江巡撫梅
奏親詣查勘海塘接續脩築酌擬稍為變
通辦理情形一摺光緒三年九月初四日軍機
大臣奉
旨該部知道欽此欽遵抄出到部查石塘工程每丈
估銀四百八十兩茲該撫所擬仿照松江石塘
添用鐵箍鐵筍又加二層條石每丈計加石鐵
工料銀五十四兩二限工程六百二十丈原估
銀二十九萬七千六百兩共須增銀三萬三千
四百兩係為力圖堅固起見應行文浙江巡撫
督飭局員撙節動用核寔估辦不得以工關緊
要遂案請增致糜工費可也等因到本部院准
此合就轉行為此仰該局查照准咨奉
旨事理即便移行遵照毋違須至案者

第伍册

海塘新案

保案

臣李　跪

奏為遵
旨酌保辦理海甯繞城石塘尤為出力各員謹繕清
單恭摺具
奏仰祈
聖鑒事竊查歷任撫臣馬
奏報建復東防海甯繞城石塘工竣日期請將在
工尤為出力者酌保數員以昭激勸一摺於本
年閏四月二十二日欽奉
諭旨着准其擇尤酌保數員毋許冒濫餘依議該部
知道單併發欽此欽遵到臣臣以到任未久此案
何員尤為出力無從深悉時前撫臣馬　尚
未起程當經面詢即准馬　將擬定請獎職
名開單移送前來臣查海甯繞城石塘自五年
十月興工至本年三月報竣為時一年有餘臣
此次查閱全塘周歷繞城石塘各工均屬堅固
細密可資經久足徵督工各員尚能實心經理
始終勤奮似未便沒其微勞除千把總以下武

弁循例咨部核辦並出力稍次各員由外酌奬
外合將前撫臣馬　所擬給奬各員銜名敬
繕清單恭呈
御覽合無仰懇
天恩俯准奬勵以昭激勸謹會同閩浙督臣馬
兼署督臣英　合詞恭摺具
奏伏乞
皇太后
皇上聖鑒訓示謹
奏
謹將辦理海寧繞城石塘在工尤爲出力文武
員弁擬給奬勵銜名繕列清單恭呈
御覽
計開
補用道唐樹森擬請
賞加鹽運使銜補用道林聰彝擬請
交部從優議叙道銜乙革衢州府知府江允康前因
海運出力奉
旨賞還原銜今擬請開復知府原官仍留浙江補用
先用知府楊叔懌擬請補缺後以道員陞用試
用知縣廖士斌擬請歸候補班儘先補用試用
同知唐懌榕補用同知候補知縣趙篤恩均擬
請
賞加運同銜候選同知唐勵擬請以同知留浙儘先
補用江蘇降補縣丞于寶之擬請開復降補處
分以知縣仍留原省補用陞用知州候補布經
歷邱景蕃擬請以知州儘先補用候補縣丞劉
鉞擬請以本班遇缺即補候補縣丞易鏡清分
缺間用縣丞徐宗瀚均擬請補缺後以知縣儘
先補用並
賞加知州銜永康縣教諭樊兆恩擬請
賞加國子監學正銜都司銜海防營守備何國楨四
品銜前海防守備周金標均擬請
賞加游擊銜儘先都司羅品莊擬請留于浙江補用
候補守備佘隆順擬請留浙補用並
賞加都司銜
同治柒年五月二十四日奏六月二十九日軍
機大臣奉
旨另有旨欽此同日奉
上諭李　奏酌保辦理石塘工竣出力人員開單

請獎一摺浙江海甯繞城石塘自同治五年十月
興工至本年三月完竣歷時一年有餘所有石塘
各工均屬堅固可資經久在工各員實心經理始
終勤奮自應量予鼓勵所有單開之道員唐樹森
着賞加運司銜林聰彝着交部從優議叙已革知
府江允康着開復知府原官仍留浙江補用知府
楊叔懌着俟補缺後以道員陞用知縣廖士斌着
歸候補班儘先補用同知唐懌榕等二員均着賞
加運同銜唐勛着以同知留於浙江儘先補用江
蘇降補縣丞于賓之着開復降補處分以知縣仍
留原省補用布政司經歷邱景蕃着以知州儘先
補用縣丞劉鉄着以本班遇缺即補縣丞易鏡清
等二員均着俟補缺後以知縣儘先補用並賞加
知州銜教諭樊兆恩着賞加國子監學正銜守備
何國楨等二員均着賞加游擊銜都司羅品莊着
留於浙江補用守備余隆順着留於浙江補用並
賞加都司銜餘着照所議辦理該部知道單併發
欽此

吏部謹
奏為查明具奏請
旨事內閣抄出同治柒年六月二十九日奉
上諭李　奏酌保辦理石塘工竣出力人員開單
請獎一摺浙江海甯繞城石塘自同治五年十月
興工至本年三月完竣歷時一年有餘所有石塘
各工均屬堅固可資經久在工各員實心經理始
終勤奮自應量予鼓勵所有單開之道員唐樹森
着賞加鹽運使銜林聰彝着交部從優議叙已革
知府江允康着開復知府原官仍留浙江補用知
府楊叔懌着俟補缺後以道員陞用知縣廖士斌
着歸候補班儘先補用同知唐懌榕等二員均着
賞加運同銜唐勛着以同知留於浙江儘先補用
江蘇降補縣丞于賓之着開復降補處分以知縣
仍留原省補用布政使經歷邱景蕃着以知州儘
先補用縣丞劉鉄着以本班遇缺即補縣丞易鏡
清等二員均着俟補缺後以知縣儘先補用並賞
加知州銜教諭樊兆恩着賞加國子監學正銜餘
着照所議辦理該部知道單併發欽此欽遵抄出
到部除單內所開武職應由兵部辦理所開文

職保請議敘及開復人員臣部另行辦理外查
定例候選各官承辦要務出力留於該省補用
者應令補交分發銀兩後一體照試用人員之
例辦理又奏定章程各項勞績除攻克城池斬
擒要逆其餘概不准保免補免選越級請陞及
保加候補班次等因各在案今據浙江巡撫馬
保辦理石塘工竣出力人員開單請獎欽奉
諭旨允准臣等查石塘工竣係屬尋常勞績臣部應
查照定例定章核議除唐樹森楊叔懌唐懌務
趙篤恩易鏡清徐宗瀚樊兆恩等所保官階加
銜核與定章相符應欽遵
諭旨註冊其核與例章不符應請駁正各員另繕清
單恭呈
御覽所有臣等查明緣由繕摺具
奏伏乞
皇上聖鑒
訓示遵行謹
奏
謹將辦理海甯繞城石塘在事尤為出力核與
章程不符應請駁正各員敘具清單恭呈
御覽
計開
試用知縣廖士斌請歸候補班儘先補用
候選同知唐勛請以同知留浙儘先補用
陞用知州候補布經歷邱景蕃請以知州儘先
補用
候補縣丞劉鈇請以本班遇缺即補
查定例候選各員承辦要務出力留於該省
補用者應令補交分發銀兩後一體照試用
人員之例辦理又奏定章程各項勞績除攻
克城池斬擒要逆其餘概不准保免補免選
越級請陞及保加候補班次應將廖士斌改
為歸試用班儘先補用唐勛俟補交分發銀
兩後以同知留浙歸試用班儘先補用邱景
蕃改為候補缺後以知州儘先補用劉鈇係
籌餉試用縣丞今請以本班遇缺即補係屬
候補班次核與定章不符應令另核請獎
同治七年八月初七日具奏奉
旨依議欽此

吏部謹
奏查臣部奏定章程內開失守城池人員免罪後
得有軍務勞績給予虛銜頂戴再次得有勞績
方准開復原官仍令補繳加倍半捐復銀兩又
失守人員不准奏請免繳捐項又効力人員係
另案降革未經捐復降捐得有軍務勞績保奏
開復原官令其分別補繳降革銀兩其留省等
項亦令逐層照常例減半補繳俟銀兩繳清即
給咨赴部引
見又隨時甄別暨
大計降革人員不准捐復如得有軍務勞績保奏
開復仍留原省補用雖奉
旨允准者應由臣部奏請撤銷俟該員引
見時再行另掣省分又私罪降革人員如保奏留於
原省係奉
旨允准者應欽遵辦理係奉
旨交部議者應不准其留省又降革人員並未開復
原官不准遽保陞階各等語又甄別革職人員
保奏開復原銜頂戴核與成案相符者應即照
准歷經辦理在案今據浙江巡撫李　將已
革知府江允康等保奏開復到部相應摘叙案
由分別准駁謹繕清單恭呈
御覽所有臣等核議緣由理合恭摺具
奏
計開
內閣抄出同治七年六月二十九日奉
上諭李　奏酌保辦理石塘工竣出力人員開單
請獎一摺浙江海甯繞城石塘自同治伍年十月
興工至本年三月完竣歷時一年有餘所有石塘
各工均屬堅固可資經久在工各員實心經理始
終勤奮自應量予鼓勵所有單開之已革知府江
允康着開復知府原官仍留浙江補用江蘇降補
縣丞于賓之着開復降補處分以知縣仍留原省
補用等因欽此欽遵到部此案前任浙江衢州府
知府江允康因性喜浮偽辦理地方諸事未協
輿情革職嗣因辦理海運出力據該撫奏奉
諭旨賞還原銜各在案今因辦理石塘工竣據該撫
奏請開復知府原官仍留浙江補用欽奉
諭旨允准臣等查江允康係隨時甄別革職即加倍
半亦不准其捐復之員今辦理石塘出力並非

軍功勞績其所請開復原官仍留浙江補用核
與定章不符應請撤銷前江蘇候補知縣于寶
之因被參各款詢無實據惟承審夏洪昌油坊
一案既已審係被誣僅令具結完案於捏造偽
書誣告叛逆重罪人犯未能究出斧辦終屬粗
疎以縣丞降補在案今因辦理石塘工竣據該
撫奏請開復降補處分以知縣仍留原省補用
欽奉
諭旨允准臣等查于寶之降補原案係屬私罪不在
加倍半不准捐復之列今得有勞績保奏開復
仍留原省補用應令該員補繳加五捐復原官
並照常例減半留省銀兩候銀兩繳清咨報吏
户二部再行給咨赴部引
見同治柒年九月十七日具奏奉
旨依議欽此

吏部
題議得內閣抄出同治柒年六月二十九日奉
上諭李　　酌保辦理石塘工竣出力人員開單請
奬一摺林聰彝著交部從優議叙等因欽此欽遵
抄出到部除將陞選補用官階加銜各員臣部
遵
旨另行分別辦理至武職各員應由兵部辦理外查
欽奉
諭旨交部從優議叙之補用道林聰彝給予加一級
紀錄三次等因具
題於同治柒年十一月初三日奉
旨依議欽此

同治柒年九月初三日准
兵部咨開職方司案呈內閣抄出同治柒年六
月二十九日奉
上諭李　奏酌保辦理石塘工竣出力人員開單
請奬一摺浙江海甯繞城石塘自同治伍年十月
興工至本年三月工竣歷時一年有餘所有石塘
各工均屬堅固可資經久在工各員實心經理始
終勤奮自應量予鼓勵所有單開之守備何國楨
等二員均着賞加游擊銜都司羅品莊着留於浙
江補用守備佘隆順着留於浙江補用並賞加都
司銜餘着照所議辦理該部知道單併發欽此欽
遵抄出到部查單開都司銜守備何國楨四品
銜守備周金標均請加游擊銜儘先都司羅品
莊俟補守備佘隆順均請留浙補用佘隆順並
加都司銜核與本部定章相符應遵
旨註冊相應行文浙江巡撫遵照可也

撫院李　片
奏再歷撫臣為　擬保辦理海甯繞城石塘尤
為出力各員案內試用縣丞劉鎮請以本班遇
缺即補經　臣照章會摺奏奉
恩旨允准嗣經吏部奏駁劉鎮係籌餉試用縣丞今
請以本班遇缺即補係屬候補班次核與定章
不符應令另核請奬等因到臣轉行遵照在案
茲據塘工總局司道具詳查得同案請奬之縣
丞易鏡清徐宗瀚二員均經奉准俟補缺後以
知縣儘先補用今該員劉鎮應請改奬俟補缺
後以知縣儘先補用等因前來臣覆查無異相
應懇
恩俯准將辦理海甯繞城石塘尤為出力之試用縣
丞劉鎮一員改為補缺後以知縣儘先補用以
示鼓勵謹附片具
奏伏乞
聖鑒飭部覈覆施行謹
奏同治八年十二月二十一日奏九年正月二十
六日軍機大臣奉
旨吏部議奏欽此

同治九年六月初五日准
吏部咨開文選司案呈內閣抄出署湖廣總督
浙江巡撫李　　片奏海甯繞城石塘尤爲出
力各員案內試用縣丞劉鉞請以本班遇缺即
補嗣經吏部奏駁核與定章不符應令另核請
奬等因茲請改奬俟補缺後以知縣儘先補用
以示鼓勵等因同治九年正月二十六日軍機
大臣奉
旨吏部議奏欽此欽遵抄出到部查劉鉞由浙江籌
餉試用縣丞因辦海甯繞城石塘尤爲出力前
據該撫保奏於同治七年六月二十九日奉
上諭縣丞劉鉞著以本班遇缺即補等因欽此當經
臣部查石塘工竣出力保案尋常勞績所請以
本班遇缺即補即係俟補班次核與定章不符
奏駁另核請奬於八月初七日奉
旨依議欽此行知在案今據該撫請將該員改奬俟
補缺後以知縣儘先補用欽奉
諭旨交臣部議奏臣等查劉鉞係浙江籌餉試用縣
丞所請改奬俟補缺後以知縣儘先補用核與
准保章程相符應請准如所請奬勵等因同治
九年三月二十一日具
奏奉
旨依議欽此

臣楊　　跪
奏爲遵
旨酌保辦理東塘缺口柴壩各工尤爲出力人員謹
繕清單恭摺奏祈
聖鑒事竊撫臣李　　任內奏報搶築東塘缺口柴
壩各工完竣日期摺內請將在工尤爲出力者
酌保數員以昭激勸欽奉
諭旨擇其尤者酌保毋許冒濫欽此欽遵轉行查照
臣在藩司任內會同各司道查明東西中三防
坍卸缺口甚多自同治四年二月興工起至八

年正月底止共辦竣柴壩伍千柒百餘丈埽工埽坦裹頭鑲柴柴工附土子塘横塘拱壩面土行路各工共長壹萬貳千陸百餘丈總計做工壹萬捌千叁百餘丈其間東防之念汛中防之翁汛兩處缺口皆一片巨浸施工尤屬不易當此兵燹之餘集夫購料迥非平時可比種種艱手歷經各前撫臣
奏明在案而各該工陸續告成每遇大汛均稱鞏固不致虛糜經費足見在事各員辦理尚屬認真且歷時四年之久各該員沐雨櫛風寒暑無間並有時搶堵險工不分晝夜其勤奮從事實係不遺餘力現在大工告成未便沒其微勞自應擇其尤為出力者分別給奬以示鼓勵由塘工總局司道開摺詳請酌保在案撫臣李
雖經核定請奬銜名未及具奏移交到臣伏查此次開辦搶堵海塘決口大工在事人員為時四載有餘工做萬丈之外均能始終出力奮勉可嘉除將其次各員由外酌奬所有尤為出力各員謹繕清單恭呈
御覽合無仰懇
天恩俯准奬勵以昭激勸謹會同閩浙總督臣英
署湖廣總督臣李　恭摺具
奏伏乞
皇太后
皇上聖鑒訓示謹
奏

謹將搶辦三防柴壩等工在事尤為出力各員擬保銜名繕列清單恭呈
御覽

計開

署按察使事杭嘉湖道何兆瀛鹽運使銜候補道馮禮藩均擬請
賞加按察使銜候選道陳嘉幹道銜前衢州府知府江允康均擬請
賞加三品銜杭州府知府陳魯擬請以道員陞補借補湖州府通判補用知府黎錦翰擬請
賞加道銜候補同知王彬潘紹家均擬請補缺後以知府補用先换頂戴中防同知吳世榮擬請以知府補用先换頂戴試用同知梁銘樹擬請以同知歸候補班儘先補用試用同知豐應齡補

用直隸州借補海甯州知州靳芝亭運同銜長
興縣知縣趙定邦均擬請
賞加知府銜候補運判沈元高候補知縣薛贊襄均
擬請補缺後以同知用候補知縣佘庭訓擬請
補缺後以同知儘先補用同知銜候補知縣李
世綖擬請以本班前先補用並
賞加運同銜同知銜候補知縣程國鈞擬請
賞加運同銜補用知州劉蘭敏擬請以本班前先補
用縣丞胡鴻基顔培芳葉滋紱均擬請補缺後
以知縣陞用委用州判借補府經歷縣丞黃汝
麟郎補府經歷黃子莘均擬請補缺後以知縣
補用郎選通判浦江縣典史胡振馨擬請以通
判仍留浙江補用布理問王森縣丞王炳焜周
傳煜江泰祥均擬請補缺後以應升之缺陞用
縣丞石家珊擬請以本班儘先補用並
賞加知州銜升用知縣試用縣丞江順詒府經歷黃
承謙縣丞單震李曾祥主簿梁鴻翥均擬請
賞加五品銜雙月縣丞補用巡檢王哲汶擬請補缺
後以縣丞儘先補用試用從九品任步蟾擬請
補缺後以縣丞補用先用未入流居鼎升擬請

補缺後以縣主簿補用候選縣丞李維善擬請
賞加州同銜從九品俞世陞擬請
賞加六品銜已革同知銜武康縣知縣劉立銑擬請
賞還同知原銜調補嚴州府同知孫欽若擬請
交部從優議敘湯溪縣知縣金翰遠金華縣知縣潘
玉璐均擬請
交部議敘永康縣教諭樊兆恩擬請開缺以知縣選
用補用游擊周萬友擬請以參將仍留浙江補
用李汎把總陳萬清擬請以千總記名拔補
再前任杭嘉湖道陳璚于同治四年到任之初
即經陞任撫臣馬　飭令該員親駐工次督
辦柴壩塘經督臣左　會同查奏以同知降
補六年正月督臣吴　會勘塘工以該員人甚
明幹情形熟悉奏留塘工當差奉
旨允准七年閏四月陞任撫臣馬　以該員在工
三年始終勤奮保奏奉
旨着賞還道員原銜欽此八年三月復經撫臣李
保奏奉
旨着准其開復原官仍留浙江補用欽此嗣經吏部
議奏以辦理石塘出力並非軍功勞績所請開

復原官仍留浙江補用之處核與章程不符應
請撤銷奏
旨依議欽此欽遵各在案伏查陳璚辦理塘工五年
有餘三防柴壩一律告成西防石工報竣現有
接辦東防其勤奮勞苦辦事實心之處各前撫
臣迭次陳明早邀
洞鑒臣維海塘工程為列郡保障工繁費鉅關係甚
重求得人而理難臻妥速陳璚係廣西生員從
軍多年歷保道員蒙
恩簡放前缺旋即降調自奉
旨留工自來感奮出於至誠雖收發銀錢尚有總局
及承辦各員經手而親駐工次昕夕督率無役
不從有弊必剔惟該員之力居多今在事大小
各員均已仰求
鴻慈分別獎勵而總辦大員未邀甄敘未免向隅可
否仰懇
天恩准將前任杭嘉湖道降補同知陳璚以知府歸
部選用以昭激勸之處伏候
聖裁謹會同閩浙總督臣英　署湖廣督臣李
附片具

奏伏乞
聖鑒訓示謹
奏同治九年四月初十日奏五月初七日軍機大
臣奉
旨另有旨欽此同日奉
上諭楊　奏遵保辦理東防出力各員開單請獎
一摺浙江東防等塘連年坍卸甚多經在事各員
弁歷時四年之久辦理柴壩力堵險工尚屬著有
微勞自應量予獎勵所有單開之杭嘉湖道何兆
瀛候補道馮禮藩均着賞加按察使銜候選道陳
嘉幹前衢州府知府江允康均着賞加三品銜杭
州府知府陳魯着以道員升補補用知府黎錦翰
着賞加道銜同知王彬等均着俟補缺後以知府
補用先换頂戴中防同知吳世榮着以知府補用
先换頂戴試用同知梁銘樹以同知着歸候補班
儘先補用豐應齡等均着賞加知府銜運判沈元
高等均着俟補缺後以同知用知縣余庭訓着俟
補缺後以同知儘先補用李世縯着以本班前先
補用並賞加運同銜程國鈞着賞加運同銜知州
劉蘭敏着以本班前先補用縣丞胡鴻基等均着

候補缺後以知縣升用州判黃汝麟等均着候補缺後以知縣補用通判胡振聲着以通判仍留浙江補用布政使理問王森等均着候補缺後以應升之缺升用縣丞石家琳着以本班儘先補用並賞加知州銜江順詒等均着賞加五品銜巡檢王哲沅着候補缺後以縣丞儘先補用從九品任步蟾着候補缺後以縣丞補用未入流居勝升着候補缺後以縣主簿補用縣丞李維善着賞加州同銜從九品俞世陞着賞加六品銜已革同知銜知縣劉立銑着賞還同知原銜同知孫欽若着交部從優議叙知縣金願遠等均着交部議叙教諭樊兆恩着開缺以知縣選用游擊周萬友着以參將仍留浙江補用把總陳萬清着以千總拔補另片奏請將總辦塘工大員獎勵等語浙江杭嘉湖道降補同知陳璚着以知府選用以示鼓勵該部知道單片併發欽此

吏部謹

奏為查明具奏事內閣抄出同治九年五月初七

日奉

上諭楊　奏遵保辦理東塘出力人員開單請獎一摺浙江東防等塘連年坍卸甚多經在事各員弁歷時四年之久辦理柴壩力堵險工尚屬著有微勞自應量予獎勵所有單開之杭嘉湖道何兆瀛候補道馮禮藩均着賞加按察使銜候選道陳嘉幹前衢州府知府江允康均着賞加三品銜杭州府知府陳魯着以道員升補補用知府黎錦翰着賞加道銜同知王彬等均着候補缺後以知府補用先換頂戴中防同知吳世榮着以知府補用先換頂戴試用同知梁銘銜以同知着歸候補班儘先補用豐應齡等均着賞加知府銜運判沈元高等均着候補缺後以同知用知縣佘庭訓着候補缺後以同知儘先補用李世綖着以本班前先補用並賞加運同銜程國鈞着賞加運同銜知州劉蘭敏着以本班前先補用縣丞胡鴻基等均着候補缺後以知縣升用州判黃汝麟等均着候補缺後以知縣補用通判胡振聲着以通判仍留浙

江補用布政使理問王森等均着俟補缺後以應
陞之缺升用縣丞石家琳着以本班儘先補用並
賞加知州銜江順詒等均着賞加五品銜巡檢王
哲玟着俟補缺後以縣丞儘先補用從九品任步
蟾着俟補缺後以縣丞補用未入流吕長升着俟
補缺後以縣主簿補用縣丞李維善着賞加州同
銜從九品俞世陞着賞加六品銜已革同知銜知
縣劉五銑着賞還同知原銜同知孫欽若着交部
從優議叙知縣金類遠等均着交部議叙教諭樊
兆恩着開缺以知縣選用另片奏請將總辦塘工
大員獎勵等語前浙江杭嘉湖道降補同知陳璚
着以知府選用以示鼓勵該部知道單片併發欽
此欽遵抄出到部除江允康劉五銑陳璚並議
叙各員臣部另行辦理外查照章程尋常勞績
不准保俟補班次及越級請陞又俟選各官保
奏留省應令分別補交三班分發銀兩又在外
從四品以下不得加本管上司銜又七品各官
加銜不得逾五品八品以下各官加銜不得逾
六品如請加銜有逾限制者即照限制改給應
得之銜銜已無可再加即改為議叙又尋常勞
績每一案只准請獎一層如有不照奏定請獎
層數保奏者無論所請幾層應按其勞績准獎
層數將所叙在前核與例章相符者議准其所
叙在後已逾定限者供行議駁等因各在案今
據新授浙江巡撫前布政使楊　保奏辦理
東防缺口柴埧各工出力人員開單請獎欽奉
諭旨允准臣等查東防柴埧各工完竣係屬尋常勞
績臣部應按定章核議除何兆瀛馮禮藩陳嘉
幹陳魯王彬濤紹宸吳世榮豐應齡靳芝亭薛
贊宸余庭訓胡鴻基顏培芳葉滋純黃汝麟黃
子莘王森王炳焜周傳煜江泰祥李維善俞世
陞樊兆恩等各員所請獎勵核與定章相符應
欽遵
諭旨註冊其核與定章不符應請駁正之員另繕清
單恭呈
御覽所有臣等查明緣由繕摺具
奏伏乞
皇上聖鑒訓示遵行謹
奏
謹將浙省搶辦三塘柴埧等工在事出力核與

例章不符應請駁正各員敘繕清單恭呈

御覽

計開

借補湖州府通判補用知府黎錦翰請加道銜

運同銜長興縣知縣趙定邦請加知府銜

同知銜候補知縣程國鈞請加運同銜

查定章在外從四品以下不得加本管上司銜又七品各官加銜不得逾五品如請加銜有逾限制者即照限制改給應得之銜銜已無可再加即改為議敘黎錦翰係由候補同知借補通判今請加道銜趙定邦係知縣今請加知府銜均係本管上司之銜核與例章不符應將黎錦翰改為請加四品銜趙定邦已聲敘有運同銜銜已無可再加應請改為議敘程國鈞係七品官所請加運同銜已逾加銜限制該員已聲敘有同知銜銜已無可再加亦請改為議敘

試用同知梁銘樹請以同知歸候補班儘先補用

查定章尋常勞績不准保候補班次應將該員以同知歸試用班儘先補用

即選通判浦江縣典史胡振聲請以通判仍留浙江補用

查定章尋常勞績不准保候補班次又候選人員保奏留省應令分別補交三班分發銀兩應將該員等分別補交銀兩後飭令離任以通判仍留浙江歸試用班先補用

同知銜候補知縣李世縄請以本班前先補用並加運同銜

補用知州劉蘭敏請以本班前先補用

縣丞石家珊請以本班儘先補用並加知州銜

查定章尋常勞績每一案只准請獎一層如有不照奏定請獎層數保奏者無論所請幾層應按其勞績准獎層數將所敘在前核與例章相符者議准其所敘在後已逾定限者候行議駁今李世縄原係單內並未聲敘係何項候補知縣劉蘭敏原係單內並未聲敘係何項補用知州石家珊原係單內並未聲敘係何項縣丞應令查明後奏再行核辦至李世縄所敘在後之請加運同銜石家珊所

叙在後之請加知州銜均逾請奬層數應請
撤銷
陞用知縣試用縣丞江順詒府經歷黄承謙縣
丞單震李曾祥主簿梁鴻翥均請加五品銜
查定章八品以下各員加銜不得逾六品如
請加銜有逾限制者即照限制改給應得之
銜今該員等係八品等官所請加五品銜均
逾加銜限制應將江順詒等各員均改為請
加六品銜
候補通判沈元高請候補缺後以同知用
試用從九品任步蟾請候補缺後以縣丞補用
先用未入流居鼎升請候補缺後以縣主簿補
用
查定章尋常勞績不准越級請陞而同知非
通判應陞之階縣丞非從九品應陞之階縣
主簿非未入流應陞之階應將沈元高等各
員均請改為候補缺後以應陞之缺升用
變月縣丞補用巡檢王哲汶請補缺後以縣丞
儘先補用
查原保單內既叙該員係補用巡檢又稱變
月縣丞所請奬勵臣部礙難核議應令查明
該員於何案内得有變月縣丞並於何年月
日奏
旨詳細覆
奏再行核辦
同治九年八月初八日具奏奉
旨依議欽此

吏部
題議得内閣抄出同治九年五月初七日奉
上諭楊　奏遵保辦理東防出力各員開單請奬
一摺同知孫欽若着交部從優議叙知縣金顴遠
等均着交部議叙等因欽此欽遵抄出到部查欽
奉
諭旨交部從優議叙之調補嚴州府同知孫欽若給
予加一級紀録三次欽奉
諭旨交部議叙之湯溪縣知縣金顴遠金華縣知縣
潘玉璿等各給予加一級等因具

題於同治九年九月二十二日奉
旨依議欽此

吏部謹
奏查臣部奏定章程內開失守城池人員隨同克
復免罪後得有軍務勞績給予虛銜頂戴再次
得有勞績方准開復原官仍飭令補繳加倍半
捐復原官銀兩俟銀兩繳清咨報吏戶二部給
咨該員赴部引
見不准奏請免繳捐項又隨時甄別降革人員非軍
功勞績不准保奏開復又軍務獲咎人員降革
以後從同奮勉立功者保奏開復原官一律免
繳捐復等項銀兩又降革人員未曾開復不准
遽保官階各等語今據前任湖廣總督調任直
隸總督李　　等將浙江前署黃巖縣知縣劉
蘭馨等保奏到部臣等詳核案情按照章程分
別飭令補繳銀兩核與章程不符者應請撤銷
相應摘叙案由謹繕清單恭呈
御覽所有臣等核議彙奏緣由理合恭摺具
奏同治玖年拾月二十四日奏奉
旨依議欽此

計　開

一件內閣抄出同治玖年五月初七日奉
上諭楊　　奏遵保辦理東防出力人員開單請獎
一摺浙江東防等塘連年坍卸甚多經在事各員
歷時四年之久辦理柴埧力堵險工尚屬著有微
勞自應量予鼓勵所有單開之前衢州府知府江
允康着賞加三品銜已革同知銜知縣劉立銑着
賞還同知原銜另片奏請將總辦塘工大員獎勵
等語前浙江杭嘉湖道降補同知陳璚着以知府
遐用以示鼓勵等因欽此欽遵到部此案前衢州
府知府江允康因性喜浮偽辦理地方諸事未
協與情革職嗣因辦理海運出力開復原銜後

因辦理塘工請開復原官仍留浙江補用經臣
部以非軍功勞績奏請撤銷前武康縣知縣劉
立銑因該縣錢粮奏准俟秋後啟征該員以春
收尚好稟請先期試辦不俟批示即行開征奏
參革職查辦嗣經查明該員既無別項劣跡亦
無虧挪情弊業經革職應毋庸議前杭嘉湖道
陳璚因事去營之際衆論譁然以任監司難壓
衆望奏參以同知降補嗣因辦理塘工出力
賞還原銜復因辦理石塘工竣請開復原官仍留浙
省補用經臣部以非軍功勞績奏駁在案今該
員等辦理東塘出力據浙江巡撫楊　奏請
將江允康
賞加三品銜劉立銑
賞還同知銜陳璚以知府選用欽奉
諭旨允准臣等查江允康係甄別革職開復原銜尚
未開復原官之員遽請
賞加三品銜核與章程不符應請撤銷劉立銑係私
罪革職之員今請
給還同知銜核與開復原官者尚屬有間惟臣部官
冊內並無該員同知銜案應令該撫查明該員
前因何案得有同知銜咨報臣部再為核辦陳
璚係甄別以同知降補之員今總辦塘工並非
軍功勞績所請以知府選用仍核與章程不符
應請撤銷

吏部
題議得前經臣部議覆署理浙江巡撫布政使楊
保奏辦理東防缺口柴垻各工出力員弁
開單請奬欽奉
諭旨允准臣等查東塘柴垻各工完竣係屬尋常勞
績臣部應按例章核議除核與定章相符應欽
遵
諭旨註冊其核與定章不符應請駁正各員另繕清
單恭呈
御覽於同治九年八月初八日奉

旨依議欽此欽遵到部查清單內開改爲議敘之運
同銜長興縣知縣趙定邦同知銜候補知縣程
國鈞等各給予加一級等因具
題於同治九年閏十月初十日奉
旨依議欽此

同治拾年正月二十九日准
兵部咨開職方司案呈先經內閣抄出奉
上諭楊　奏遵保辦理東塘出力各員開單請獎
一摺浙江東塘等防連年坍卸甚多經在事各員
弁歷四年之久辦理柴埧力堵險工尚屬著有微
勞自應量予獎勵所有單開之游擊周萬友着以
參將仍留浙江補用把總陳萬清着以千總拔補
以示鼓勵該部知道單片併發等因欽此欽遵到
部除先經恭錄
諭旨行文該撫遵照外查游擊周萬友以參將仍留
浙江補用把總陳萬清請以千總拔補之處本
部先行註冊外相應行文該撫卽將該弁等履
歷造冊報部可也

撫院楊　片
奏再臣奏保搶築三防缺口柴埧等工在事出力
人員案內候補知縣李世縱補用知州劉蘭敏
均請以本班前先補用縣丞石家琍請以本班
儘先補用奉
旨允准嗣經吏部奏查李世縱等係何項班次應令
查明覆
奏再行核辦等因到臣轉行遵照去後茲據塘工
總局司道具詳查得補用知州劉蘭敏由國子
監學正投効軍營于同治二年克復嚴州府城

案內經歷任撫臣左　保奏以知州留浙補用保屬勞績保舉應歸侯補班補用又試用縣丞石家珊自咸豐九年遵籌餉例在京銅局報捐縣丞指省浙江應歸試用班補用並侯補知縣李世綖一員業已病故應請註銷原案等情前來臣復查無異相應請
旨俯准將搶築三防缺口柴壩等工在事出力之侯補知州劉蘭敏以本班前先補用試用縣丞石家珊以本班儘先補用以示鼓勵謹附片具
奏伏乞
聖鑒飭部核覆施行謹此具
奏同治拾年柒月初五日奏本日軍機大臣奉
旨吏部議奏欽此

吏部謹
奏為遵
旨議奏事內閣抄出浙江巡撫楊　片奏再臣保
奏搶築三防缺口柴壩等工在事出力人員案內侯補知縣李世綖補用知州劉蘭敏均請以本班前先補用縣丞石家珊請以本班儘先補
用奉
旨允准嗣經吏部奏查李世綖等係何項班次應令查明覆奏再行核辦等因到臣轉行遵照去後茲據塘工總局司道具詳查得補用知州劉蘭敏由國子監學正投效軍營於同治二年克復嚴州府城案內經歷任撫臣左　保奏以知州留浙補用保屬勞績保舉應歸侯補班補用又試用縣丞石家珊自咸豐九年遵籌餉例在京銅局報捐縣丞指省浙江應歸試用班補用並侯補知縣李世綖一員業已病故應請註銷原案等情前來臣復查無異相應請
旨俯准將搶築三防缺口柴壩等工在事出力之侯補知州劉蘭敏以本班前先補用試用縣丞石家珊以本班儘先補用以示鼓勵等因同治拾

年柒月初五日軍機大臣奉
旨吏部議奏欽此欽遵抄出到部除李世綎一員業
經病故應註銷原保案外查劉蘭敏由補用知
州石家珊由縣丞均因搶辦三防柴壩等工出
力經該撫保奏同治玖年五月初七日奉
上諭劉蘭敏着以本班前先補用石家珊着以本班
儘先補用並
賞加知州銜欽此當經臣部查原保清單內並未聲
叙劉蘭敏係何項補用知州石家珊係何項縣
丞駁令查明具奏再行核辦並將石家珊所叙
在後之請加知州銜係適請奬層數照章應請
撤銷于是年八月初八日具奏奉
旨依議欽此欽遵知照在案今據該撫奏稱劉蘭敏
由國子監學正於克復嚴州府城案內保奏以
知州留浙補用應歸候補班補用石家珊遵例
報捐縣丞指省浙江應歸試用班補用請將劉
蘭敏以本班前先補用石家珊以本班儘先補
用以示鼓勵等因欽奉
諭旨交臣部議奏臣等查劉蘭敏既據該撫覆稱係
因勞績保奏以知州留浙補用石家珊係遵例
報捐縣丞指省浙江試用所有該撫前請將劉
蘭敏以本班前先補用石家珊以本班儘先補
用核與准保例章相符應請照准謹將臣等遵
旨議奏緣由繕摺具
奏伏乞
皇上聖鑒
訓示遵行謹
奏同治拾年八月初十日具奏奉
旨依議欽此

臣楊　　跪
奏為遵
旨酌保辦理西防魚鱗條石等工尤為出力各員謹
繕清單恭摺具
奏仰祈
聖鑒事竊臣前于奏報西防修建魚鱗條塊石塘盤
頭裹頭各工完竣日期摺內請將在工出力者
擇尤酌保以示鼓勵欽奉
諭旨着准其擇尤酌保毋許冒濫欽此欽遵轉行查
照在案茲據塘工總局各司道查明西防建修

石塘壹千餘丈盤頭兩座裹頭陸拾丈自同治
柒年正月十八日開工起至捌年七月二十三
日一律完竣為時一年有奇辦理尚為迅速工
竣之後歷經大汛塘身屹立穩固田廬藉資保
護凡徵在事人員有能實心籌畫認真經理未
便沒其微勞自應擇其尤為出力者分别給奬
以昭激勸開摺呈請酌保前來臣查此次辦理
修建西防石塘大工在事各員均屬始終出力
奮勉可嘉除稍次出力各員由外酌奬並擬保
千把總等武職循例咨部核辦外謹將尤為出
力各員繕列清單恭呈
御覽合無仰懇
天恩俯准奬勵以昭激勸謹會同閩浙總督臣英
恭摺具
奏伏乞
皇太后
皇上聖鑒訓示謹
奏
單開
候補知府孫尚紱擬請
賞加道銜丁憂即補知府黎錦翰擬請俟服闋回省
補缺後以道員用試用同知胡元潔補用同知
唐勛均擬請補缺後以知府用俟補同知張晃
擬請補缺後以知府補用儘先縣丞胡鴻基擬
請補缺後以知縣用補用知縣黃子華擬請
賞加同知銜准補象山縣知縣王承謇候補知縣汪
榮棠楊昌珠均擬請
免部從優議叙己革同知銜候補知縣嚴家承擬請
賞還同知原銜江蘇候補知縣于寶之擬請免其補
繳加五捐復銀兩補用知縣易鏡清徐宗翰儘
先府經歷吳邦基楊建泰補用縣丞李昌泰江
泰祥儘先補用縣丞泰嘉樂閒用縣丞泰耀奎
均擬請補缺後以應陞之缺升用丁憂試用府
經歷楊其緯擬請俟服闋回省補缺後以知縣
陞用嘉興府經歷鄧壽仁擬請
賞加五品銜俟補府經歷袁來保擬請以本班儘先
補用試用從九品王均翟國棟擬請均以縣主
簿前先補用試用從九品馬佩璧擬請以本班
前先補用試用從九品陳鍾沂擬請
賞加六品銜雙月候選從九品王士俊擬請以從九

品不論雙單月選用遊擊衛前海防營守備周
金標擬請
賞給三品
封典都司羅品莊擬請補缺後以遊擊補用守備佘
隆順擬請補缺後以都司補用千總陳萬清擬
請補缺後以守備補用先换頂戴
再前任浙江杭嘉湖道陳璚于同治四年十二
月到任適值海防開辦柴垻甚爲吃緊之際該
員本係專責駐工督辦悉心講求不辭勞瘁嗣
經督臣左　以該員前在蔣營頗著戰功而
辦理海塘亦稱勤慎惟去營之際衆論譁然奏
參以同知降補旋經吴督以人甚明幹情形熟
悉奏留于浙江海防差遣奉
旨允准柒年閏四月前撫臣馬　以在工三年事
事核實力求節省異常出力保奏奉
旨賞還道員原銜欽遵在案迨全塘柴工告竣捌年
三月陞任撫臣李　以認真經理任勞任怨
年力正强才具幹練保奏開復原官仍留浙江
補用玖年四月臣又會同督臣英　陞任撫臣
李　以督辦五年有餘始終勤奮無役不從
有弊必剔保奏以知府歸部選用均因格於部
議未沐
恩施伏查海塘柴石各工關繫重大當此時絀舉贏
之際督辦不得其人尤易貽誤臣在浙多年深
悉該員辦事認真不避勞怨經理塘務風雨櫛
沐寒暑無間往往乘潮搶築力與水爭較之軍
營同一危險時逾六年工逾萬丈在事最久出
力實多是以督臣吴　馬　英　李　英
不以人才可用疊次保奏今修建西防石塘壹
千餘丈該員仍能盡心督率尅期蕆事實難没
其微勞
朝廷破格用人縱平時稍有可議尚得棄瑕録用矧
如陳璚才具通達幹練有爲前在軍營戰功頗
著留工以來異常奮勉既無實在劣跡于前復
有實在勞績于後若不據實陳明似不足以昭
激勸合無仰懇
天恩俯准將陳璚送部引
見應如何
録用之處恭候
聖裁臣爲激勵人材起見是否有當謹會同閩浙督

臣英　附片陳請伏乞
聖鑒訓示謹
奏同治拾年三月初十日奏四月初四日軍機大
臣奉
旨該部議奏單片併發欽此又附片內同日奉
旨覽欽此

吏部謹
奏為遵
旨議奏事內閣抄出浙江巡撫楊　奏稱竊臣前
於奏報修建兩防魚鱗條塊石塘盤頭裹頭各
工完竣日期摺內請將在工出力者擇尤酌保
以示鼓勵欽奉
諭旨着准其擇尤酌保毋許冒濫欽此欽遵在案茲
據塘工總局查明兩防建修石塘一千餘丈盤
頭二座裹頭六十丈自同治七年正月十八日
開工起至八年七月二十三日一律完竣為時
壹年有奇辦理尚為迅速工竣以來歷經大汛
塘身屹立穩固田廬藉資保護足徵在事人員
經理認真實心籌畫未便沒其微勞謹將尤為
出力各員繕列清單恭呈
御覽合無仰懇
天恩俯准獎勵以昭激勸等因同治十年四月初四
日軍機大臣奉
旨該部議奏單片併發欽此欽遵抄出到部除清單
內開武職人員應由兵部核辦其文職附片一
件並保還原銜及免繳捐復銀兩各員另行覆
奏外查奏定章程尋常勞績不准保請免補本班
及越級請陞又無論何項勞績八品以下各官
加銜不得有逾六品如請加銜有逾限制者即
照限制改給應得之銜等因在案今據浙江巡
撫楊　保奏辦理兩防魚鱗條石等工出力
各員繕單請獎欽奉
諭旨交臣部議奏臣等查照單內各員按照定章悉
心核議其與例案相符者應請照准其核與例
案不符者應請駁正謹另具清單恭呈
御覽所有臣等遵

旨議奏緣由繕摺具
奏伏乞
皇上聖鑑
訓示遵行謹
奏
謹將浙江辦理西防石塘等工出力核與例案相符應請照准核與例案不符應請駁正各員繕列清單恭呈
御覽

計開

候補知府孫尚紱請加道銜
丁憂即補知府黎錦翰請俟服闋回省補缺後以道員用
試用同知胡元潔補用同知唐勛請補缺後均以知府用
候補同知張晃請補缺後以知府補用
儘先縣丞胡鴻基請補缺後以知縣用
補用知縣黄子莘請加同知銜
准補象山縣知縣王承馨候補知縣汪滎棠楊昌珠請均交部從優議敘
補用知縣易鏡清徐宗翰儘先府經歷吳邦基楊建泰補用縣丞李昌泰江泰祥儘先補用縣丞秦嘉樂間用縣丞秦耀奎請俟補缺後均以應陞之缺升用
丁憂試用府經歷楊其緯請俟服滿旋省補缺後以知縣升用
候補府經歷袁來保請以本班儘先補用
試用從九品馮佩堃請以本班前先補用
試用從九品陳鍾沂請加六品銜
雙月候選從九品王士俊請以從九品不論雙單月選用

以上各員核與例案相符（内黎錦翰于同治九年七月二十一日丁憂楊其緯于八年十月初十日丁憂）該撫摺内聲叙八年七月工竣係屬勞績在先自應併請照准再袁來保一員係浙江籌餉試用府經歷應歸試用本班儘先補用註冊

嘉興府經歷鄧壽仁請加五品銜
查定章無論何項勞績八品以下各官加銜不得有逾六品如請加銜有逾限制者即照限制改給應得之銜茲該員所請加五品銜

已遵加銜限制應改為請加六品銜
試用從九品王均雅園棟均請以縣主簿前先
補用
查定章尋常勞績概不准保免補本班及越
級請陞應將該員等均請改為儘補缺後以
應陞之缺外用
同治拾年五月二十日具奏奉
旨依議欽此

兵部片
奏再內閣抄出浙江巡撫楊　奏遵保辦理西
防魚鱗條石等工尤為出力各員繕列清單懇
請獎勵一摺游擊銜前海防營守備周金標請
給三品
封典都司羅品莊請補缺後以游擊補用守備余隆
順請補缺後以都司補用千總陳萬清請補缺
後以守備補用先換頂戴同治拾年四月初四
日奏
旨該部議奏單併發欽此欽遵到部當經片查吏部
文職作何辦理並據覆稱照尋常勞績核議惟
臣部並無尋常獎敘專條自應照吏部知照章
程核辦查定章內開尋常勞績每一案祇准請
獎一層不得於一案之中連併請獎數層如有
不照奏定層數保奏者無論所請幾層將所議
在前核與定章相符者議准其所敘在後已逾
定限者俱行議駁等語查此案監辦塘工尤為
出力之都司羅品莊請補缺後以游擊補用守
備余隆順請補缺後以都司補用千總陳萬清
請補缺後以守備補用先換頂戴核其請獎祇
均一層應請照准前海防營守備周金標請給
三品
封典查臣部向辦軍營戰功請給
封典奏
旨允准者遵
旨註冊今守備周金標係尋常勞績碍難照准所請
獎敘應令該撫另核請獎再為辦理所有議奏
緣由是否有當理合附片陳明謹
奏同治拾年六月初六日具奏即日奉
旨依議欽此

吏部謹
奏内閣抄出浙江巡撫楊　奏酌保辦理兩防
魚鱗條石等工尤爲出力各員壹摺同治拾年
四月初四日奉
旨該部議奏單併發欽此清單内開已革同知衔候
補知縣嚴家承擬請
賞還原銜江蘇候補知縣于實之擬請
免其補繳加五捐復銀兩又片奏前任浙江杭嘉湖
道陳璚懇請送部引
見應如何
錄用之處恭候
聖裁等因抄出到部此案前浙江候補知縣嚴家承
因署象山縣任内失守城池隨同克復革職免
其治罪前江蘇候補知縣于實之因被參各款
訊無實據惟承審夏洪昌油坊一案既係審爲
被誣僅令其具結完案而于捏造僞書誣告叛
逆重罪人犯未能究出拏辦終屬粗疎以縣丞
降補嗣因辦理石塘工竣開復降補處分以知
縣仍留原省補用經臣部奏令補繳加五捐復
原官並照常例減半留省銀兩俟銀兩繳清給

咨赴部引
見前浙江杭嘉湖道陳璚先經前閩浙總督左
奏參該員因事去營之際衆論譁然以任監司
難膺衆望以同知降補嗣因辦理石塘出力開
復原銜又因辦理石塘工竣請開復原官仍留
浙江補用經臣部以非軍功勞績奏駁復據該
撫奏請以知府選用又經臣部以非軍功勞績
奏請撤銷各在案今該員等辦理兩防條石等
工出力據浙江巡撫楊　奏請將嚴家承
賞還同知原銜于實之
免補繳加五捐復銀兩陳璚請送部引
見奉
旨該部議奏欽此臣等查嚴家承係失守城池隨同
克復革職免罪之員今辦理兩防石工並非軍
功勞績所請
賞還同知原銜于實之請
免繳捐復銀兩並未奉
旨允准均核與例章不符應毋庸議陳璚係甄别降
補之員今督辦塘工出力並非戰功惟僅請送
部引

見核與保奏開復尚屬有間應請照准同治拾年六
月二十七日具奏即日奉
旨依議欽此

吏部
題議得前經臣部議覆浙江巡撫楊　保奏辦
理西防魚鱗條塊石塘等工出力人員開單請
獎欽奉
諭旨交臣部議奏臣等查照單內各員謹按定章悉
心核議其與例案相符者應請照准其核與例
案不符者應請駁正另繕清單恭呈
御覽等因於同治拾年五月二十日具奏奉
旨依議欽此欽遵在案除請給官階班次加銜各員
另行辦理註冊外應將

交部從優議敘之准補象山縣知縣王承馨俟補知
縣汪燊棠楊昌珠等三員應各給予加一級紀
錄三次等因具
題于同治拾年八月初二日奉
旨依議欽此

撫院楊　片
奏再游擊銜前海防營守備周金標前在西防監
辦石塘盤頭裹頭等工尤為出力經臣彙保奏
請
賞給三品
封典奉
旨該部議奏欽此嗣經兵部奏駁守備周金標係尋
常勞績礙難照准所請獎敘應令另核等因到
臣轉行遵照去後茲據塘工總局司道具詳查
得該守備前在西防石塘分監工段請練精詳

能耐勞苦前請
賞給三品
封典既係格於定章自應另爲核獎現擬請將游擊
銜前海防營守備周金標以都司補用等情前
來臣覆查無異相應懇
恩俯准將監辦西防石塘尤爲出力之游擊銜前海
防營守備周金標以都司補用以示鼓勵謹附
片具
奏伏乞
聖鑒
飭部核覆施行謹
奏同治十一年六月二十六日奏八月二十二日
軍機大臣奉
旨兵部議奏欽此

兵部片
奏內閣抄出浙江巡撫楊　片奏游擊銜前海
防營守備周金標前在西防監辦石塘等工出
力奏請三品
封典嗣准兵部覆奏係尋常勞績礙難照准所請獎
叙應令另核等因查前請既係格於定章自應
另行請獎懇將該員以都司補用等因同治拾
壹年八月二十二日奉
旨兵部議奏欽此欽遵到部查周金標係陞署浙江
海防營守備於同治五年經前任閩浙總督左
疏稱該員因患氣喘病症未能驟痊請開
缺醫治並稱該員病愈尚堪起用當經臣部題
准俟病痊之日由該撫驗看具題報部核辦在
案迄今未報痊可而監辦塘工出力請獎係未
經起病錄用之員應令該撫即行驗看具題俟
給咨赴部引
見補缺後以都司補用以符定章所有議奏緣由理
合附片陳明謹
奏同治十一年十月二十七日具奏即日奉
旨依議欽此

臣楊　　跪

奏為遵

旨酌保辦理中防翁汛露字等號石塘尤為出力各

員謹繕清單恭摺奏祈

聖鑒事竊臣前於奏報辦理中防翁汛露字等號魚鱗石塘完竣日期摺內請將在工出力者擇尤酌保以示鼓勵欽奉

諭旨着准其擇尤酌保毋許冒濫欽此欽遵轉行查照在案茲據塘工總局司道等查明前項建復石塘工竣以後歷經大汛塘身屹立穩固民舍田廬藉資保衛足徵該工員等認真經理悉心籌畫未便沒其微勞自應擇其尤為出力者分別給獎以昭激勸開摺呈請酌保前來臣查此次辦理中防翁汛魚鱗石塘大工在事各員均屬始終出力奮勉堪嘉除出力稍次者由外酌獎並擬保千把總各武職循例咨部核辦外謹將尤為出力之員繕列清單恭呈

御覽合無仰懇

天恩俯准獎勵以昭激勸謹會同閩浙總督臣文

恭摺具

奏伏乞

皇太后

皇上聖鑒訓示謹

奏

謹將辦理中防石塘尤為出力文武員弁酌擬獎勵銜名敬具清單恭呈

御覽

計開

杭嘉湖道何兆瀛俟補知府孫尚紱中防同知英世榮均請

交部從優議敘鹽運使銜俟補道唐樹森請

賞加按察使銜前署杭嘉湖道俟補道林聰彝俟補知府黎錦翰均請

賞加三品銜道銜俟補知府陳璚請補缺後以道員用補用同知胡元潔請補缺後以知府儘先補用俟補同知張寬請補缺後以知府本班前補用知府用儘先同知唐勛請先換知府頂戴准補浦江縣知縣張兆芝請以同知在任俟升俟補知縣陳鍾英請補缺後以同知補用試用知縣廖士斌請補缺後以同知升用俟補知縣胡

鴻基請
賞加同知銜補用同知周銳請
賞加運同銜已革同知銜候補知縣嚴家承請
賞給五品頂戴補用府經歷袁來保吳邦基均請補
缺後以知縣升用候補縣丞胡爾昌試用府經
歷李式恩試用縣丞馬維翰均請
賞加州同銜試用府經歷賴際堯候補縣主簿李昌
泰補用典史朱建珪均請
賞加六品銜候補縣丞朱燦昌候補府經歷任福英
杭州府城南務税課大使卜奉箴均請補缺後
以應升之缺升用試用從九品陳鍾沂請補缺
後以縣主簿用書吏鈕福乾請以從九品歸部
選用補用游擊羅品莊請
賞加參將銜補用都司余隆順請
賞加游擊銜題署守備蔡興邦請
賞加都司銜記名千總湯廷熊請
賞加守備銜
同治十一年六月二十六日奏八月二十二日
軍機大臣奉
旨該部議奏單併發欽此

吏部謹
奏為遵
旨議奏事内閣抄出浙江巡撫楊　等奏稱竊臣
前奏報辦理中防翁汛露字等號魚鱗石塘完
竣日期摺内請將在工出力者擇尤酌保以示
鼓勵欽奉
諭旨著准其擇尤酌保毋許濫冒欽此欽遵轉行查
照在案兹據塘工總局各司道查明前項建復
石塘工竣以來歷經大汛塘身屹立穩固民舍
田廬藉資保衛足徵在事各員經理認真悉心
籌畫未便没其微勞自應擇其尤為出力者分
别給奬以招激勸繕摺呈請酌保前來臣查此
次辦理中防翁汛魚鱗石塘大工在事各員均
屬始終出力奮勉堪嘉謹將尤為出力之員敬
具清單恭呈
御覽合無仰懇
天恩俯准奬勵以招激勸等因同治十一年八月二
十二日軍機大臣奉
旨該部議奏單併發欽此欽遵抄出到部除已革同
知銜候補知縣嚴家承一員臣部另行覆奏外

臣等查照單內人員按照定章成案悉心詳核其與例案相符者應請照准核與例案不符者應請駁正謹特另繕清單恭呈
御覽所有臣等遵
旨議奏緣由繕摺具
奏伏乞
皇上聖鑒
訓示遵行謹
奏

謹將浙江辦理中防石塘尤為出力核與例案相符應請照准其與例案不符應請駁正各員繕寫清單恭呈
御覽

計開

杭嘉湖道何兆瀛候補知府孫尚紱中防同知吳世榮三員均請交部從優議敘

鹽運使銜候補道唐樹森請加按察使銜

前署杭嘉湖道候補道林聰彝候補知府黎錦翰二員均請加三品銜

道銜候補知府陳璚請補缺後以道員用

補用同知胡元潔請補缺後以知府儘先補用

候補同知張寬請補缺後以知府本班前補用

知府用儘先同知唐勛請先換知府頂戴

准補浦江縣知縣張兆芝請以同知在任候升

候補知縣陳鍾英請補缺後以同知補用

試用知縣廖士斌請補缺後以同知升用

補用府經歷袁來保吳邦基二員均請補缺後以知縣升用

試用府經歷李式恩候補縣丞胡爾昌試用縣丞馬維翰三員均請加州同銜

試用府經歷賴際堯候補縣主簿李昌泰補用典史朱廷珪三員均請加六品銜

候補縣丞朱燦昌候補府經歷任福英二員均請補缺後以應升之缺升用

試用從九品陳鍾沂請補缺後以縣主簿用

書吏鈕福乾請以從九品歸部選用

以上二十五員均核與例案相符應請併為
照准

補用同知周銳請加運同銜

候補知縣胡鴻基請加同知銜

查照定章七品各官加銜不得逾五品八品
以下各官加銜不得逾六品如請加銜有逾
限制者即照限制改給應得之銜銜已無可
再加即改為議敘今周銳前于海運出力案
內由候補知縣保奏請候補缺後以同知補
用胡鴻基前于西防辦理魚鱗條石等工出
力案內由儘先縣丞保奏請候補缺後以知
縣用均經臣部奏准行文知照在案此次該
撫聲叙補用同知周銳候補知縣胡鴻基是
否均係另有保案抑係遵例報捐臣部礙難
核辦應令查明覆奏再為辦理
杭州府城南務稅課大使卜奉箴請補缺後以
應升之缺升用
查該員係現任浙江杭州府城南務稅課大
使應該員以應升之缺升用
同治拾壹年十月二十五日具奏奉
旨依議欽此

吏部為核議彙奏事考功司案呈本部彙奏議
得據四川總督吳　等將開復貴州知府李咸
中等保奏到部臣等詳核案情分別辦理核與
章程不符者應請撤銷保案謹特繕清單恭呈
御覽理合恭摺具奏同治拾壹年十月二十四日具
奏奉
旨依議欽此相應知照可也
一件內閣抄出浙江巡撫楊　奏酌保辦理
中防翁汛露字等號石塘尤為出力各員獎勵
一摺同治十一年八月二十二日奉
旨該部議奏單併發欽此查清單內開之已革同知
銜候補知縣嚴家承請
賞給五品頂戴等因前浙江候補知縣嚴家承因署
象山縣任內失守城池隨同克復革職免其治
罪嗣因辦理西塘石工奏請
賞還同知原銜經臣部以非軍務勞績奏駁在案今
據浙江巡撫楊　復以該員辦理中防石塘
尤為出力保奏
賞給五品頂戴仍核與章程不符應毋庸議

吏部
題議得前經　臣部議覆浙江巡撫楊　等奏稱
竊臣前于奏報辦理中防翁汛露字等號魚鱗
石塘完竣日期摺內請將在工出力者擇尤酌
保以示鼓勵欽奉
諭旨着准其擇尤酌保毋許冒濫欽此欽遵行查遵
照在案茲據塘工總局各司道查明前項建復
石塘工竣以後歷經大汛塘身屹立穩固民舍
田廬賴以保護足見在事人員經理認真實心
籌畫未便沒其微勞自應擇其尤為出力者分
別給奬以昭激勸繕摺呈請酌保前來臣查此
次辦理中防翁汛魚鱗石塘大工在事各員均
屬始終出力奮勉可嘉謹將尤為出力之員繕
具清單恭呈
御覽合無仰懇
天恩俯准獎勵以昭激勸等因同治十一年八月二
十二日軍機大臣奉
旨該部議奏單併發欽此欽遵抄出到部　臣等查照
單內各員核與例案相符者應請照准其與例
案不符者應請駁正謹特另具清單恭呈
御覽等因于同治十一年十月二十五日具奏奉
旨依議欽此欽遵在案除將請給官階班次等項各
員另行分別辦理外應將杭嘉湖道何兆瀛俟
補知府孫尚紱中防同知吳世榮等三員各給
予加一級紀錄三次等因具
題同治十二年二月初一日奉
旨依議欽此

兵部片
奏內開抄出浙江巡撫楊　奏遵保辦理中防
翁汛露字等號石塘尤為出力各員繕單請獎
一摺清單內開補用游擊羅品莊請加叅將銜
補用都司佘隆順請加游擊銜題署守備蔡興
邦請加都司銜記名千總湯廷熊請加守備銜
等因同治十一年八月二十二日奉
旨該部議奏單併發欽此欽遵抄出到部查羅品莊
等四員所請升銜均祇一層應請照准所有議
奏緣由理合附片陳明謹

奏同治拾壹年十月二十七日具奏即日奉
旨依議欽此

撫院楊　片

奏再臣奏保辦理中防翁汛露字等號石塘在工
出力各員案內候補知縣胡鴻基請加同知銜
補用同知周銳請加運同銜奉
旨允准嗣經吏部奏駁胡鴻基等所請加銜均有逾
限是否另有保案應令查明覆
奏再行核辦等因到臣轉行遵照去後茲據塘工
總局司道具詳查得周銳實係浙江候補知縣
補缺後以同知補用之員前保請加運同銜既
係格於定章擬請改獎候知縣補缺後以同知
前用又候補知縣胡鴻基係于同治十年九月
在黔省捐局遵例報捐縣丞離任並捐足知縣
仍留浙江以知縣歸候補班補用留塘將奉給
部照呈司驗明註冊在案查與奉行加銜章程
相符等情前來臣覆查無異相應請
旨俯准將辦理中防翁汛石塘在工出力之補用同
知周銳改獎候知縣補缺後以同知前用候補
知縣胡鴻基仍請
賞加同知銜以示鼓勵謹附片具
奏伏乞
聖鑒
飭部核覆施行謹
奏同治十二年正月二十六日具奏二月二十三
日奉
硃批吏部議奏欽此

吏部謹
奏為遵
旨議奏事內閣抄出浙江巡撫楊　　片奏再　臣奏
保辦理中防翁汛露字等號石塘在工出力人
員案內候補知縣胡鴻基請加同知銜補用同
知周鋭請加運同銜奉
旨允准嗣經吏部奏駁胡鴻基等所請加銜均有逾
限是否另有保案應令查明覆奏再行核辦等
因到　臣轉行遵照去後茲據塘工總局司道具
詳查得周鋭實係浙江候補知縣補缺後以同
知補用之員前保請加運同銜既係核與定章
不符擬請改獎候知縣補缺後以同知前用又
候補知縣胡鴻基係于同治拾年玖月在黔省
捐局遵例報捐縣丞離任並捐升知縣仍留浙
江以知縣歸候補班補用曾據將奉給部照呈
司驗明註冊在案查與奉行加銜章程相符等
情前來　臣覆查無異相應請
旨俯准將辦理中防翁汛石工在事出力之補用同
知周鋭改獎候知縣補缺後以同知前用候補
知縣胡鴻基仍請
賞加同知銜以示鼓勵等因同治十二年二月二十
三日奉
硃批吏部議奏欽此欽遵抄出到部查前據該撫奏
保辦理中防石工出力人員周鋭由補用同知
請加運同銜胡鴻基由候補知縣請加同知銜
當經　臣部查照定章七品各官加銜不得逾五
品八品以下各官加銜不得逾六品如請加銜
有逾限制者即照限制改給應得之銜銜已無
可再加即改為隨敘周鋭前于辦理海運出力
案內由候補知縣保奏請俟補缺後以同知補
用胡鴻基前于西防辦理魚鱗條石等工出力
案內由儘先縣丞保奏請俟補缺後以知縣用
此次該撫聲敘補用同知周鋭候補知縣胡鴻
基是否均係另有保案抑係遵例報捐　臣部礙
難核辦應令查明覆奏再為辦理于同治十一
年十月二十五日具
奏奉
旨依議欽此欽遵知照在案今據該撫奏稱周鋭實
係浙江候補知縣補缺後以同知補用之員前
保請加運同銜既與定章相違擬請改獎候知

縣補缺後以同知前用胡鴻基係于同治拾年玖月在黔省捐局遵例報捐縣丞離任並捐升知縣仍留浙江以知縣歸候補班補用仍請加同知銜等因欽奉

硃批交臣部議奏臣等查周鋭原由補用同知請加運同銜經臣部奏明行查今據該撫覆稱該員實係候補知縣補缺後以同知補用之員前保運同銜改奬候補知縣後以同知前用查該員既係候補知縣補缺後以同知補用之員前保請加運同銜核與定章相違自應照加銜限制

定章辦理查該員係七品官請加運同銜已逾加銜限制照章應改為五品銜惟查臣部官冊內該員已有五品銜案銜已無可再加應請改為議敘所請改奬候補知縣後以同知前用之處應毋庸議胡鴻基據該撫覆稱該員係于同治拾年玖月在黔省捐局遵例報捐縣丞離任並捐升知縣仍留浙江歸候補班補用仍請加同知銜當經臣部行查戶部該員捐案是否相符去後茲於十二年三月二十七日覆稱檢查貴州捐輸總局收捐請奬案內並無該員之名是否聲叙舛錯應飭令該員呈驗原捐執照片送過部以憑檢查等因查該員捐升知縣既無案據所保同知加銜臣部亦難核辦應令該撫查明該員是否于同治拾年玖月在黔省報捐抑係聲叙舛錯詳細聲覆具奏再為辦理並照戶部咨稱將該員所領捐照送部以憑查核謹將臣等遵

旨議奏緣由繕摺具奏伏乞

皇上聖鑒

訓示遵行謹

奏同治十二年五月初四日具奏奉

旨依議欽此

海塘歷史文獻集成

吏部
題議得前經　臣部議覆浙江巡撫楊　片奏保
辦理中防翁汛露字等號石塘在工出力人員
案內補用同知周銳請加運同銜奉
旨允准嗣經吏部奏駁所請加銜有逾限制是否另
有保案應令查明覆奏再當核辦等語到　臣轉
行查照去後茲據塘工總局司道具詳查得周
銳實係浙江候補知縣補缺後以同知補用之
員前保請加運同銜既係核與定章不符擬請
改獎俟知縣補缺後以同知前用查與奏行章
程相符等情前來　臣復查無異相應請
旨俯准將辦理中防翁汛石工在事出力之補用同
知周銳改獎俟知縣補缺後以同知前用以示
鼓勵等因欽奉
硃批吏部議奏　臣等查周銳原由補用同知請加
運同銜經　臣部奏明行查今據該撫覆稱該員
實係候補知縣補缺後以同知補用之員前保
運同銜改獎俟補知縣後以同知前用查該員
既係候補知縣補缺後以同知補用之員前保
請加運同銜核與定章不符自應照加銜限制
定章辦理查該員係七品官請加運同銜已逾
加銜限制按章應改為五品銜惟查　臣部官冊
該員曾有五品銜案銜已無可復加應請改為
議叙所請改獎俟補知縣後以同知前用之處
應毋庸議等因于同治十二年五月初四日具
奏奉
旨依議欽此欽遵在案應將改為議叙之候補知縣
補用同知周銳給予加一級等因具
題于同治十二年八月初三日奉
旨依議欽此

撫院楊　片
奏再　臣奏保辦理中防翁汛石工出力人員案內
候補知縣胡鴻基請加同知銜嗣經吏部奏駁
當經查明覆奏奉
硃批吏部議奏欽此經部行查該員是否在黔報捐
應令詳細聲覆具奏並將該員原捐執照送部
以憑查驗再為核辦等因具奏奉
旨依議欽此欽遵到　臣轉行遵照去後茲據塘工總
局司道具詳查胡鴻基捐升知縣委于同治拾
年玖月在黔局遵例報捐縣丞離任捐升知縣

仍留浙江以知縣歸候補班補用遵將原捐奉
給執照呈驗前來臣復查無異除將原捐執照
送部查驗外相應請
旨俯准將辦理中防翁汛石塘出力之候補知縣胡
鴻基壹員
賞加同知銜以示鼓勵謹附片具
奏伏乞
聖鑒施行謹
奏同治十二年七月廿八日奏八月廿五日奉
硃批吏部議奏欽此

吏部謹
奏為遵
旨議奏事內閣抄出浙江巡撫楊　片奏再臣奏
保辦理中防翁汛石塘出力人員案內候補知
縣胡鴻基請加同知銜兩經吏部奏駁當經查
明覆奏欽奉
硃批吏部議奏欽此經部行查該員是否在黔報捐
應令詳細聲覆具奏並將該員原捐執照送部
以憑查驗再為核辦等因具奏奉
旨依議欽此欽遵到臣轉行遵照去後茲據塘工總
局司道具詳查胡鴻基捐升知縣委于同治拾
年玖月在黔局遵例報捐縣丞離任捐升知縣
仍留浙江以知縣歸候補班補用遵將原捐奉
給執照呈驗前來臣復查無異除將原捐執照
送部查驗外相應請
旨俯准將辦理中防翁汛石工出力之候補知縣胡
鴻基壹員
賞加同知銜以示鼓勵等因同治十二年八月二十
五日奉
硃批吏部議奏欽此欽遵抄出到部查臣部奏定章
程內開勞績保舉人員如有捐升捐職總須經
戶部核准領有執照方准照所捐官階保奏並
於清單內註明何處報捐何日奉
旨臣部查與冊檔相符即照章分別核辦如查出勞
績保奏在先該員報捐官職奉
旨在後應即奏請撤銷毋庸另給獎勵等因在案查
前據該撫保奏辦理中防石塘出力案內聲叙
候補知縣胡鴻基請加同知銜等因同治拾壹
年八月二十二日軍機大臣奉
旨該部議奏單併發欽此當經臣部查該員前于辦

理兩防魚鱗條石等工出力案內由儘先縣丞
保奏請俟補缺後以知縣用此次聲敘俟補知
縣胡鴻基是否另有保案抑係遵例報捐應查
明覆奏再為辦理于十一年十月二十五日具
奏奉
旨依議欽此嗣據該撫奏稱該員係于同治拾年玖
月在黔省捐局遵例報捐縣丞離任並捐升知
縣仍留浙江以知縣歸俟補班補用仍請加同
知銜經臣部行查戶部旋據戶部覆稱檢查貴
州捐輸總局收捐請獎案內並無該員之名是
否聲敘舛錯應飭令該員呈驗原捐執照片送
過部以憑檢查等因查該員捐升知縣既無案
據所保同知銜臣部亦難辦理應令該撫查明
該員是否于同治拾年玖月在黔省報捐抑係
聲敘舛錯詳細聲覆具奏再為核辦並將該員
所領捐照送部以憑查核于十二年五月初四
日具奏奉
旨依議欽此欽遵行文知照各在案今據該撫奏稱
該員委係同治拾年玖月在黔局遵例報捐縣
丞離任捐陞知縣仍留浙江以知縣歸俟補班
補用除將原捐執照送部查驗外請將該員加
同知銜等因欽奉
硃批交臣部議奏臣等查胡鴻基捐陞知縣有無核
准當即將該員原捐執照片送行查戶部去後
茲於拾貳年拾月初三日覆稱胡鴻基由保舉
補缺後以知縣用浙江俟補縣丞在湖南協黔
捐局捐銀請離縣丞任以知縣仍歸浙江補用
本年閏六月初五日據貴州巡撫咨報到部查
該員應赴京銅局捐免保舉及補交監生四成
實銀應俟補捐到日再行核辦等因查辦理中
防石塘出力原保係同治十一年八月二十二
日奉
旨核計保舉奉
旨在先該員捐案到部在後且戶部咨稱該員應捐
免保舉及補交監生四成實銀補捐到日再行
核辦所請由知縣保加同知銜核與定例不符
應奏明請
旨撤銷所有該撫奏請將該員保加同知銜之處應
毋庸議謹將臣等遵
旨議奏緣由繕摺具

奏伏乞
皇上聖鑒
訓示遵行謹
奏同治拾貳年拾月二十二日具奏奉
旨依議欽此

臣楊　　　跪
奏為遵
旨酌保辦理東中兩防戴鎮二汛石塘坦埽等工尤
為出力人員謹繕清單恭摺具
奏仰祈
聖鑒事竊臣前于奏報辦理東中兩防建修戴鎮二
汛石塘小缺口及坦埽各工完竣日期摺內請
將在事出力者酌保數員以示鼓勵欽奉
硃批着准其擇尤酌保毋許冒濫欽此欽遵轉行查
照去後茲據塘工總局司道查明前項建復拆
修石塘坦埽工竣以來歷經大汛塘身屹立穩
固民舍田廬賴以保護凡見在事人員經理認
真悉心籌畫未便沒其微勞惟此案工段既長
派委各員人數較多逐細酌核自應擇其實在
尤為出力者分別給奬以昭激勸開摺呈請酌
保前來臣維此案辦工各員時歷二年之久風
雨櫛沐寒暑周閒即總局人員悉心稽核款項
亦能節省均屬始終出力奮勉堪嘉除出力稍
次之員由外給奬並擬保千總武職循例咨部
核辦外謹將尤為出力各員繕具清單恭呈
御覽合無仰懇
天恩俯准奬勵以昭激勸謹會同閩浙總督臣李
恭摺具
奏伏乞
皇上聖鑒訓示謹
奏
謹將辦理東中兩防戴鎮二汛石塘小缺口及
坦埽各工在事尤為出力人員擬給奬勵銜名
繕具清單恭呈
御覽

計開
按察使銜杭嘉湖道何兆瀛候補知府孫尚紱
署中防同知唐勛均請
交部從優議敘
按察使銜前先補用道唐樹森三品銜候補道
戴槃均請
賞加二品頂戴
候補道吳文生請
賞加鹽運使銜
候補知府李審言李壽臻均請補缺後以道員
用
候補知府胡元潔張寬陳乃瀚吳世榮均請
賞加道銜
知府銜直隸州知州借補海甯州知州靳芝亭
請開缺以知府補用
候補同知趙賓申請
賞加知府銜
候補知縣周兆蓉石家麟均請補缺後以同知
用
候補知縣陶惟埴請補缺後以同知升用

候補知縣胡鴻基請
賞加同知銜
候補通判羅振謙請
賞加五品銜
補用府經歷袁來保吳邦基楊其緯均請補缺
後以知縣補用
知縣用候補縣丞錢玉森請補缺後以知縣本
班先補用
候補縣丞程熙增金振聲錢氏鑑均請補缺後
以知縣升用
補用府經歷李式恩賴際堯候補縣丞馬維翰
均請補缺後以應升之缺升用
試用府經歷詹大章補用縣丞黃安海先用驛
丞周彬均請
賞加六品銜
試用從九品湯承霈補用巡檢袁鎮嵩均請
賞加布理問銜
試用從九品何聯芳龍騰霄吳廣熙候補典史
胡有燦姚以慰均請補缺後以縣主簿用
書吏選用從九品鈕福乾請

賞加六品銜
書吏從九銜韓宗琦請以從九品不論雙單月
選用
書吏高應椿請以未入流歸部選用
署海防營守備蔡興邦前海防營守備周金標
均請
兵部從優議叙
侯補守備佘隆順請補缺後以都司儘先補用
同治拾貳年十二月二十日奏十三年正月二
十一日奉
硃批該部議奏單併發欽此

吏部謹
奏為遵
旨議奏事内閣抄出浙江巡撫楊　等奏稱竊臣
前于奏報辦理東中兩防建修戴鎮二汛石塘
小缺口及坦坡等工完竣日期摺内請將在工
出力者酌保數員以示鼓勵欽奉
硃批着准其擇尤酌保毋許冒濫欽此欽遵轉行查
照去後茲據塘工總局司道查明前項建修石
塘坦坡工竣以來歷經大汛塘身屹立穩固民
舍田廬藉以保衛足徵在事人員認真經理實
心籌畫未便沒其微勞惟此案工段尤長派委
各員人數較增逐細酌核自應擇其實在尤為
出力者分別給奬以昭激勸繕摺呈請酌保前
來臣維此案在工各員時逾二年櫛風沐雨寒
暑無間即總局委員悉心稽核款項亦能節省
均皆始終出力奮勉可嘉謹將尤為出力人員
繕列清單恭呈
御覽合無仰懇
天恩俯准奬勵以昭激勸等因同治十三年正月二
十一日奉

硃批該部議奏單併發欽此欽遵抄出到部查臣部
奏定章程內載無論何項勞績在外從四品以
下各官均不得加本管上司銜等因在案今據
浙江巡撫楊　等保奏辦理東中兩防戴鎮
二汛石塘小缺口及坦埽等工出力各員列單
請獎欽奉
硃批交臣部議奏臣等查照單內各員按照定章悉
心酌覈其與例案合符者應請照准核與例案
不符者應請駁正謹具清單恭呈
御覽所有臣等遵
旨議奏緣由繕摺具
奏伏乞
皇上聖鑒
訓示遵行謹
奏
謹將浙江巡撫楊　等保奏辦理東中兩防
戴鎮二汛石塘小缺口及坦埽等工出力核與
例案合符應請照准核與例案不符應請駁正
各員繕寫清單恭呈
御覽

計開
按察使銜杭嘉湖道何兆瀛候補知府孫尚紱
署中防同知唐勛請均交部從優議叙
按察使銜前先補用道唐樹森三品銜候補道
戴槃請均加二品頂戴
候補道吳艾生請加鹽運使銜
候補知府李審言李壽臻請均俟補缺後以道
員用
候補知府胡元潔張冕陳乃瀚請均加道銜
知府銜直隸州知州借補海寧州知州靳芝亭
請開缺以知府補用
候補同知趙寶申請加知府銜
候補知縣周兆蓉石家麟請均俟補缺後以同
知用
候補知縣陶維埴請補缺後以同知升用
候補知縣胡鴻基請加同知銜
候補通判羅振謙請加五品銜
補用府經歷袁來保吳邦基請均俟補缺後以
知縣補用
知縣用候補縣丞錢玉森請補缺後以知縣本

班先補用
候補縣丞程熙增金振聲錢氏鑑均請補缺後
以知縣升用
補用府經歷李式恩顧際堯候補縣丞馬維翰
均請補缺後以應升之缺升用
試用府經歷詹大章補用縣丞黄安海先用驛
丞周彬均請加六品銜
試用從九品湯承霈補用巡檢袁鎮嵩均請加
布理問銜
試用從九品何餅芳龍騰霄吳賡熙候補典史
胡有爗姚以慰均請補缺後以縣主簿用
書吏選用從九品鈕福乾請加六品銜
書吏從九品銜韓宗琦請以從九品不論雙單
月選用
書吏高應椿請以未入流歸部選用
以上四十員核與例案合符其羅振謙壹員
臣部官冊內係浙江籌餉試用通判于同治
十一年十月內丁憂該撫奏報石工完竣日
期摺內叙明比案工程自九年冬間興辦起
核計該員係屬丁憂以前著有微勞應請壹
併照准
候補知府吳世榮請加道銜
查照定例無論何項勞績在外從四品以下
各官均不得加本管上司銜又在任候補升
階人員保舉加銜臣部歷辦成案均照現在
實任官階核議今吳世榮臣部官冊內係現
任浙江中防同知在任補用知府其現官係
屬同知所請加道銜乃同知本管上司之銜
照章應請改加四品銜惟該員曾經有以知
府補用先換頂戴之案銜已無可再加應請
改為議叙
補用府經歷楊其緯請補缺後以知縣補用
查該員係浙江籌餉試用府經歷于同治八
年十月初十日丁憂應扣至十一年正月初
十日服滿而該撫奏報石塘等工完竣日期
摺內叙明自九年冬間開辦起東防石塘于十一年九月
初十日完竣中防石塘于十二年三月三十日完竣第查此次保舉單
內並未聲明該員係於何年月日派辦塘工
所請獎勵臣部礙難核議應令該撫查明覆
奏再行核辦

同治拾叁年四月十六日具奏奉
旨依議欽此

臣楊　跪

奏為遵
旨酌保辦理中東兩防翁尖二汛石塘坦埽等工尤
為出力人員謹繕清單恭摺奏祈
聖鑒事竊臣前于奏報辦理中東兩防翁尖二汛建
修石塘並坦水埽坦等工一律完竣日期摺內
請將在工出力各員擇尤酌保以示鼓勵欽奉
諭旨著准其擇尤酌保毋許冒濫欽此欽遵轉行查
照在案茲據塘工總局司道查明前項建修中
東兩防石塘柒百貳拾餘丈塊石頭二坦水貳
千捌百壹拾餘丈埽工埽坦叁百貳拾餘丈且
多臨水之工辦理情形與前建戴鎮二汛石塘
同一艱難而工段則增至壹千柒百餘丈自同
治十二年春間興辦起至十三年十二月工竣
為時未及兩年要工悉以告成而所用經費尚
多節省完竣之後歷經大汛塘身屹然穩固坦
埽亦足抵禦民舍田廬藉以保衛足徵在事人
員經理認真實心實力洵有微勞足錄惟此案
兩汛工段既長派委員弁人數較多逐細酌核
擇其實在尤為出力者擬請分別給獎以昭激
勸開摺呈請酌保前來臣維此案工長費鉅在
事之員時歷二年風雨櫛沐寒暑罔懈實屬終
始出力勤奮可嘉除將出力稍次者由外給獎
並擬保千把武職循例咨部核辦外謹將尤為
出力各員繕列清單恭呈
御覽合無仰懇
天恩俯准獎勵以昭激勸謹會同閩浙總督臣李
恭摺具
奏伏乞
皇太后

皇上聖鑒訓示謹
奏
謹將辦理翁尖二汛石塘等工在事尤為出力
文武員弁酌擬獎勵敬具清單恭呈
御覽
計開
督辦塘工總局署理浙江按察使司按察使銜
杭嘉湖道何兆瀛鹽運使銜候補道吳艾生會
辦局務派驗椿木按察使銜候補道惲祖貽均
擬請
賞加二品頂戴候補知府胡元潔吳世榮張寬均擬
請補缺後以道員用道員用候補知府黎錦翰
陳璚均擬請俟歸道班後加二品頂戴候補知
府靳芝亭李審言均擬請
賞加三品銜試用知府蕭書擬請補缺後以道員升
用分先同知鄭桂生擬請補缺後以知府用先
換頂戴候補同知趙寶申擬請補缺後以知府
補用候補同知王鑽鈞擬請
賞加四品銜同知用候補知縣周兆蓉石家麟均擬
請以同知儘先補用試用班先知縣廖士斌擬
請補缺後以同知補用候補知縣胡鴻基袁來
保先用縣丞徐宗翰均擬請
交部從優議敘候補同知唐勛前嘉善縣知縣王景
彝兩路場鹽大使鄒蘭生均擬請
交部議敘試用府經歷楊其緯擬請補缺後以知縣
補用試用府經歷陳樹霖李式恩賴際堯候補
縣丞錢民鑑潘浚戴爔陳壽馬維翰程熙增均
擬請補缺後以知縣升用補用知縣試用府經
歷程仕鎔擬請俟歸知縣班後加同知銜先用
府經歷周述梅試用府經歷詹大章任步蟾候
補縣丞王恩彤試用府照磨吳嘉孫試用典史
陶錫珪均擬請補缺後以應陞之缺升用候補
縣主簿龍騰霄擬請補缺後以府經歷用候補
縣主簿吳廣熙擬請補缺後以縣丞用試用按
經歷程恩謨擬請
賞加五品銜候補縣主簿何騤芳擬請
賞加州同銜候補巡檢馮正焜吳嗣曾從九品周彭
慶翟昇榮未入流傅萬唐良棣驛丞鄭汝梅均
擬請

主簿用書吏沈承福擬請以從九未入不論雙
單月儘先選用鈕福乾擬請以從九品不論雙
單月選用高應椿擬請以未入流不論雙單月
選用王文臻擬請以從九未入雙月選用署海
防營守備蔡興邦前海防營守備周金標均擬
請
交部從優議敘署念汛千總沈裕增署尖汛把總朱
建英均擬請
賞加五品銜
又另片
奏再辦理塘工最要在於能節經費而又工料堅
實力除積弊而又蒇事迅速苟非精明練幹守
為兼優之員綜理其事不克臻此茲查二品頂
戴候補道戴槃督辦中東兩防石塘並
海神廟工均能不辭勞瘁認真經理尤能破除情
面稽察嚴明實為難得之員似應優予獎勵以
昭激勸合無仰懇
天恩俯准將二品頂戴候補道戴槃壹員
賞加布政使銜以示鼓勵謹會同閩浙督臣李
附片陳請伏乞
聖鑒
訓示謹
奏光緒貳年三月初七日具奏四月初六日軍機
大臣奉
旨該部議奏單片併發欽此
光緒貳年六月十一日准
吏部咨為遵
旨議奏事內閣抄出浙江巡撫楊　等奏稱竊臣
前于奏報辦理中東兩防翁尖二汛建修石塘
並坦水埽坦等工完竣日期摺內請將在事出
力各員擇尤酌保以示鼓勵欽奉
諭旨著准其擇尤酌保毋許冒濫欽此欽遵轉飭行
查在案茲據塘工總局司道查明前項建修中
東兩防石塘辦理情形與前建戴鎮二汛石塘
同一艱難自同治十二年春間興辦起至十三

年十二月工竣爲時未及兩年要工悉以告成而所用經費尚多節省完竣以後歷經大汛塘身屹然穩固坦埽亦足抵禦民舍田廬賴資保護足徵在事各員經理認真實心實力洵有微勞足錄惟此案兩汛工段既長派委員弁人數較多逐細酌核擇其實在尤爲出力者擬請分別給奬開摺呈請酌保前來臣維此案工長費鉅在工之員時歷二年櫛風沐雨寒暑無間實屬始終出力勤勉堪嘉謹將尤爲出力人員繕具清單恭呈

御覽合無仰懇

天恩俯准奬勵以昭激勸等因光緒貳年四月初六日軍機大臣奉

旨該部議奏單片併發欽此欽遵抄出到部除武職人員應由兵部辦理外查臣部奏定章程內載一切隨營糧臺文案籌辦防剿各項勞績概不准越級保陞及免補免選並歸候補班補用又無論何項勞績三四品各官加銜不得逾二品七品各官加銜不得逾五品八品以下各官加銜不得逾六品在外從四品以下各官均不得加本管上司銜如請加銜有逾限制者即照限制改給應得之銜銜已無可再加即改爲議敘又議覆御史袁承業條奏章程內開嗣後除軍務出力仍照舊分別核辦海運及黄河永定河堵築修防各工各河堵築決口脩築海塘江塘亦照舊核辦其餘各項尋常勞績如保奬別項則仍照舊辦理如有請陞官階者實缺人員准保以應升之缺升用未得缺人員准保得缺後以應升之缺升用概不准指定以何項官階補用陞用等因各在案今據浙江巡撫楊　等保奏辦理中東兩防翁家二汛石塘等工出力各員請奬欽奉

諭旨該部議奏臣等查照單內各員按照定章悉心核議其與例案相符者應請照准核與例案不符者應請駁正謹將另繕清單恭呈

御覽又據片奏二品頂戴候補道戴槃督辦中東兩防石塘不辭勞瘁辦事認真尤能破除情面稽察嚴明實爲難得之員似應優予奬敘合無仰懇

天恩俯准將二品頂戴候補道戴槃一員

賞加布政使銜等因臣等查辦理塘工出力保薦尋
常勞績該員由二品頂戴候補道請加布政使
銜核與定例相符應請照准再此案該撫係于
光緒貳年三月初七日出奏核計在未接到臣
部三月初一日議覆御史袁承業條奏保舉定
章部文之先是以仍照舊章辦理謹將臣等遵
旨議奏緣由繕摺具
奏伏乞
皇上聖鑒
訓示遵行謹
奏
謹將浙江巡撫保奏辦理中東兩防翁尖二汛
石塘坦埽等工出力請獎核與例案相符應請
照准核與例案不符應請駁正各員敬具清單
恭呈
御覽
計開
署浙江按察使司按察使銜杭嘉湖道何兆瀛
鹽運使銜候補道吳艾生按察使銜候補道惲
祖貽三員均請加二品頂戴

候補知府胡元潔張冕吳世榮三員均請補缺
後以道員用
候補知府靳芝亭李審言二員均請加三品銜
試用知府蕭書請補缺後以道員升用
分先同知鄭桂生請補缺後以知府用先換頂
戴
候補同知趙賓申請補缺後以知府補用
候補同知王蹟鈞請加四品銜
試用班先知縣廖士斌請補缺後以同知補用
候補知縣胡鴻基袁來保先用縣丞孫宗翰三
員均請交部從優議叙
候補同知唐勛前嘉善縣知縣王景彝西路場
鹽大使鄒蘭生三員均請交部議叙
試用府經歷楊其緯請補缺後以知縣補用
試用府經歷陳樹霖李式恩賴際堯戴爔陳燾
馬維翰六員均請補缺後以知縣升用
先用府經歷周述梅試用府經歷詹大章任步
蟾試用府照磨吳喜孫候補縣丞王恩彤試用
典史陶錫珪六員均請補缺後以應升之缺升
用

候補縣主簿龍騰霄請補缺後以府經歷用
候補縣主簿吳廣熙請補缺後以縣丞用
試用按經歷程恩謨請加五品銜
候補縣主簿何聯芳請加州同銜
候補巡檢馮正焜吳嗣曾從九品周彭慶翟昇
榮未入流傅萬庚良棣驛丞鄭汝梅七員均請
加六品銜
補用從九品湯承霈請補缺後以縣主簿用
書吏沈承福請以從九品未入流不論雙單月
儘先選用
書吏鈕福乾請以從九品不論雙單月選用
書吏高應椿請以未入流不論雙單月選用
書吏王文琛請以從九品未入流雙月選用
以上四十八員核與例案相符內馮正焜　臣
部官冊內係浙江候補巡檢（于同治十三年五月十六日聞
訃丁父之憂）唐良棣係浙江試用典史（于同治十三年四月十
二十九日聞訃丁母之憂）該撫等原奏內稱塘工自同治
十二年春間興辦起核計該二員係屬丁憂
以前著有微勞應請壹併照准
道員用候補知府黎錦翰陳瑞二員均請候歸
道班後加二品頂戴
補用知縣試用府經歷程仕鎔請候歸知縣班
後加同知銜
查照定章無論何項勞績三四品各官加銜
不得逾二品七品各官加銜不得逾五品八
品以下各官加銜不得逾六品在外從四品
以下各官均不得加本管上司銜如請加銜
有逾限制者即照限制改給應得之銜銜已
無可再加即改為議敘又在任候補陞階人
員保請加銜　臣　部歷辦成案均照現在充任
官階核議今黎錦翰陳瑞均由浙江候補知
府保舉補缺後以道員用補知府後應以道
員在任候補是歸道員班後其現官仍係知
府所請候歸道班後加二品頂戴應請改為
候補道員後准加二品頂戴程仕鎔由浙江
試用府經歷保舉補缺後以知縣用補府經
歷後應以知縣在任候補是歸知縣班後其
現官仍係府經歷所請候歸知縣班後加同
知銜核與例章不符應改為請加六品銜再
陳瑞（係于同治十二年十一月十一日聞訃丁父憂）該撫等原奏內

稱塘工自同治十二年春時興辦起核計該
員係屬丁憂以前著有勞績是以准其予保
合併陳明
同知用候補知縣周兆蓉石家麟二員均請以
同知儘先補用
查照定章壹切隨營粮台文案籌辦防剿各
項勞績概不准越級保陞及免補免選並歸
候補班補用今該二員均由浙江補缺後以
同知用候補知縣請以同知儘先補用即係
保舉免補本班核與例案不符若駁候補缺
後以應陞之缺升用該員等均已得有同知
用升案應令另核奏明請獎
候補縣丞錢氏鑑程熙增二員均請補缺後以
知縣陞用
查該二員前于同治十三年該撫保奏辦理
石塘等工出力請獎案內均由候補縣丞請
補缺後以知縣陞用經 臣部奏准行文知照
在案此次該撫將該二員仍請補缺後以知
縣升用核計係屬重複應令另核奏明請獎
再程熙增前次塘工出力請獎案內係程熙
曾此次請單內係程熙增因何舛誤並令併
為查明覆奏
候補縣丞潘溎請補缺後以知縣升用
查該員係浙江新班遇缺縣丞于同治十一年二月二十二日丁母憂應扣至十三年五月二十二日服滿該撫等原奏內稱
塘工自同治十二年春時啟辦起至十三年
十二月工竣並未敘明該員係於何年月日
派辦塘工所請獎勵 臣部礙難核議應令查
明覆奏再行核辦
光緒二年閏五月十六日覆奏奉
旨依議欽此

臣梅　　跪

奏為遵

旨彙案酌保辦理東防念汛大口門東西兩頭暨中段初限石塘等工尤為出力各員弁謹繕清單

恭摺奏

聞仰祈

聖鑒事竊查前次辦成東防念汛東西兩頭石塘埽坦等工一案在事出力各員經前撫臣楊

陳明擬俟該汛大口門初限工程完竣再行請

旨彙案酌保嗣經臣於初限工程完竣摺內請將在工出力者擇尤酌保以示鼓勵欽奉

諭旨着准其擇尤酌保毋許冒濫欽此欽遵轉行查照在案茲據塘工總局司道會同查明前次東防念汛東西兩頭脩建石塘七百餘丈埽工埽坦坦水九百餘丈自同治十三年九月興辦起至光緒二年二月完工旋即集料鳩工于六月間接辦中段初限石塘六百二十丈又提前辦竣柴壩二十餘丈至光緒三年四月完竣以上各工脩辦情形與前次翁炎二汛之工同一艱難而石塘工段較長時歷兩年有餘得以次第告成在事各員均能實心實力寒暑無閒認真經理所用經費亦尚核實無浮完竣以來歷經大汛塘身屹然穩固足資捍衛民舍田廬賴以保衛洵有微勞足錄由該局司道等會同酌核擇其尤為出力者彙案開摺呈請酌保前來臣查此次辦理東防念汛大口門東西兩頭暨中段初限石塘兩案大工費鉅工長在工各員時歷二年有餘櫛風沐雨寒暑無閒實屬始終出力勤奮可嘉除出力稍次者由外給奬並擬保千把總武職循例咨部核辦外謹將尤為出力各員彙案繕具清單恭呈

御覽合無仰懇

天恩俯准奬勵以昭激勸謹會同閩浙督臣何　　恭

摺具陳伏乞

皇太后

皇上聖鑒訓示謹

奏

謹將辦理念汛東西兩頭暨中段初限并海鹽縣境石塘等工在事尤為出力文武員弁酌擬奬勵繕列清單恭呈

御覽
計開
升任兩廣運司前杭防道何兆瀛請交部從優
議叙
二品頂戴候補道吳艾生請
賞給三代二品
封典
運使銜候補道秦緗業請
賞加二品頂戴
補用道儘先補用知府胡元潔補用道候補知
府吳世榮張冕蕭書候補知府林祖述均請加
三品銜
三品銜補用道候補知府李審言請俟歸道班
後加二品頂戴
補用道候補知府陳瑀請加隨帶三級
候補知府鄒仁溥請俟補缺後以道員前先補
用
候補知府署東防同知靳芝亭請補缺後以道
員補用
補用知府候補同知鄭桂生請俟得知府離同
知後加三品銜
候補同知汪元昌請補缺後以知府升用
試用同知戴啟文請補缺後以知府補用
同知周兆棨請俟補缺後以知府用
補用同知仁和縣知縣邢守道請得同知後以
知府用
補用同知儘先補用知縣廖士斌請俟過同知
班後以知府用
補用同知候補知縣石家麟請加隨帶三級
候補知縣胡鴻基袁來保請俟補缺後以同知
補用
書吏姚寶善請以從九未入不論雙單月儘先
選用
從九品書吏鈕福乾請分發省分
前先補用選用未入流書吏高應椿請加六品
銜
署海防營守備蔡興邦請加三品銜
准補千總瑞木啟順請以守備補用
光緒四年七月二十四日奏八月十九日軍機
大臣奉

旨該部議奏單併發欽此

第陸冊

海塘新案

工段丈尺附保固限期

第一案辦竣

西防埽工六百六十七丈八尺例定保固二年

改字號二十丈必字號西十六丈同治五年四月十五日完工同知蓍利賓守備何國禎保固必字號東四丈四年十一月十四日完工同知黎錦翰守備何保固過知良才效五號各二十丈仝上男烈二號各二十丈五年七月初十日完工同知蓍守備何保固貞字號二十丈四年十一月十四日完工同知黎守備何保固慕女敢三號各二十丈四年六月十七日完工同知潘紹宸守備何保固豈養二號各二十丈四年十一月十四日完工同知黎守備何保固鞠字號二十丈五年七月初十日完工同知蓍守備何保固惟恭常五大五號各二十丈四年六月十七日完工同知潘守備何保固四字號西三丈五年四月二十一日完工同知蓍守備何保固此蓋二號各二十丈四年十二月二十一日完工同知黎守備何保固場字號東九丈食字號西十丈五年四月二十日完工同知蓍守備何保固駒字號東一丈白字號西十六丈四年十二月十四日完工同知黎守備何保固首字號二十丈六年二月初六日完工同知潘守備何保固黎字號東十二丈四尺育字號西九丈一尺四年八月

二十四日完工同知黎守備何保固垂字號東六丈道字號二十丈六年二月初六日完工同知潘守備何保固薑字號東三丈芥重菜柰李五號各二十丈珍字號西一丈四年十一月一十八日完工同知黎守備何保固

埽坦四十丈例限保固乙年

致雨二號各二十丈六年正月初十日完工同知潘守備何保固

柴壩七百三十五丈五尺例限保固二年

萬字號東七丈及賴木草被五號各二十丈化字號西十八丈四年十二月十三日完工同知黎守備何保固食字號東八丈駒字號西十九丈五年七月十二日完工同知萬守備何保固竹在二號各二十丈鳳字號西五丈四年十二月十三日完工同知黎守備何保固黎字號東十二丈四尺育字號西九丈一尺四年八月二十四日完工同知黎守備何保固人字號東十三丈五尺官鳥二號各二十丈四年十一月二十九日完工同知黎守備何保固火師翔潛淡鹹各二十丈薑字號二十三丈五年三月初十日完工同知黎守備何保固李字號東七丈五尺珍字號西十六丈五尺四年六月二十日完工同知潘守備何保固生字號十八丈五尺金字號十六丈五尺四年七月二十七日完工同知潘守備何保固律字號東一丈五尺歲字號二十丈五年七月初三日完工同知萬守備何保固成餘閏藏冬收秋往著來十號各二十丈五年十月初一日完工同知潘守備何保固致雨二號各二十丈五年十月二十六日完工同知潘守備何保固

裹頭八十二丈例限保固二年

身此蓋方萬等五號計八十二丈內七十丈五年四月二十一日完工同知萬守備何保固十二丈四年十二月二十一日完工同知黎守備何保固

盤頭一座例限保固二年

律歲字號一座六年五月初二日完工同知潘守備何保固

鑲柴二百三十四丈四尺

草塘一百五十二丈

附土二百十七丈七尺

行路一千四百丈

横塡十七丈五尺以工五塡例無保固

中防柴壩一千八百二十丈一尺例限保固二年

大龍頭五十五丈五年十月二十六日完工同知吳世榮守備何保固

前工在西塘雨字號迤東中塘露字號迤西題銷後併同後列露字等號增長柴壩

五十七丈共計工長一百十二丈咨明工部新列虹堤永慶安瀾六號內虹堤永慶四號各二十丈安字號十六丈歸於西防疊轄其淵字號十六丈歸於中防疊轄並于該龍頭前後加築托壩各五十五丈

露結為霜金生麗玉出崑岡劍號巨闕珠稱夜光果珍李柰菜重芥薑鹹淡鱗三十號各二十丈潛字號西十四丈共計缺口六百十四丈繞築柴壩六百七十一丈內西段四百十五丈五年十月二十六日完工同知英守備何保固東段二百五十六丈六年三月二十四日完工同知梁銘樹守備何保固

前工除缺口原基六百十四丈之外計增長柴壩五十七丈題銷後併同前列大龍頭柴壩五十五丈新列字號分別疊轄

龍字號東十八丈四年二月二十日完工同知英守備何保固師字號東五丈火字號二十丈第字號西十七丈五年十月二十二日完工同知英守備何保固始字號二十三丈四年三月二十一日完工同知英守備何保固文字號東十四丈字字號二十丈乃字號西五丈同上乃字號十七丈四年九月初五日完工同知英守備何保固虞字號東八

丈陶唐二號各二十丈民字號西四丈四年四月二十二日完工同知英守備何保固湯字號東十六丈四年四月二十一日完工同知英守備何保固愛字號東十丈三尺育字號西十丈黎字號二十丈首字號西七丈四年六月初十日完工同知英守備何保固賓字號二十七丈四年五月二十一日完工同知英守備何保固鳳字號東六丈在字號西十八丈同上及字號二十三丈四年八月二十三日完工同知英守備何保固萬字號二十丈同上方字號十一丈蓋字號九丈四年十月二十六日完工同知英守備何保固大字號二十丈五字號二十丈六年七月初二日完工同知蕭書守備何保固常恭兩號二十七丈六年七月初三日完工同知蕭守備何保固鞠養二號各二十丈六年七月初二日完工同知蕭守備何保固烈字號東九丈男字號二十丈六年六月十三日完工同知梁守備何保固效字號二十九丈同上良字號東二丈知過必三號各二十丈改字號西十一丈六年七月初三日完工同知蕭守備何保固莫字號東十丈七尺忘字號西十一丈五尺六年六月十一日完工同知梁守備何保固罔字號東十六丈八尺六年七月初三日完工同知蕭守備何保固短字號二十丈靡字號西六丈七尺六年七月初一日完工同知蕭守備何保固靡字號東三丈五尺恃

字號西十三丈六年七月初三日完工同知蕭守備何保固乙字號東十四丈長信二號各二十丈六年七月初一日完工同知蕭守備何保固欲字號二十丈難字號西六丈五尺六年四月二十八日完工同知梁守備何保固難字號東五丈五尺量字號西十七丈六年四月二十六日完工同知梁守備何保固絲字號東十九丈染字號西九丈八尺六年六月十一日完工同知梁守備何保固染字號東四丈詩字號二十丈六年七月初二日完工同知蕭守備何保固讚字號二十五丈同上景字號十八丈行維二號各二十丈賢字號十三丈六年七月二十一日完工同知吳守備何保固克字號東十二丈念作二號各二十丈六年四月二十六日完工同知梁守備何保固勝字號二十四丈同上名立兩號二十六丈五尺六年七月初二日完工同知蕭守備何保固形端兩號三十丈六年三月二十六日完工同知梁守備何保固正谷兩號二十一丈三尺六年六月十三日完工同知梁守備何保固

埽坦一百九十九丈例限保固二年

露結二號各二十丈六年正月初十日完工同知胡寶晋守備何保固潛字號東五丈翼翔二號各二十丈龍字號西五丈五年十二月初十日完工同知吳守備何保固為官人賛四號各二十丈始字號四丈六年正月二十九日完工同知胡守備何保固壹字號二十丈體字號五丈六年二月十三日完工同知胡守備何保固

柴工三十丈例限保固二年

體字號十五丈幸字號十五丈五年十二月初十日完工同知吳守備何保固

鑲柴二百四丈八尺

坍土七百五十八丈

橫塘一万六十七丈以上三項例無保固

第二案辭竣

海甯繞城建復十八層魚鱗石塘一百八丈四尺

例限保固十年

康字號東七丈六年十二月初三日完工同知梁守備何保固靜字號中六丈六年十月初七日完工同知梁守備何保固守字號東八丈六年八月初八日完工同知梁守備何保固滿字號中七丈東二丈遂字號西四丈六年九月二十二日完工同知梁守備何保固意字號東一丈移字號西中十四丈六年八月三日完工同知梁守備何保固好字號中六丈五年十一月二十七日完工同知孫欽若守備何保固爵字號中四丈

六年九月二十七日完工同知梁守倫何保固自字號中七丈都字號西五丈六年三月初六日完工同知孫守倫何保固邑字號中九丈華字號西二丈六年九月初一日完工同知梁守倫何保固華字號東五丈夏字號西二丈六尺六年四月初七日完工同知孫守倫何保固二字號中三丈六年四月二十八日完工同知孫守倫何保固京字號中四丈八尺五年十二月初二日完工同知孫守倫何保固背字號中十一丈六年八月三十日完工同知梁守倫何保固

拆脩十八層魚鱗石塘一百四十三丈五尺

例限保固四年

沛字號二十丈六年十二月初三日完工同知梁守倫何保固性字號東三丈六年十月二十六日完工同知梁守倫何保固靜字號中二丈六年十月初七日完工同知梁守倫何保固心字號西一丈動字號東九丈六年十月二十七日完工同知梁守倫何保固守字號中二丈志字號西一丈六年八月初八日完工同知梁守倫何保固志字號中東西十八丈滿字號西六丈中五丈逐字號西一丈五尺六年九月二十二日完工同知梁守倫何保固意字號東一丈五尺移字號東二丈六年八月三十日完工同知梁守倫何保固好字號中一丈五年十一月二十七日完工同知孫守倫何保固爵字號西二丈中二丈五尺六年九月二十七日完工同知梁守倫何保固自字號東九丈都字號西二丈中七丈六年三月初六日完工同知孫守倫何保固邑字號西三丈東六丈華字號西三丈中二丈六年九月初一日完工同知梁守倫何保固夏字號中六丈六年四月初七日完工同知孫守倫何保固二字號中六丈六年四月二十八日完工同知孫守倫何保固京字號東五丈六年三月十二日完工同知孫守倫何保固背字號西二丈東七丈邙字號西八丈六年八月三十日完工同知梁守倫何保固

接縫十八層魚鱗石塘十丈五尺

例限四年保固

性字號二丈六年十月二十六日完工同知梁守倫何保固靜字號五丈六年十月初七日完工同知梁守倫何保固心字號一丈動字號一丈六年十月二十七日完工同知梁守倫何保固守字號五丈志字號一丈六年八月初八日完工同知梁守倫何保固逐字號五丈六年九月二十二日完工同知梁守倫何保固意字號五丈移字號五丈六年八月三十日完工同知梁守倫何保固好字號五丈五年十一月二十七日完工同知孫守倫何保固爵字號一丈六年九月二十七日完工同知梁守倫何保固自字號五丈六年三月初六日完工同知孫守倫何保固二字號五丈六年四月二十八日完工同知孫守倫何保固京字號五

丈 六年三月十二日完工同知孫守備何保固

補高魚鱗石塘四十七丈六尺 例定保固四年

都字號東二丈四尺補高三層 六年三月初六日完工同知孫守備何保固 邑字號西二丈補高三層 六年九月初一日完工同知梁守備何保固 東字號東七丈補高五層 五年十一月初六日完工同知孫守備何保固 西字號西四丈補高六層東十一丈補高十二層 六年四月二十八日完工同知孫守備何保固 二字號西九丈五尺補高十三層東一丈五尺補高二層 同上 京字號西十丈二尺補高六層 五年十二月初二日完工同知孫守備何保固

頭坦六百八十八丈八尺 例定保固四年

康字號八丈八尺性靜情逸心動神守志滿逐物意移堅持雅操十八號各二十丈好字號西八丈都字號東十六丈邑華夏東西二京背邙面洛渭據涇十四號各二十丈殿字號東十六丈 七年三月初五日完工同知梁守備何保固

二坦二百三十六丈八尺 例定保固四年

康字號八丈八尺性字號西十丈動神二號各二十丈逐字號東十丈物意移堅持雅操七號各二十丈好字號西八丈涇字號二十丈 七年三月初五日完工同知梁守備何保固

竹簍四百五十二丈 例限保固五月

性字號東十丈靜情逸心守志滿七號各二十丈、逐字號西十丈都字號東十六丈邑華夏東西二京背邙面洛渭據十三號各二十丈殿字號十六丈 七年三月初五日完工同知梁守備何保固

石堵三十九丈二尺 例限保固四年

康字號中七丈二尺 七年三月初五日完工同知梁守備何保固 好字號東十二丈爵字號二十丈 六年九月二十七日完工同知梁守備何保固

柴盤頭三座 例限保固二年

康字號東四丈沛字號二十丈一座 七年二月十九日完工同知梁守備何保固 自字號二十丈都字號西四丈一座 六年四月十二日完工同知孫守備何保固 宮字號二十丈殿字號西四丈一座 六年四月二十五日完工同知孫守備何保固

土堰二百九十七丈五尺 例無保固

第三案辦竣

東防柴壩三千一百七十九丈七尺四寸例限保固二年

孝字號中十二丈忠字號東一丈則字號西九丈同治七年三月二十日完工同知梁守倫何保固命字號東十一丈五尺臨字號西四丈五尺五年三月十九日完工同知孫守倫何保固如字號東二丈松字號西十丈五年四月十三日完工同知孫守倫何保固川字號東二丈流字號西八丈五年九月初二日完工同知孫守倫何保固流字號中東七丈不字號西五丈次東七丈五年九月初二日完工同知孫守倫何保固息字號西五丈七年三月二十日完工同知梁守倫何保固息字號東十六丈五年九月初二日完工同知孫守倫何保固澄字號東六丈取字號西十七丈五年八月十六日完工同知孫守倫何保固終字號西十丈五年九月初三日完工同知孫守倫何保固仕字號中五丈七年八月初五日完工同知梁守倫何保固從字號次東五丈政字號東三丈存字號西七丈五年八月初九日完工同知孫守倫何保固存字號中五丈以字號次東四丈五尺甘字號中四丈五尺七年二月十三日完工同知梁守倫何保固甘字號東八丈崇字號西十丈五年六月十六日完工同知孫守倫何保固益字號東六丈五尺詠字號西三丈五尺五年五月初四日完工同知孫守倫何保固別字號西九丈五年五月十六日完工同知孫守倫何保固卑字號東三丈上字號西二丈五年八月十六日完工同知孫守倫何保固工字號次西六丈七年八月初五日完工同知梁守倫何保固上字號東一丈和字號西四丈五年八月十六日完工同知孫守倫何保固唱字號中八丈五年六月二十四日完工同知孫守倫何保固次字號次東二丈七年三月初九日完工同知梁守倫何保固次字號東三丈弗字號西十丈五年七月二十八日完工同知孫守倫何保固康字號東十三丈沛字號二十丈五年九月初三日完工同知孫守倫何保固靜字號西中十五丈五年七月二十日完工同知孫守倫何保固守志兩號十六丈滿逐兩號二十七丈意移兩號二十六丈好字號中十二丈四年六月十三日完工同知孫守倫何保固爵字號中十六丈五年六月初一日完工同知孫守倫何保固自字號西七丈四年六月初二日完工同知孫守倫何保固自都兩號二十八丈邑字號二十丈華夏兩號二十八丈東字號十三丈西二京背四號各二十丈印字號西十丈四年六月十三日完工同知孫守倫何保固圖字號西十丈六年正月十九日完工同知孫

海防守備何保固圖字號中二丈七年三月初九日完工同知孫
守備何保固甲字號東十丈帳字號西四丈六年正月
十九日完工同知孫守備何保固對字號二十丈七年十一月二
十一日完工同知梁守備何保固筵字號中三丈六年正月十九
日完工同知孫守備何保固設字號中十丈五年七月十二日完
工同知孫守備何保固設字號一丈六年八月三十日完工同知梁
守備何保固瑟字號西三丈六年九月十一日完工同知梁
守備何保固瑟字號東十三丈吹字號西七丈五年
七月初四日完工同知孫守備何保固階字號東十二丈納
字號西四丈疑字號次東五丈右字號西二丈

六年正月十九日完工同知孫守備何保固廣字號東十丈內
字號西十五丈五年十二月初四日完工同知孫守備何保固內
字號東一丈五尺六年九月十九日完工同知梁守備何保固明
字號東十五丈既字號二十丈五年十月初九日完工同知梁
守備何保固典字號東七丈二尺四寸亦字號
二十丈聚字號西三丈七尺六寸五年十一月初二日完工
同知孫守備何保固聚字號中二尺四寸六年十月二十四日
完工同知梁守備何保固聚字號東十六丈五年十二月二十八
日完工同知孫守備何保固羣字號西十六丈東二丈
英字號西十二丈仝上稾字號次西三丈七年九月十九

日完工同知梁守備何保固稾字號中十三丈鍾字號
東二丈隸字號二十丈漆字號西一丈五年十二月二
十八日完工同知孫守備何保固漆字號東十二丈書字
號二十丈五年十二月二十九日完工同知孫守備何保固經字
號二十丈府字號西十三丈五年三月初六日完工同知孫
守備何保固將字號西十丈五年二月初八日完工同知孫守備
何保固將字號東十五丈相字號二十丈路字
號西五丈四年五月初六日完工同知孫守備何保固戶字號
東三丈封字號西六丈五年七月二十九日完工同知孫守備何
保固給字號東十一丈五尺千字號二十丈兵

字號西八丈五尺五年九月二十五日完工同知孫守備何保固
冠字號東二丈陪輦二號各二十丈驅字號西
十八丈六年二月二十日完工同知孫守備何保固轂字號東
十三丈振字號二十丈纓字號西十三丈東六
丈世字號二十丈六年三月十九日完工同知孫守備何保固
駕字號東六丈肥字號東一丈輕字號二十丈
策字號西七丈六年四月初三日完工同知孫守備何保固策
字號東一丈功茂二號各二十丈實字號西十
丈六年四月二十二日完工同知孫守備何保固實字號東十丈
勒碑二號各二十丈刻字號西二丈六年五月初四日完

工同知孫守備何保固銘字號東十八丈磻字號西十四丈六年五月二十三日完工同知孫守備何保固磻字號東六丈溪伊尹佐時阿六號各二十丈衡字號西八丈六年十一月二十九日完工同知梁守備何保固衡字號東十二丈奄宅二號各二十丈曲字號西十六丈六年十二月二十七日完工同知梁守備何保固阜字號東十四丈微旦孰營四號各二十丈七年正月二十九日完工同知梁守備何保固桓公匡三號各二十丈七年三月十八日完工同知梁守備何保固濟扶綺迴漢五號各二十丈七年閏四月十二日完工同知梁守備何保固惠說感武丁俊乂密勿多十號各二十丈七年七月初二日完工同知梁守備何保固士寗晉楚更五號各二十丈七年十月初十日完工同知梁守備何保固霸趙魏橫假途虢踐土會盟何遵約法韓煩型起翦頗牧二十二號各二十丈軍字號東十六丈最字號十二丈精宣威三號各二十丈沙字號西十五丈馳字號東二丈譽丹青九四號各二十丈州字號九丈禹跡百郡秦并嶽宗八號各二十丈泰字號西五丈七年十一月二十一日完工同知梁守備何保固泰字號次東十四丈亭字號東九丈雁字號二十丈門字號西十四丈

五年十二月初三日完工同知孫守備何保固紫字號東五丈塞字號二十丈雞字號西十二丈五年十一月初二日完工同知孫守備何保固池字號東十三丈碣字號西八丈六年九月二十七日完工同知梁守備何保固石字號東三丈鉅字號二十丈野字號西十丈曠字號東十五丈遠字號西九丈六年九月二十九日完工同知梁守備何保固邈字號東十五丈巖字號二十丈六年十月二十三日完工同知梁守備何保固於字號東七丈農字號西三丈七年八月二十日完工同知梁守備何保固茲字號中十一丈南字號東五丈畝字號西八丈六年九月二十九日完工同知梁守備何保固新字號中十二丈六年十一月十九日完工同知梁守備何保固勸字號東十四丈賞字號西十四丈六年九月二十九日完工同知梁守備何保固省字號中東十三丈躬字號西八丈六年十一月十九日完工同知梁守備何保固紫盤頭一座例限保固二年用字號二十丈軍字號西四丈一座七年十一月二十一日完工同知梁銘樹守備何國楨保固

鑲紫六百九十五丈

附土二千九百三十五丈

土埝九十九丈

横塘一百二十六丈
子塘一百九十八丈以上五項例無保限
中防埽坦一千八百五十二丈例限保固壹年
師字號西十五丈七年七月二十五日完工同知褚調元守備何保固
制字號二十丈文字號西八丈七年九月初十日完工同知褚
守備何保固乃字號東七丈服衣裳推位五號
各二十丈讓字號西十丈七年十二月十二日完工同知王彬守備
何保固讓字號東十丈國字號二十丈有字號
西三丈五尺七年七月二十五日完工同知褚守備何保固有字
號東十六丈五尺虞字號西十五丈七年五月十四日完
工同知褚守備何保固唐字號東五丈民周發三號
各二十丈商字號西五丈五尺七年十二月十二日完工同知
王守備何保固商字號東十四丈五尺湯字號西
九丈七年八月十二日完工同知褚守備何保固坐字號二十
丈朝字號西八丈七年九月二十七日完工同知褚守備何保固
朝字號東十二丈問字號西十二丈七年九月初十日完
工同知褚守備何保固問字號東八丈道字號二十
丈七年七月二十七日完工同知褚守備何保固垂字號二十丈
拱字號西五丈七年七月十三日完工同知褚守備何保固拱
字號東十五丈平字號二十丈章字號西二丈

七年六月二十六日完工同知褚守備何保固章字號東十八丈
愛字號西十丈七年六月十三日完工同知褚守備何保固育
字號東十丈八年正月十三日完工同知王守備何保固首臣二
號各二十丈伏字號西七丈五尺七年十一月二十八日完
工同知王守備何保固伏字號東十二丈五尺戎字號
西六丈五尺七年十月二十九日完工同知褚守備何保固戎字
號東十三丈五尺羌字號二十丈遐字號西十
丈七年十月十八日完工同知褚守備何保固遐字號東十丈
邇字號二十丈七年九月二十七日完工同知褚守備何保固率
字號東五丈賓字號西三丈八年正月十三日完工同知王守
備何保固賓字號東二丈歸王二號各二十丈七年
十月二十六日完工同知褚守備何保固鳴字號東十一丈鳳
字號西十五丈七年十一月初十日完工同知褚守備何保固在
字號東二丈竹字號西十八丈七年十月十八日完工同知褚
守備何保固竹字號東二丈白字號西十六丈
七年八月二十六日完工同知褚守備何保固白字號東四丈駒
食二號各二十丈七年十一月二十八日完工同知王守備何保固
場化被草木五號各二十丈賴字號西十七丈
六年十月二十八日完工同知蕭書守備何保固萬字號次東八丈
八年正月十三日完工同知王守備何保固萬字號東三丈五尺

方字號二十丈蓋字號西五丈五尺七年五月二十八日完工同知褚守備何保固蓋字號中八丈五尺七年五月十四日完工同知褚守備何保固蓋字號東六丈此字號二十丈身字號西六丈七年閏四月二十七日完工同知褚守備何保固身字號東十四丈髮四二號各二十丈大字號西八丈七年閏四月十二日完工同知褚守備何保固大字號次西四丈八年正月十三日完工同知王守備何保固常字號二十丈恭字號西一丈七年七月十五日完工同知褚守備何保固恭字號東十丈八年正月十三日完工同知王守備何保固惟字號二十丈鞠字號西七丈七年八月二十六日完工同知褚守備何保固鞠字號中十丈八年正月十三日完工同知王守備何保固養字號東一丈豈字號西九丈七年八月十三日完工同知褚守備何保固豈字號次東四丈七年七月十三日完工同知褚守備何保固豈字號東七丈敢字號二十丈女字號西八丈七年五月二十八日完工同知褚守備何保固女字號東十二丈慕貞二號各二十丈烈字號西十五丈七年三月十三日完工同知褚守備何保固才字號東十五丈良字號西十四丈七年十月十八日完工同知褚守備何保固良字號次東五丈八年正月二十八日完工同知王守備何保固改字號東十丈五尺得字號二十丈能字號西十六丈七年十一月三十日完工同知王守備何保固能字號東四丈莫字號西十四丈五尺七年十一月初十日完工同知褚守備何保固忘字號東八丈罔字號西九丈八年正月十三日完工同知王守備何保固談字號東十八丈彼字號二十丈短字號西二丈六年十月十五日完工同知蕭守備何保固靡字號中十丈恃字號東五丈五尺己字號西十一丈八年正月十三日完工同知王守備何保固使字號東八丈可覆器三號各二十丈欲字號西四丈七年四月十五日完工同知褚守備何保固難字號中十六丈八年正月十三日完工同知王守備何保固量字號東五丈墨字號二十丈絲字號西三丈七年四月二十八日完工同知褚守備何保固染字號中十四丈八年正月十三日完工同知王守備何保固羔字號東十六丈四尺羊字號西八丈六尺七年四月二十八日完工同知褚守備何保固賢字號東十五丈克字號西九丈七年六月十七日完工同知褚守備何保固德字號東十八丈建字號二十丈名字號西二丈七年九月十七日完工同知褚守備何保固立字號二十丈七年八月三十日完工同知褚守備何保固形字號二十丈七年六月二十六日完工同知褚守備何保固端字號西六丈八年正月二十八日完工同知王守備何保固表字號東

十九丈正字號西十丈七年閏四月二十九日完工同知褚守備何保固
谷字號東十四丈傳字號二十丈七年八月十九日完工同知褚守備何保固
聲字號二十丈七年九月二十七日完工同知褚守備何保固
堂字號西七丈五尺七年十月十八日完工同知褚守備何保固
堂字號東十二丈五尺習聽因三號各二十丈八年正月二十八日完工同知王守備何保固
柴工十二丈例限保固二年
羊字號東九丈三尺景字號西二丈七尺七年閏四月二十九日完工同知褚守備何保固

西防埽工三百六十丈五尺例限保固二年
長己二號四十丈八年正月二十九日完工同知唐守備何保固
恃靡短三號六十丈八年正月十六日完工同知唐守備何保固
彼談二號四十丈七年十一月二十八日完工同知汪守備何保固
罔忘莫能四號八十丈七年十二月二十四日完工同知汪守備何保固
得字號二十丈七年十一月二十八日完工同知汪守備何保固
白字號東四丈竹字號二十丈七年三月二十六日完工同知王守備何保固
遐字號東六丈伏字號西四丈八年正月十三日完工同知唐守備何保固
伏字號中十丈七年十月二十七日完工同知汪守備何保固
伏字號東六丈

臣字號二十丈六年十二月二十六日完工同知王守備何保固
人字號東十五丈八年正月二十九日完工同知唐守備何保固
呂字號二十丈律字號西十五丈五尺七年十二月二十四日完工同知汪守備何保固
柴工二百九十丈例限保固二年
地元二號四十丈七年十二月初十日完工同知汪守備何保固
黃宇二號四十丈六年十一月二十五日完工同知王守備何保固
宙字號西十丈五年十一月二十五日完工同知潘守備何保固
宙字號東十丈五年十二月初一日完工同知潘守備何保固
日字號二十丈月字號西十丈五年十一月初一日完工同知潘守備何保固
成歲二號四十丈七年十二月二十九日完工同知唐守備何保固
律呂二號四十丈七年十月二十九日完工同知汪守備何保固
調陽雲三號六十丈騰字號西四丈七年十二月初九日完工同知汪守備何保固
騰字號東十六丈八年正月二十九日完工同知唐守備何保固

埽坦一千八百六十九丈例限保固壹年
鳳字號東十六丈六年六月二十五日完工同知潘守備何保固
鳴王二號四十丈六年十一月十四日完工同知王守備何保固
歸賓二號西十丈六年十一月二十七日完工同知王守備何保固
率字號二十丈五年七月二十五日完工同知葛守備何保固
體

壹邇三號六十丈遐字號西十四丈六年十二月十一日完工同知王守備何保固愛字號二十丈章字號西十二丈五尺六年十月二十八日完工同知王守備何保固章字號東七丈五尺平字號二十丈五年三月二十五日完工同知黎守備何保固拱字號二十丈五年五月初九日完工同知葛守備何保固垂字號西十四丈五年六月初九日完工同知葛守備何保固問朝二號四十丈七年正月二十六日完工同知王守備何保固坐字號二十丈七年二月初十日完工同知王守備何保固湯字號二十丈七年八月十三日完工同知汪守備何保固商字號西十五丈七年八月十四日完工同知汪守備何保固商字號東五丈發字號二十丈七年八月二十五日完工同知汪守備何保固周民二號四十丈七年九月十二日完工同知汪守備何保固唐字號二十丈五年十月十二日完工同知潘守備何保固陶字號二十丈虞字號西十丈七年九月二十四日完工同知汪守備何保固虞字號東十丈有字號二十丈六年四月十一日完工同知潘守備何保固國字號二十丈七年十月十一日完工同知汪守備何保固讓字號二十丈七年十月二十五日完工同知汪守備何保固位推二號四十丈八年正月初十日完工同知唐守備何保固裳字號二十丈衣字號西十丈八年正月二十七日完工同知唐守備何保固衣字

號東十丈服乃二號四十丈字字號西十四丈八年正月二十九日完工同知唐守備何保固字字號東六丈文字號二十丈制字號西十三丈五尺六年二月十一日完工同知潘守備何保固制字號東六丈五尺六年正月二十四日完工同知潘守備何保固始字號西十八丈五年八月二十五日完工同知潘守備何保固始字號東二丈人字號西五丈五年六月二十六日完工同知葛守備何保固珍字號東六丈果光二號四十丈夜字號西十五丈六年十一月二十九日完工同知王守備何保固夜字號東五丈稱珠二號四十丈巨字號西五丈六年十一月十六日完工同知王守備何保固巨字號東十五丈號劍二號四十丈七年六月二十八日完工同知汪守備何保固岡字號二十丈七年五月十二日完工同知王守備何保固崑字號二十丈玉字號二十丈六年五月十二日完工同知潘守備何保固麗字號二十丈六年四月二十六日完工同知潘守備何保固霜字號東十五丈為字號二十丈結字號西十六丈六年十二月十四日完工同知王守備何保固結字號東四丈露字號二十丈雨字號西六丈六年十二月二十六日完工同知王守備何保固雨字號東十四丈致字號西十六丈七年七月二十七日完工同知汪守備何保固致字號東四丈騰字號二十丈

七年八月十三日完工同知汪守備何保固雲陽蒯三號六十丈七年八月二十八日完工同知汪守備何保固往字號東九丈暑字號西三丈七年閏四月初十日完工同知王守備何保固暑字號東十七丈來字號二十丈七年四月二十六日完工同知王守備何保固寒字號西七丈五年七月初九日完工同知葛守備何保固寒字號東十三丈五年六月二十五日完工同知葛守備何保固張字號西十丈五年七月初十日完工同知葛守備何保固張字號東十丈六年六月二十五日完工同知潘守備何保固列字號二十丈宿字號西三丈六年七月二十七日完工同知潘守備何保固宿字號東十七丈辰字號西六丈六年八月十一日完工同知潘守備何保固辰字號東十四丈月字號二十丈日字號西三丈六年九月十一日完工同知王守備何保固日字號東十七丈宙宇二號四十丈六年九月二十七日完工同知王守備何保固黃元二號四十丈六年九月十四日完工同知王守備何保固地字號二十丈七年七月十二日完工同知汪守備何保固添字號二十丈七年六月十一日完工同知王守備何保固添字號西七丈七年六月十一日完工同知王守備何保固添字號東十三丈七年五月二十七日完工同知王守備何保固月字號東十丈盈昃辰宿列張六號一百二十丈七年閏四月二十九日完工同知王守備何保固寒來二號四十丈七年四月十二日完工同知王守備何保固暑往秋收冬五號一百丈七年三月二十七日完工同知王守備何保固藏閏餘三號六十丈七年三月十三日完工同知王守備何保固柴盤頭壹座例限保固一年元字號東八丈黃字號西十八丈壹座七年十二月初八日完工同知汪元祥守備何國楨保固

第四案辦竣

二坦四百五十二丈例定保固四年性字號東十丈靜情逸心守志滿七號各二十丈逐字號西十丈都字號東十六丈邑華夏東西二京背邙面洛渭據十三號各二十丈殿字號東十六丈同治八年三月十五日完工同知梁銘樹守備何國楨保固

第五案辭竣

塔山汛

石壩壹道例無保固

第六案辭竣

西防建復魚鱗十八層石塘六百十三丈八尺例限保固十年

黎字號七丈四尺育字號五丈六尺八年四月二十五日完工同知潘紹宸守備何國禎保固人字號十四丈七尺八年七月二十五日完工同知潘守備何保固官字號二十丈八年五月二十五日完工同知潘守備何保固鳥火二號各二十丈八年五月初八日完工同知潘守備何保固師字號二十丈八年三月二十二日完工同知潘守備何保固翔字號二十丈八年四月十二日完工同知潘守備何保固潛字號二十丈八年三月二十二日完工同知潘守備何保固淡字號二十丈八年四月初八日完工同知潘守備何保固鹹字號二十丈八年三月二十日完工同知潘守備何保固薑字號二十丈芥字號西十六丈八年三月二十二日完工同知潘守備何保固菜字號東三丈三尺八年三月二十日完工同知潘守備何保固柰字號二十丈八年三月二十五日完工同知潘守備何保固李字號二十丈珍字號西十二丈八年四月二十三日完工同知潘守備何保固生字號二十丈八年三月初十日完工同知潘守備何保固金字號二十丈八年四月初十日完工同知潘守備何保固霜字號西十三丈八年二月初五日完工同知潘守備何保固律字號東四丈八尺八年正月二十一日完工同知唐勛守備何保固歲字號二十丈八年六月初十日完工同知潘守備何保固成字號二十丈八年五月十二日完工同知潘守備何保固餘閏藏三號各二十丈八年四月二十日完工同知潘守備何保固冬收二號各二十丈八年五月初十日完工同知潘守備何保固秋字號二十丈八年六月十二日完工同知潘守備何保固往暑二號各二十丈八年三月初四日完工同知潘守備何保固來字號二十丈寒字號五尺八年二月十五日完工同知潘守備何保固歲字號十六丈五尺七年八月二十二日完工同知汪元祥守備何保固致字號二十丈七年十一月十一日完工同知汪守備何

保固雨字號二十丈七年十一月二十日完工同知汪守備何保固
改建魚鱗十八層石塘二百十四丈例定保固十年
萬字號東十一丈及字號二十丈八年五月二十日完工同
知潘守備何保固賴木草三號各二十丈八年四月二十
六日完工同知潘守備何保固被化二號各二十丈場字
號五丈七尺八年七月二十二日完工同知潘守備何保固食字
號東七丈駒字號西十三丈五尺竹字號二十
丈八年五月十一日完工同知潘守備何保固在字號二十丈
鳳字號西四丈八年五月二十八日完工同知潘守備何保固宙
字號中六丈六尺東一丈八年二月二十五日完工同知潘守
備何保固日字號西五丈二尺八年四月初一日完工同知潘
守備何保固
拆脩魚鱗石塘一百五十五丈例定保固十年
白字號東一丈四尺八年五月十一日完工同知潘守備何保
固鳳字號次西一丈四尺八年五月二十八日完工同知潘守
備何保固黎字號一丈八尺育字號一丈二尺八年
四月二十五日完工同知潘守備何保固人字號三丈八尺八年
七月二十五日完工同知潘守備何保固珍字號西二丈八年四月
二十三日完工同知潘守備何保固麗字號東七丈五尺八年
二月初二日完工同知潘守備何保固律字號東七丈八年正月
二十一日完工同知唐守備何保固寒字號八丈七尺八年二月
十五日完工同知潘守備何保固成字號三丈歲字號三
丈五尺七年八月二十二日完工同知汪守備何保固律字號二
十丈七年八月初九日完工同知汪守備何保固呂字號二十
丈七年七月十三日完工同知汪守備何保固調字號二十丈
七年七月初二日完工同知汪守備何保固陽字號二十丈七年
七月二十六日完工同知汪守備何保固雲字號二十丈七年九月
初九日完工同知汪守備何保固騰字號二十丈七年九月十九
日完工同知汪守備何保固
拆脩條塊石塘三十七丈四尺例定保固七年
黃字號東五丈宇字號西十五丈東五丈八年二月
初九日完工同知潘紹宸守備何國禎保固宙字號西七丈次東五
丈四尺八年二月二十五日完工同知潘守備何保固
柴盤頭二座例限保固二年
在字號二十丈鳳字號西四丈一座七年二月初六日完
工同知王彬守備何保固黎字號東十五丈育字號西九
丈一座七年二月十三日完工同知王守備何保固
裹頭六十丈例限保固二年
文字號東十五丈制字號二十丈始字號二十
丈人字號西五丈八年正月十二日完工同知唐勛守備何保固

附土一千二十丈二尺
溝槽一千二十丈二尺例均無保固限期

魏字號東横字號西各十二丈一座八年四月初四日完工同知梁守備何保固合字號二十丈濟字號西四丈一座八年六月二十四日完工同知梁守備何保固
鑲柴五十丈例無保固
西防埽工三十二丈例限保固二年
萬字號東十三丈八年四月二十八日完工同知潘守備何保固
化字號東六丈場字號西十三丈八年六月二十八日完工同知潘守備何保固
埽坦九十六丈例限保固一年
虹堤永慶四號各二十丈安字號十六丈八年三月二十五日完工同知潘守備何保固

第七案辦竣
東防柴壩一百四丈五尺例定保固二年
典字號中五丈八年九月初二日完工同知梁守備何保固馳字號次東四丈八年八月初四日完工同知梁守備何保固岱字號十三丈八年六月二十一日完工同知梁守備何保固治字號二十丈木字號西三丈八年七月二十九日完工同知梁守備何保固於字號三丈南字號九丈八年三月二十七月完工同知梁守備何保固陟字號七丈五尺蓋某二號各二十丈八年四月二十日完工同知梁守備何保固
柴盤頭二座例定保固二年

第八案辦竣

中防翁汛建復十八層魚鱗石塘六百四十丈例限保固十年

露結為三號各二十丈同治九年三月二十三日完工同知吳世榮守備蔡興邦保固

霜金生麗四號各二十丈九年四月二十五日完工同知吳守備蔡保固

玉出崑岡劍號六號各二十丈九年七月二十日完工同知吳守備蔡保固

巨闕珠三號各二十丈九年八月二十七日完工同知吳守備蔡保固

稱字號二十丈九年九月二十二日完工同知吳守備蔡保固

夜光果珍李柰六號各二十丈九年十一月二十六日完工同知潘紹宸守備蔡保固

菜重芥薑鹹淡六號各二十丈九年十二月初十日完工同知潘守備蔡保固

鱗潛二號各二十丈十年二月二十七日完工同知潘守備蔡保固

翼字號二十丈十年三月二十三日完工同知潘守備蔡保固

溝槽六百二十六丈例無保固

坿土後托六百二十九丈仝上

第九案辦竣

東防柴壩一百三十三丈五尺例定保固二年

羣字號中東一丈五尺九年七月初八日完工同知李毓瑛保固

羣字號次東五尺九年七月二十四日完工同知李保固

稟字號西一丈五尺九年五月三十日完工同知李保固

鍾字號次西四丈五尺九年三月二十八日完工同知李保固

鍾字號中東二丈九年七月二十二日完工同知李保固

鍾字號中二丈五尺九年十月十七日完工守備蔡興邦保固

府字號次西四丈

羅字號東九丈九年三月十五日完工同知李保固

路字號東中十一丈五尺

俠字號西五丈九年四月二十日完工同知李保固

戶字號次東一丈

封字號西中五尺九年五月三十日完工同知李保固

兵字號次東三丈九年七月二十四日完工同知李保固

兵字號東三丈

高字號西十九丈九年五月二十六日完工同知李保固

冠字號次東一丈五尺九年七月二十四日完工同知李保固

驅字號東二丈

轂字號西七丈九年五月二十六日完工同知李保固

纓字號中一丈九年六月二十八日完工同知李保固

駕字號十一丈九年九月十三日完工同知李保固

肥字號中六丈九年十月十七日完工守備蔡保固

肥字號次東五丈九年七月初十日完工同知李保固

策字號次東二丈九年四月二十日完工同知李保固

策字號次東三丈九年

七月二十四日完工同知李保固刻字號次東四丈九年七月二十二日完工同知李保固刻字號東二丈九年三月二十八日完工同知李保固刻字號東中四丈九年九月初十日完工同知李保固銘字號西二丈九年三月二十八日完工同知李保固曲字號東四丈卓字號西四丈五尺九年十月十七日完工守備蔡保固最字號次東二丈五尺州字號次東三丈五尺九年七月初十日完工同知李保固

埽工四十丈例限保固二年

霸精兩號各二十丈九年閏十月二十六日完工同知梁保固

鑲柴一百六十丈五尺

附土三百九十六丈五尺

土堰三百六十二丈

着土二百十一丈八尺以上四項例無保限

第十案辭疏

東防柴壩六十八丈五尺例限保固二年

杜字號東十丈羅字號中七丈槀字號中一丈五尺同治十年四月二十日完工同知吳守備蔡保固路字號西中三丈五尺十年六月二十八日完工同知吳守備蔡保固卓字號次西一丈五尺十年三月二十九日完工同知吳守備蔡保固邈字號次西三丈岫字號西中十五丈謹字號東九丈敕字號西三丈傚字號東六丈載字號西九丈十年十一月二十九日完工守備蔡保固

埽坦二百三十四丈五尺例限保固一年

俠字號東十七丈槐卿戶封八縣家七號各十丈給字號西十五丈五尺祿富車三號各十丈駕字號西二丈十年七月二十日完工知吳守備蔡固

第十一案辯駁

東防頭坦三千四百三丈五尺二坦二千八百十
二丈五尺例限保固四年
積字號頭坦東六丈五尺同治十一年五月二十八日完工同知陳乃瀚
守備蔡邦保固與福字號頭坦二十丈十一年五月二十六日完工同知陳
守備蔡保固緣字號頭坦二十丈善字號頭坦二十
丈慶字號頭坦二十丈十一年五月二十八日完工同知陳守備蔡
保固尺字號頭坦二十丈璧字號頭坦二十丈十一年五
月二十六日完工同知陳守備蔡保固寶字號頭坦二十丈十一
年五月初八日完工同知陳守備蔡保固寸字號頭坦二十丈十一
年五月初十日完工同知陳守備蔡保固陰字號頭坦二十丈十一
年五月初四日完工同知陳守備蔡保固是字號頭坦二十丈十一
年五月二十六日完工同知陳守備蔡保固競字號頭坦二十丈
十一年五月初十日完工同知陳守備蔡保固資字號頭坦二十丈
父字號頭坦二十丈十一年四月二十八日完工同知陳守備蔡保
固事字號頭坦二十丈十一年四月二十日完工同知陳守備蔡
保固均字號頭坦二十丈十一年四月二十八日完工同知陳守備蔡
保固曰字號頭坦二十丈十一年五月初十日完工同知陳守備蔡
保固嚴字號頭坦二十丈與字號頭坦二十丈十一年五
月二十六日完工同知陳守備蔡保固敬字號頭坦二十丈十一
年五月初八日完工同知陳守備蔡保固孝字號頭坦二十丈十一
年五月二十八日完工同知陳守備蔡保固力字號頭坦東七丈
忠字號頭坦西十七丈十年十二月十五日完工同知陳守備蔡
保固則字號東頭坦九丈五尺十一年五月二十六日完工同知陳
守備蔡保固命字號西頭坦十丈十一年四月十三日完工同知陳
守備蔡保固臨字號東頭二坦各十五丈五尺十年十二
月初二日完工同知陳守備蔡保固深字號頭二坦各二十丈
十年十二月二十三日完工同知陳守備蔡保固履字號頭二坦各
二十丈十一年正月二十八日完工同知陳守備蔡保固薄字號
頭二坦各二十丈夙字號頭二坦各二十丈十一年二月初
三日完工同知陳守備蔡保固興字號頭二坦各二十丈十年
五月三十日完工同知吳世棠守備蔡保固溫字號頭二坦各二十
丈十年七月二十六日完工同知吳守備蔡保固凊字號頭二坦各
二十丈十年十一月十六日完工同知吳守備蔡保固似字號頭二
坦各二十丈十年十二月二十九日完工同知陳守備蔡保固蘭
字號頭二坦各二十丈十年十二月十四日完工同知陳守備蔡
保固斯字號頭二坦各二十丈十年八月初十日完工同知吳守備
蔡保固馨字號頭二坦各二十丈十年五月十四月完工同知吳
守備蔡保固如字號西頭二坦各十三丈五尺十年
七月十三日完工同知吳守備蔡保固松字號東頭二坦各九

丈五尺十一年五月十二日完工同知陳守備蔡保固之字號頭二坦各二十丈十一年四月三十日完工同知陳守備蔡保固盛字號頭二坦各二十丈十一年四月十九日完工同知陳守備蔡保固川字號頭二坦西各十七丈十一年三月二十九日完工同知陳守備蔡保固流字號頭坦東十一丈十一年十一月二十九日完工同知吳守備蔡保固不字號頭坦中十丈十一年四月十一日完工同知陳守備蔡保固息字號頭二坦東各二丈十一年五月二十八日完工同知陳守備蔡保固淵字號頭二坦各二十丈十一年四月十二日完工同知陳守備蔡保固澄字號頭二坦西各十五丈十一年四月十一日完工同知陳守備蔡保固取字號頭二坦東各四丈頭坦十一年四月初二日完工同知陳守備蔡保固二坦十一年十一月二十九日完工同知吳守備蔡保固映字號頭二坦各二十丈頭坦十一年四月十三日完工同知陳守備蔡保固二坦十一年十一月二十九日完工同知吳守備蔡保固容字號頭二坦各二十丈止字號頭二坦各二十丈九年八月二十五日完工同知李毓瑛守備蔡保固若字號頭二坦各二十丈恩字號頭二坦各二十丈言字號頭二坦各二十丈九年八月十二日完工同知李守備蔡保固辭字號頭二坦各二十丈十一年四月十一日完工同知陳守備蔡保固安字號頭二坦各二十丈定字號頭二坦各二十丈十一年二月二十五日完工同知陳守備蔡保

固篤字號頭二坦各二十丈頭坦十一年三月十六日完工同知陳守備蔡保固二坦十一年十一月二十九日完工同知吳守備蔡保固初字號頭二坦各二十丈十一年四月初八日完工同知陳守備蔡保固誠字號頭二坦各二十丈十一年三月二十九日完工同知陳守備蔡保固美字號頭二坦各二十丈十一年五月二十六日完工同知陳守備蔡保固慎字號頭二坦各二十丈十一年三月二十七日完工同知陳守備蔡保固終字號頭二坦東各十丈頭坦十一年三月二十日完工同知陳守備蔡保固二坦十一年十一月二十九日完工同知吳守備蔡保固宜字號頭二坦各二十丈頭坦十一年三月二十五日完工同知陳守備蔡保固二坦十一年十一月二十九日完工同知吳守備蔡保固令字號頭二坦各二十丈頭坦十十年十二月初二日完工同知陳守備蔡保固二坦十一年十一月二十九日完工同知吳守備蔡保固榮字號頭二坦各二十丈頭坦十年十二月二十二日完工同知陳守備蔡保固二坦十一年十一月二十九日完工同知吳守備蔡保固業字號頭二坦各二十丈頭坦十年十一月十六日完工二坦十一年十一月二十九日完工同知吳守備蔡保固所字號頭二坦各二十丈十一年四月初四日完工同知陳守備蔡保固基字號頭坦二十丈十一年四月初八日完工同知陳守備蔡保固藉字號頭坦二十丈十一年三月二十八日完工同知陳守備蔡保固甚字號頭坦二十丈十一年四月初七日完工同知陳守備蔡保固

竟字號坦頭二十丈十一年四月初四日完工同知陳守備蔡保周學字號坦頭二十丈十一年四月初二日完工同知陳守備蔡保周優字號坦頭二十丈十年六月初三日完工同知陳守備蔡保周登字號二頭坦各二十丈頭坦十年十二月二十五日完工二坦十一年四月初九日完工同知陳守備蔡保周仕字號二頭坦各二十丈攝字號二頭坦各二十丈職字號二頭坦各二十丈從字號二頭坦西東各十六丈政字號二頭坦西各十七丈九年六月二十八日完工同知李守備蔡保周存字號二頭坦東各九丈以字號二頭坦西各十六丈九年五月二十四日完工同知李守備蔡保周棠字號二頭坦東各十一丈九年七月十六日完工同知李守備蔡保周而字號二頭坦各二十丈九年八月十六日完工同知李守備蔡保周益字號二頭坦西各十三丈詠字號二頭坦東各十八丈九年五月二十四日完工同知李守備蔡保周樂字號二頭坦各二十丈殊字號二頭坦各二十丈九年六月十九日完工同知李守備蔡保周貴字號二頭坦各二十丈九年五月二十四日完工同知李守備蔡保周禮字號二頭坦各二十丈別字號二頭坦西各三丈九尺東各七丈六尺九年四月十五日完工同知李守備蔡保周尊字號二頭坦各二十丈卑字號二頭坦西各十七丈五尺九年五月二十四日完工同知李守備蔡保周上字號二頭坦中各十四丈和字號二頭坦東各十六丈九年三月十三日完工同知李守備蔡保周下字號二頭坦各二十丈九年七月十六日完工同知李守備蔡保周睦字號二頭坦各二十丈九年八月十六日完工同知李守備蔡保周夫字號二頭坦各二十丈唱字號二頭坦次西各四丈東各五丈婦字號二頭坦西各九丈二尺九年六月二十八日完工同知李守備蔡保周婦字號二頭坦東各十丈八尺九年七月初十日完工同知李守備蔡保周隨字號二頭坦各二十丈外字號二頭坦各二十丈九年八月初四日完工同知李守備蔡保周受字號二頭坦各二十丈傅字號二頭坦各二十丈九年七月初十日完工同知李守備蔡保周訓入奉三號二頭坦每號各二十丈頭坦八年十二月二十七日完工二坦九年二月十七日完工同知李守備蔡保周母字號二頭坦各二十丈九年十一月初一日完工同知吳守備蔡保周儀字號二頭坦各二十丈十一年三月二十日完工同知陳守備蔡保周諸字號二頭坦各二十丈九年閏十月二十一日完工同知吳守備蔡保周姑字號二頭坦各二十丈伯字號二頭坦各二十丈十一年三月二十日完工同知陳守備蔡保周叔字號二頭坦各二十丈猶字號二頭坦各二十丈九年閏十月初四日完工同知李守備蔡保周子字號二頭

坦各二十丈九年閏十月十五日完工同知吳守備蔡保固比字號二頭坦各二十丈兒字號二頭坦各二十丈孔字號二頭坦各二十丈懷字號二頭坦各二十丈八年十二月二十七日完工同知李守備蔡保固兄字號二頭坦各二十丈九年閏十月十五日完工同知吳守備蔡保固弟字號二頭坦各二十丈九年十月初十日完工同知李守備蔡保固同字號二頭坦各二十丈氣字號二頭坦西各四丈頭坦十一年三月二十一日完工二坦十一年四月初一日完工同知陳守備蔡保固氣字號二頭坦東各十六丈九年九月二十日完工同知李守備蔡保固連字號二頭坦各二十丈九年十月初十日完工同知李守備蔡保固枝字號二頭坦各二十丈九年九月二十日完工同知李守備蔡保固交字號二頭坦各二十丈友字號二頭坦各二十丈九年閏十月初七日完工同知李守備蔡保固投字號二頭坦各二十丈九年四月二十三日完工同知李守備蔡保固分字號二頭坦各二十丈九年六月二十四日完工同知李守備蔡保固切字號二頭坦各二十丈九年三月三十日完工同知李守備蔡保固磨字號二頭坦各二十丈九年三月二十四日完工同知李守備蔡保固箴字號二頭坦各二十丈九年四月二十三日完工同知李守備蔡保固規字號二頭坦各二十丈九年二月十七日完工同知李守備蔡保固仁字號二頭坦各二十丈

慈字號二頭坦各二十丈八年十二月二十七日完工同知李守備蔡保固隱字號二頭坦各二十丈惻字號二頭坦各二十丈九年三月二十四日完工同知李守備蔡保固造字號二頭坦各二十丈九年三月三十日完工同知李守備蔡保固次字號二頭坦各五尺九年八月二十八日完工同知李守備蔡保固次字號二頭坦各十六丈九年六月二十四日完工同知李守備蔡保固次字號二頭坦各三丈五尺弗字號二頭坦各八丈五尺十一年三月二十一日完工同知陳守備蔡保固弗字號二頭坦各十一丈五尺節字號二頭坦各二十丈義字號二頭坦各二十丈九年八月二十八日完工同知李守備蔡保固盤字號二頭坦各二十丈十年十二月十一日完工同知陳守備蔡保固鬱字號二頭坦各二十丈十一年二月二十日完工同知陳守備蔡保固樓字號二頭坦各二十丈十一年三月初十日完工同知陳守備蔡保固觀字號二頭坦各二十丈十年十一月十九日完工同知陳守備蔡保固飛字號二頭坦各二十丈十年七月二十八日完工同知吳守備蔡保固圖字號二頭坦各二十丈十年十一月二十一日完工同知陳守備蔡保固寫字號二頭坦各二十丈十年五月十四日完工同知吳守備蔡保固畫字號二頭坦各二十丈十年六月初二日完工同知吳守備蔡保固綵字號二頭坦各二十丈十年二月十二日完工同知吳守備蔡

（保固）仙字號二頭坦各二十丈（十年正月十三日完工同知吳守備蔡保固）靈字號二頭坦各二十丈（十年七月二十二日完工同知吳守備蔡保固）丙字號二頭坦各二十丈（十年十月十一日完工同知吳守備蔡保固）舍字號二頭坦各八丈（十一年二月二十日完工同知陳守備蔡保固）舍字號二頭坦各十二丈（十年十一月初四日完工同知陳守備蔡保固）傍字號二頭坦各二十丈（十一年二月十五日完工同知陳守備蔡保固）啟字號二頭坦各二十丈（十一年三月初五日完工同知陳守備蔡保固）甲字號二頭坦各二十丈（十一年三月二十日完工同知陳守備蔡保固）帳字號二頭坦各二十丈（十一年二月二十日完工同知陳守備蔡保固）楹字號二頭坦各二十丈（十一年三月初十日完工同知陳守備蔡保固）肆字號二頭坦各二十丈（十年十二月初十日完工同知陳守備蔡保固）筵字號二頭坦各二十丈（頭坦十年十二月二十一日完工二坦十一年三月初十日完工同知陳守備蔡保固）設字號二頭坦西各四丈東各四丈（十年十二月初四日完工同知陳守備蔡保固）席字號二頭坦各二十丈（十年十二月初十日完工同知陳守備蔡保固）鼓字號二頭坦各二十丈瑟字號二頭坦西各四丈（十年十二月初四日完工同知陳守備蔡保固）吹字號二頭坦東各十丈（十年十二月二十一日完工同知陳守備蔡保固）笙字號二頭坦各二十丈（十一年三月初一日完工同知陳守備蔡保固）

陛字號二頭坦各二十丈階字號二頭坦西各九丈納字號二頭坦東各十八丈陛弁轉三號二頭坦每號各二十丈疑字號二頭坦西各十二丈東各三丈星右通三號二頭坦每號各二十丈廣字號二頭坦西各八丈內字號二頭坦東各六丈左達承三號二頭坦每號各二十丈明字號二頭坦西各七丈既字號二頭坦東各三丈集字號二頭坦各二十丈典字號二頭坦西各十丈（八年十一月二十六日完工同知李守備蔡保固）

柴盤頭三座（例限保固二年）

忠字號東三丈則字號西十丈五尺壹座（十一年五月二十八日完工同知陳守備蔡保固）如字號東六丈五尺松字號西十丈五尺壹座（十一年七月二十五日完工同知吳守備蔡保固）典字號東九丈亦字號西十五丈壹座（九年六月二十日完工同知李守備蔡保固）

第十二案辦竣

東防柴壩拾壹丈伍尺例限保固兩年

漆字號中東壹丈同治十一年三月二十七日完工同知陳乃瀚守備蔡興邦保固

州字號中肆丈伍尺十一年四月三十日完工同知陳守備蔡保固

亭字號西中陸丈十一年八月初六日完工同知吳世榮守備蔡保固

西防埽坦加築埽工陸拾丈例限保固壹年

寒張列三號各貳拾丈十一年四月三十日完工同知余庭訓守備蔡興邦保固

西防埽坦加築柴工陸拾丈例限保固壹年

藏閏餘三號各貳拾丈十一年三月二十八日完工同知余守備蔡保固

第十三案辦竣

建復十八層魚鱗石塘八百二十丈三尺內

中防

烈字號東三丈男效二號各二十丈才字號西五丈同治十二年三月二十七日完工同知唐勛守備蔡興邦保固知過必三號各二十丈改字號西八丈十二年三月二十五日完工同知唐守備蔡保固莫字號東二丈忘字號西十二丈十二年三月二十九日完工同知唐守備蔡保固罔字號東十一丈五尺短字號東十五丈靡字號西六丈五尺恃字號西十四丈己字號東七丈長字號二十丈十二年三月三十日完工同知唐守備蔡保固信字號西十五丈十二年二月十三日完工同知唐守備蔡保固欲字號東十四丈難字號西二丈五尺十二年二月初九日完工同知唐守備蔡保固量字號西十五丈十二年正月二十日完工同知唐守備蔡保固絲字號東十五丈染字號西三丈五尺十一年十月二十五日完工同知唐守備蔡保固詩讚二號各二十丈羔字號西一丈十二年三月初六日完工同知唐守備蔡保固羊字號東十丈六尺景行維三號各二十丈賢字號西三丈十二年三月二十四日完工同知唐守備蔡保固克字號東十丈念作勝三號各二十丈十二年三月初十日完工同知唐守備

蔡保固名字號二十丈十一年十一月十一日完工同知唐守備蔡
保固端字號東十四丈十一年十月十九日完工同知唐守備蔡
保固正字號東九丈谷字號西五丈十一年十一月二十
七日完工同知唐守備蔡保固

東防

則字號西二丈七尺十一年五月初二日完工同知陳乃瀚守備蔡
保固命字號東九丈臨字號西一丈五尺十一年七月二
十日完工同知吳世榮守備蔡保固如字號東一丈六尺松字
號西十丈十一年七月二十一日完工同知吳守備蔡保固川字
號東三丈流字號西八丈十一年八月十五日完工同知吳守
備蔡保固不字號西三丈五尺十一年八月初五日完工同知吳
守備蔡保固不字號東三丈五尺息字號西十八
丈澄字號東四丈取字號中十六丈十一年九月初七日
完工同知吳守備蔡保固終字號西八丈十一年七月二十一日完
工同知吳守備蔡保固仕字號中一丈十一年二月二十五日完
工同知陳守備蔡保固從字號中三丈五尺十一年四月初
四日完工同知陳守備蔡保固政字號東一丈存字號西
一丈中二丈十一年六月十六日完工同知陳守備蔡保固以字
號東三丈廿字號二十丈棠字號西八丈十一年七
月三十日完工同知吳守備蔡保固益字號東七丈詠字號

西一丈五尺十一年六月初七日完工同知陳守備蔡保固別字
號中八丈十一年六月初九日完工同知陳守備蔡保固卑字號
東二丈五尺上字號西五丈十一年五月二十八日完工同知陳
守備蔡保固上字號中六丈和字號西四丈十一
年五月十三日完工同知陳守備蔡保固唱字號中八丈十一年五
月初六日完工同知陳守備蔡保固次字號東一丈弗字號
西七丈十年八月十二日完工同知吳守備蔡保固樓字號中
三丈五尺十年十月初五日完工同知吳守備蔡保固圖字號
西六丈十年十月十四日完工同知吳守備蔡保固舍字號東
一丈二尺十年十二月初五日完工同知陳守備蔡保固甲字號

西六丈十一年三月十八日完工同知陳守備蔡保固對字號中
十二丈十一年三月二十八日完工同知陳守備蔡保固設字號
西八丈十一年三月二十九日完工同知陳守備蔡保固瑟字號
東十八丈吹字號西一丈十一年三月二十八日完工同知陳
守備蔡保固階字號東十一丈五尺納字號西三
丈五尺十年十二月初二日完工同知陳守備蔡保固疑字號東
六丈五尺十一年正月二十六日完工同知陳守備蔡保固廣字
號東十二丈五尺內字號西十四丈東一丈十一
年三月二十七日完工同知陳守備蔡保固左字號西一丈五
尺十年三月二十八日完工同知陳守備蔡保固明字號東十四

丈既字號西十八丈五尺十一年三月二十九日完工同知陳守備蔡保固典字號中一丈七尺十一年三月二十五日完工同知陳守備蔡保固

拆脩十八層魚鱗石塘二百四十一丈二尺內

中防

設彼二號各二十丈短字號西五丈靡字號東十三丈五尺恃字號東六丈乙字號西十三丈十二年三月三十日完工同知唐守備蔡保固信字號東五丈使字號西六丈十二年二月十三日完工同知唐守備蔡保固器字號西十四丈十二年三月二十八日完工同知唐守備蔡保固染字號東四丈羔字號次西二丈六尺十二年三月初六日完工同知唐守備蔡保固德字號西二丈六尺十二年三月初十日完工同知唐守備蔡保固表字號西一丈十一年十月十九日完工同知唐守備蔡保固正字號中二丈四尺谷字號中四丈六尺十一年十一月二十七日完工同知唐守備蔡保固

東防

孝字號中十丈十一年九月初十日完工同知吳守備蔡保固則字號西三丈中二丈十一年五月初二日完工同知陳守備蔡保固命字號中一丈八尺臨字號西一丈六尺十一年七月二十日完工同知吳守備蔡保固似字號西九丈十一年五月初七日完工同知陳守備蔡保固如字號東四丈五尺松字號中二丈十一年七月二十一日完工同知吳守備蔡保固流字號中四丈十一年八月十五日完工同知吳守備蔡保固流字號東一丈五尺不字號次西二丈十一年八月初五日完工同知吳守備蔡保固不字號次東一丈五尺息字號東二丈十一年九月初七日完工同知吳守備蔡保固竟字號中四丈十一年四月初一日完工同知陳守備蔡保固存字號西八丈中一丈十一年六月十六日完工同知陳守備蔡保固詠字號西三丈十一年六月初七日完工同知陳守備蔡保固上字號東四丈十一年五月十四日完工同知陳守備蔡保固唱字號東三丈十一年五月初六日完工同知陳守備蔡保固次字號東二丈十年八月十二日完工同知吳守備蔡保固樓字號西一丈東三丈六尺十年十月初五日完工同知吳守備蔡保固圖字號西四丈十年十月十四日完工同知吳守備蔡保固舍字號中二丈五尺東三丈五尺十年十二月初五日完工同知陳守備蔡保固甲字號東七丈十一年三月十八日完工同知陳守備蔡保固對字號西三丈東四丈十一年三月二十八日完工同知陳守備蔡保固設字號東五丈五尺十一年三月二十九日完工同知陳守備蔡保固吹字號西五丈十一年三月二十八日完工同知陳守備蔡保固疑字號東三丈十一年正月二十六日完工同

知陳　守備蔡　保固

通字號東五丈五尺十年三月十四日完工同知吳　守備蔡　保固

左字號西五丈十一年三月二十八日完工同知陳　守備蔡　保固

中防塘坦三百三十七丈例限保固壹年

烈字號東七丈男效二號各二十丈才字號西七丈十二年三月二十七日完工同知唐　守備蔡　保固

良字號東四丈五尺知字號西五丈改字號西十三丈十二年三月二十五日完工同知唐　守備蔡　保固

莫字號東七丈五尺忘字號西十四丈十二年三月二十九日完工同知唐　守備蔡　保固

罔字號次東三丈五尺十二年三月三十日完工同知唐　守備蔡　保固

使字號西十五丈五尺十二年二月十三日完工同知唐　守備蔡　保固

欲字號東十八丈難字號西六丈十二年二月初九日完工同知唐　守備蔡　保固

量字號西十九丈十二年正月二十日完工同知唐　守備蔡　保固

絲字號東十九丈染字號西七丈東三丈十一年十月二十五日完工同知唐　守備蔡　保固

詩讚二號各二十丈羔字號西五丈六尺十二年三月初六日完工同知唐　守備蔡　保固

羊字號東十丈五尺賢字號西八丈九尺十二年三月二十四日完工同知唐　守備蔡　保固

克字號東十丈五尺勝字號東四丈德字號西五丈五尺十二年三月初十日完工同知唐　守備蔡　保固

名端二號各二十丈十一年十一月十一日完工同知唐　守備蔡　保固

表字號西三丈十一年十月十九日完工同知唐　守備蔡　保固

正字號東十二丈谷字號西八丈十一年十一月二十七日完工同知唐　守備蔡　保固

埽工四十五丈五尺例限保固兩年

罔字號東十一丈談字號西二丈靡字號東十三丈五尺恃字號東六丈己字號西十三丈十二年三月三十日完工同知唐　守備蔡　保固

埽坦加築埽工三十八丈例限保固壹年

談字號東十八丈彼字號二十丈十二年三月三十日完工同知唐　守備蔡　保固

東防頭二坦三百一十丈五尺三百三十一丈五尺例限保固四年

命字號頭二坦東各十丈臨字號頭二坦西各四丈五尺川字號頭二坦東各三丈流字號頭坦西九丈二坦二十丈不字號頭坦西十丈二坦二十丈息字號頭二坦西各十八丈澄字號頭二坦東各五丈取字號頭二坦西各十六丈終字號頭二坦西各十丈從字號頭二坦中各四丈政字號頭二坦東各三丈存字號頭二坦西各十一丈以字號頭二坦東各四丈甘字號頭二坦各二十丈棠字號頭二坦西各九丈

益字號二頭坦東各七丈詠字號二頭坦西各二丈
别字號二頭坦西中各八丈五尺卑字號二頭坦東
各二丈五尺上字號二頭坦西各五丈東各一丈
和字號二頭坦西各四丈唱字號二頭坦中各十一
丈知縣吳十一年九月初十日完竣守備蔡同保固對字號二頭坦各
二十丈設字號二頭坦中各十二丈瑟字號二頭坦
東各十六丈吹字號二頭坦西各十丈階字號二頭
坦東各十一丈納字號二頭坦西各二丈疑字號
二頭坦東各五丈廣字號二頭坦東各十二丈內字
號二頭坦西各十四丈明字號二頭坦東各十三丈
既字號二頭坦西各十七丈典字號二頭坦中各一
丈知縣陳十一年三月二十九日完竣守備蔡同保固

中防新工

塘後填築附土六百二十一丈三尺

塘前填築溝槽三百一十九丈二尺

東防新工

塘後填築附土土堰每各四百四十丈二尺

以上例無保限

第十四案辦竣

中防戴汛

附土五百四十七丈

幇寬後身一百四十二丈五尺

東防戴汛

附土七百五十九丈六尺

着土七百五十九丈六尺

土埝九百十丈二尺

鎮汛

附土七百三十六丈六尺

着土七百三十六丈六尺

土埝六百八十二丈

此案之工例無保固是以字號丈尺亦不細登耳

第十五案辦竣

中防翁汛建復十八層魚鱗石塘三百十三丈八尺（例定保固十年）

龍字號東十丈師字號西二丈（同治十三年十月初一日完工同知黎錦翰守備蔡興邦保固）火字號二十丈第字號中九丈（十三年十二月十二日完工同知黎守備蔡保固）始字號東十九丈（十三年十二月初一日完工同知黎守備蔡保固）文字號中東十一丈五尺字字號二十丈乃字號西中十三丈（十二年十二月二十一日完工同知唐勛守備蔡保固）廣字號東二丈陶字號二十丈唐字號西十七丈（十三年八月十一日完工同知唐守備蔡保固）湯字號東中十一丈（十三年七月二十七日完工同知唐守備蔡保固）愛字號東十丈育字號西十三丈（十三年九月二十三日完工同知黎守備蔡保固）育字號東一丈五尺黎字號二十丈（十三年十一月二十一日完工同知黎守備蔡保固）賓字號十三丈二尺（十二年九月初七日完工同知唐守備蔡保固）鳴字號西八丈六尺（十二年十二月二十一日完工同知唐守備蔡保固）鳳字號東六丈在字號西十六丈五尺（十二年九月初九日完工同知唐守備蔡保固）賴字號東一丈及字號二十丈萬字號西七丈五尺（十二年十二月二十一日完工同知唐守備蔡保固）夫字號東七丈五字號西十八丈五尺（十三年四月二十五日完工同知唐守備蔡保固）恭字號西八丈（十二年十一月二十二日完工同知唐守備蔡保固）鞠字號東二丈養字號西六丈五尺（十二年十二月二十四日完工同知唐守備蔡保固）

拆脩十八層魚鱗石塘七十七丈三尺（例定保固四年）

師字號東三丈三尺（十三年十二月十二日完工同知黎守備蔡保固）愛字號中一丈五尺（十三年九月二十三日完工同知黎守備蔡保固）白字號東六丈駒字號西中十三丈（十二年八月初三日完工同知唐守備蔡保固）萬字號東六丈五尺（十二年十二月二十一日完工同知唐守備蔡保固）方字號二十丈蓋字號西四丈五尺（十二年十一月二十一日完工同知唐守備蔡保固）大字號中四丈（十三年四月二十五日完工同知唐守備蔡保固）恭字號中西一丈五尺（十二年十一月二十二日完工同知唐守備蔡保固）鞠字號次東三丈五尺養字號東十三丈五尺（十二年十二月二十四日完工同知唐守備蔡保固）

建築埽坦二百六十八丈（例定保固一年）

龍字號東十五丈（十二年六月二十七日完工同知唐守備蔡保固）師字號東五丈火字號二十丈第字號西十七丈（十二年十一月初九日完工同知唐守備蔡保固）始字號東十九

丈 十二年八月二十四日完工 同知唐 守備蔡 保固
文字號中三丈 十二年三月十一日完工 同知唐 守備蔡 保固
虞字號東五丈 十二年八月二十三日完工 同知唐 守備蔡 保固
陶字號二十丈 十二年八月十三日完工 同知唐 守備蔡 保固
唐字號西十五丈 十二年七月十二日完工 同知唐 守備蔡 保固
愛字號東十丈
育字號西十丈 十三年七月二十五日完工 同知唐 守備蔡 保固
黎字號二十丈 十三年十月二十六日完工 同知黎 守備蔡 保固
賓字號中十五丈 十二年七月十一日完工 同知唐 守備蔡 保固
鳴字號西九丈 十三年三月十一日完工 同知唐 守備蔡 保固
鳳字號東五丈 十二年十月初八日完工 同知唐 守備蔡 保固
在字號西十八丈 十二年九月二十八日完工 同知唐 守備蔡 保固
賴字號東三丈 十三年十二月十二日完工 同知黎 守備蔡 保固
大字號東八丈
五字號二十丈 十三年四月初十日完工 同知唐 守備蔡 保固
恭字號次西九丈 十二年五月十二日完工 同知唐 守備蔡 保固
鞠字號東三丈 十二年閏六月二十六日完工 同知唐 守備蔡 保固
養字號西十九丈 十二年六月二十六日完工 同知唐 守備蔡 保固

加築建築埽工二十七丈 例定保固一年

乃字號加築東七丈 十三年三月二十日完工 同知唐 守備蔡 保固
湯字號加築西九丈 十二年五月初十日完工 同知唐 守備蔡 保固
湯字號建築東十一丈 上仝

加鑲拆修柴工三十一丈 例定保固一年

文字號加鑲東中四丈 十三年三月二十日完工 同知唐 守備蔡 保固
乃字號拆修次東二丈
及字號拆修西十五丈
方字號拆修西十丈 上仝

東防尖汛建復十八層魚鱗石塘二百六十七丈五尺 例定保固十年

石字號東八丈 內有念汛界二丈八寸 十二年十二月十六日完工 同知吳世榮 守備蔡 保固
鉅字號二十丈
野字號西八丈五尺東八丈
庭字號西二丈五尺
曠字號中東十六丈
遠字號西五丈 上仝
邈字號中東十七丈
巖字號二十丈
岫字號西中十四丈五尺
治字號西中十四丈
於字號中東十一丈五尺
農字號西二丈五尺 十三年六月初八日完工 同知吳 守備蔡 保固
茲字號中八丈五尺 十二年十二月十六日完工 同知吳 守備蔡 保固
稼字號中八丈
俶字號東五丈
載字號西四丈五尺 十三年六月初八日完工 同知吳 守備蔡 保固
南字號中東十二丈
畝字號西六丈
新字號中九丈
勸字號中東十一丈
賞字號西中十五丈
孟字號西十丈
素字號中東十五丈
謹字號東五丈
省字號東八丈
躬字號西三丈 十二年十二月十六日完工 同知吳 守備

蔡保固

拆脩十八層魚鱗石塘六十一丈五尺例定保固四年

岫字號東一丈五尺稼字號次東二丈載字號東中十四丈五尺十三年六月初八日完工同知吴守備蔡保固畝字號東四丈我字號中二丈五尺十二年十二月十六日完工同知吴守備蔡保固黍字號中東十一丈十三年六月初八日完工同知吴守備蔡保固熟字號中東十二丈新字號次東一丈陟字號東五丈敦字號西三丈五尺謹字號次東二丈五尺勅字號西二丈十二年十二月十六日完工同知吴守備蔡保固

建築塊石頭二坦水各一千四百八丈例定保固三年

石字號頭二坦各八丈鉅野庭曠遠綿邈巖岫治本於農務茲稼穡俶載南二十號每頭二坦各二十丈十三年九月十九日完工同知吴守備蔡保固畝我藝黍稷稅熟貢新勸賞陟孟某敦素史魚秉直庶幾中庸勞二十五號每頭二坦各二十丈十三年七月十七日完工同知吴守備蔡保固謙謹勅聆音察理鑑貌辨色貽厥嘉猷勉其祗植省躬譏誠寵增二十五號每頭二坦各二十丈十二年十二月十五日完工同知吴守備蔡保固

第十六案辦竣

西防加築埽工二十丈例限保固壹年

育字號東十一丈愛字號西九丈十三年三月十七日完工同知汪元祥守備蔡保固

第十七案辦竣

海鹽拆脩大石塘四十七丈例限四年守保固委員蕭

體字號中九丈五尺十三年十二月二十九日完工壹字號中西七丈十三年十二月二十一日完工壹字號東四丈邇字號東西十八丈五尺十三年十一月十五日完工遐字號西八丈十三年七月二十九日完工

拆脩魚鱗石塘二十九丈例限四年蕭守保固委員

伏字號西四丈十三年九月二十六日完工朝字號東二丈坐字號西十一丈五尺東二丈十三年七月十二日完工商字號中五丈五尺十三年三月初十日完工民字號中三丈十三年七月二十九日完工位字號西一丈十三年正月初六日完工

第十八案辦竣

東防鎮念兩汛建復魚鱗石塘六百八十一丈七尺例限保固十年

鎮汛

典字號東九丈四尺亦字號二十丈聚字號西三丈七尺六寸光緒元年二月二十七日完工同知吳世榮守脩蔡保固

念汛

聚字號東十六丈二尺四寸羣字號二十丈英字號西十一丈五尺元年六月二十日完工同知靳芝亭守脩蔡保固杜字號東八丈槀字號西十七丈六尺元年六月二十六日完工同知靳守脩蔡保固鍾字號東十五丈隸字號西十八丈元年六月二十三日完工同知靳守脩蔡保固漆字號東十二丈五尺書經二號各二十丈府字號西十八丈元年六月二十五日完工同知靳守脩蔡保固羅字號東十五丈將相路三號各二十丈俠字號西三丈五尺元年十二月十八日完工同知靳守脩蔡保固戶字號東三丈五尺封字號西四丈五尺元年四月三十日完工同知吳守脩蔡保固給字號東五丈千字號二十丈兵字號西八丈二年正月二十九日完工同知靳守脩蔡保固兵字號東六丈五尺高字號西十八丈二尺元年十二月二

十（一日完工同知靳守脩蔡保固）冠字號東三丈五尺陪輦驅轂振纓世七號各二十丈（二年二月二十九日完工同知靳守脩蔡保固）駕字號東十七丈五尺（元年十二月初六日完工同知靳守脩蔡保固）肥字號二十丈（元年九月二十日完工同知靳守脩蔡保固）泰字號二十丈岱字號西十八丈亭字號東十三丈（元年三月二十日完工同知吳守脩蔡保固）丈五尺雁字號二十丈門字號西十一丈（元年六月二十六日完工同知靳守脩蔡保固）紫字號東八丈塞字號二十丈雞字號西十二丈五尺（元年五月二十八日完工同知靳守脩蔡保固）池字號東十六丈碣字號西七丈五尺（同治十三年十二月二十四日完工同知吳守脩蔡保固）

拆脩魚鱗石塘三十二丈（例限保固四年）

岱字號東二丈（元年三月二十日完工同知吳守脩蔡保固）亭字號次西三丈五尺（元年六月二十六日完工同知靳守脩蔡保固）紫字號西十二丈（元年五月二十八日完工同知靳守脩蔡保固）田字號東十四丈五尺（元年四月二十日完工同知吳守脩蔡保固）

又鎮念兩汛建築埽坦八百六十七丈（例限壹年保固）

鎮汛

亦字號東五丈聚字號西三丈七尺六寸（光緒元年）

（十二月二十七日完工同知靳守脩蔡保固）

念汛

聚字號東十六丈二尺四寸羣英杜槀鍾隸漆書經府羅將相路十四號各二十丈俠字號西三丈給字號東四丈五尺千兵高冠陪輦驅轂振纓世十一號各二十丈駕字號西九丈（元年十二月二十七日完工同知靳守脩蔡保固）岱禪柱云亭雁門紫塞雞田赤城昆池碣十六號各二十丈石字號西五丈五尺（元年九月十三日完工同知靳守脩蔡保固）

建築埽工四十九丈（例限保固二年）

駕字號東九丈肥字號二十丈（元年十二月二十七日完工同知靳守脩蔡保固）泰字號二十丈（元年十月十九日完工同知靳守脩蔡保固）

建築塊石頭二坦水各六丈五尺（例限三年保固）

石字號頭二坦各六丈五尺（元年五月二十八日完工同知靳守脩蔡保固）

第十九案辦竣

東防念汛建復十八層魚鱗石塘六百六丈五尺例限十年同知靳芝亭守備蔡興邦保固

輕字號二十丈策字號西東十六丈光緒二年十二月初八日完工功茂實勒碑五號各二十丈刻字號西東十溪十丈五尺銘磻二號各二十丈三年三月十三日完工

溪伊尹時阿衡奄宅曲九號各二十丈三年三月二十八日完工阜微旦孰營桓匡合濟扶十號各二十丈三年四月十四日竣

拆脩十八層魚鱗石塘十三丈五尺例限四年同知靳芝亭守備蔡興邦保固

策字號中四丈二年十二月初八日完工刻字號次西九丈五尺三年三月十三日完工

建築柴壩二十三丈五尺例限二年同知靳芝亭守備蔡興邦保固

策字號中七丈元年七月二十六日完工刻字號西中八丈二年正月二十八日完工最字號中五丈五尺元年七月二十六日完工州字號次西三丈二年正月二十八日完工

第二十案辦竣

東防尖汛拆脩十八層魚鱗石塘六十丈例限四年同知靳芝亭守備蔡興邦保固

寵增兩號四十丈元年八月二十六日完工皋字號中東十二丈幸字號西八丈元年十一月十五日完工

又尖汛建築塊石單坦二百六十丈例限三年同知靳芝亭守備蔡興邦保固

極殆近林皋幸即兩疏見機組誰十三號各二十丈二年八月初十日完工

東防戴汛建築條石頭坦十三丈五尺例限四年同知靳芝亭守備蔡興邦保固

積字號西十三丈五尺二年十月二十三日完竣

東防建築柴盤頭兩座例限二年同知靳芝亭守備蔡興邦保固

念汛

碣字號東十六丈石字號西八丈壹座三年五月初八日完竣

尖汛

泰字號東十二丈禝字號西十二丈壹座二年十月十六日完竣

東防念汛建築埽工三十一丈例限二年同知靳芝亭守備蔡興

邦保固

車字號二十丈駕字號西十一丈二年十二月初五日完竣

第念壹案辦竣

海塩拆脩魚鱗大石塘七十七丈例定保固四年

羌字號東中四丈光緒三年四月十二日完工委員陳守保固戎字號東二丈五尺同治十三年九月二十六日完工委員蕭守保固平字號東二丈五尺拱字號西六丈光緒三年五月十四日完工委員陳守保固坐字號東五丈五尺光緒三年二月二十八日完工委員陳守保固瑞字號西六丈五尺中二丈光緒三年四月十二日完工委員陳守保固民字號西七丈五尺東二丈五尺光緒三年三月二十五日完工委員陳守保固國字號中十三丈四尺讓字號東五丈光緒二年十二月十一日完工委員陳守保固位字號中西五丈五尺光緒三年四月十二日完工委員陳守保固雅字號東中十一丈裳字號西三丈一尺光緒三年二月十六日完工委員陳守保固

拆脩大石塘六丈例定保固四年

遐字號東二丈羌字號西四丈光緒三年五月二十日完工委員陳守保固

建築塊石雙坦一百七十一丈例限保固三年

體字號中九丈五尺光緒三年四月十八日完工委員陳守保固體字號次東一丈五尺壹字號西七丈五尺光緒三年六月二十八日完工委員陳守保固壹字號東中十一丈光緒三年四月十六日完工委員陳守保固邇字號東西十八丈五尺光緒三年五月二十五日完工委員陳守保固遐字號西八丈東二丈光緒三年五月二十八日完工委員陳守保固羌字號西四丈光緒三年五月二十日完工委員陳守保固羌字號東中四丈光緒三年四月十一日完工委員陳守保固戎字號東二丈五尺伏字號西四丈同治十三年十一月十五日完工委員蕭守保固平字號東二丈五尺拱字號西六丈光緒三年五月十四日完工委員陳守保固朝字號東二丈坐字號西十一丈五尺東二丈同治十三年十一月十五日完工委員蕭守保固坐字號東五丈五尺光緒三年二月二十八日完工委員陳守保固育字號中五丈五尺同治十三年十一月十五日完

工委員蕭守保固瑞字號西中八丈五尺光緒三年四月十二日完工委員陳守保固瑞字號中三丈光緒三年六月二十八日完工委員陳守保固民字號西七丈五尺東二丈五尺光緒三年三月二十五日完工委員陳守保固民字號中三丈同治十三年十一月十五日完工委員蕭守保固國字號中十三丈四尺讓字號東五丈光緒二年十二月十一日完工委員陳守保固位字號西中五丈五尺光緒三年四月十二日完工委員陳守保固推字號東中十一丈裳字號西三丈一尺光緒三年二月十六日完工委員陳守保固

第柒冊

海塘新案

估銷銀數附新加增貼細目

第壹案西中兩塘缺口搶築柴壩並建築埽工埽坦裏頭盤頭暨塘後鑲柴子塘加填坿土行路面土堵築挑水横壩等工內

一西塘搶築柴壩七百三十五丈五尺共銷例估加貼銀二十二萬八千九百二十三兩八錢三分九厘其中各號高寬丈尺不一且有加拋塊石之工每丈銷數多寡不等今按丈覈計每丈銷銀三百十一兩二錢四分九厘零

一西塘搶築埽工六百六十七丈八尺共銷例估加貼銀五萬四十九兩八錢八厘其中各號高寬丈尺不一每丈銷數多寡不等今按丈覈計每丈銷銀七十四兩九錢四分七厘零

一西塘添建埽坦四十丈共銷例估加貼銀一千八百十三兩三錢五分按丈算計每丈銷銀四十五兩三錢三分三厘零

一西塘建築裏頭八十二丈共銷例估加貼銀五千三百九十二兩四錢七分三厘按丈算計每丈銷銀六十五兩七錢六分一厘零

一西塘建築柴盤頭壹座裡外匀長二十六丈築高二丈二尺共銷例估加貼銀三千七百七十七兩八錢六分六厘

一西塘塘後鑲柴二百三十四丈四尺共銷例估加貼銀五千三百六十六兩六錢九分四厘按丈算計每丈銷銀二十二兩八錢九分五厘零

一西塘建築子塘一百五十二丈共銷例估加貼銀二千四百六兩六錢按丈算計每丈銷銀十五兩八錢三分二厘零

一西塘加填坍土二百十七丈七尺共銷例估加貼銀二百二兩四錢六分一厘按丈算計每丈銷銀九錢三分

一西塘加填行路面土一千四百丈共銷例估加貼銀一千四百十九兩按丈算計每丈銷銀一兩一分三厘零

一西塘堵築攔水横壩二道共十七丈五尺共銷例估加貼銀二百四十九兩三錢七分九厘按丈算計每丈銷銀十四兩二錢五分零

一西中交界斜建大龍頭一處即南龍頭搶築柴壩五十五丈前後托壩各五十五丈并加拋塊石共銷例估加貼銀六萬二千二百七十八兩四錢六分六厘

一中塘缺口搶築柴壩一千七百六十五丈一尺共銷例估加貼銀五十四萬四千五百四十七兩五錢一分三厘其中各號高寬丈尺不一且有加拋塊石之工每丈銷數多寡不等今按丈牽計每丈銷銀三百八兩五錢八厘零

一中塘添建埽坦一百九十九丈共銷例估加貼銀九千二十一兩四錢一分五厘按丈算計每丈銷銀四十五兩三錢三分三厘零

一中塘建築柴工三十丈共銷例估加貼銀三千四百五兩八錢三分六厘按丈算計每丈銷銀一百十三兩五錢二分七厘零

一中塘塘後鑲柴二百四丈八尺共銷例估加貼銀五千二百八十七兩一錢二分五厘按丈計算每丈銷銀二十五兩八錢一分六厘零

一中塘添建横塘一百六十七丈共銷例估加貼銀三百六十六兩六厘按丈計算每丈銷銀二兩一錢九分一厘零

一中塘加填附土七百五十八丈共銷例估加貼銀五百八十三兩六錢六分

（按丈計算）每丈銷銀七錢七分

以上第一案共銷銀九十二萬五千九十一兩四錢九分一厘

前案內例估加貼兩項銷數係照從前舊例不復逐一敘列

第貳案海甯繞城建復拆脩補砌石塘并建築條石坦水石堵盤頭築坦土堰等工內

一建復石塘一百八丈四尺（除打撈舊石抵用五成有餘外）共銷例估加貼新加銀三萬九千九百五十六兩七錢五分

（按丈計算）每丈銷銀三百六十八兩六錢四厘零

一拆脩石塘一百五十四丈（除打撈舊石抵用六成有餘外）共銷例估加貼新加銀五萬二千一百十三兩二錢一分二厘

（按丈計算）每丈銷銀三百三十八兩三錢九分七厘零

一補砌石塘四十七丈六尺（全用舊石）共銷例估加貼新加銀六千五百十二兩六錢二分三厘

（按丈計算）每丈銷銀一百三十六兩八錢一分九厘零

一建築石堵三十九丈二尺共銷例估加貼新加銀二千九百九十八兩二分四厘

（按丈計算）每丈銷銀七十六兩四錢八分零

一建築廉沛字號柴盤頭壹座裡外匀長二十六丈連頂土築高三丈八尺共銷例估加貼新加銀一萬二千九十八兩六錢二分一厘

一建築自都字號柴盤頭壹座裡外匀長二十六丈連頂土築高三丈二尺共銷例估加貼新加銀一萬一百七十五兩九錢九分三厘

一建築宮殿字號柴盤頭壹座裡外匀長二十六丈連頂土築高三丈五尺共銷例估加貼新加銀一萬一千一百三十七兩一錢九分三厘

一建築條石頭坦六百八十八丈八尺共銷例估加貼新加銀二萬四千二百八十七兩六錢一分三厘

按丈計算每丈銷銀三十五兩二錢六分零

一建築條石二坦二百三十六丈八尺共銷例估加貼新加銀一萬一千五十二兩三錢六分一釐

按丈計算每丈銷銀四十六兩六錢七分三釐零

一應建二坦改用竹簍裝石擁護工長四百五十二丈共銷例估加貼新加銀一萬三千七百九十三兩九錢一分

按丈計算每丈銷銀三十兩五錢一分七釐零

一建築土堰二百九十七丈五尺共銷例估加貼銀四百四兩二錢九分七釐

按丈計算每丈銷銀一兩三錢五分八釐零

以上第二案共銷例估加貼銀十八萬四千五百三十兩六錢四釐

前案內例估加貼兩項銷數條照從前舊例不復敘列外所有此次請銷新加增貼一項逐一開明細數于後

石塘用梅花馬牙樁木每根均新加銀一錢一分

盤頭用尺五六寸以及二尺樁木每根均新加銀一錢五分一釐

石坦用尺四五六寸樁木每根均新加銀一錢一分三釐三毫

簍坦用尺五樁木每根新加銀一錢

新小條石每丈新加銀一錢四分五釐

搭用舊石每丈新加打撈銀六錢六分三釐

新塊石每丈新加銀四錢

石匠沙每名均新加銀五分

各項人夫每名新加銀四分

第叁案東塘缺口搶築柴壩盤頭鑲柴附土土戧橫塘子塘並西中兩塘盤頭加拋塊石埽工柴工埽坦等工內

一東塘缺口搶築柴壩三千一百七十九丈七尺四寸共銷例估加貼銀一百十三萬一百五十一兩三錢七分四釐

其中各號高寬丈尺不一且有加拋塊石之工每丈銷數多寡不同今按丈牽計每丈銷銀三百五十五兩四錢二分二釐零

一東塘建築柴盤頭壹座裡外勻長二十六丈共

銷例估加貼銀三千七百七十七兩八錢六分六釐

一東塘塘後鑲柴六百九十五丈共銷例估加貼銀一萬八千九百十六兩五錢四分六釐

按丈計算每丈銷銀二十七兩二錢一分八釐零

一東塘加填坍土二千九百三十五丈共銷例估加貼銀二千二百五十九兩九錢五分

按丈計算每丈銷銀七錢七分

一東塘建築土堰九十九丈共銷例估加貼銀一百四十一兩五錢五分五釐

按丈計算每丈銷銀一兩四錢二分九釐零

一東塘塘後建築橫塘一百二十六丈共銷例估加貼銀二百七十八兩四錢六分

按丈計算每丈銷銀二兩二錢一分

一東塘建築子塘一百九十八丈共銷例估加貼銀三百三十兩六錢六分

按丈計算每丈銷銀一兩六錢七分

一西塘建築柴盤頭壹座裡外勻長二十八丈共銷例估加貼銀四千四百六兩一錢九釐

一西塘舊建盤頭之外加拋塊石計外圍長二十八丈共銷例估加貼銀二千五百六十三兩六分四釐

按丈計算每丈銷銀九十一兩五錢三分八釐

一西塘建築埽工三百六十丈五尺共銷例估加貼銀二萬五千九百七十二兩八錢九分六釐

其中各號高寬丈尺不一每丈銷數多寡不同今

按丈牽計每丈銷銀七十二兩四分六釐零

一西塘搶築柴工二百九十丈共銷例估加貼銀一萬九千七十一兩九錢四分三釐

按丈計算每丈銷銀六十五兩七錢六分一釐

一西塘建築埽坦一千八百六十九丈共銷例估加貼銀八萬四千五百二十八兩五錢三釐其中各號高寬丈尺不一每丈銷數多寡不同今

按丈牽計每丈銷銀四十五兩二錢二分六釐零

一中塘建築柴工十二丈共銷例估加貼銀七百八十九兩一錢四分二釐

按丈計算每丈銷銀六十五兩七錢六分一釐零

一中塘建築埽坦一千八百五十二丈共銷例估加貼銀八萬二千二百九兩九錢八分其中各號高寬丈尺不一每丈銷數多寡不同今

按丈牽計每丈銷銀四十四兩三錢八分九厘零
以上第三案統共請銷銀一百三十七萬五千三百
九十七兩四分七厘
前案內例估加貼兩項銷數係照從前成例不再
逐為細敘

第肆案海甯繞城塘複建條石二坦
一複建條石二坦四百五十二丈共銷例估加貼
新加銀二萬四千四十七兩九錢一分其中高寬丈尺不一每丈銷數多寡不同今
按丈牽計每丈銷銀五十三兩二錢三厘零
前案內例估加貼兩項銷數係照從前舊例不復
敘列外所有此次請銷新加增貼一項逐一開
明數目于後
尺四五六樁木每根均新加銀一錢一分
新小條石每丈新加銀一錢四分五厘

新塊石每丈新加銀四錢
石沙匠每名均新加銀五分
各項夫役每名新加銀四分

第伍案東防尖塔兩山原建石壩分別添石理砌加
高並填面土拋護塊石等工內
一添石理砌壩工一百九丈七尺又雁翅十丈共
銷例估加貼銀二千九百七十三兩八錢九分
九毫其中寬深丈尺不一每丈銷數多寡不同今
按丈牽計每丈銷銀二十四兩八錢四分四厘零
一添石加高壩工七十丈共銷例估加貼銀一千
九百四十三兩五錢五分
按丈計算每丈銷銀二十七兩七錢六分五厘
一加填面土拋護塊石一百九十丈共銷例估加

貼銀四千八百一十兩八錢八分
按丈計算每丈銷銀二十五兩三錢二分零
以上第五案共銷例估加貼銀九千七百二十八兩
三錢二分九毫
前案內例估加貼兩項銷數條照從前舊例不復
逐為敘列

第陸案西防改建建復拆脩魚鱗條塊石塘前後溝
槽附土並建築盤頭裏頭等工內
一改建建復魚鱗石塘八百二十七丈八尺除打撈舊石抵用一成外共銷例估加貼新加銀三十七萬七千
一百二十四兩三錢五厘七毫七絲七忽一微
六纖
按丈計算每丈銷銀四百五十五兩五錢七分四
釐零
一拆脩魚鱗石塘一百五十五丈除打撈舊石搭用六成有奇外
共銷例估加貼新加銀四萬九千二百九十九
兩六錢八厘三毫七絲七纖
按丈計算每丈銷銀三百十八兩六分一厘零
一拆脩條塊石塘三十七丈四尺除條石塊石各背抵用五成有餘外共銷例估加貼新加銀六千四百三十六兩
一錢一分五厘八毫一忽二微七纖
按丈計算每丈銷銀一百七十二兩八分八厘零
一建築西在鳳字號柴盤頭壹座裏外匀長二十
六丈連頂土築高三丈共銷例估加貼新加銀
一萬三百六兩一錢二厘八毫七絲五忽
一建築黎育字號柴盤頭壹座裏外匀長二十六
丈連頂土築高三丈二尺共銷例估加貼新加
銀一萬一千一百九十六兩七錢三分六厘八
毫七絲五忽
一建築柴裏頭六十丈加拋塊石共銷例估加貼
新加銀三萬六千二百九十六兩七錢八分四
厘三毫七絲五忽
按丈計算每丈銷銀六百四兩九錢四分六厘零
一前築溝槽後身加填附土一千二十丈二尺共
銷例估加貼銀一萬二百八十七兩五錢一分
三厘八毫四絲五忽一微四纖其中各號寬深丈尺不一每丈

銷數多寡不同今

按丈覈計每丈銷銀十兩八分三厘零

以上第六案共銷例估加貼新加銀五十萬九百四十七兩一錢六分七厘九毫一絲八忽六微四纖

前案內除例估加貼兩項銷數係照從前舊例不復敘列外所有此次請銷新加增貼一項逐一開明數目于後

建復魚鱗石塘內

尺五橋木每根新加銀一錢二厘五毫

尺四橋木每根新加銀九分

新大條石每丈新加銀三錢九分四厘七毫五絲

石灰每石新加銀七分五厘

汁米每石新加銀六錢

生熟鐵錠鍋每觔新加銀七厘五毫一分六厘七毫五絲

蔴皮每觔新加銀六厘九毫

排釘馬牙梅花橋每根新加銀一錢九分五厘

剷橋木匠每名新加銀二分五厘

鏨鑿錠鍋眼每個新加銀二厘五毫一厘五毫

砌縫鏨鑿石匠每名新加銀三分七毫五絲

撞運石匠每名新加銀二分五厘七毫五絲

汁鍋每口新加銀一錢二分五厘

缸每口新加銀四分

鐵索每條新加銀二錢二分五厘

橋箍鐵每觔新加銀七厘五毫

桶每隻新加銀一分

石硪每部新加銀一錢二分五厘

硪肘每副新加銀一分八厘七毫五絲

高櫈每架新加銀五分

木楸每把新加銀一分

灰蘿每隻新加銀一分二厘

灰篩每面新加銀一分

挖土夫每名新加銀二分五厘一毫六絲三忽七微五纖

熟鐵鍬鋤每把新加銀一錢三分二厘

搬運木石等項并挑送雜料夫役每名新加銀二分五厘

安砌槅檔橋隙塊石灰土每丈新加銀三錢四厘四毫五絲

桐油每觔新加銀八厘九毫二絲五忽

蔴絨每觔新加銀一厘二毫五絲

搗灰夫每名新加銀二分

艌石匠每名新加銀二分五厘

拆修魚鱗石塘（內凡與建復之工銷數相同各款均不重列）

每丈用汁鍋缸桶灰籮灰篩等項雜料新加銀一錢一分一厘

拆修條塊石塘（內凡與拆修魚鱗石塘銷數相同各款均不重列）

新塊石每丈新加銀五錢六分

新條石抬運幫夫每名新加銀二分

安砌塊石沙匠每名新加銀二分五厘

安砌塊石抬運幫砌夫每名新加銀二分

建築柴盤頭（內凡與石工銷數相同各款均不重列）

搶柴裹頭每觔新加銀四分七厘五毫

壓埽土項土每方新加銀二分二厘五毫

運柴并割撓夫每名新加銀二分

尺六椿木每根新加銀一錢一分二厘五毫

二尺椿木每根新加銀二錢一分七厘

釘底椿（盤裹）頭每根新加銀（一分二厘五毫 七厘五毫）

釘腰椿（盤裹）頭每根新加銀（二分 一分二厘五毫）

釘面椿（盤裹）頭每根均新加銀三分七厘五毫

割椿木匠每名新加銀一分二厘五毫

每丈用土箕蔴皮等項雜料（盤裹）頭新加銀（五分 一分二厘五毫）

抬運拋埋夫每名新加銀二分

每丈用竹鐵器具等項新加銀三分七厘五毫

第柒案同治八年分續辦東塘缺口搶築柴壩塘後鑲柴盤頭并西塘建築埽坦等工內

一東塘缺口搶築柴壩一百四丈五尺共銷例估加貼銀四萬四千八百三十一兩七錢一分四厘七絲五忽（其中高寬丈尺不一且有加拋塊石之工每丈銷數多寡不同）今（按丈牽計）每丈銷銀四百二十九兩一分一厘零

一東塘塘後鑲柴五十丈共銷例估加貼銀一千六百四十一兩二錢二分二厘五毫（按丈計算）每丈銷銀三十二兩八錢二分四厘零

一建築東塘魏橫字號柴盤頭壹座裹外勻長二

十六丈連頂土築高三丈二尺加拋塊石共銷
例估加貼銀八千九百五十七兩三錢八分九
釐五毫

一建築東塘合濟字號紫盤頭壹座裏外勻長二
十六丈連頂土築高二丈四尺加拋塊石共銷
例估加貼銀六千五百七十兩八分一釐七毫

一西塘搶築埽工三十二丈共銷例估加貼銀四
千九百十兩一錢八分四釐
按丈計算每丈銷銀一百五十三兩四錢四分三
釐零

一西塘南龍頭柴壩壩外添建埽坦九十六丈加
拋塊石共銷例估加貼銀七千九百六十七兩
六錢四分四釐八毫
按丈計算每丈銷銀八十二兩九錢九分六釐零

以上第七案共銷例估加貼銀七萬四千八百七十
八兩二錢三分六釐五毫七絲五忽

前案內例估加貼兩項銷數係照從前舊例不復
逐一敘列

第捌案中防翁汛露字等號建復魚鱗石塘并塘前
加填潰槽塘後建築托壩各工內

一建復魚鱗石塘六百四十丈除打撈舊石抵用一成外共銷
例估加貼新加銀二十九萬一千五百六十三
兩六錢八分五釐二毫七絲
按丈計算每丈銷銀四百五十五兩五錢六分七
釐零

一填築潰槽六百二十六丈照石工計少十四丈緣已有塘基以及已將還土加高可毋庸再築共銷例估加貼銀九千六百四十
四兩二錢七分九釐五毫二絲八忽八微
按丈計算每丈銷銀十五兩四錢六釐零

一加築托壩六百二十九丈照石工計少十一丈因已有壩基可毋庸再築共銷例估加貼銀三百八十七兩五錢七分
九釐九毫七絲一忽八微
按丈計算每丈銷銀六錢一分六釐零

以上第八案共銷例估加貼新加銀三十萬一千五
百九十五兩五錢四分四釐七毫七絲六微

前案內例估加貼兩項銷數係照從前舊例其石
工項下請銷新加增貼各款均照第六案西防
建復石塘數目不復細為敘列

第玖案同治九年分續辦東塘柴壩鑲柴埽工附土着土土堰等工内

一東塘缺口搶築柴壩一百三十三丈五尺共銷例估加貼銀二萬八千九百七十三兩九錢六分八厘四毫二絲五忽（其中寬大尺不等每丈銷數稍有參差今）按丈牽計每丈銷銀二百十七兩三分三厘零

一東塘塘後鑲柴一百六十丈五尺共銷例估加貼銀四千九百五十一兩九錢四分八厘三毫二絲五忽（其中高寬大尺不一每丈銷數多寡不同今）按丈牽計每丈銷銀三十兩八錢五分三厘零

一東塘搶築埽工四十丈共銷例估加貼銀三千五百十二兩八錢五分 按丈計算每丈銷銀八十七兩八錢二分一厘零

一東塘加築附土三百九十六丈五尺共銷例估加貼銀六百八十三兩七錢九分九厘一毫（其中高寬大尺不等每丈銷數多寡不同今）按丈牽計每丈銷銀一兩七錢二分四厘零

一東塘加築着土二百十一丈八尺共銷例估加貼銀二十二兩二分七厘二毫 按丈計算每丈銷銀一錢四厘

一東塘填築土堰三百六十二丈共銷例估加貼銀一百二十六兩五錢九毫五絲（其中寬深大尺不一每丈銷數多寡不等今）按丈牽計每丈銷銀三錢四分九厘零

以上第九案共銷例估加貼銀三萬八千二百七十一兩九分四厘

前案内例估加貼兩項銷數均照從前舊例不復逐為細列

第拾案同治十年分續辦東防搶築柴壩添建埽坦並拋填塊石等工内

一搶築柴壩六十八丈五尺共銷例估加貼銀一萬四千五百八十八兩二錢四分九厘七毫七絲五忽 按丈計算每丈銷銀二百十二兩九錢六分七厘零

一石塘之外添建埽坦二百三十四丈五尺并加拋塊石共銷例估加貼銀一萬三千二百五兩五錢一分五厘七毫五絲

按丈計算每丈銷銀五十六兩三錢一分三厘零

以上第十案共銷例估加貼銀二萬七千七百九十三兩七錢六分五厘五毫二絲五忽

前案內例估加貼兩項銷數均照從前舊例茲故不復逐項敘列

第拾壹案東防戴鎮兩汛舊石塘建復條石頭二坦水盤頭加築雁翅等工內

一建復條石雙橋頭坦一千一百五十五丈四尺共銷例估加貼新加銀五萬九千八百五十六兩五錢七厘其中寬深丈尺不一每丈銷數故各不同今

按丈牽計每丈銷銀五十一兩八錢五厘零

一建復條石單橋頭坦二千二百四十八丈一尺共銷例估加貼新加銀九萬四千八百二十六兩三錢六分三厘三毫五絲其中寬深丈尺不一每丈銷數故各不同今

按丈牽計每丈銷銀四十二兩一錢八分零

一建復條石二坦二千八百十二丈五尺共銷例估加貼新加銀十五萬二千三百四十六兩六錢六分四厘二毫其中寬深丈尺不一每丈銷數因有不同今

按丈牽計每丈銷銀五十四兩一錢六分七厘零

一建築忠則字號柴盤頭一座裏外勻長十七丈一尺五寸連頂土築高三丈四尺共銷例估加貼新加銀七千十一兩七錢八分七厘二毫八絲

一建築如松字號柴盤頭一座裏外勻長十九丈七尺五寸連頂土築高三丈四尺共銷例估加貼新加銀八千一百五兩二分七厘七絲

一建築典亦字號柴盤頭一座裏外勻長二十七丈連頂土築高三丈七尺迤東加築雁翅四丈共銷例估加貼新加銀一萬三千七十五兩七錢八分八厘七毫九絲五忽

以上第十一案共銷例估加貼新加銀三十三萬五千二百二十二兩一錢三分七厘六毫九絲五忽

前案內例估加貼兩項銷數係照舊例不復敘列

外所有此次請銷新加增貼一項逐為開明細
月于後
計開
頭二坦内
新小條石每丈新加銀一錢四分五厘
新塊石每丈新加銀四錢
沙石等匠每名新加銀五分
各項人夫每名新加銀四分
尺四尺五尺六椿木每根新加銀一錢一分
柴盤頭内
運柴創挖抬運拋堆等夫每名新加銀四分
尺五尺六二尺椿木每根新加銀一錢一分
新塊石每丈新加銀四錢

第拾貳案同治十一年分續辦東塘搶築柴壩改築
埽工等工内
一東塘搶築柴壩十一丈五尺共銷例估加貼銀
三千四百二十三兩八錢九分二厘一毫二絲
五忽
按丈計算每丈銷銀二百九十七兩七錢二分九
厘零
一西塘埽坦改築埽工六十丈共銷例估加貼銀
四千七百十四兩八錢三分
按丈計算每丈銷銀七十八兩五錢八分零
一西塘搶築柴工六十丈共銷例估加貼銀三千
二百八十八兩五錢九分二厘五毫
按丈計算每丈銷銀五十四兩八錢九厘零
以上第十二案共銷例估加貼銀一萬一千四百二
十七兩三錢一分四厘六毫二絲五忽
前案内例估加貼銷數條循舊例茲不復細叙

第拾叁案東中兩塘戴鎮二汛魚鱗石塘分別建修
拆築並建復埽工埽坦以及條石頭二坦水附
土工堰溝槽各工內
一建復東中塘魚鱗石塘三百十八丈七尺五百零一丈六尺共八百
二十丈三尺除打撈舊石抵用二成有餘外共銷例估加貼新
加銀三十四萬四千九百一兩三錢七分五釐
九毫六絲一忽五微一纖
按丈計算每丈銷銀四百二十兩四錢五分七釐
零
一拆修東中塘魚鱗石塘一百二十一丈五尺一百一十九丈七尺共二
百四十一丈二尺除打撈舊石抵用五成有餘外共銷例估加
貼新加銀七萬八千一百四十兩七錢六分九
釐七毫四絲八忽五微四纖
按丈計算每丈銷銀三百二十三兩九錢六分六
釐零
一建築中塘埽坦三百三十七丈共銷例估加貼
新加銀二萬七百二兩三錢四分八釐一毫
按丈計算每丈銷銀六十一兩四錢三分一釐零
一建復加築埽工八十三丈五尺共銷例估加貼
銀六千五百六十七兩四分五釐三毫七絲五
忽內建復四十五丈五尺加築三十八丈係牽計高寬報銷今
按丈計算每丈銷銀七十八兩六錢四分七釐零
一填築附土一千六十一丈五尺共銷例估加貼
銀四千八百六兩二錢八分七釐九毫四絲七
忽一微
按丈計算每丈銷銀四兩五錢二分七釐零
一填築溝槽三百十九丈二尺共銷例估加貼銀
一千四百十四兩四分五釐八毫七絲一忽四
微
按丈計算每丈銷銀四兩四錢二分九釐零
一建築土堰四百四十丈二尺共銷例估加貼銀
三百三十九兩一錢三分五釐五毫三絲二微
七纖
按丈計算每丈銷銀七錢七分
一建築條石頭坦三百十丈五尺共銷例估加貼
新加銀一萬三千六百九十二兩六分六釐七
毫五絲
按丈計算每丈銷銀四十四兩九分六釐零
一建築條石二坦三百三十一丈五尺共銷例估
加貼新加銀一萬八千六百三十五兩八錢二

分五厘
按丈計算每丈銷銀五十六兩二錢一分六厘零
以上第十三案共銷例估加貼新加銀四十八萬九千一百九十八兩九錢
前案内石塘坦埽各工之例估加貼兩項銷數係照從前舊例不復叙列外所有此次請銷新加增貼一項逐爲細列於後
石塘
各項工料項下新加銀數悉照第二第六兩案西中二防成案開銷
頭二坦
各項工料項下新加銀數悉照第四案繞城塘二坦成案開銷
埽坦埽工
搶柴每百觔新加銀四分七厘五毫
壓埽頂土每方新加銀二分二厘五毫
運柴刨挖夫每名新加銀四分
尺四五六檣木每根新加銀一錢一分

第拾肆案東中兩防戴鎮二汛舊塘後身加築附土戧土土堰壓帮寬等工内
一加築附土東防一千四百九十六丈二尺中防五百四十七丈共計二千四十三丈二尺共銷例估加貼銀一千八百六十七兩四錢八分四厘八毫
按丈計算每丈銷銀九錢一分四厘
一加築戧土東防一千四百九十六丈二尺共銷例估加貼銀一百九十六兩二厘二毫
按丈計算每丈銷銀一錢三分一厘
一填築土堰東防一千五百九十二丈二尺共銷例估加貼銀四百七十三兩六錢七分九厘五毫
按丈計算每丈銷銀二錢九分七厘零
一帮寬中防一百四十二丈五尺共銷例估加貼銀五百三十兩三錢八分五厘
按丈計算每丈銷銀三兩七錢二分二厘
以上第十四案共銷例估加貼銀三千六百七十七兩五錢五分一厘
前案例加兩項銷數係循舊例不復叙列

第拾伍案中東兩防翁尖二汛建修魚鱗石塘塊石坦水柴工埽工埽坦附土溝槽等工內

一建復中防翁汛魚鱗石塘三百十三丈八尺共銷例估加貼新加銀十五萬二百八十六兩四錢二分四厘六毫六絲三忽一微

按丈計算每丈銷銀四百七十八兩九錢二分四厘零

一拆脩中防翁汛魚鱗石塘七十七丈三尺除舊石抵用五成外共銷例估加貼新加銀二萬六千七百九十四兩九錢四分二厘三毫八絲三忽三微

按丈計算每丈銷銀三百四十六兩六錢三分五厘零

一建築中防翁汛埽坦二百六十八丈共銷例估加貼新加銀一萬五千七百十兩七分九厘六毫

按丈計算每丈銷銀五十八兩六錢一分九厘零

一建築改築中防翁汛埽工二十七丈共銷例估加貼新加銀三千九兩六錢四分五厘其中高寬丈尺不等每丈銷數不同多寡今

按丈牽算每丈銷銀一百十一兩四錢六分八厘零

一建築改築中防翁汛柴工三十一丈共銷例估加貼新加銀二千五百四十七兩五錢六分七厘五毫

按丈計算每丈銷銀八十二兩一錢七分九厘零

一填築中防翁汛附土三百九十一丈一尺共銷例估加貼銀二千九百十四兩一錢六厘九毫三絲九忽

按丈計算每丈銷銀七兩四錢五分一厘零

一填築中防翁汛溝槽一百二十三丈一尺共銷例估加貼銀六百五十九兩六錢六分七厘六毫五絲三忽

按丈牽計每丈銷銀五兩三錢五分八厘零

一建復東防尖汛魚鱗石塘二百六十七丈五尺除舊石抵用六成外共銷例估加貼新加銀八萬五千九百六十四兩四錢六分三厘六毫七絲七微

按丈牽算每丈銷銀三百二十一兩三錢六分二厘零

一拆修東防尖汛魚鱗石塘六十一丈五尺除舊石抵用九成外共銷例估加貼新加銀一萬五千四百十

七兩五分二厘五毫二絲一忽七微

按丈計算每丈銷銀二百五十兩六錢八分三厘零

一改建東防尖汛並毘連念汛境石頭二坦水單長計二千八百十六丈共銷例估加貼新加銀十萬二千四百十四兩四錢

按丈計算每丈銷銀三十六兩三錢六分八厘零

以上第十五案共銷例估加貼新加銀四十萬五千七百十八兩三錢四分九厘九毫三絲

前案內石塘坦埽等工例加銷數均循舊例其新加一項係照第二第四第六第十三等成案請銷不復敘列

第拾陸案同治十三年分西防加築埽工內

一加築埽工二十丈共銷例估加貼銀一千七百五十六兩四錢二分五厘

按丈計算每丈銷銀八十七兩八錢二分一厘零

前案內例估加貼兩項銷數係照從前舊例不復逐為敘列

第拾柒案修復原估海鹽魚鱗大石塘內

一修復十八層魚鱗石塘十五丈五尺除舊橋抵用二成有餘舊石抵用四成有餘外共銷銀一萬三千六百九兩四錢三分二厘六毫五絲

一修復十七層魚鱗石塘四丈半除舊橋抵用二成舊石抵用四成有奇外共銷銀三千四百十三兩六錢三分四厘

按丈計算每丈銷銀八百七十八兩二分八厘三毫一絲四忽

一修復十六層魚鱗大石塘八丈五尺四十七丈除舊橋抵用二成有奇舊石

按丈計算每丈銷銀八百五十三兩四錢八厘零

抵用四成五分外共銷銀三萬六千九百七十五兩四錢八分七厘

按丈計算每丈銷銀六百六十六兩二錢二分五厘

一脩復十四層大石塘一丈除舊石抵用四成有餘外共銷銀五百五十八兩二錢三分五厘五毫二絲二忽

以上第十七案共銷銀五萬四千五百五十六兩七錢八分九厘

前案銷數係照道光年間垂章等號成案開銷所有各項數目逐一具列於後

計開

丈五樁木每枝銀四錢一分

釘樁每根銀一錢

木匠每名銀一錢

大條石每丈銀四兩八錢二分二毫

鑿鏨安砌捻縫石匠每名銀一錢

抬運幫砌搗灰夫每名銀八分

石灰每石銀三錢

汁米每石銀二兩四錢

生鐵錠每個重四觔每觔銀三分

熟鐵鍋每觔銀六分七厘每個重一斤

鑿鏨錠眼每個銀一分

鑿鏨鍋眼每個銀六厘

土每方銀一錢八分

夯硪每方銀四分三厘二毫

抬灰米灌漿夫每名銀四分

圓作接銲匠每名銀三分

蘇皮每觔銀二分七厘六毫

汁鍋每口銀五錢

汁缸每口銀一錢六分

石硪每部銀五錢

硪肘每副銀七分五厘

灰籮每隻銀四分八厘

灰篩每面銀四分

汁桶每隻銀四分

高櫈每架銀二錢

木掀每把銀四分

樁箍每個銀三分

鐵繩每條銀九錢

鐵鋤每觔銀六分三厘每把重三斤

鉄鍬每觔銀六分三厘每把重三斤
鍬鋤柄每根銀一分九厘
土筐每隻銀二分八厘
桐油每觔銀三分八厘

第拾捌案東防念汛建脩東西兩頭石塘埽坦埽工
坦水附土等工内

一建復西頭魚鱗石塘五百三十五丈二尺共銷
例估加貼新加銀二十三萬一千三百十九兩
三錢二釐
按丈計算每丈銷銀四百三十二兩二錢一分零

一填築西頭隨塘附土五百三十五丈二尺共銷
例估加貼銀四千三百九十兩二錢七分五釐
按丈計算每丈銷銀八兩二錢三釐零

一建築西頭埽坦五百四十一丈五尺共銷例估
加貼新加銀三萬一千七百四十二兩五錢六
分八釐
按丈計算每丈銷銀五十八兩六錢一分九釐零

一建築西頭埽工二十九丈連拋護石共銷例估加貼
新加銀六千二百八兩八錢一分一釐
按丈計算每丈銷銀二百十四兩九分六釐零

一建復東頭魚鱗石塘一百四十六丈五尺共銷
例估加貼新加銀六萬三千三百十八兩九錢
五分七釐
按丈計算每丈銷銀四百三十二兩二錢一分一
釐零

一填築東頭隨塘附土一百四十六丈五尺共銷
例估加貼銀一千二百一兩七錢四分七釐
按丈計算每丈銷銀八兩二錢三釐零

一拆修東頭魚鱗石塘三十二丈除舊石抵用五成外共銷
例估加貼新加銀一萬一千九十二兩三錢二
分九釐
按丈計算每丈銷銀三百四十六兩六錢三分五釐零

一填築東頭隨塘附土三十二丈共銷例估加貼

銀二百六十二兩四錢九分八釐
按丈計算每丈銷銀八兩二錢三釐零
一建築東頭埽坦三百二十五丈五尺共銷例估
加貼新加銀一萬九千八十兩七錢一分三釐
按丈計算每丈銷銀五十八兩六錢二分
一改建東頭埽工二十丈連拋護石共銷例估加貼銀
三千九百五十八兩六錢五釐
按丈計算每丈銷銀一百九十七兩九錢三分零
一改建東頭塊石頭二坦水單長十三丈共銷例
估加貼新加銀四百七十二兩七錢九分四釐
按丈計算每丈銷銀三十六兩三錢六分八釐零
以上第十八案共銷例估加貼新加銀三十七萬三
千四十八兩五錢九分九釐
前案內例估加貼兩項銷款悉照從前舊例其新
加一項係照第二第四第六第十三第十五等
成案請銷茲故均不復為逐一敘列

第拾玖案東防念汛初限建修石塘柴壩附土溝槽
等工內
一建復魚鱗石塘六百六丈五尺除舊石抵用六成有奇外共
銷例估加貼新加銀二十八萬一千一百六十
九兩八錢五毫五絲七忽
按丈計算每丈銷銀四百六十三兩五錢九分四
釐零
一拆修魚鱗塘十三丈五尺除舊石抵用五成有奇外共銷例
估加貼新加銀四千三百九十五兩八錢五分
按丈計算每丈銷銀三百二十五兩六錢一分八
釐零
一隨塘填築溝槽六百二十丈共銷例估加貼銀
五千八十五兩八錢九分三釐八毫五絲七忽
按丈計算每丈銷銀八兩二錢三釐零
一隨塘填築附土六百二十丈共銷例估加貼銀
五千八十五兩八錢九分三釐八毫五絲七忽
按丈計算每丈銷銀八兩二錢三釐零
一建築柴壩二十三丈五尺共銷例估加貼銀二
千二百五十一兩四錢九分五釐
按丈計算每丈銷銀九十五兩八錢八釐零

以上第十九案共銷例估加貼新加銀二十九萬七千九百八十八兩九錢三分三厘二毫七絲一忽

前案内例估加貼兩項銷數均循舊例至新加一項亦照歷銷成例開報故不復爲細列

第貳拾案建修東防头汛石塘坦水盤頭並戴念二汛坦埽等工内

一拆脩头汛魚鱗石塘六十丈（除舊石抵用七成有奇外）共銷例估加貼新加銀一萬七千七百九十四兩六錢二分五厘

按丈計算每丈銷銀二百九十六兩五錢七分七厘零

一建築头汛黍稷字號柴盤頭壹座裹外匀長二十六丈連項土築高三丈五尺共銷例估加貼銀九千四百七十六兩五錢九分一厘

一建築头汛塊石单坦二百六十丈共銷例估加貼新加銀一萬一千五百三十四兩六錢四分

按丈計算每丈銷銀四十四兩三錢六分四厘

一建築戴汛條石頭坦十三丈五尺共銷例估加貼新加銀七百十七兩一錢二分九厘

按丈計算每丈銷銀五十三兩一錢二分零

一建築念汛碣石字號柴盤頭壹座裹外匀長二十六丈連項土築高三丈五尺共銷例估加貼銀九千四百二兩一錢五分三厘

一改築念汛埽工二十二丈共銷例估加貼新加銀二千二百五十四兩一錢二分二厘

按丈計算每丈銷銀一百二兩四錢六分零

一加築念汛埽工九丈共銷例估加貼新加銀六百五十九兩七錢七分二厘

按丈計算每丈銷銀七十三兩三錢八厘

以上第二十案共銷例估加貼新加銀五萬一千八百三十九兩三分二厘

前案内例估加貼兩項銷數均照從前舊例其新加一項係照歷次准銷成案開報不復逐爲叙列

第念壹案脩復海塩魚鱗大石塘坦水等工內
一脩復十五層魚鱗石塘三十三丈除舊石抵用五成外共
銷銀一萬九千八百四十二兩七分三釐
按丈計算每丈銷銀六百一兩二錢七分四釐零
一脩復十四層魚鱗石塘五丈除舊石抵用五成外共銷銀
二千六百七十六兩八錢七分六釐
按丈計算每丈銷銀五百三十五兩三錢七分五
釐零
一脩復十七層魚鱗石塘二十二丈五尺除舊石抵用五成外共銷銀一萬八千九百四十二兩一錢四分
九釐
按丈計算每丈銷銀八百四十一兩八錢四分三
釐零
一脩復十六層魚鱗大石塘十七丈除舊石抵用五成有奇外
共銷銀一萬一千三十四兩九錢四分九釐
按丈計算每丈銷銀六百四十九兩一錢一分四
釐零
一脩復十八層魚鱗石塘五丈五尺除舊石抵用五成有奇外
共銷銀四千九百四十四兩四錢八分五釐
按丈計算每丈銷銀八百九十八兩九錢九分七
釐零
一建築塊石雙坦一百七十一丈除舊石抵用五成外共銷
銀七千八百七十兩七錢七分八釐
按丈計算每丈銷銀四十六兩五分一釐零
以上第二十一案共銷銀六萬五千三百十五兩三
錢一分
前案內石塘銷數係照道光年間垂章等號並第
十七案成例請銷其坦水一項係循歷次准銷
成案開報茲故不復贅列

海塘新案

外辦章程

督辦塘工總局司道為詳明事案奉

前護憲蔣　札開以海塘工程關係蘇浙兩省農田水利亟應設法脩築以資保衛當經委員分往海甯德清海鹽等處勸辦米捐接濟並飭在省設立塘工總局督同各員將脩築海塘工程設法妥議章程認真經理仍將開局辦理日期報查等因嗣又奉

前護憲蔣　札飭以海塘工程緊要亟應乘此潮平水涸之時將各處缺口要工搶辦完竣以衛農田業經

奏明將杭嘉湖三府米捐銀兩撥歸塘工之用札局即派妥員沿塘設立分局督辦一面委員分投收買柴草並催趕解米捐銀兩濟用仍將委設分局辦理緣由報查各等因奉此除遵札辦理外當將啟用關防開局日期申報在案　本司

職道等遵即擇於翁家埠汛設立分局委派補用同知坐補廣西興安縣知縣周壽祺候補縣丞江順詒前往駐局會同將收支銀錢一切事

務認真經理一面先給款項飭委候補游擊夏守先候選知縣秦汝森候補縣丞劉開禮補用主簿王序瑚分投赴山購辦塘柴樁木運工濟用所有修築海塘工程以及應辦各事今本司道等現已擬就章程八條理合繕具清摺備文詳請仰祈

憲臺察核示遵除詳

督撫二憲外為此備由呈乞

照詳施行

今呈送清摺一扣

謹將設局修理海防柴壩等工酌擬辦法章程八條開具清摺恭呈

憲鑒

計開

一請添設分局以便照料也查杭州離海甯百有餘里工段甚長而決口最大者莫過於翁家埠該處又為杭州至海甯適中之地擬請即於翁家埠設立分局並請添派委員駐局照料與工及稽查樁柴樁木到工觔兩丈尺各事務並專司收支銀錢帳目除大批款項由總局給發外其工次委員薪水差役飯食各項夫價暨需用一切什物等件均歸分局支放

一興辦塘工應分別堵禦以期鞏固也查三防工程自五堡起至海甯止計大小缺口五十餘處其海甯迤東毘連缺口大小五十餘處均擬在口門之內審度其勢建築柴壩又石塘尚整而塘脚漏水樁木朽爛者擬於石塘之外修築柴埽保護其石塘後附土坍陷之處擬於塘後填土鑲柴以培後靠其餘應修各工自應察看情形分別緩急隨時報明興辦

一派委員弁監工督理以昭慎重也查此次修築海塘工長事繁一有照料不到之處即有減料偷工之虞現擬一俟柴料到工即將海甯迤西之翁家埠等處要工先行興辦除已派營員候補游擊王東林等分段駐紮監修外仍須添派委員照料並兼管柴料樁木各事宜

一委員購料到工應令分局委員認真驗收也

查以前購買物料多有未能核實現在經費艱難必須力求撙節以期銀歸實用款不虛糜擬定嗣後凡有委員辦料先給銀洋若干俟柴船樁木運抵閘口由辦料委員派人先赴總局投呈發票發票內註明檜柴担數觔兩樁木圍圓丈尺數目總局將發票收下偹案換給局票交來人收執飭令來人將柴料押赴某塘某字號工次交納並將局票呈送分局由分局委員督同管工委員並該管汛弁跟同抽秤丈量核對與總局換給之票觔兩數目是否相符符則由管工委員會同汛弁照數起發出具收管呈報分局由分局出具收票令伊赴總局找領價值若柴料與局票不符即於收票內註明收到數目若干由總局另算折扣以昭核實

一 檜柴樁木既到工次應派人經管以免偷漏也查以前柴料抵工向派夫長承起承管俟用料時由管工委員轉派家丁或塘兵過籌記數其偷漏朦混不一而足此次柴料樁木到工經分局委員赴埠秤過丈量之後即令管工委員會同汛弁監收收到若干由該員弁派人經管其看役飯食由分局給發一面出具收結呈報分局若這段工未經派管工委員者即令該汛把總收俟於用時煩駐工營員遴派妥貼蓬頭什長會同過籌記數倘有短少即惟該管之員弁是問如此各有稽查之責似不致任其偷漏也

一 夫工應令包價以期節省也查從前凡遇搶脩缺口工程均是點工與作兼放籌土其中百弊叢生防不勝防此次脩築柴壩等工應飭令分派委員會同海防守偹親自丈量察看地勢深淺以定柴壩工程高濶核計每丈需用土方若干再定價值多少並令監工員弁督押每鋪柴草一層蓋厚土一層總以看不見柴草為度如此辦理雖不能弊絕風清而較之籌土點工者是可撙節

一 塘工浮費應一律裁革也查塘工與河工異從前人人視為利藪一過辦工之時海防營弁塘兵各衙門差役每丈向各項夫頭工匠索取規費自數百文起至數千文不等各夫

役無非高抬夫價以償自己之虧此外凡有
局中發款若輩無不睹中需索殊堪痛恨當
此經費支絀亟應嚴行禁革以除惡習而節
縻費自此次定章之後倘再不知悛改一經
查出除將弁兵差役從嚴懲辦外仍將海防
守備並該管衙門嚴行參辦以示懲儆而昭
核實
一在工文武員弁應分別賢否勤惰以昭勸懲
也查此次興修柴壩等工事繁日久辦料委
員監工員弁如能廉潔自愛勤勞倍著始終
其事者自應分別記功詳請
奏咨獎叙以示鼓勵其有貪劣怠玩者亦即立
予參撤以示懲儆
同治四年正月二十一日詳二月初五日奉
撫憲馬　批所議章程尚屬妥協仰即如詳辦理
惟包工一節最易偷減務須諄飭委員認真查
察核實辦理是為至要仍俟
督部堂批示繳摺存

督辦塘工總局司道為遵札會議詳請事竊奉
撫憲臺札開現在興辦海甯州繞城石塘工程浩
大非搶築缺口情形可比一切事宜未可草率
從事其在工文武大小各員弁自應預為派定
職司以免貽悞除專札杭防陳道暨候補唐道
會同該局將購料集夫以及分段承辦興築監
工驗料等事務須逐一妥議條規開摺稟請核
示辦理外札局查照會同妥議條規開摺稟候
核辦等因奉此遵即會同將集夫購料與築監
驗及派定文武員弁職司各事宜分別酌擬八
條開摺具文詳請
憲臺鑒核批示俾得遵辦除詳
撫督二憲外為此備由呈乞
照詳施行
今呈送清摺壹扣
謹遵會議修建海甯繞城石塘集夫購料與築
監驗以及派委文武各員職司緣由酌擬八條
具摺恭呈
憲鑒伏乞
核示施行

計開

一辦理石塘今昔殊情也伏查海甯繞城魚鱗石塘建自雍正十三年其時嵇中堂曾筍疏以臨水做工一日兩潮油灰漿汁無所施用請先將舊塘脩築以固藩籬另於塘後度基建築原以前無障蔽無從施工也今查繞城石塘外埽無存坦水亦漂失殆盡是真臨水做工開槽清底潮汛漲溢在在為難且舊樁霉朽梗斷土中釘樁更多吃力其坦去潮冲塘底間有深至丈餘之處尤須設法下樁原塘十六層今改建十八層亦以塘腳低矬非此難資捍堵此初建與脩建難易懸殊之實在情形也

一辦理石塘先資坦水也伏查海甯繞城石塘坦水建自雍正間乾隆元年補砌二層二十五年加建三層原以潮冲沙活資為保護塘根之具現已一律漂失水勢平鋪脩建頭二兩坦已在水中興工如果歲脩有常兩坦亦資保護若不隨時脩補非有重沙疊漲坦石斷無不隨水漂蕩之理坦水壞則塘身亦斷無不乘虛坍卸之理此坦水為保護石塘第一之要着也查坦水向用條石蓋面塊石填心條石係產于紹邑之羊山烏門山塊石係出于富陽之長山衖海塘石工多年未辦其石價宕本每丈每方需錢若干船運水腳需錢若干條石盤壩每丈扛抬辛力若干皆無從查悉刻已派員赴山採辦查明確實價目或有宕戶承認辦運到工先悉底細免資朦混至興工一面脩建坦水於繞城未坍石塘藉以保護此石塘先資坦水之實在情形也

一盤頭石堵宜擇要先建也查盤頭即挑水壩靠海舐冲底深溜急非趁秋冬潮落勢難下埽若一時齊建誠恐夫料不能應手擇自都字號尤為吃緊之盤頭擬以先行脩建其康沛宮殿字號兩盤頭暨康好爵字號之石堵以次遞脩而調工力

一工次需用夫役船隻宜廣為招募也查石塘久未興辦自遭亂後本地石匠抬夫多半流亡改業此次興工斷難一呼驟集現除飭東防同知孫丞海甯州靳牧及甯紹府縣飛速

廣為招募外並飭來工武員酌量招集總期協力同心不懈不擾今酌定打撈本號舊石每夫每日給飯食錢百文每塊給辛力錢三十五文打撈外號石每塊共給工食辛力水脚錢壹百四十文現已示諭核實給發不折不扣並嚴禁需索此係現定章程甫經試辦如變通之處當隨時酌改以免苦累而昭核寔其打撈之處亦經示諭只准擺石之在水中及坍塌缺口石落沙上無依附者方聽其打撈其完善塘石及間有坍塌尚足保護塘根者悉行禁其採取并通飭各汛員弁加意看守不致以拆舊建新為詞樁架人夫查現在三防併計海鹽海甯三江樁架不過四十餘副修建石塘坦水全在樁夫應手辦工方期迅速但三防外埽亦是刻不可緩之工若全行調辦未免有顧此失彼之虞擬俟石塘興工先行分撥二十副一面耑人前往海鹽並山陰所屬之三江錢塘所屬之四鄉等處僱辦仍札飭各該縣出示諭令趕速來工船隻除打撈外載運條石塊石等項需用甚多查兩岸鹽場滷船祇五十餘隻鹽務亦關緊要自應隨時酌量招運兩不妨礙為宜再查會稽所屬之曹娥江百官蒿壩一帶蕭山所屬之義橋聞堰沿江等處向有裝貨百官船一名八卦船除札飭各該縣並船局委員查報核辦外並飭東防廳海甯州出示封僱附近船隻以應急需此各項夫役現辦之實在情形也

一物料宜為籌備也查石塘所需樁木條石塊石灰鐵油蔴等項繁瑣無比而樁木尤難為合式其塘身坦水樁木俱以長二丈外圍圓尺五六寸為佳頭杪尤須相稱現經蘇道赴嚴州一路採辦自能斟酌悉宜惟木料既多其中恐不無牽湊配搭不合用者到工核量挑剔變價以節虛糜亦免久擱沈落灰鐵油蔴等物需用略緩次第趕辦尚不為難

一經費宜預籌撥也查石塘工鉅費繁樁木仿照柴塘辦法由局發價採辦運工分局照收造報其餘物料夫工需費尚多每月支發若干應由總局寬為籌辦若能就近撥發既免

解運花費又免鋪店底扣短少於公事不無裨益其解領仍由分局備文報明總局以憑查核

一分管工段物料人員宜分別酌派也查塘務繁冗非逐項派員經理事無責成一項之中收發管驗一員恐難兼顧且工段綿長一有不到百弊環生而散漫無稽尤恐紛紜舛錯現除趙令管理帳目外擬派同知等官總查一員監工四員請鍋一員採辦石塊一員木石兩務各一員佐以司事各二人幫同照料灰鐵油蔴等物款項較輕擬專用司事二人押同揀撈舊石現派差遣武員二人倘員數不數派遣隨時移商總局添委斷不令有虛曠

一監修文武員弁宜予限分別勸懲也查此次興辦石塘較之柴工尤為吃緊若物料人夫應手不難剋期蕆事倘橋架抬夫招募無多告竣不無稍緩惟各員在工櫛風沐雨非尋常差使可比似難久持擬請文員期年一換以均勞逸當差勤慎者查照柴埧記功章程詳請記功拔委以示優異怠玩偷安者記過停委其武弁當差勤惰事同一律亦可照辦如此明定章程庶足示勸懲而勵將來

以上八條謹就現辦事宜分別酌擬將來如有變通損益自應隨時詳請

憲示遵行再查繞城石塘此次係擇要修建除勘估丈尺外如工程期內另有坍卸之處隨時詳

請

核辦合併陳明

同治五年九月十八日詳十月十六日奉

撫憲馬　批所議各條均屬妥洽仰即如詳辦理

仍候

督部堂批示繳清摺存

督辦塘工總局道為詳請事案奉
撫憲臺札開照得搶築西中兩防缺口柴壩外埽
各工現據該局詳請
奏報完竣並據該局詳尾申明搶辦工程向無保
固限期然能否邀准尚未可知即使照准而已
竣之工尤須隨時保護方免坍卸札局遵照妥
議善後章程詳請附
奏等因奉此除遵照妥議章程六條另文會詳請
奏外尚有應議外辦善後各事宜茲經本司道等
會擬五條是否有當理合繕摺備文詳請
憲臺察核示遵除詳
督撫二憲外為此備由呈乞
照詳施行
今呈送清摺壹扣
謹將西中兩防已竣柴壩外辦善後章程伍條
繕具清摺呈請
憲鑒
計開
一西中兩塘已竣各工應存款保固也查此次
報竣各工雖由廳備出具保固甘結但該廳
備並無銀錢經手與從前領款承辦者迥別
現於外銷公費內撙節扣存洋九萬元錢一
萬串寄儲藩庫以為保固銀兩如西中兩塘
報竣工段遇有限內應修之工准其稟請酌
量動用興脩由局核請藩庫給發或限外興
修不得於此項保固銀兩之內動撥以清界
限
一已竣柴埽各工責成廳備隨時保護也查向
章各防工程遇有小修由廳備督飭弁兵隨
時挑築完固此次設局興辦大工各汛弁兵
除月餉外均給有薪水飯食名目現在雖經
停給而報竣各工如僅用土方茅草脩築者
應飭廳備責成汛兵挑築不得由局動款以
節縻費至茅草一項應預先購積者由廳備
開摺稟請總局核給以示體卹
一提存保固銀兩限滿後歸入歲脩存案也查
此次保固提存之款如係限內興脩自應稟
請動款或二年限滿後尚有盈餘即不能再
作保固名目擬請劃歸歲脩項內動支以昭
核實

一已竣各工遇有興脩應飭廳備詳估也查此次已竣各工無論限内限外動款興修應飭廳備詳請勘估俟批准後由總局動款興修如係保固領款毋庸劃扣公費

一廳備擬增薪水以資辦公也查向來興辦各工均由廳備領款承修此次改爲設局委員經理實用實銷廳備概不經手銀錢其應得廉俸薪水實屬不敷公用擬請由外銷公費款内每月各加給銀伍拾兩以資津貼而免苦累

同治六年十二月十三日詳十七日奉

撫憲馬　批所議各條尚屬周妥仰即如詳辦理仍候

督部堂批示繳摺存

督辦塘工總局司道爲續議詳請事案奉

陞任督憲馬憲臺札開照得搶築西中兩防缺口柴壩外埽等工現據該局詳請

奏報完竣並據該局詳尾申明搶築工程向無保固限期然能否邀准尚未可知即使照准而已竣之工尤須時加保護方免坍卸札局遵照妥議善後章程詳請附

奏等因遵經妥議善後歲脩章程會詳請

奏並另議外辦善後章程伍條開摺詳奉

陞任督憲馬台批示所議各條尚屬周妥仰即如詳辦理仍候

督部堂批示繳摺存等因奉經遵行辦理在案本司道等伏查前議外辦章程伍條内開已竣各工遇有興脩應飭廳備詳請勘估該廳備撙節估辦或拆築或加鑲既不容稍涉浮冒自仍宜酌定數目以示限制本司道等謹再添議一條繕摺具詳是否允協伏乞

憲台察核批示遵行除詳

撫督二憲外爲此備由呈乞

照詳施行

計呈送清摺壹扣

謹將添議西中兩塘已竣各工外辦善後章程一條開摺呈請

憲鑒

一拆脩各工銀數宜有限制也此次柴埽各工無不力求堅實惟恐霉伏秋汎山潮並旺所

築新工經歷未久或致矬損偶形該廳修稟
請興修往往不知撙節抑思外銷公費扣存
保固一項原為體卹廳備起見未可藉此浮
開即限外歲修亦復經費有常不得任意多
請致嫌浮冒查志載外辦章程埽工每丈估
銀九十七兩有零拆修每丈銀六十餘兩加
鑲每丈銀三十餘兩盤頭每座估銀六千兩
拆修每座銀二千餘兩加鑲每座銀一千餘
兩皆歷有成例可稽此後拆修工程無論限
內限外應由杭防道履勘後擇要興修核寔
估計柴埽各工銀數照例估不得過六十兩
加鑲減半盤頭拆修照例估銀不得過三分
之一加鑲銀不得過六股之一其有原估多
於例估者則臨時查案酌核至柴埧裏頭銀
數不一每丈拆修亦即查照原辦成案酌量
核減如以上柴埽等工須拋塊石則不在歲
修之內歸於另案辦理若埽坦條屬後來名
目雖無例案可援而拆修有舊料可抵應照
現辦鳥官人皇始等字號新建銀數核作三
分之二以示限制以杜浮冒

同治七年四月十八日詳二十八日奉
撫憲馬　批所議尚屬妥協仰即如詳辦理移行
毋違併候
督部堂批示繳摺存

督辦塘工總局司道為會議詳請事竊照浙省海
甯繞城各工因年久失修間段坍卸前蒙
陞憲任督憲馬台奏明設局辦理並奉派委補用唐
道林道先後駐工會同各營道督率建築自同
治五年十月初六日開工迄本年三月初五日
一律告竣當准督辦林道將完竣各工字號丈
尺繕摺移送前來業經開單會詳請
奏在案本司道等伏查前項海甯繞城各工經駐
工各道親督建築無不力求堅固惟近來南沙
送漲海潮直趨北岸每遇伏秋大汛尤為猛湧

前項坦水等工不無沖損，自應隨時脩葺，其應需一切必須預為籌議，以垂久遠。本司道等謹會議善後歲脩保護章程四條，開摺具文會詳，是否有當，仰祈

憲台察核示遵。除詳

督撫二憲外，為此備由申乞

照詳施行。

計詳送清摺壹扣

謹將會議辦竣海甯繞城各工善後歲脩保護章程四條開摺恭呈

憲鑒

計開

一護塘坦水宜責成汛弁隨時脩補也。查康字號至殿字號建復兩層坦水各六百八十餘丈，原藉頭坦以護塘根，藉二坦以護頭坦，但潮汐撞激，樁木間有欹斜，條石即隨之掀動，若不及時脩補，將至連片揭起，貽悞多費莫此為甚。應責成該汛把總隨時察看，若損一樁一石，即稟明該管廳備立時釘砌，仍令該廳備將某汛某字號補釘幾樁、補砌幾石，按月詳報總局及杭道衙門查考。杭道不時親臨閱視，如有殘缺未補，惟該汛弁是問。

一護坦竹簍宜補拋塊石也。查靜情都邑及渭棣等字號因水深不能施工，仿照雍正十三年、乾隆八年之例，改用竹簍，共長四百五十餘丈。惟竹絡難以持久，一遇樁木動搖，塊石不免漂失。此後竹簍如有損壞，應令該汛弁即刻稟知廳備，驗明補釘外樁，將存備塊石隨時補拋，務令填實，以固頭坦。

一節省銀兩擬發典生息為歲脩經費也。此段石工原估銀二十四萬兩，茲經極力撙節，除實用外，計節省銀三萬一千餘兩。查坦水保固例限四年，而竹簍雖係兩年限滿，或有蛀腐潑損，不能不隨時加脩。從前東防定額歲脩銀伍萬兩，專為脩理坦水之用，現在石塘並無歲脩專款，應請以此項節省生息銀作為坦水竹簍限外修補之費。至新建盤頭三座，限外如有坍卸，應由該廳備稟請杭防道勘估後，詳請覆勘。所需經費應於歲修項內動給，仍按銀數五百兩上下分別

奏咨辦理

一修補物料宜預備也查限外物料已有歲脩息銀可資應用備辦自易至限内物料現據繞城工局委員詳稱存塘樁木一千二百八十四根條石二千二百二十塊塊石四十六方又錢三百八十五千五百八十一文均經移交東防同知收存脩用惟移交塊石為數甚少應令分局委員按照現購價值採運約湊三四百方積堆塘上隨用隨即補備仍同各項物料按月詳報以憑查核又移交錢款

亦屬無多所有購添限内物料經費應令分局委員稟明總局另籌發給不得動用歲脩生息款項

同治七年四月二十八日詳閏四月初二日奉

撫憲馬　批所議各條均屬妥協已照章分飭杭道暨東廳守備並專諭鎮汛端木把總遵辦矣該局即再分行遵照至節省銀兩擬請發典生息一條本部院業已分行藩司及牙釐塘工二局會議詳辦在案該局即便查照另札詳辦毋違仍候

督部堂批示繳摺存

同治柒年閏四月十八日准

杭道衙門為移知事同治柒年閏四月初五日

奉

撫憲李　札開據委辦海甯繞城石塘委員留浙補用道林聰彝申稱繞城石塘刻已一律告竣足資保護惟潮汐靡常此後歲脩全在該汛弁兵認真經理方能持久酌議善後章程六條開摺呈請飭遵等因到

前

陞院馬　開諭四條飭鎮汛把總端木啟順認真經營外移交到院行道即便轉飭該廳備遵

照條款嗣後遇有損壞工程隨即照章修補認真經管該弁等倘或故違定干查究決不稍貸等云奉此除飭該營廳備遵照外擬合抄單移知為此合移

貴局請煩查照施行

計抄單

一坦水必須隨時修理也查頭坦專為保護塘根二坦及竹簍均係保護頭坦每經大汛最易沖損矬低全賴有缺即補庶免日甚一日應嚴飭汛弁時加詳細察看有片石離槽一樁撥損均即報明廳備並開單呈報總局及杭防道衙門毋得隱諱東防廳開報五即督工修理切勿延緩如未行呈報咎在該汛報後未修咎在該廳經杭防道臨塘查出分別記過重則從嚴參辦倘本汛並無矬損及矬損後已經修好亦由東防廳按汛報明總局及杭防道毋得遺漏如坦水修補齊全繞城塘各工亦無失事扣滿壹年廳汛均記大功以昭激勸

一附土當隨時填滿也查塘後附土低矬則水無消路最易損壞塘身現在通工均將附土填成裹高外低水有去路嗣後遇有水溝漏洞隨即修理費力無多皆塘兵分所應為而海防陋習每於上憲閱塘時面上將土填平暫為掩飾而底下穗其空虛一經雨淋仍成漏洞嗣後應責成該汛督令兵丁隨時填滿務令堅實倘苟且塞責仍任低矬廳備查出將該汛弁詳請記過營既兵丁棍責廳備容隱一併記過

一盤頭等工宜按時添料修培也查康沛自都宮殿盤頭三座經霉秋兩汛後每易低矬樁頭露出應加柴加土照舊填高而康沛而雁翅山水當沖急溜洄旋甚關險要前已拋石極多如遇十分漲險驗明酌再拋石以期永固至石堵日久如有欹矬裂縫之處立即培填完好毋得忽視

一船隻最損坦水宜嚴行禁止也向例船隻不許靠塘灣泊屢次示禁在案而海甯停船絡繹緊靠塘身起貨全舟泊於坦水之上壓倒排樁並掛纜大塘拋錨下椗將坦石撬起觸

縣種種損壞情形最為可惡汛兵明知故縱船戶蓋肆無忌憚日積月深受害匪細嗣後責成汛弁驅逐船離坦水停泊遠搭跳板起貨如敢再故違立將掛纜割斷該汛弁兵一併究懲庶幾知所儆懼保護全塘也

督辦塘工總局司道為詳請事案奉

撫憲台札以現在三防柴壩已報完竣各工需柴較少嗣後除大龍頭緊要工程由局隨時派辦或歸廳辦外其餘無論限內限外統歸廳辦以省轇轕而復舊制札局分飭遵照至向由廳辦章程該局亦即查明斟酌妥善詳候察核飭遵等因奉此遵經分飭遵照並移杭防道衙門查明向章移局詳辦去後茲准查有向章六條開摺移局核詳並移明柴壩完竣後曾奉

前撫憲馬　奏明善後章程嗣後每年歲修領款統由總局核給並無外銷公費除部飯照章核扣平餘外不得絲毫扣減與第二條向章不同尚希酌核詳辦等因准此本局伏查

前撫憲馬　奏明善後章程每年歲修領款統由總局核給並無外銷公費除部飯照章核扣平餘外不得絲毫扣減係因近年工料昂貴若再扣減斷不敷用有礙要工杭防道移稱第二條向章尚希酌核亦係慮及今昔情形不同難以援照且現在總局經理塘工未竣一切支放工需仍由局分別核發自應仍照

前撫憲馬　奏定章程辦理為是至舊章所載歲修銀兩搭放官局制錢及扣存一分數如何分起找給之處應俟總局撤後歸杭防道衙門因時制宜再行酌量詳定可也茲謹將舊章六條並增議四條開摺備文詳請

憲台察核示遵除詳

撫督二憲外為此備由申乞

照詳施行

今呈送清摺兩扣

謹將准杭防道移送向由廳辦舊章六條錄摺

恭呈
憲鑒
計開
一塘工遇有坍卸由該管工員通詳請勘如實
係工關緊要勘明請修者即由該管工員核
實估計銀數開具確估清摺呈送司道由司
道會詳請
奏一面由杭州府造具估冊詳送司道由司道
會詳請
題准估後仍由杭州府造具銷冊詳送司道由
司道會同詳請
題銷
一查向章放給塘工銀兩假如估銀壹萬兩內
扣存一分銀壹千兩再照估數扣六分部平
銀陸百兩自道光二十三年起委解戶部充公其二十三年以前僅扣二分
工程平餘報明戶部留存司庫作為別項工用再按所估柴薪橋
木條石銀若干兩扣一分二釐部飯銀若干兩解
繳部工扣一分八釐平餘銀若干兩留存司庫作為外辦緊要工
程之用餘銀若干兩按八成實銀放給尚餘二
成按銀壹兩折給制錢壹串搭放其所扣一
分銀兩該工固限及半放給前五釐固限已
滿並奏
部准銷後找給後五釐清款
一歷辦歲修工程向將該工前于某年某月某
員承辦查明已逾固限於估銷冊首聲敘
一外銷款目從前額有商捐銀壹萬兩及每年
海塘項下所辦工程扣存一分八釐銀兩作
為外辦緊要工程之用例不報部亦無固限
明文只須工竣後造冊詳送司道由司道核
明轉詳請銷
一廳備承辦工程報竣由道飭委杭州府赴工
驗收具結送道轉呈其保固自驗收之日起
限倘工在限內陞遷調署留丁防護如有沖
損隨即賠修仍取家丁姓名年貌籍貫切結
送道備查
一塘工保固年限拆健魚鱗塘十年條塊石塘
七年條塊坦水四年塊石坦水三年理砌魚
鱗石塘四年拆築柴埽各工二年加鑲柴埽
各工一年拆築柴盤頭二年加鑲柴盤頭一
年

謹將本局添議章程四條開具清摺恭呈
憲核

計開

一東中西三塘自同治四年開辦起至八年十二月止計東塘先竣柴壩三千一百七十九丈七尺四寸塘後鑲柴六百九十五丈子塘横塘附土土堰等工三千三百五十八丈柴盤頭一座又繞城石塘二百八十四丈一尺七寸頭二兩層坦水六百八十八丈八尺石堵三十九丈二尺柴盤頭三座土堰二百九十七丈五尺續竣柴壩一百四丈五尺鑲柴五十丈柴盤頭兩座西塘先竣柴壩七百三十五丈五尺裹頭八十二丈柴盤頭壹座埽工埽坦七百七丈八尺鑲柴二百三十四丈四尺附土子塘横壩面土行路一千七百八十七丈二尺續竣柴盤頭壹座埽工埽坦二千二百二十九丈五尺柴工二百九十丈後竣埽工埽坦一百二十八丈中塘先竣柴壩一千八百二十丈一尺鑲柴二百四丈八尺柴工三十丈埽坦一百九十九丈附土横塘九百二十五丈續竣埽坦一千八百五十二丈柴工十二丈均經詳請
奏
報在案其應籌歲脩除繞城石塘以及鑲柴附土土堰子塘横塘横壩面土行路等工外所有東塘先竣柴壩三千一百七十九丈七尺四寸除繞城柴壩三百三十一丈已建復石塘坦水另籌歲脩外其餘柴壩並柴盤頭壹座曾經詳定每年歲脩銀三萬八千兩自八年分起又繞城頭二坦水六百八十八丈八尺石堵三十九丈二尺柴盤頭三座亦經詳定每年生息銀三千兩歸坦水歲脩又另籌銀六千四百兩以三千三百兩專歸盤頭歲脩自八年分為始三千一百兩歸併坦水歲脩自十年分為始西中兩塘先竣柴壩二千五百五十五丈六尺柴盤頭壹座埽工埽坦柴工裹頭一千十八丈八尺又西塘舊柴埽工一千九百八十六丈歸併該兩防歲脩先經詳定自七年分起每年歲脩銀六萬五千兩續竣柴盤頭壹座埽工埽坦柴工四千一百七十五丈五尺亦經援案詳定自八年

七月為始每年添撥歲脩銀四萬兩其西塘致雨等號大龍頭共工一百五十二丈又後建垻外埽坦九十六丈業經詳請另籌歲脩銀二萬兩自八年分為始以上三塘除發商生息一款外其餘各工歲脩銀兩均由牙釐總局按年分別撥解藩庫存儲備用遇有限外沖損工程仍由該管廳備稟請杭防道勘估詳准移局轉請藩庫撥解來局給領承辦平餘部飯等款仍照章扣核分別報解再嗣後三塘續建柴石各工應定歲脩俟工竣再行撥案核請另案詳辦

一此後各防工程除實係搶險不及稟請杭防道履勘酌估外其有應請勘估而假稱搶險逕報開辦者雖墊款不准開支

一限外工程動支歲脩款項承辦人員固應照例保固其有尚未滿限而拆築加鑲動用保固項下存款者併凡領款承辦工程亦當責成承辦之員分別保固年限以期核實

一限外工程拆脩銀數應再嚴定限制以杜浮冒也查上屆詳定添議外辦章程內開志載埽工每丈估銀九十七兩零拆脩每丈銀六十餘兩加鑲每丈銀三十餘兩盤頭每座估銀六千兩拆脩每座銀二千餘兩加鑲每座銀一千餘兩此後拆脩各工無論限內限外埽工照例估不得過六十兩加鑲減半盤頭拆脩照例估不得過三分之一加鑲不得過六股之一其有原估多于例估者則臨時查案酌核等因在案現查三防歲脩工程每有藉口原估多于例估之說並不核實估計率請溢支現在西中兩塘柴埽等工歲脩銀兩均照志載原額籌定東塘亦約照所建工程議定銀數所有志載每次拆脩加鑲銀數均有斟酌若今年溢支來年必有不足前任溢支後任必有不足此段溢支彼段必有不足自後凡拆脩柴垻埽工無論原估多寡概應遵照志載章程埽工每丈不得過六十兩加鑲每丈不得過三十兩拆脩盤頭每座不得過二千兩加鑲每座不得過一千兩按兩年拆脩一次並只脩三分之一其柴垻亦照埽工之案核辦不得仍前溢支以示限制而重

公款
同治八年十二月二十日詳九年正月廿九日奉
撫憲楊　批所議各條尚屬周妥應即如詳辦理
並希轉飭該廳循遵照仍候
督部堂批示此繳摺存

督辦塘工總局道司為詳請示遵事竊照海塘歲
修工程凡係柴埧埽工盤頭裹頭等工限外沖
損或辦加鑲或辦拆築工竣造銷皆有舊例可
循原未便另議紛更致歧成案惟現在西中兩
塘已奉
奏竣之埽坦工程係屬從前未有之工當時創建
原以石塘年久失修塘外護埽沖沒無存三防
險工林立進水缺口固當搶堵柴埧而完整石
塘又急須設法保護因建復埽工未能迅速藏
事是以仿照石坦改建埽坦以其成功較速補
救得宜蓋工雖屬新創而藉資捍衛仍是保護
塘根成法惟埽工做法埽身高於石塘建築工
料倍於埽坦限滿後非遇潑損坍陷毋庸修葺
今埽坦做法祇坦身僅及塘身之半潮至則坦
面全行漫蓋搜刷盪潑蘇經柴樁不無時有損
缺若援照埽工歲修辦法則原築柴樁尚未霉
朽遽行拆修未免糜費然不立即補修則小損
之工日侵月削必致蕩然又非保護之道查西
中兩塘已竣埽坦截至九年正月止均滿固限
自須從長計議設法保護業經飭據該兩防同
知擬議章程稟送前來本司道等會同酌核參
擬四條是否有當理合繕具清摺備文詳請
憲台察核示遵如蒙
允准並乞
俯賜分飭藩司杭道衙門查照核辦實為公便
再是案月修銀兩自九年正月起因該兩防所
需木植均係局辦存塘樁木撥用並須留備部
飯平餘報銷各費是以每月祇給銀二千二百
兩擬俟存木用罄所需之木由廳自行採辦再
照定數核給合併陳明為此備由呈乞

照詳施行
今呈送清摺壹扣
謹將會同酌擬保護西中兩防限外埽坦善後
章程四條繕具清摺敬呈
憲台核示遵行
計開
一西中兩防滿限埽坦擬按月給款修補也查
埽坦原係保護塘根做法僅及石塘之半非
若埽工高過石塘者可比是以潮汐不常沖
漫山水搜刷亦有潑損限內者自應責歸原
辦工員保固修補限外者本應照章修築第
潑損之工柴樁尚未霉朽若遽行拆修反滋
糜費若不及時加補又必旋見頽圮轉成鉅
工查該兩防限外埽坦三千九百二十丈擬
請自同治九年正月起每月在於歲修項內
動給月修銀二千五百四十兩所有柴木工
料夫價一概在內仍照章劃扣平餘部飯等
費責成該兩防廳員督率弁兵夫役察看情
形逐汛補柴加蔴添釘樁木加補水木以期
完好所用工料數目按月冊報核查杭防道
仍須不時赴工察勘不准樁頭露見及尺併
有偷工減料等弊務使用歸實濟
帑不虛糜至嗣後如有續建之處仍俟工竣限
滿後再行按照丈尺酌請添撥以敷工用
一月修經費動支歲修銀兩擬於年終彙案造
銷也查月修埽坦係逐月逐汛零星修補每
丈或添柴數担至數十担或加樁一根至數
根不等捆龍打蔴土夫等項亦逐日所有是
此瑣屑用款造冊報銷既無例案可引未便
添立月修名目擬請將月修埽坦動支歲修
銀兩總計壹年每防共支用歲修銀若干兩
內按月支用修補埽坦銀若干兩仍將各字
號丈尺修補工料細數由廳開報杭防道察
核於年終彙案造冊詳請咨部核銷以歸簡
捷
一埽坦歷年已久柴樁霉朽者仍須拆修也查
此項埽坦所定月修銀兩按工攤派每丈每
月不過數錢祇能逐汛添補面柴樁木加紮
地龍蔴繶若歷時已久樁朽柴霉倘遇旺潮
勢必矬陷傾圮此等工程需款較鉅月修銀

兩為數無多又不能顧此舍彼自必不敷匀
用仍須另給款項以資辦理應仍照章由該
管廳員稟請杭防道勘估詳請拆修所需工
料銀數援照埽工減半每丈不得過三十兩
章程核辦此項工程仍應彙入歲修工內開
單詳請
奏報造銷庶符定制惟該管廳員責任修防既
有月修經費亦不得任令坍卸藉請拆修致
滋浮冒仍當核實辦理以節經費
一拆修埽坦應照新建年限出結保固也查埽
坦工程前所未有向無保固例限前以新建
埽坦所需工料計及埽工之半保固請照埽
工例限減半定以一年詳奏咨准在案嗣後
拆修前項埽坦仍應照新建年限由承辦之
員出結保固限內如有損壞責令賠修限滿
後始准歸入月修案內動款補修以示區別
而昭核實
同治拾年三月初二日詳十一日奉
撫憲楊　批所議保護西中兩防限外埽坦善後
各條均屬妥協應准照辦已據詳分飭　藩司
杭道查照矣仰即一體移遵繳摺存

督辦塘工總局道司為遵飭議明詳覆事同治拾
年四月十二日奉
憲台札開案查前據該局具詳酌核參擬西中兩
防限外埽坦善後章程四條呈請示遵等情到
院當查所議各條均屬妥協應准照辦即經抄
章札道遵辦在案茲據杭道詳覆查此案保護
埽坦善後章程內月修辦法皆從前未有之例
似須先行
奏明奉准再行歸道照辦以臻周妥茲奉前因請
賜飭局詳

奏再此項月修埽坦係零星工用造冊報銷並無例
案可引而總局所議於年終彙案造冊詳請咨
部核銷應如何造辦之處請飭妥頒冊式以便照
辦至該工委府驗收並承辦保固以及高寬清
單應否仍照辦理並請查併飭議入
告等情到本部院據此查月修善後埽坦事關開銷
應否先行
奏明立案以便造報之處飭局遵照迅速妥議詳覆
察辦毋違等因奉此本司道等伏查此案詳議
酉中兩防月修埽坦外辦章程業奉
憲台批定均屬妥協自應遵照飭辦未便另請
奏立月修名目緣以奏定歲修原案該兩防埽坦工
程本計在內此項月修經費即係動支歲修額
款並非另項開銷自應歸入年終彙案造報惟
月修係零星修補並無例案可引所議章程乃
是外辦造銷則宜遵舊案仿照柴埽各工勻派
字號撙要估計工竣驗收並無他樣冊式商准
杭道衙門移復既准移明乃是外辦章程似可
毋庸請
奏但該工係逐月逐汛修補經辦廳員未能隨時具
報工竣呈請驗收應如何辦理尚須明定章程
至用款定章於年終彙案造報如一任廳員經
手似無異議倘一年內有兩三廳員經修者誠
恐彼此推宕應否責令各按用銀多寡分認字
號丈尺造辦保固之處亦須定議以免推諉再
定章內議埽坦歷年已久殘陷傾圮由該管廳
員稟請勘估另行給款拆修仍彙入歲修工內
開單詳請
奏報等因惟此項工程雖係專案請修另行給款然
仍動支歲修銀兩擬請統歸月修工內於年終
造報以歸劃一移復酌議詳辦等由過局准此
查月修原係逐汛修補難以隨時報驗擬請飭
令承辦工員於造銷時開單呈道飭府照例辦
理似與歲修定章不致歧異所議責令廳員各
按用銀多寡分認字號丈尺造辦保固一層甚
屬妥協應請照辦以免推諉至拆修年久殘陷
埽坦統歸月修工內年終造報事雖相因但須
先行詳報然後仍歸年終彙造庶臻周妥而歸
劃一奉飭前因合將遵議緣由備文詳覆是否
有當仰祈

憲台察核批示如蒙
允准並請分檄飭遵實為公便為此備由呈乞
照詳施行
同治十年六月二十六日詳七月初五日奉
撫憲楊　批如詳即照所議辦理仰即移明杭道
知照仍飭各廳員先將用過銀數以及分認字號丈尺速行開單詳報並侯分飭西中兩廳遵照可也毋違繳

督辦塘工總局司道為遵飭會議詳覆事竊奉
憲臺札開案查東中西三防先後辦竣埽工柴工埽坦及條塊石坦水石塘各工除已據該局陸續詳定月脩三塘限內限外埽坦暨統減頭二坦水石塘等工銀數通年核計已在三萬八千餘兩轉辦戴鎮兩汛坦水即屆限滿亦不能不有月脩此外尚有未定月脩之坦埽以及柴工埽工盤頭裹頭等工約計歲脩費更不少且現在埽坦月脩銀數參差不一尤應妥籌章程核實辦理以免寅支卯欠後難為繼飭即會同道盤籌議酌定畫一章程詳覆察奪並將通塘柴石坦埽盤頭等工分別已定未定月脩各案註明年限丈尺銀數開具簡明清摺尅日隨案送核毋延等因奉經分飭三防廳備遵照議酌稟侯會商詳辦去後茲據該廳備等分別查核縷晰繕摺稟復請將如何酌定畫一章程之處統籌全局會議轉詳等情前來伏查西中東三防歲脩各工內柴垻柴工埽工盤頭裹頭等項向係分起詳估脩辦惟埽坦與坦水兩項係須隨時脩補於同治九年間詳定發給西中兩防埽坦月脩銀兩仍於歲脩款內動支按年截數勻派字號丈尺
奏咨請銷迨後東防先竣埽坦坦水循案分別給辦在案近年以來中東兩防續辦埽坦坦水不少限外均應給發月脩誠如
憲札必須通盤籌算撙節辦理庶免後難為繼第察核該廳備來稟復陳月脩需費不資緣由均屬實在情形若照前數核減過多誠恐不敷修辦或稍草率遷就轉滋將來糜費本司道等檢閱舊案會同道盤覈詳從前原定西中兩防歲

滑等號先砄埽坦月修經費續經匀給瀾字等號外辦埽坦月修并剔除砄辦埽工等項計現在月撥銀二千四百十一兩其中尚有扣減二成彌補另案溢用之款扣至本年三月内甫經補足尚未全數給領其東防先砄繞城坦水月修銀三百兩歷係照數支給並無扣減之項今擬請嗣後將前項西中兩防先砄埽坦月修按照二千四百十一兩之數減爲八折除零實給銀一千九百二十八兩以鳳滑瀾等號三起埽坦實在丈尺均匀分派核計每丈月給銀四錢五分四釐八毫九絲九忽并請將東防先砄繞城坦埔月修銀三百兩一體減爲八折實給銀二百四十兩以此項坦水連石埔丈尺匀攤計每單長一丈月給銀一錢六分九釐三毫九絲六忽以上先砄埽坦與坦水既各分別按丈劃一定數所有續砄埽坦坦水應一律按丈核給其尚在限内者仍歸保固案内循舊辦理一俟限滿同未砄未辦之埽坦坦水將來限滿後統照前項定數按丈核給無須隨時另議不致再有參差不一俾足以昭公允而免紛歧統計將來埽坦坦水一概滿限之後應給月修銀兩按年連閏牽算用數總在六萬兩上下核之三防額撥歲修銀數所用月修之費不過十分之三其餘額數祇備柴壩等項歲修經費似尚無虞支絀至所給月修應仍循照舊章按年截數匀派字號丈尺由道詳請

奏咨請銷是否有當相應會同查議開摺詳覆並將該廳備原稟録摺附呈仰祈

憲台鑒覈衡定俟奉

批示當將向給月修者從本年八月分爲始改照新章支給其中防龍字等號埽坦前經詳定於保固項内給辦嗣因保固限滿月修新章尚未議定經黎故守面請減爲八折仍暫於保固項内按續支給現已議詳新章月修亦應即從八月分爲始改照新章支給其餘限滿應須停支保固改給月修者容隨時核明詳給再此次詳定按丈月給銀數内除應提部飯平餘并外辦扣水錢文之外餘俱照數領給别無扣減之款合併陳明爲此備由呈乞

照詳施行

計詳送清摺壹扣
謹將遵議三防埽坦坦水月脩畫一減發各数
繕摺呈候
憲核
計開
一西防鳳字等號埽坦一千六百七十七丈三
尺
中防潛字等號埽坦一千九百三十七丈
又淵字等號外辦埽坦六百二十四丈
謹查西中兩防鳳潜等號埽坦先經詳給月修
銀二千五百四十兩迨經詳定於此
內勻撥淵字等號外辦埽坦月修并
有改築埽工等項扣除月修計現在
每月撥銀二千四百十一兩內除部
飯平餘并扣二成彌補溢款外餘銀
分給鳳潜淵等字號三起月修其中按丈驗
攤零尾數目參差未盡劃一今溢款
已經彌補足數毋庸再扣擬請嗣後
將前項每月額撥銀二千四百十一
兩減為八折除零撥銀一千九百二
十八兩按照前工三起埽坦共四千
二百三十八丈三尺之数均勻分派
計每丈應攤派銀四錢五分四釐八
毫九絲九忽
一中防戴汛石工案內辦殘烈字等號埽坦二
百三十九丈八尺
謹查此項埽坦前於固限滿後詳照西中
兩防月修成案給發月、修今請嗣後
一律改為每丈月給銀四錢五分四
釐八毫九絲九忽計共月給銀一百
九兩八錢四分八釐
一中防翁汛石工案內辦殘龍字等號埽坦二
百六十八丈
謹查此項埽坦先經詳照原定西中兩防
月修銀數於保固款內全數支給今
固限已滿應請嗣後一律改為每丈
月給銀四錢五分四釐八毫九絲九
忽計共月給銀一百二十一兩九錢
一分三釐
一東防俠字等號埽坦二百三十四丈五尺

謹查此項埽坦前於同限滿後詳照原定兩中兩防月修之案全數支給今請嗣後一律減爲每丈月給銀四錢五分四釐八毫九絲九忽計共月給銀一百六兩六錢七分四釐

一東防繞城頭二兩層坦水核共單長計一千三百七十七丈六尺又石塘計工長三十九丈二尺

謹查此項坦水前曾詳定月給修費銀三百兩今請嗣後一律減爲八折每月給發銀二百四十兩按前項坦塘一千四百十六丈八尺核計每丈月給銀一錢六分九釐三毫九絲六忽

一東防戴鎮兩汛頭二坦水併隨塘坦水核共單長六千八百五十八丈又當力二號舊坦水計單長六十六丈

謹查此項坦水現在委員經營將修費按月報銷於保固款內支給應請俟固限滿後援照繞城坦水月修之案一律每單長一丈月給銀一錢六分九釐三毫九絲六忽計共月給銀一千一百七十二兩八錢九分八釐

一東防尖汛石工案内辦竣坦水核共單長計二千七百五十二丈

謹查此項坦水現在由廳經營按月將修費報銷於保固項内支給應請俟固限滿後一律每丈給發月修銀一錢六分九釐三毫九絲六忽計共月給銀四百六十六兩一錢七分八釐

一東防念汛東頭石工案内辦竣埽坦三百十六丈

謹查此項埽坦刻由廳員經營按月將修費報銷於保固項内支給應請俟固限滿後一律給發每丈埽坦月修銀四錢五分四釐八毫九絲九忽計共月給銀一百四十三兩七錢四分八釐

一東防念汛西頭石工案内辦竣埽坦五百四十一丈五尺

謹查此項埽坦現報工竣飭廳經管按月

將修費報銷於保固項內支給應請
俟固限滿後一律每丈給發月修銀
四錢五分四釐八毫九絲九忽計共
月給銀二百四十六兩三錢二分八
釐

一東防續估尖汛坦水盤頭等工案內估辦單
坦二百六十丈又戴汛坦水十三丈五
尺

謹查此項坦水現甫估辦應請俟工竣限
滿後一律每丈給發月修銀一錢六
分九釐三毫九絲六忽計共月給銀
四十六兩三錢三分

以上統共應給月修銀四千五百八十一兩
九錢一分七釐（以一年十二個月計之閏月在外）共應
給銀五萬四千九百八十三兩四釐（內西中兩防銀二萬五千九百十七兩一錢三分二釐東防銀二萬九千六十五兩八錢七分二釐）

光緒二年七月初六日詳十六日奉
撫憲楊　批如詳辦理仰即分別移飭遵照此繳
摺存

海塘新案
工款總數
統計二十一案共銷例估加貼新加銀五百五十五
萬一千四百二十兩五錢二分三釐
共辦竣土磔工五萬三千二百七十一丈六尺四寸又
盤頭十五座內
一建復魚鱗石塘四千三百四十二丈
一拆脩魚鱗石塘九百二十五丈一尺
一建復條塊石塘三十七丈四尺
一修砌加高石壩一百七十九丈七尺
一建築石塘三十九丈二尺
一建築條石頭二坦水八千七百一丈一尺
一建築塊石頭二坦水三千四百三十一丈
以上各項石工共計一萬七千六百五十五
丈五尺
一柴壩六千七十六丈八尺四寸
一埽工一千三百七十丈八尺
一埽坦五千七百六十二丈五尺
一柴工四百二十三丈
一裹頭一百四十二丈

一鑲柴一千三百四十四丈七尺

一子塘三百五十丈

一柴盤頭十五座

以上各項柴工共計一萬五千四百六十九丈八尺四寸又盤頭一十五座

一附土一萬一百五十六丈九尺

一土堰二千七百九十丈九尺

一戧土一千七百八丈

一溝槽二千七百八丈五尺

一橫塘二百九十三丈

一橫壩十七丈五尺

一托壩七百三十九丈

一行路面土一千五百九十丈

一幫寬一百四十二丈五尺

以上各項土工共計二萬一百四十六丈三尺